纺织高等教育“十二五”部委级规划教材

针织原理

宋广礼　杨　昆　主　编

内 容 提 要

本书主要讲述针织、针织物和针织机的基本概念和术语，针织物的结构、性能和特点，各种针织物组织及其形成方法，针织机的基本构造及工作原理以及针织生产的基本工艺要素。

本书是高等纺织院校纺织工程专业的平台课教材，也可供服装、材料、机械、电气自动化和计算机等专业的学生了解针织基本知识和基本原理使用，同时也供希望了解针织基本原理的专业和非专业人士阅读。

图书在版编目(CIP)数据

针织原理/宋广礼，杨昆主编. —北京：中国纺织出版社，2013.9（2024.4重印）
纺织高等教育"十二五"部委级规划教材
ISBN 978-7-5064-9998-9

Ⅰ.①针… Ⅱ.①宋… ②杨… Ⅲ.①针织—高等学校—教材 Ⅳ.①TS18

中国版本图书馆 CIP 数据核字(2013)第 212092 号

策划编辑：孔会云　　责任编辑：杨荣贤　　责任校对：寇晨晨
责任设计：何　建　　责任印制：何　艳

中国纺织出版社出版发行
地址：北京市朝阳区百子湾东里 A407 号楼　邮政编码：100124
邮购电话：010—67004461　传真：010—87155801
http://www.c-textilep.com
北京虎彩文化传播有限公司印刷　各地新华书店经销
2024 年 4 月第 3 次印刷
开本：787×1092　1/16　印张：15
字数：285 千字　定价：38.00 元

出版者的话

《国家中长期教育改革和发展规划纲要》中提出"全面提高高等教育质量","提高人才培养质量"。教育部教高[2007]1号文件"关于实施高等学校本科教学质量与教学改革工程的意见"中,明确了"继续推进国家精品课程建设","积极推进网络教育资源开发和共享平台建设,建设面向全国高校的精品课程和立体化教材的数字化资源中心",对高等教育教材的质量和立体化模式都提出了更高、更具体的要求。

"着力培养信念执著、品德优良、知识丰富、本领过硬的高素质专门人才和拔尖创新人才",已成为当今本科教育的主题。教材建设作为教学的重要组成部分,如何适应新形势下我国教学改革要求,配合教育部"卓越工程师教育培养计划"的实施,满足应用型人才培养的需要,在人才培养中发挥作用,成为院校和出版人共同努力的目标。中国纺织服装教育协会协同中国纺织出版社,认真组织制订"十二五"部委级教材规划,组织专家对各院校上报的"十二五"规划教材选题进行认真评选,力求使教材出版与教学改革和课程建设发展相适应,充分体现教材的适用性、科学性、系统性和新颖性,使教材内容具有以下三个特点:

(1)围绕一个核心——育人目标。根据教育规律和课程设置特点,从提高学生分析问题、解决问题的能力入手,教材附有课程设置指导,并于章首介绍本章知识点、重点、难点及专业技能,增加相关学科的最新研究理论、研究热点或历史背景,章后附形式多样的思考题等,提高教材的可读性,增加学生学习兴趣和自学能力,提升学生科技素养和人文素养。

(2)突出一个环节——实践环节。教材出版突出应用性学科的特点,注重理论与生产实践的结合,有针对性地设置教材内容,增加实践、实验内容,并通过多媒体等形式,直观反映生产实践的最新成果。

(3)实现一个立体——开发立体化教材体系。充分利用现代教育技术手段,构建数字教育资源平台,开发教学课件、音像制品、素材库、试题库等多种立体化的配套教材,以直观的形式和丰富的表达充分展现教学内容。

教材出版是教育发展中的重要组成部分,为出版高质量的教材,出版社严格甄选作者,组织专家评审,并对出版全过程进行跟踪,及时了解教材编写进度、编写质量,力求做到作者权威、编辑专业、审读严格、精品出版。我们愿与院校一起,共同探讨、完善教材出版,不断推出精品教材,以适应我国高等教育的发展要求。

中国纺织出版社

教材出版中心

前言

针织作为纺织行业的后起之秀，近几十年来有了突飞猛进的发展，针织品在服装领域已经占据了主导地位，并且越来越受到消费者的欢迎。“针织原理”课程是很多高等纺织院校纺织工程专业和服装设计与工程专业的一门重要专业课程，也是一些纺织类高校相关专业的重要选修课程。为了满足各高校对该课程教材的需求，作者编写了本教材。

《针织原理》系统地介绍了针织、针织物和针织机的基本概念和术语，各种针织物组织的结构、性能及其形成原理，针织机的结构、工作原理及其工艺设计方法以及针织产品成形原理和针织工艺计算方法。所涉及的机型和产品包括纬编和经编两大类。

本书由宋广礼教授和杨昆副教授主编。

参加编写的人员及编写章节如下：

宋广礼　第一章、第二章、第四章。

陈　莉　第三章、第六章、第十一章第一节。

李　津　第五章。

刘丽妍　第七章、第八章、第十章、第十一章第二节、第十一章第三节。

杨　昆　第九章、第十二章。

在编写教材的过程中得到了国内外相关针织企业、科研单位和院校的大力支持和帮助，另外，我们还参考了其他专家学者和工程技术人员所编写的教材、著作和发表的论文等，在此表示衷心感谢。

由于编写人员水平有限，书中难免存在不足和错误之处，欢迎读者批评指正。

编者

2013 年 5 月

目录

第一章　概述

本章知识点

1. 针织、针织物和针织机的概念和术语。
2. 针织物的主要参数与性能指标。
3. 针织机的分类、机构和主要结构参数，机号与可加工纱线线密度的关系。
4. 针织的成圈过程。
5. 针织物组织的分类，针织物组织的表示方法。
6. 针织用纱的要求，络纱和整经。

第一节　针织与针织物

一、针织及其发展

针织(knitting)是利用织针和其他成圈机件将纱线弯曲成线圈，并将其相互串套连接形成织物(fabric)的一门工艺技术。根据工艺特点不同，针织可分为纬编(weft knitting)和经编(warp knitting)两大类。

在纬编中，纱线沿纬向喂入织针进行编织，形成纬编针织物(weft knitted fabric)；在经编中，纱线沿经向垫放在织针上进行编织，形成经编针织物(warp knitted fabric)。

现代针织起源于手工编织，迄今发现最早的手工针织品可以追溯到2200多年前，是1982年在中国江陵马山战国墓出土的丝织品中的带状单面纬编双色提花丝针织物。国外发现最早的针织品为埃及古墓出土的羊毛童袜和棉制手套，被认为是五世纪的产品。

1589年，英国人威廉·李发明了第一台手摇针织机，开启了机器针织的时代。

我国的针织工业起步较晚，1896年才在上海出现了第一家针织厂。近几十年来，我国针织工业有了突飞猛进的发展，成为纺织工业中的后起之秀。2006年以后，我国针织服装的产量已经超过了机织服装。

针织加工具有工艺流程短、生产效率高、机器噪音与占地面积小、能源消耗少、原料适应性强、翻改品种快等优点。

针织厂的生产工艺流程根据出厂产品的不同而有所不同，多数针织厂是生产服用类产品，其工艺流程如下：

原料进厂—络纱(或直接上机织造)或整经—织造—染整—成衣。

有些针织厂只生产毛坯布,即没有染整与成衣工序。而有些生产装饰用布和产业用布的工厂则没有成衣工序。在纬编针织厂,短纤纱通常先要经过络纱工序再上机编织,而化纤长丝筒子纱多数可直接上机加工。在经编针织厂,原料先要经过整经工序,将纱线平行排列卷绕在经轴上,然后再上机织造。

针织加工不仅可以生产出坯布,再经裁剪缝制后制成针织产品,还可以生产半成形和全成形产品,如袜子、手套、羊毛衫等。

针织产品不仅用于服用领域,还广泛应用于装饰和产业领域。

二、线圈与针织物

针织物(knitted fabric)是由相互串套的线圈组成的织物。线圈(loop)是组成针织物的基本结构单元,其几何形态是一种三维弯曲的空间曲线。如图 1－1 所示,在纬编针织物(weft knitted fabric)中,线圈由圈干 1—2—3—4—5 和沉降弧 5—6—7 组成,圈干包括圈柱 1—2、4—5 和针编弧 2—3—4,线圈圈柱覆盖于前一线圈圈弧之上时为正面线圈,如图 1－1(a)所示;线圈圈柱处于前一线圈圈弧之下时为反面线圈,如图 1－1(b)所示。在经编针织物(warp knitted fabric)中,线圈由圈干 1—2—3—4—5 和延展线 5—6 组成,如图 1－2 所示。

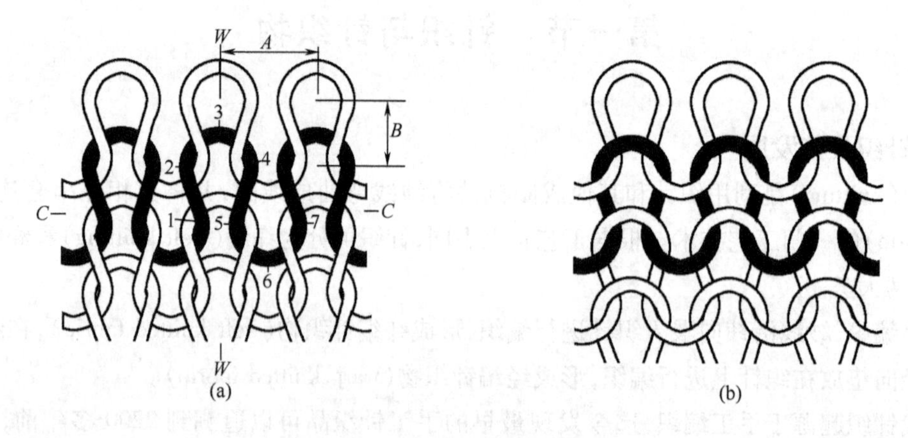

图 1－1　纬编针织物

在针织物中,线圈沿织物横向组成的行列为线圈横列(course),如图 1－1(a)和图 1－2 中 *C—C* 所示;线圈沿织物纵向相互串套而成的行列为线圈纵行(wale),如图 1－1(a)和图 1－2 中 *W—W* 所示。纬编针织物的一个线圈横列可以由一根纱线组成,而经编针织物的一个线圈横列一般由一组或几组平行排列的纱线组成。

沿线圈横列方向,两个相邻线圈对应点之间的距离称为圈距,以 *A* 表示;沿线圈纵行方向,两个相邻线圈对应点之间的距离为圈高,以 *B* 表示,如图 1－1(a)和图 1－2 所示。

按照编织时所使用的针床数不同,针织物可分为单面针织物和双面针织物。单面针织物由一个针床编织而成,在织物的一面通常只能看到正面线圈或反面线圈。双面针织物由两个针床编织而成,在织物的两面都有正面线圈或反面线圈。

根据组成针织物结构单元的形态和组合形式，可以将针织物分为基本组织、变化组织和花色组织。纬编针织物的基本组织是纬平针组织、罗纹组织和双反面组织，经编针织物的基本组织是编链组织、经平组织、经缎组织和重经组织，它们是形成其他针织物组织的基础。

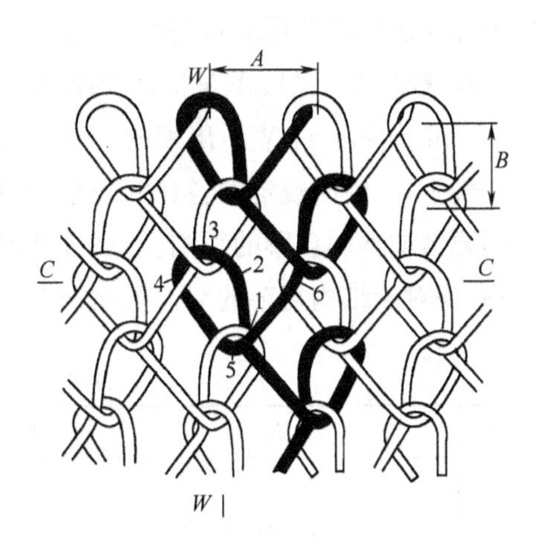

图 1-2 经编针织物

变化组织是由基本组织变化而来。纬编变化组织主要有变化平针组织和变化罗纹组织，双罗纹组织是使用最为广泛的变化罗纹组织，俗称棉毛组织。经编变化组织主要有变化经平组织（经绒组织、经斜组织）、变化经缎组织、变化重经组织等。

针织物的花色组织种类很多，纬编花色组织主要有提花组织、集圈组织、添纱组织、衬垫组织、毛圈组织、长毛绒组织、纱罗组织、菠萝组织、波纹组织、横条组织、绕经组织、衬纬组织、衬经衬纬组织和复合组织等；经编花色组织包括多梳经编组织、衬纬经编组织、缺垫经编组织、缺压经编组织、压纱经编组织、毛圈经编组织、贾卡经编组织、双针床经编组织、双轴向和多轴向经编组织等。

纬编针织物通常具有较好的延伸性和弹性，主要用于服用，不仅可以作为匹布使用，还可加工成半成形和全成形产品；经编针织物的尺寸稳定性好，除了用作服用面料外，还广泛应用于装饰和产业用领域。

三、针织物结构的表示方法

针织物结构的表示方法就是用专业化的图形或符号来描述织物内线圈的结构形态、相互关系和它们的编织方法。

（一）纬编针织物的表示方法

纬编针织物结构可以用线圈图、意匠图和编织图表示。国际标准化组织对于针织物结构的表示方法制定了相关标准，我国也据此制定了相应的国家标准，相应的表示方法见表 1-1。

1. 线圈图 用二维线条描绘纱线在织物内的路径称为线圈图或线圈结构图（loop structure），如表 1-1 所示。从线圈图中，可直观地看出针织物结构单元的形态及纱线在织物内的连接与分布情况，有利于研究织物的结构和编织方法。但这种方法仅适用于较为简单的针织物组织，较复杂的结构和大型花纹不仅绘制困难，而且也不容易表示清楚。

2. 编织图 编织图是将针织物的横断面形态按编织顺序和织针的工作情况，用图形表示的一种方法。它由织针和在织针上编织的纱线构成。织针通常用“|”或“.”表示，当采用的织针针踵高度不同时，还可以用不同长度的竖线表示不同踵高的织针。表 1-1 列出了编织图中所用的符号及绘制方法。

编织图不仅表示了每一枚针所编织的结构单元，而且还表示了织针的配置与排列情况。在用于双面纬编针织物的编织时，可以同时表示出上下（前后）针床织针的编织情况。但在表示色织提花织物时花形的直观性差，花形较大时绘制也比较麻烦。

3. 意匠图 意匠图是把针织结构单元的组合规律用特定的符号在小方格纸［又称意匠纸(notation paper)］上表示出来的一种方法。意匠图中的行和列分别代表织物的横列和纵行。除了在表1-1中所规定的各种针织结构单元和组织所用的符号外，意匠图中的符号也可以代表不同原料或不同色彩的线圈。意匠图特别适合于表示花形较大的针织物组织，尤其是多色提花织物，而对于结构复杂的双面织物，它很难表示出前后针床线圈结构之间的关系。

表1-1 纬编针织结构的表示方法

编号	术语		线圈图	编织图		意匠图
1	空针(休止状态的织针)				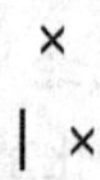	
2	成圈	工艺正面	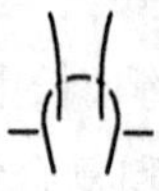	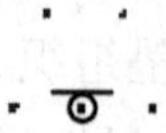		
		工艺反面		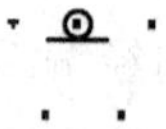		
3	集圈	工艺正面	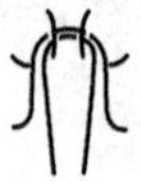			
		工艺反面				
4	浮线		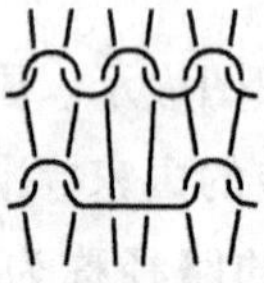			
5	衬纬		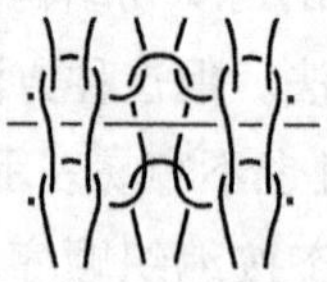	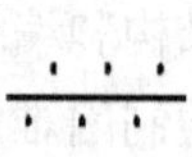	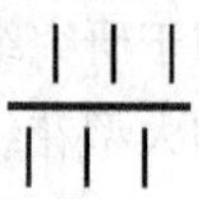	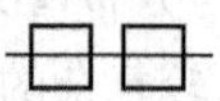
6	衬经		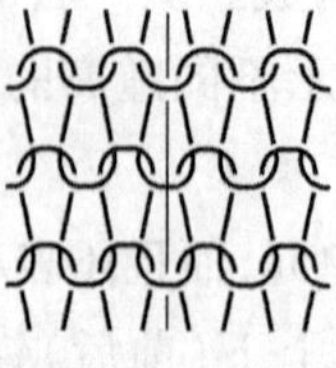	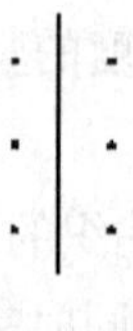	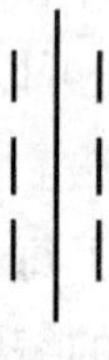	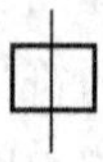

续表

编号	术语		线圈图	编织图		意匠图
7	移圈		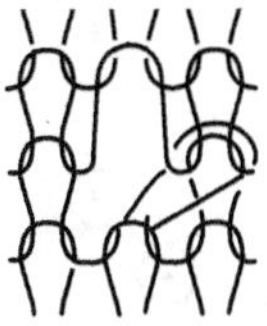		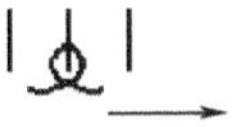	
8	分针移圈		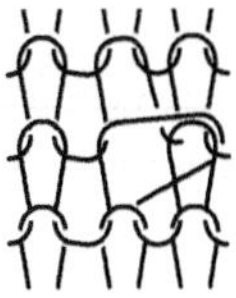		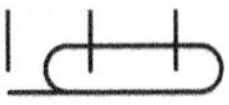	
9	扩圈		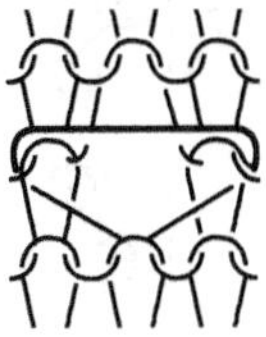		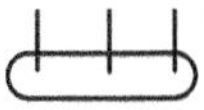	
10	菠萝组织				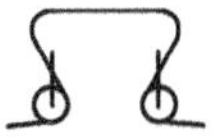	
11	添纱					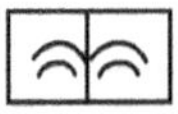
12	毛圈					
13	长线圈	工艺正面	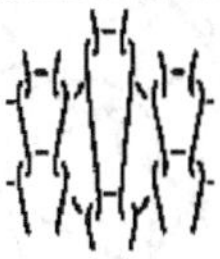	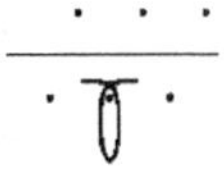		
		工艺反面	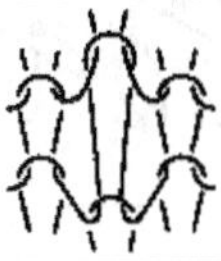	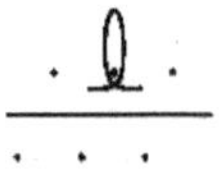	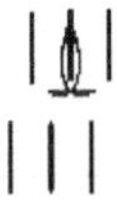	

续表

编号	术语	线圈图	编织图		意匠图
14	1+1罗纹			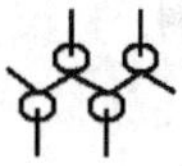	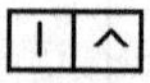 或 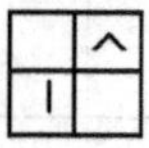
15	双罗纹	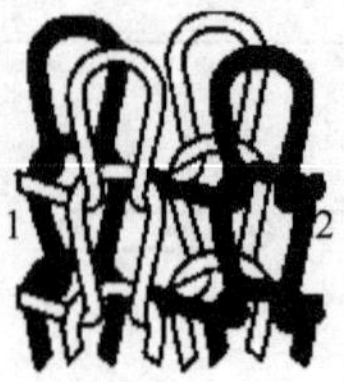 1 2	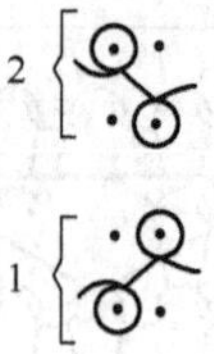 2 1	2 1	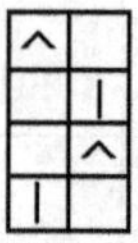 或 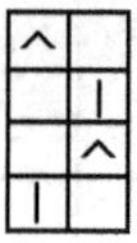

(二)经编针织物的表示方法

经编针织物组织结构的表示方法有线圈图、意匠图、垫纱运动图、垫纱数码、穿纱对纱图等。根据国际标准和相应的国家标准,具体表示方法见表1-2。

表1-2 经编针织物表示方法

编号	术语	示例
1	线圈结构图 (loop structure)	单面经绒(2+1)—经平(1+1) 

续表

编号	术语	示　例
2	图案意匠图 (graphic pattern draft)	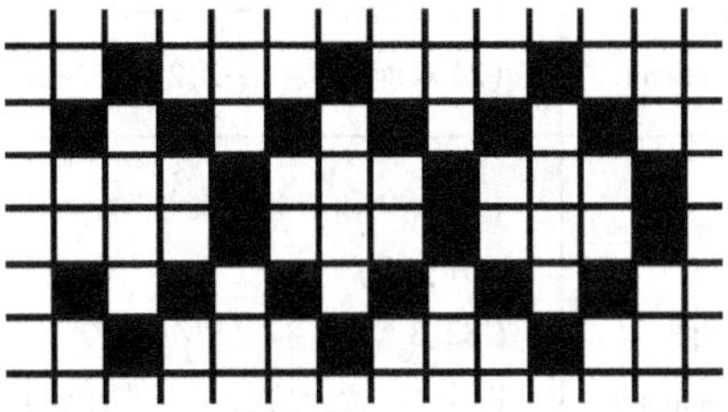
3	垫纱意匠图 (lapping pattern draft)	(1)四角网眼： 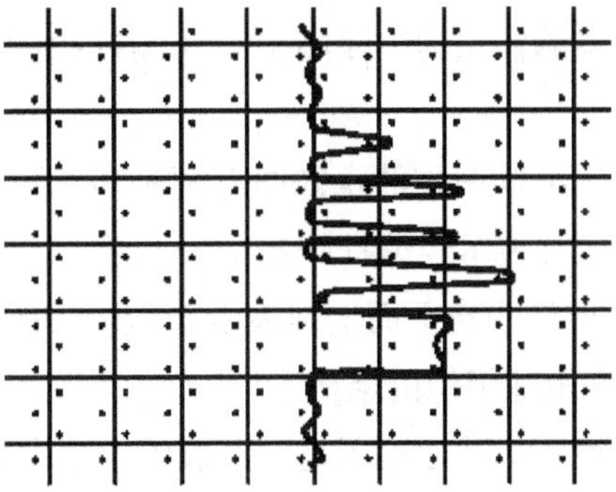 (2)六角网眼： 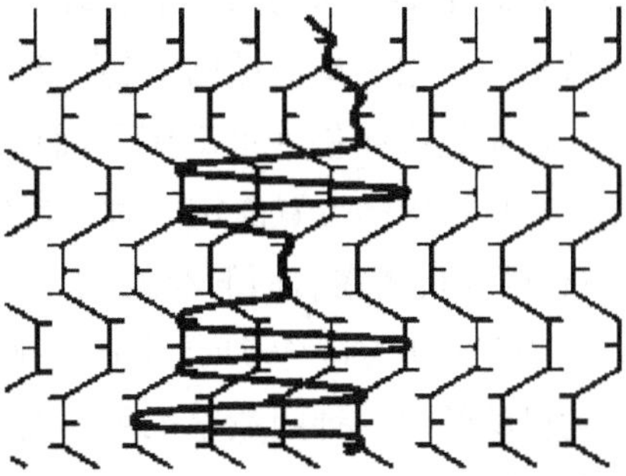
4	垫纱运动图 (lapping diagram)	(1)1+1单面经平 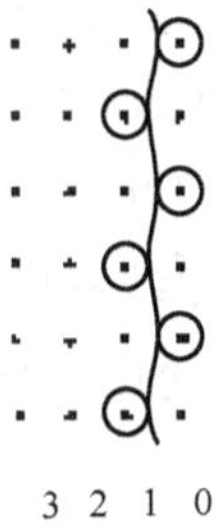 3 2 1 0 (2)双面经缎 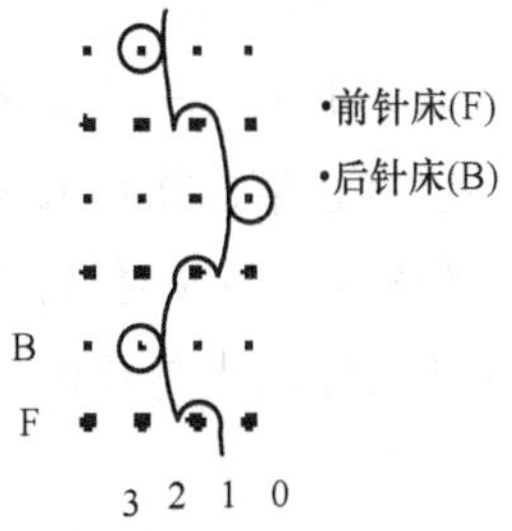 •前针床(F) •后针床(B) B F 3 2 1 0

续表

编号	术语	示例
5	垫纱数码 (lapping notation)	(1)单面经平:1—2/1—0// (2)双面经缎:1—2,2—3/2—1,1—0//
6	穿纱对纱图 (threading notation)	(1)满穿和空穿的穿纱图: GB1:满穿　　I I I I I I I I GB2:3空/3穿/1空/1穿//　　I · I I I · · · 图中"I"表示穿纱,"·"表示不穿纱 (2)使用三种不同纱线A、B、C的穿纱表示: GB1:10A/28B/18C//

1. 线圈图　经编针织物的线圈图与纬编针织物一样,也是用二维线条描绘出织物结构中的纱线路径。

2. 意匠图　经编针织物的意匠图有两种表示形式,一种是图案意匠图,是在规则的方格上用标记(颜色或符号)表示经编针织物的花形图案,特别适用于提花花形的表示。另一种是垫纱意匠图,即在意匠纸中自下而上地表示花梳纱线的垫纱运动,地组织多为网眼结构,这里的意匠格只能粗略地表示地组织的结构。

3. 垫纱运动图　垫纱运动图是在点纹纸上根据导纱针(guide)的垫纱运动规律自下而上逐个横列画出其垫纱运动轨迹。点纹纸上的每个小点代表一枚针的针头,小点的上方表示针前,小点的下方表示针后。横向的一排点表示经编针织物的一个线圈横列,纵向的一列点表示经编针织物的一个线圈纵行。用垫纱运动图表示经编针织物组织比较直观方便,而且导纱针的运动与实际情况完全一致。对于很多单面结构织物,当从工艺反面观察时,这种表示方法与纱线的运动轨迹大体一致。通常还应在垫纱运动图下面点的间隙(相当于针间)进行编号,编号的方式由梳栉(guide bar)横移机构的位置决定。对于梳栉横移机构在左面的经编机,针间数字应从左向右标注;对于梳栉横移机构在右面的经编机,针间数字则应从右向左标注。

4. 垫纱数码　垫纱数码也称为垫纱数字记录或组织记录,它是用针间数字记录各横列导纱针在针前和针背的横移情况。针间数字采用自然数标注,如0、1、2、3…各横列之间用单斜线分开,一个组织循环以双斜线结束。每横列用一组数字表示导纱针在针前的横移方向和距离,数字之间用短横线分开。在相邻的两横列中,第一横列的最后一个数字与第二横列的起始数字表示梳栉在针后的横移情况。以单面经平组织为例,其垫纱数码:1—2/1—0//,第一横列的垫纱数码为1—2,它的最后一个数字为2,第二横列的垫纱数码为1—0,它的起始数字为1,因此,2/1就代表导纱针在第二横列编织前针背横移的方向和距离。

5. 穿纱对纱图　穿纱对纱图是每把梳栉导纱针中穿纱情况的符号示意图。根据穿纱不同,示意图可以从右或从左开始。在每次穿纱动作变换后加单斜线,在每次穿纱循环后加双斜线。

在实际使用中,应根据织物结构和加工方法选择一种能够清晰表示织物组织结构的方式。

上述几种表示方法可单独使用，也可同时使用。

四、针织物的主要物理和性能指标

（一）线圈长度

线圈长度是指形成一个单元线圈所需要的纱线长度，即图1－1和图1－2中1—2—3—4—5—6—7所对应的纱线长度，通常以毫米（mm）为单位。可以根据线圈在平面上的投影近似地计算出理论线圈长度；也可用拆散线圈的方法测得组成一个单元线圈的实际纱线长度；还可以在编织时用仪器直接测量喂入织针上的纱线长度。

线圈长度是针织物的一个非常重要的指标，它不仅决定了针织物的密度和单位面积重量，还对针织物的其他性能有重要影响。

在编织时，对线圈长度的控制非常重要，目前主要通过积极式给纱的方式定量地喂入规定长度的纱线，以保证线圈长度的定量、均匀和一致。

（二）密度

密度是指针织物规定长度内的线圈个数，分为横密和纵密。横密是指沿针织物横列方向规定长度内的线圈纵行数，通常用 P_A 表示；纵密是指沿线圈纵行方向规定长度内的线圈横列数，通常用 P_B 表示。可以用下述公式计算得到。

$$P_A = \frac{\text{规定长度}}{A}$$

$$P_B = \frac{\text{规定长度}}{B}$$

式中：A——圈距，mm；

B——圈高，mm。

这里的规定长度根据产品不同可以有所不同，纬编圆机产品一般规定长度为5cm，横机产品一般规定长度为10cm，经编产品一般规定长度为1cm。密度是针织产品设计、生产与品质控制的一项重要指标。由于针织物在加工过程中容易受到拉伸而产生变形，因此对某一针织物来说其状态不是固定不变的，这样就将影响实测密度的客观性，因而在测量针织物密度前，应该将试样进行松弛，使之达到平衡状态，这样测得的密度才具有可比性。根据测试织物所处状态不同，密度可分为下机密度、坯布密度和成品密度等。

针织物的横密与纵密的比值，称为密度对比系数 C。它表示线圈在稳定状态下，纵向与横向尺寸的关系，可用下式计算：

$$C = \frac{P_A}{P_B} = \frac{B}{A}$$

（三）未充满系数和编织密度系数

不同粗细的纱线，在线圈长度和密度相同的情况下，所编织织物的稀密程度存在差异，因此引入未充满系数和编织密度系数的指标。

针织物的未充满系数 f 用线圈长度与纱线直径的比值来表示，即：

$$f = \frac{l}{d}$$

式中：l——线圈长度，mm；

d——纱线直径；mm。

未充满系数越大，织物越稀松；未充满系数越小，织物越密实。

针织物的编织密度系数 CF（cover factor）又称覆盖系数、紧度系数，它反映了纱线线密度 Tt（tex）与线圈长度 l 之间的关系，用公式表示为：

$$CF = \frac{\sqrt{\mathrm{Tt}}}{l}$$

国际羊毛局制定的纯羊毛标志标准规定，纯羊毛纬平针织物的编织密度系数 $CF \geq 1$。编织密度系数因原料和织物结构不同而不同，但一般都为 1.5 左右。织物的编织密度系数越大，织物越密实；编织密度系数越小，织物越稀松。

（四）单位面积干燥重量

针织物的单位面积干燥重量，又称面密度，它是控制成本、保证质量和进行交易的重要指标，是所用纱线线密度、线圈长度和密度的集中体现。它用每平方米干燥针织物的重量（g）来表示。在实际生产和交易中，它是按照相应的标准在干燥状态下在标准的天平上称量得到。在已知针织物的线圈长度 l（mm）、纱线线密度 Tt（tex）、织物横密 P_A（纵行数/5cm）和纵密 P_B（横列数/5cm）、针织物的回潮率 W 时，单位面积干燥重量 Q（g/m²）也可以通过计算求得：

$$Q = \frac{0.0004 l \mathrm{Tt} P_A P_B}{1 + W}$$

（五）缩率

缩率反映了针织物在加工或使用过程中长度和宽度尺寸的变化情况，它可由下式求得：

$$y = \frac{H_1 - H_2}{H_1} \times 100\%$$

式中：y——针织物缩率；

H_1——针织物在加工或使用前的尺寸；

H_2——针织物在加工或使用后的尺寸。

缩率可为正值或负值。生产中测定和控制的主要指标有下机、染整、水洗缩率以及在给定时间内弛缓回复过程的缩率等。

影响针织物缩率的主要因素有纤维和纱线性能、织物结构、未充满系数、密度和密度对比系数、加工条件以及放置条件等。

（六）脱散性

针织物中纱线断裂或线圈失去串套联系后，线圈与线圈分离的现象称为织物的脱散性。脱散方向及脱散性与纤维和纱线性能、织物结构、线圈长度等因素有关。

（七）卷边性

针织物在自由状态下，其布边发生包卷的现象称为卷边性。这是由线圈中弯曲的纱线所具有的内应力试图使纱线伸直所引起的。卷边性与针织物的组织结构、纤维和纱线性能、纱线线密度和捻度以及线圈长度等因素有关。

（八）延伸性

织物受到外力拉伸时伸长的特性为延伸性。针织物的延伸性与织物的组织结构、线圈长度、纤维和纱线性能等有关。可以利用仪器在一定的拉伸力下测得试样的伸长量，并通过下面的公式计算出针织物延伸率：

$$X = \frac{L - L_0}{L_0} \times 100\%$$

式中：X——延伸率，%；

L——试样拉伸后长度，mm；

L_0——试样原长度，mm。

（九）弹性

当引起织物变形的外力去除后，针织物回复原形状的能力称为弹性。它取决于针织物的组织结构、未充满系数、纱线的弹性和摩擦系数。织物弹性用弹性回复率来表示，可以在相应的仪器上按照标准在一定的拉伸力下定力测试或在一定的拉伸长度下定伸长测试，通过下述公式计算弹性回复率：

$$E = \frac{L - L_1}{L - L_0} \times 100\%$$

式中：E——弹性回复率，%；

L——试样拉伸后长度，mm；

L_0——试样原长度，mm；

L_1——试样回复后长度，mm。

（十）断裂强力和断裂伸长率

在连续增加的负荷作用下，至断裂时针织物所能承受的最大负荷称为断裂强力，用牛顿（N）表示。布样断裂时的伸长量与原长度之比称为断裂伸长率，用百分数表示。由于针织物具有线圈转移的特点和在单向拉伸时很大的变形能力，所以常用顶破强力而不是拉伸强力来作为强力指标。

（十一）勾丝与起毛起球

纤维或纱线被尖锐物体从织物中勾出称为勾丝。

在穿着、使用和洗涤过程中经受摩擦后，织物表面的纤维端露出，在织物表面形成毛绒状外观称为起毛。若这些毛绒状的纤维端在以后的穿着中不能及时脱落，相互纠缠在一起形成球状外观称为起球。

第二节　针织机

一、针织机的结构与分类

利用织针把纱线编织成针织物的机器称为针织机。针织机可按工艺类别分为纬编机与经编机;按针床数分为单针床针织机与双针床针织机,个别横机还有三或四针床;按针床形式可分为平型针织机与圆型针织机;按用针类型可分为钩针机、舌针机和复合针机等。另外还有一些专用的针织机,如:袜机、手套机、钩编机等。

纬编机主要有纬编圆机又称圆纬机(图1-3)、针织横机(图1-4)、单双针筒袜机和手套机等,结构主要包括成圈机构、给纱机构、牵拉卷取机构、传动机构、辅助机构以及一些特殊机构,如选针机构、针床横移机构等。

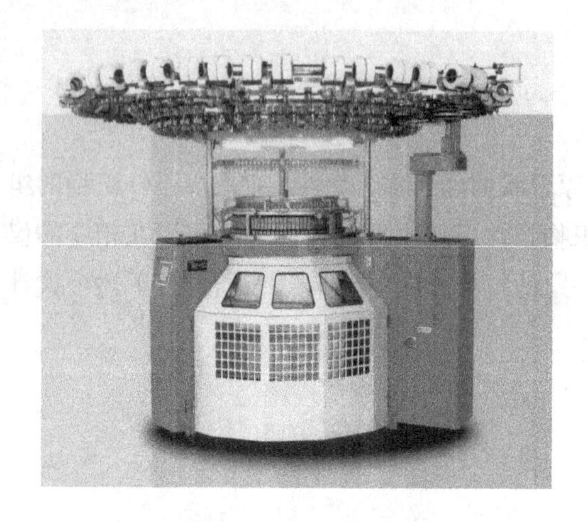

图1-3 纬编圆机

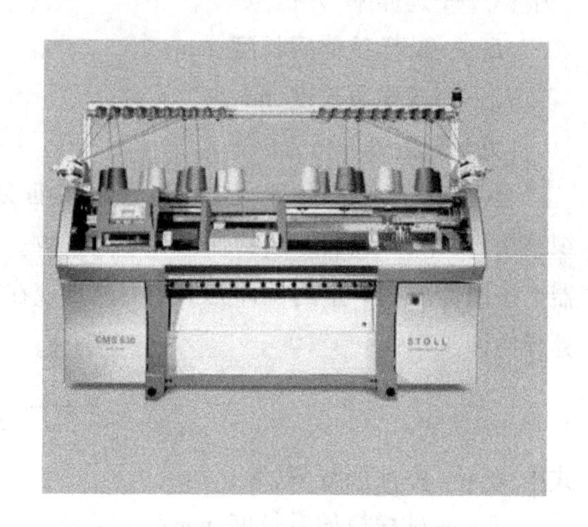

图1-4 针织横机

经编机(图1-5)主要分为特利柯脱(tricot)型经编机和拉舍尔(raschel)型经编机两大类,结构一般包括成圈机构、梳栉横移机构、送经机构、牵拉卷取机构、传动机构、辅助机构和一些特殊机构,如贾卡提花机构等。特利柯脱型经编机的特征是织针与被牵拉坯布之间的夹角为65°~90°。一般说来,特利柯脱型经编机梳栉数较少,多数采用复合针或钩针,机号较高,机速也较高。拉舍尔型经编机的特征是织针与被牵拉坯布之间的夹角为130°~170°。该机多数采用复合针或舌针,与特利柯脱型经编机相比,其梳栉数较多,机号和机速相对较低。

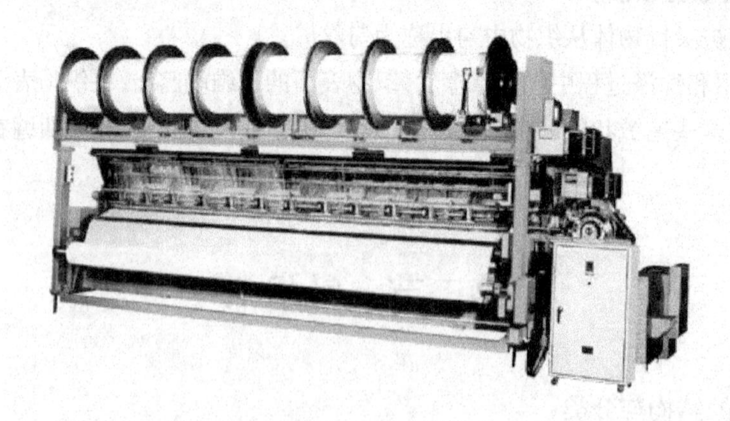

图1-5 经编机

二、针织机的主要技术指标

针织机的技术指标主要有机号、筒径（针床宽度）、针床数、成圈系统数（纬编机）和梳栉数（经编机）等。

（一）机号

机号（gauge）是针织机最重要的指标，它表明针的粗细和针与针之间距离的大小，用针床上规定长度（25.4mm）内所具有的针数表示。机号与针距的关系如下：

$$E = \frac{25.4}{t}$$

式中：E——机号，针/25.4mm；

　　t——针距，mm。

这里的规定长度曾经有不同的规定，如在钩针机中，通常用38.1mm（1.5英寸），舌针机中用25.4mm（1英寸），也有些经编机用德寸、1cm等，现在由于钩针机所用不多，一般规定长度都为25.4mm（1英寸）。机号可用符号E加数字表示，如机号为18针/25.4mm时，可写作$E18$。

针织机的机号决定了其所能加工纱线的线密度。机号越高，织针越细，针距越小，所能加工的纱线越细，反之亦然。

针织机所能加工纱线线密度的上限（最粗）是由成圈等机件之间的间隙所决定的。纱线直径过粗，在编织过程中纱线不易通过机件间的间隙，就会造成断纱。

所能加工纱线线密度的下限（最细）取决于对针织物品质的要求。在每一机号的针织机上，由于成圈机件尺寸的限制，可以编织的最短线圈长度是一定的，无限度降低加工纱线的细度，会使织物变得过于稀疏，影响到产品的品质。在实际生产中，一般是根据经验或查阅有关手册确定某一机号的针织机最适宜加工纱线的线密度。

（二）筒径（针床宽度）

针织机的针床分圆型和平型。圆型针织机其织针插在圆形的针筒上，编织的是筒状织物，针筒的大小用针筒直径来表示，简称筒径。平型针织机的织针插在平形的针床上，针床的大小用针床宽度来表示，主要有经编机、针织横机、手套机和柯登机。筒径和针床宽度的法定单位为厘米（cm）或毫米（mm），但企业习惯用英寸。

根据筒径大小，纬编圆机有大圆机和小圆机之分。大圆机筒径较大，一般在660mm（26英寸）以上，目前最大的为1524mm（60英寸），大圆机所编织的织物通常要经过开幅后形成平幅坯布，经裁剪后制作衣服和其他成品。小圆机通常用于编织筒状织物，所编织的织物下机后不需开幅，其筒径大小通常与所要形成织物的尺寸相吻合，如袖口罗纹机、领口罗纹机、无缝内衣机和袜机等。

针织横机按针床宽度也可分为大横机和小横机。现在大横机主要是电脑横机，针床宽度在114cm（45英寸）以上，常用的为122cm（48英寸）~132cm（52英寸），最宽的有254cm（100英寸）。小横机主要是手动横机，一般针床宽度在107mm（42英寸）以下。

经编机一般都是平型的，其针床宽度在3302~5334mm（130~210英寸）。

（三）针床数

针床作为纬编机的主要机件，是用于安插织针及其附属件的。根据机器类型不同，针床可以是圆筒型、圆盘型或平板型，圆筒型的针床被称为针筒，圆盘型的针床被称为针盘，平板型的针床俗称针板。

在单面针织机中，只需要一组织针进行编织，编织的是单面织物，因此只需要一个针床；在双面针织机中，需要两组织针进行编织，编织的是双面织物，所以需要两个针床。纬编圆机可分为单针床和双针床两种。在单针床纬编圆机中，可以只有针筒或只有针盘。使用钩针的吊机只有针盘，现在很少使用；单面舌针圆机只有针筒，是单面纬编圆机的主要机型。双面纬编圆机都采用舌针，可以是双针筒型或针筒针盘型，其中针筒针盘型使用较多，双针筒型主要用于计件产品的编织和双针筒袜子的编织。针织横机通常也只有单针床和双针床两种类型，现在也出现了四针床电脑横机。和纬编圆机不同，由于横机产品通常都是成形衣片，在一片衣片上通常既有单面结构又有双面结构，所以横机以双针床为主，单针床横机使用较少，只在一些特殊机型中使用，如单面嵌花横机等。四针床电脑横机是一种先进的电脑横机，但因结构复杂，价格昂贵，使用较少。

经编机也有单针床和双针床之分。单针床经编机多用于生产平布，双针床经编机除了可以用于编织平布之外，还可以用来编织筒状织物和间隔织物。

（四）成圈系统数

在圆纬机上，成圈系统数是指针筒周围所安装的导纱器及相应的编织三角系统的个数，俗称路数，它反映了机器编织效率的高低。机器的成圈系统数越多，机器每转所能编织的织物横列数就越多。其稀密程度用一英寸(25.4mm)针筒直径所拥有的成圈系统数表示，一般普通纬编圆机一英寸(25.4mm)筒径对应3.2路左右，此时762mm(30英寸)筒径的机器就为96路左右。提花圆机路数要少一些。

在横机上，成圈系统数是指机头上所配置的编织三角系统的个数。由于在横机中，成圈系统数越多，机头越大，往复运行时空程越大，所以，横机系统数一般不会太多，手动横机都是单系统，窄幅电脑横机通常为2、3系统，宽幅电脑横机通常为4、6系统，个别横机有8系统。

（五）梳栉数

梳栉是经编机上固定导纱针并携带导纱针运动完成垫纱的机件，每一把梳栉携带导纱针完成一种垫纱运动，梳栉数越多，可以进行的垫纱运动越复杂，可以编织的织物结构越复杂，花色品种越多。特利柯脱型经编机通常梳栉数较少，一般在9梳以下，适合高速生产；拉舍尔型经编机梳栉数较多，一般为20～65把，最多可达95把，适于生产复杂的经编织物。

三、针织成圈过程

（一）织针

纱线在针织机上通过织针等成圈机件的相互配合形成线圈并串套连接形成针织物的过程称为成圈过程。织针是形成针织物的主要成圈机件。目前常用的织针(needle)主要有三种：钩针(bearded needle，spring needle)、舌针(latch needle)和复合针(compound needle)。

钩针的结构如图 1 - 6(a)所示,它是用圆形或扁形截面的钢片制成,头端磨尖后弯成钩状,每根针为一个整体,包括针杆 1、针头 2、针钩 3、针槽 4、针踵 5 和针钩尖 6。针尖与针槽间的间隙称为针口,是纱线进入针钩的通道。针钩可借助压板使针尖压入针槽内,以封闭针口。当压板移开后,针钩依靠自身的弹性回复开启针口,因此,钩针又称弹簧针。钩针是最早使用的织针,但由于其成圈机构复杂,现在已很少使用。

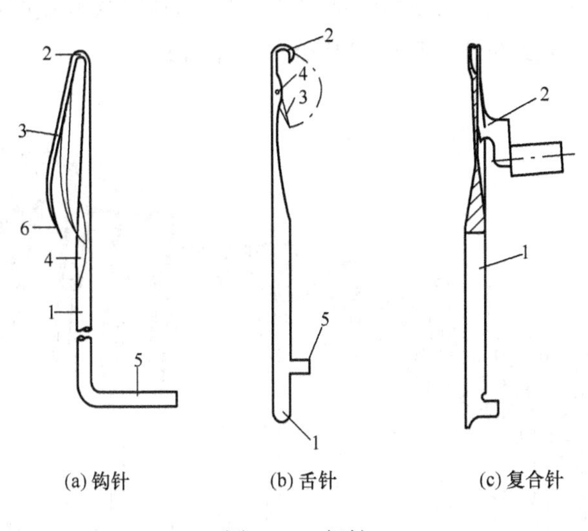

(a) 钩针　(b) 舌针　(c) 复合针

图 1 - 6　织针

舌针如图 1 - 6(b)所示。它采用钢丝或钢带制成,包括针杆 1、针钩 2、针舌 3、针舌销 4 和针踵 5 五部分。针钩用以握住纱线,使之弯曲成圈。针舌可绕针舌销回转,用以开闭针口。绝大多数纬编机和少数经编机采用舌针。

复合针如图 1 - 6(c)所示,由针身 1 和针芯 2 两部分组成。针身带有针钩,且在针杆正面铣有针槽。针芯在槽内作相对移动以开闭针口。在成圈过程中,复合针运动动程小,有利于提高针织机的速度,形成的线圈结构均匀。复合针广泛应用于经编针织机,但在纬编针织机中应用较少。

(二)织针的成圈过程

1. 钩针成圈过程　钩针在成圈时,一般先由成圈机件将垫放到织针上的纱线弯曲成一定大小的圈弧,而后使其穿过旧线圈形成一只封闭的线圈。其成圈顺序为:

(1)退圈。如图 1 - 7 中针 1 所示,针钩内的旧线圈 b 从针钩内移至针杆上,使其与针槽 c 之间有一定的距离,以便垫放纱线。

(2)垫纱。如图 1 - 7 中针 1 和针 2 所示,纱线 a 被垫放到针槽与旧线圈之间的针杆上。

(3)弯纱。将垫放到针杆上的纱线 a 弯曲成一定大小的未封闭线圈并将其从针杆上带到针钩内(图 1 - 7 中针 3 ~ 针 5)。

(4)闭口。利用压板将针钩尖压入针槽,使针口闭合,从而使新线圈和旧线圈分别处于针钩内外(图 1 - 7 中针 6)。

(5)套圈。旧线圈被向上抬起,套在闭合的针钩外边,而后针钩释压,针口开启(图 1 - 7 中针6～针7)。

(6)脱圈。上抬的旧线圈从针头上脱落到未封闭的新线圈上,新线圈形成封闭的线圈(图1-7中针8～针11)。

(7)成圈。旧线圈被继续向上抬,使其针编弧与新线圈的沉降弧接触,以形成规定大小的新线圈(图1-7中针12)。

(8)牵拉。在牵拉力的作用下,新线圈被拉向针背后,使其离开成圈区域,以免在下一成圈循环时,旧线圈重新被套到织针上(图1-7中针13～针15)。

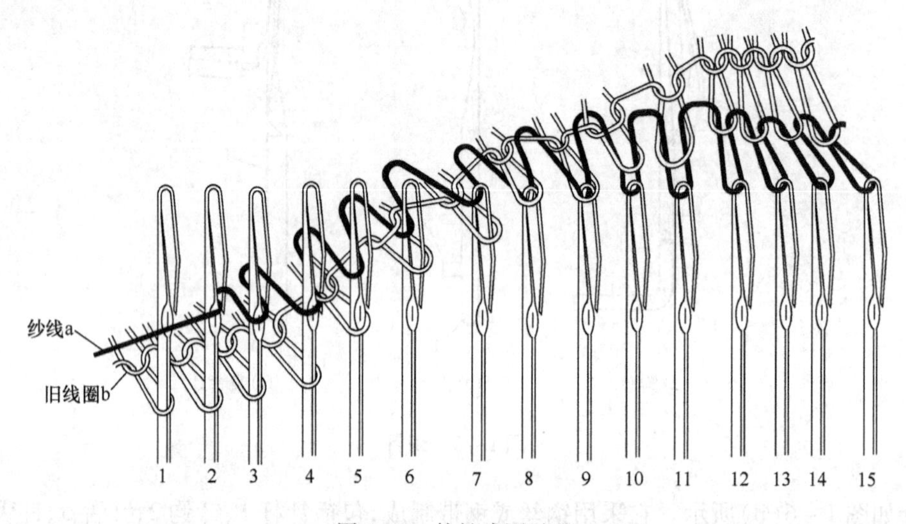

图1-7　钩针成圈过程

2. 舌针的成圈过程　舌针成圈的特点是纱线弯曲形成线圈和纱线穿过旧线圈同时进行,没有将纱线预先弯曲成一定大小未封闭线圈的阶段。其成圈顺序为:

(1)退圈。如图1-8中针4～针5所示,织针上升,旧线圈b从针钩内滑移到针杆上。

(2)垫纱。在舌针和导纱器的相对运动下,纱线a被垫放到针钩与针舌尖之间(图1-8中针5～针7)。

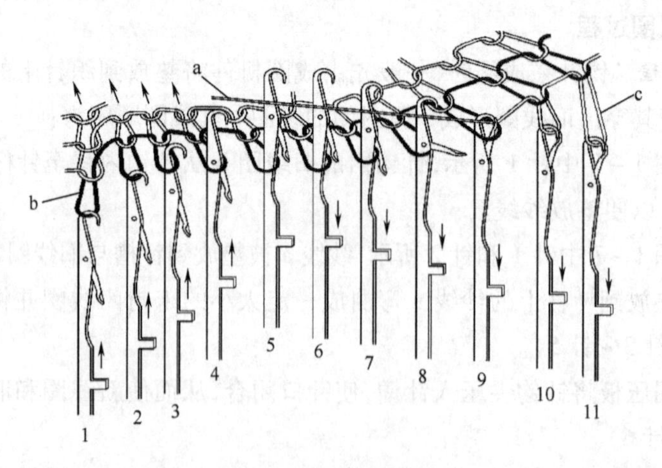

图1-8　舌针成圈过程

(3)闭口。在织针下降的过程中,处于针杆上的旧线圈移向针舌,使针舌向上回转关闭针口(图1-8中针8~针9)。

(4)套圈。织针继续下降,旧线圈上移套在关闭的针舌上(图1-8中针9)。

(5)弯纱。织针进一步下降,新垫入针钩的纱线逐渐弯曲,直至形成封闭的线圈(图1-8中针9~针11)。

(6)脱圈。在织针下降弯纱的过程中,旧线圈从针头上脱下,套到正在进行弯纱的新线圈上(图1-8中针10)。

(7)成圈。舌针下降至最低位置,垫入的新纱线弯曲成规定大小的新线圈c(图1-8中针11)。

(8)牵拉。在牵拉力的作用下,新线圈和旧线圈被拉向针背后,离开成圈区域,防止在下一成圈循环中旧线圈重新套在针头上(图1-8中针1~针4)。

第三节 针织准备

一、针织用纱的基本要求

为了保证针织过程的顺利进行以及产品的质量,对针织用纱有下列基本要求。

(1)具有一定的强度和延伸性,以便能够弯纱成圈。

(2)捻度均匀且偏低。捻度高易导致编织时纱线扭结,影响成圈,而且纱线变硬,使线圈产生歪斜。

(3)细度均匀,纱疵少。粗节和细节会造成编织时断纱或影响到布面的线圈均匀度。

(4)抗弯刚度低,柔软性好。抗弯刚度高,即硬挺的纱线难以弯曲成线圈,或弯纱成圈后线圈易变形。

(5)表面光滑,摩擦系数小。表面粗糙的纱线会在经过成圈机件时产生较大的纱线张力,易造成成圈过程中纱线断裂。

二、络纱

进入针织厂的纱线一般有绞纱和筒子纱两种。绞纱需要先卷绕在筒管上变成筒子纱才能上机编织。而筒子纱有些可直接上机编织,有些则需要重新进行卷绕即络纱。

(一)络纱的目的

络纱或络丝(winding)的目的主要在于:一是使纱线卷绕成一定形式和一定容量的卷装,满足编织时纱线退绕的要求。采用大卷装可以减少针织生产中的换筒次数,为减轻工人劳动强度,提高机器的生产效率创造良好条件,但要考虑针织机的筒子架上能否安放。二是去除纱疵和粗细节,提高针织机生产效率和产品质量。三是可以对纱线进行必要的辅助处理,如上蜡、上油、上柔软剂、上抗静电剂等,以改善纱线的编织性能。四是对没有用完的纱底进行处理,再打成可以用于编织的一定大小的卷装。

(二)卷装形式

纱线的卷装形式很多,针织生产中常用的有圆柱形筒子(a),圆锥形筒子(b)和三截头圆锥形筒子(c),如图1-9所示。

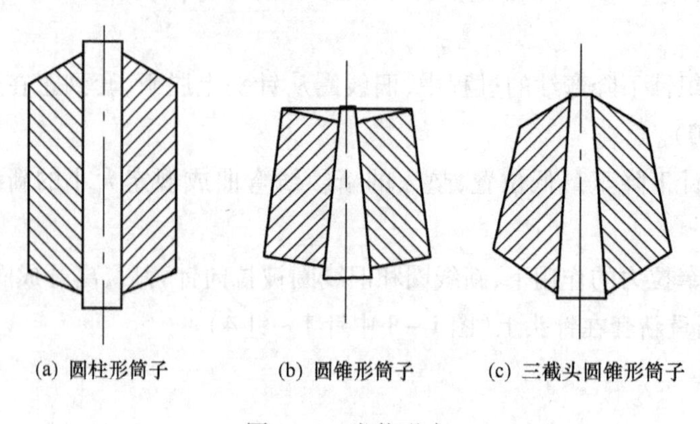

(a) 圆柱形筒子　　(b) 圆锥形筒子　　(c) 三截头圆锥形筒子

图1-9　卷装形式

圆柱形筒子主要来源于化纤厂,原料多为化纤长丝。其优点是卷装容量大,但筒子形状不太理想,退绕时纱线张力波动较大。在不少场合,圆柱形筒子可以不经络丝而直接上机编织。

圆锥形筒子是针织生产中广泛采用的一种卷装形式。它的退绕条件好,容纱量较大,生产率较高,适用于各种短纤纱,如棉纱、毛纱和各种混纺纱等。

三截头圆锥形筒子俗称菠萝形筒子,其退绕条件好,退绕张力波动小,适用于各种长丝,如化纤长丝、真丝等。

(三)络纱设备与工艺

络纱机种类较多,其中槽筒式络纱机和菠萝锭络丝机在针织厂中使用较多。前者主要用于络棉、毛等各种短纤纱线,而后者用于络取长丝。有些生产色织产品的针织厂还配备松式络筒机,用于将纱线络成密度较松且均匀的筒子,以便进行筒子染色。

络纱机的主要机构和作用如下:卷绕机构,使筒子回转以卷绕纱线;导纱机构,引导纱线有规律地覆布于筒子表面;张力装置,给纱线以一定张力,使纱筒成形良好,纱线张力适度;清纱装置,检查纱线的粗细,清除附在纱线上的杂质疵点;防叠装置,使层与层之间的纱线产生位移,防止纱线的重叠;辅助装置,可对纱线进行上蜡和上油等处理。

在上机络纱或络丝时,应根据原料的种类与性能、纱线的细度以及对筒子硬度等的要求,调整络纱速度、张力大小、清纱装置的刀门隔距、上蜡上油的蜡块或乳化油成分等工艺参数,并控制卷装容量,以生产质量合乎要求的筒子。

三、整经

(一)整经的目的与要求

整经是经编生产中必须的一道准备工序。整经(warping,beaming)应将筒子纱按照工艺所需要的经纱根数与长度,在相同的张力下,平行、等速、整齐地卷绕成经轴,以供经编机使用。在整经过程中不仅要求经轴成形良好，还应改善经纱的编织性能，消除经纱疵点，为织造提供良好的基础。

（二）整经的方法

常用的整经方法有轴经整经、分段整经和分条整经三种。

1. 轴经整经　轴经整经是将经编机一把梳栉所用的经纱，同时且全部卷绕到一个经轴上。对一般编织地组织的经轴，由于经纱根数很多，纱架容量要求很大，这种办法不经济，在生产中也有一定困难。因此，轴经整经多用于经纱总根数不多的花色纱线的整经。

2. 分段整经　分段整经是将经轴上的全部经纱分成几份，卷绕成窄幅的分段经轴，再将分段经轴组装成经编机上用的经轴。分段整经生产效率高，运输和操作方便，比较经济，能适应多品种多色纱的要求，是目前使用最广泛的方法。

3. 分条整经　分条整经是将经编机梳栉上所需的全部经纱根数分成若干份，一份一份分别绕到大滚筒上，然后再倒绕到经轴上的整经方法。这种整经方法生产效率低，操作麻烦，已很少使用。

聚氨酯弹性纱线由于具有很大的延伸性且与导纱机件有很高的摩擦系数而难以整经，用普通整经方法整经时，纱线极易缠结，经纱张力也不稳定，因此必须使用专门的整经机。

思考练习题

1. 针织和针织物的定义和分类。

2. 针织线圈由哪些部分组成？什么是线圈长度，它对针织物性能有哪些影响？如何控制和测量？

3. 针织物的主要物理和性能指标有哪些，各如何定义？

4. 针织机的主要机构有哪些？主要技术指标有哪些？

5. 什么是机号？它与所加工纱线的粗细有何关系？

6. 络纱的目的和要求是什么？

7. 简述整经的目的、要求和方法。

8. 画图说明舌针成圈过程。

9. 某针织物试样原长 10.0cm，在定力拉伸后长度为 15.5cm，定力去除后长度回复为 10.4cm，试求该针织物的延伸率和弹性回复率。

10. 用 18tex 纯棉纱线编织纬平针织物，要求横密为 76 纵行/5cm，纵密为 96 横列/5cm，干燥重量为 135g/m^2，求其百针纱长应该是多少毫米？

第二章　针织基本组织与变化组织

● 本章知识点 ●

1. 纬平针组织的结构、特性及用途。
2. 罗纹组织的结构、命名、特性及用途。
3. 双罗纹组织的结构、特性及用途。
4. 双反面组织的结构、特性及用途。
5. 经编基本组织和变化组织的种类、结构和特点。

第一节　纬编基本组织和变化组织

一、纬平针组织

（一）纬平针组织的结构

纬平针组织（plain stitch，jersey stitch）又称平针组织，由连续的单元线圈向一个方向串套而成，是单面纬编针织物的基本组织（图2-1）。纬平针组织的两面具有不同的外观，一面呈现出正面线圈效果，即沿线圈纵行方向连续的"V"形外观，如图2-1（a）所示；另一面呈现出反面线圈效果，即由横向相互连接的圈弧所形成的波纹状外观，如图2-1（b）所示。图2-1中（c）和（d）分别是纬平针组织正面和反面的实物图。在编织时，线圈是从织物的反面向正面串套过来，纱线中的一些杂质和粗节被阻挡在织物的反面，因此，织物正面比反面更加光洁、平整。而且由于对光线的反射不同，反面较正面暗淡。

（二）纬平针组织的特性及用途

1. 线圈歪斜　在自由状态下，由于加捻的纱线捻度不稳定，力图退捻，有些纬平针织物线圈常发生歪斜，这在一定程度上影响到织物的外观与使用。线圈的歪斜方向与纱线的捻向有关，当采用z捻纱编织时，线圈沿纵行方向由左下向右上倾斜，如图2-2（a）所示；当采用s捻纱编织时，线圈沿纵行方向由右下向左上倾斜，如图2-2（b）所示。

线圈的歪斜程度主要受捻度影响，捻度越大，线圈歪斜越厉害。除此之外，它还与纱线的抗弯刚度、织物的稀密程度等有关。纱线的抗弯刚度越大，织物的密度越小，歪斜也越厉害。采用低捻和捻度稳定的纱线，或两根捻向相反的纱线进行编织，适当增加织物的密度，都可以减小线圈的歪斜。在股线中，由于单纱捻向与合股捻向相反，所以在捻度比合适的情况下，用股线编织的纬平针织物就不会产生线圈歪斜的现象。

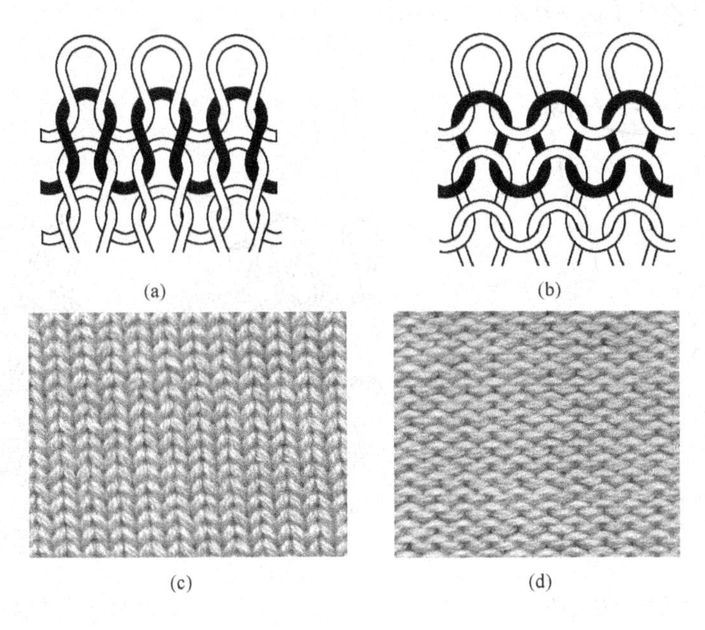

图 2－1　纬平针组织

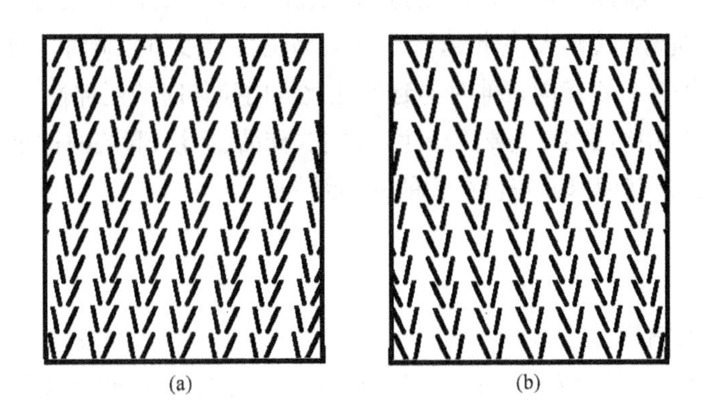

图 2－2　纬平针织物的线圈歪斜

2. 卷边性　纬平针织物的边缘具有明显的卷边现象，它是由于织物边缘线圈中弯曲的纱线受力不平衡，在自然状态下力图伸直引起的。从图 2－3 中可以看出，织物边缘沿横列方向如图中虚线所示向织物的反面卷曲，沿纵行方向如图中实线所示向织物正面卷曲。

卷边性不利于裁减、缝纫等成衣加工，但可以利用这种卷边特性来设计一些特殊的织物结构。纱线的抗弯刚度、粗细和织物的密度都可以影响到织物的卷边性。

3. 脱散性　纬平针织物可沿织物横列方向脱散，也可以沿织物纵行方向脱散。如图 2－4(a)所示，横向脱散发生在织物边缘，此时纱线没有断裂，抽拉织物最边缘一个横列的纱线端可使纱线从整个横列中脱散出来，它可以被看作编织的逆过程。纬平针织物顺编织方向和逆编织方向都可脱散。纵向脱散发生在织物中某处纱线断裂时，如图 2－4(b)所示，当线圈 a 的纱线断裂后,线圈 b 由于失去了串套联系就会向织物正面翻转,从线圈 c 中脱离出来,严重时会使整个纵行的线圈从断纱处依次从织物中脱离出来。

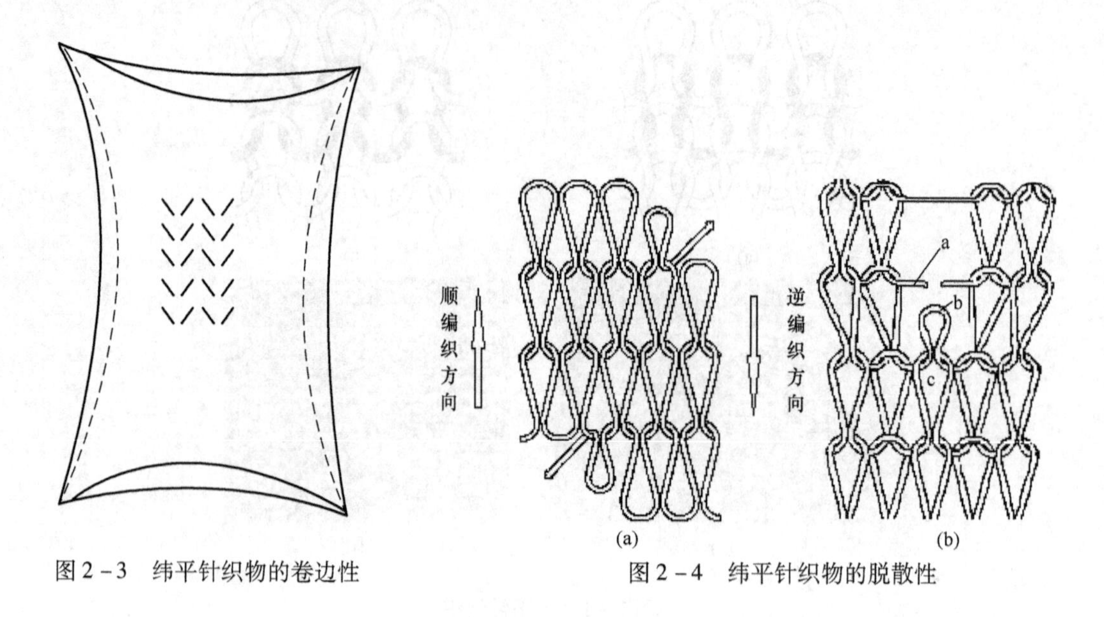

图 2-3 纬平针织物的卷边性

图 2-4 纬平针织物的脱散性

织物的脱散性与纱线的光滑程度、抗弯刚度和织物的稀密程度有关,也与织物所受到的拉伸程度有关,纱线越光滑、抗弯刚度越大、织物越稀松、越容易脱散,当受到拉伸时,会加剧织物的脱散。

4. 延伸性 纬平针织物横向拉伸时的延伸性比纵向拉伸时的延伸性大。

纬平针织物轻薄、用纱量少,主要用于生产内衣、袜品、毛衫、服装的衬里和某些涂层材料底布等。纬平针组织也是其他单面花色织物的基本结构。

二、罗纹组织

(一)罗纹组织的结构

罗纹组织(rib stitch)是双面纬编针织物的基本组织,它是由正面线圈纵行和反面线圈纵行以一定组合相间配置而成。罗纹组织通常根据一个完全组织(最小循环单元)中正反面线圈纵行的比例来命名,如 1+1、2+2、3+2、6+3 罗纹等,前面的数字表示一个完全组织中的正面线圈纵行数,后面的数字表示其中的反面线圈纵行数。有时也用 1×1、1:1 或 1—1 等方式表示。图 2-5 为由一个正面线圈纵行和一个反面线圈纵行相间配置形成的 1+1 罗纹。图中(a)是自由状态时的结构,(b)是横向拉伸时的结构,(c)是实物图。1+1 罗纹是最常用的罗纹组织。1+1 罗纹织物的一个完全组织包含了一个正面线圈和一个反面线圈。由于一个完全组织中的正反面线圈不在同一平面上,因而沉降弧须由前到后,再由后到前地把正反面线圈连接起来,造成沉降弧较大的弯曲与扭转,结果使以正反面线圈纵行相间配置的罗纹组织每一面上的正面线圈纵行相互靠近。如图 2-5(a)所示,在自然状态下,织物的两面只能看到正面线圈纵行;在织物横向拉伸时,连接正反面线圈纵行的沉降弧 4—5 趋向于与织物平面平行,反面线圈 5—6—7—8 就会被从正面线圈后面拉出来,在织物的两面都能看到交替配置的正面线圈纵行和反面线圈纵行，如图2－5(b)所示。

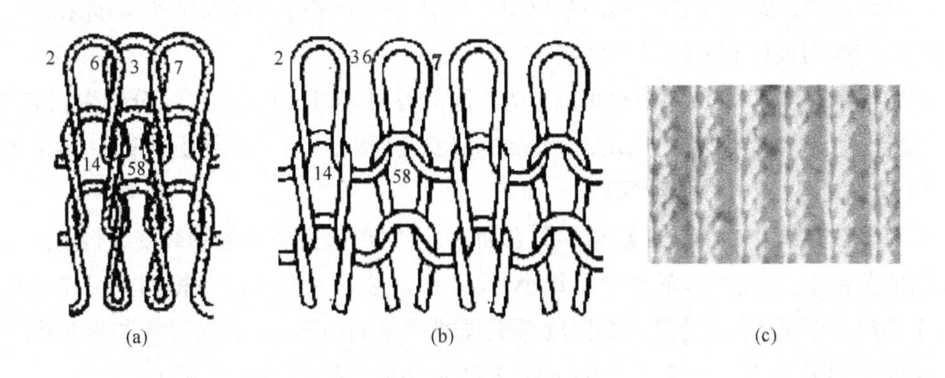

图2－5　1＋1罗纹组织

(二)罗纹组织的特性与用途

在横向拉伸时，罗纹组织具有较大的延伸性。与纬平针织物相比(图2－6)，罗纹织物的横向延伸性大很多。罗纹组织的横向延伸性除了与纱线延伸性、织物线圈长度和未充满系数等因素有关外，还与织物的完全组织数有关。完全组织数越小，单位宽度内被隐藏的反面线圈数越多，横向延伸性越大，一般来说，1＋1罗纹组织横向延伸性最大。

罗纹组织也有产生脱散的现象，但它在边缘横列只能逆编织方向脱散，顺编织方向一般不脱散。当某线圈纱线断裂时，罗纹组织也会发生线圈沿着纵行从断纱处梯脱的现象。

在正反面线圈纵行数相同的罗纹组织中，由于造成卷边的力彼此平衡，并不出现卷边现象。在正反面线圈纵行数不同的罗纹组织中，虽有卷边现象，但不严重。

在罗纹组织中，由于正反面线圈纵行相间配置，线圈的歪斜可以相互抵消，所以织物就不会表现出歪斜的现象。

罗纹组织特别适宜于制作内衣、毛衫、袜品等的边口部段，如领口、袖口、裤腰、裤脚、下摆、袜口等。由于罗纹组织顺编织方向不能沿边缘横列脱散，所以上述收口部段可直接织成光边，无需再缝边或拷边。罗纹织物还常用于生产贴身或紧身的弹力衫裤，特别是织物中衬入氨纶等弹性纱线后，服装的贴身、弹性和延伸效果更佳。良好的延伸性也使其用来制作护膝、护腕和护肘等。

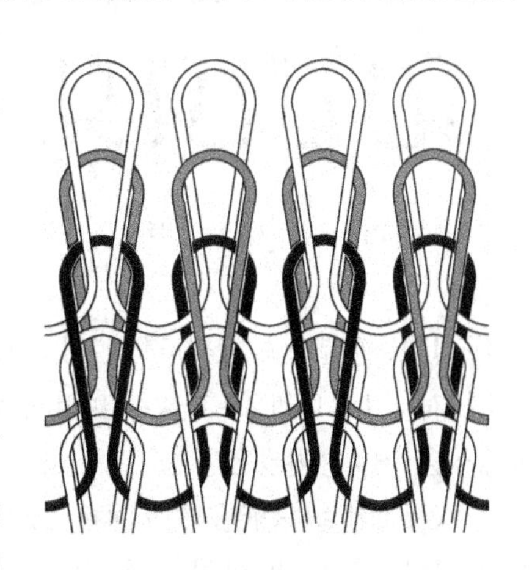

图2－6　1＋1双罗纹组织

三、双罗纹组织

(一)双罗纹组织的结构

双罗纹组织(interlock stitch)又称棉毛组织，是由两个罗纹组织彼此复合而成，即在一个罗纹组织的反面线圈纵行上配置另一个罗纹组织的正面线圈纵行，其结构如图2－6所示。这样，在织物的两面都只能看到正面线圈,即使在拉伸时,也不会显露出反面线圈纵行,因此亦被称为双正面组织。它属于一种纬编变化组织。由于双罗纹组织是由相邻两个成圈系统形成一个完整的线圈横列,因此在同一横列上的相邻线圈在纵向彼此相差约半个圈高。

同罗纹组织一样,双罗纹组织也可以分为不同的类型,如 1 +1、2 +2 等,分别由相应的罗纹组织复合而成。由两个 2 +2 罗纹组织复合而成的双罗纹组织,又称八锁组织(eight - lock stitch)。

(二)双罗纹组织的特性与用途

由于双罗纹组织是由两个罗纹组织复合而成,因此在未充满系数和线圈纵行的配置与罗纹组织相同的条件下,其延伸性较罗纹组织小,尺寸稳定性好。同时边缘横列只可逆编织方向脱散。当个别线圈断裂时,因受另一个罗纹组织线圈摩擦的阻碍,不易发生线圈沿着纵行从断纱处分解脱散的梯脱现象。与罗纹组织一样,双罗纹组织也不会卷边,线圈不歪斜。

双罗纹组织织物厚实,保暖性好,主要用于制作棉毛衫裤。此外,双罗纹组织还经常被用来制作休闲服、运动服、T 恤衫和鞋里布等。

四、双反面组织

(一)双反面组织的结构

双反面组织(purl stitch, links and links stitch)也是双面纬编组织中的一种基本组织。它是由正面线圈横列和反面线圈横列交替配置而成,其结构如图 2 -7 所示。在双反面组织中,由于弯曲的纱线段受力不平衡,力图伸直,使线圈的圈弧向外凸出,圈柱向里凹陷,使织物两面都显示出线圈反面的外观,故称双反面组织。

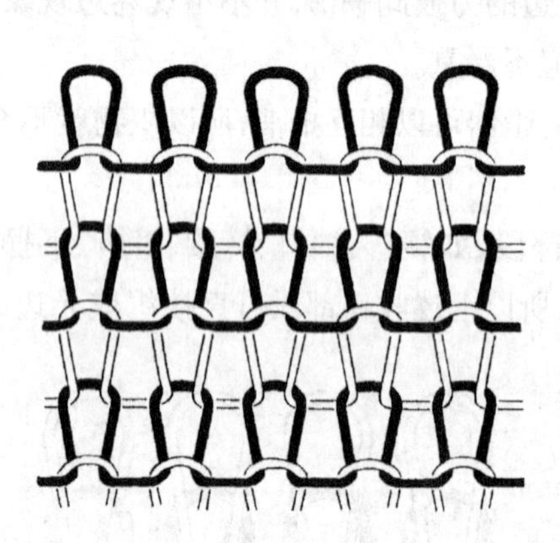

图 2 -7　双反面组织

图 2 -7 所示的双反面组织是由一个正面线圈横列和一个反面线圈横列交替编织而成,为 1 +1 双反面组织。如果改变正反面线圈横列配置的比例关系,还可以形成 2 +2,2 +3,3 +3 等双反面组织。也可以按照花纹要求,在织物表面混合配置正反面线圈区域,形成凹凸花纹效果。

(二)双反面组织的特性与用途

双反面组织由于线圈圈柱向垂直于织物平面的方向倾斜,使织物纵向缩短,因而增加了织物的厚度,也使织物在纵向拉伸时具有较大的延伸度,使织物的纵横向延伸度相近。与纬平针组织一样,双反面组织在织物的边缘横列顺、逆编织方向都可以脱散。双反面组织的卷边性是随着正反面线圈横列组合的不同而不同,对于 1 +1 和 2 +2 这种由相同数目正反面线圈横列组合的双反面组织,因卷边力相互抵消,不会产生卷边现象。

双反面组织只能在双反面机,或具有双向移圈功能的双针床圆机和横机上编织。这些机器的编织机构较复杂,机号较低,生产效率也较低,所以该组织不如纬平针、罗纹和双罗纹组织应用广泛,主要用于生产毛衫类产品。

第二节　经编基本组织和变化组织

经编组织最基本的是单针床单梳栉经编基本组织。双针床单梳栉经编基本组织将在双针床经编组织中加以介绍。

一、编链组织

每根经纱始终在同一枚针上垫纱成圈所形成的组织为编链组织(pillar stitch),有开口编链和闭口编链两种。闭口编链的组织记录为1—0/1—0//,如图2－8(a)所示;开口编链的组织记录为1—0/0—1//,如图2－8(b)所示。

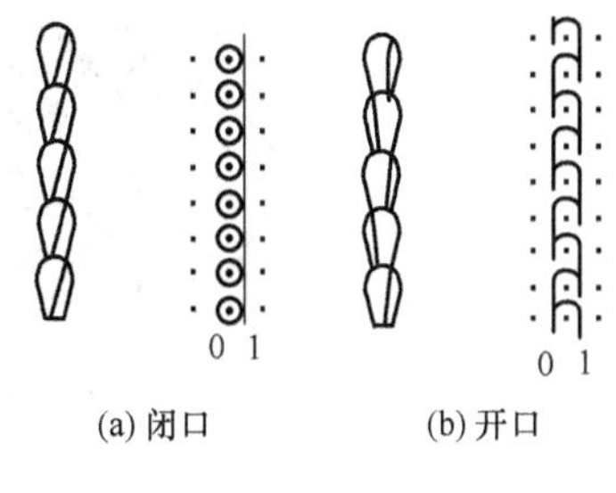

(a)闭口　(b)开口

图2－8　编链组织

编链组织纵行之间无联系,一般不能单独应用,只能与其他组织一起形成织物。编链组织纵向延伸性较小,其延伸性主要取决于纱线弹性。编链组织与衬纬结合所编织的织物纵向和横向延伸性都很小,与机织物相似。编链组织逆编织方向脱散。在编织花边时,可以用编链组织作为分离纵行,将花边之间连接起来,织成宽幅的花边坯布,在后整理时再将编链脱散从而使各条花边分离开来。编链组织也是形成网孔织物的基本组织。在相邻纵行的编链之间按照一定规律间隔若干横列连接起来,在无横向联系处即可形成一定大小的孔眼。

二、经平组织和变化经平组织

1. 经平组织　每根纱线轮流在相邻两枚针上垫纱成圈的组织称为经平组织(tricot stitch),又叫二针经平。经平组织线圈可以是闭口的或开口的,也可以是开口与闭口交替进行。图2－9(a)为闭口经平,其组织记录为1—0/1—2//;图2－9(b)为开口经平,其组织记录为0—1/2—1//。

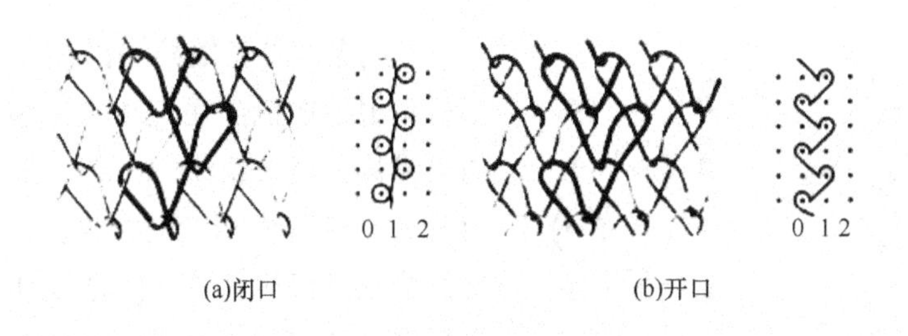

(a)闭口　(b)开口

图2－9　经平组织

经平组织中,同一纵行的线圈由相邻两根纱线交替形成。所有线圈都具有单向延展线,即线圈的引入延展线和引出延展线处于该线圈的同一侧。由于纱线弯曲处力图伸直,使线圈向着延展线相反的方向倾斜，线圈纵行呈曲折状排列在织物中。线圈的倾斜程度随着纱线弹性及织物密度的增加而增加。

经平组织织物在一个线圈断裂后，在横向拉伸时线圈会沿着纵向脱散，并使得织物从此处分成两片。

2. 变化经平组织 横跨三针及三针以上的经平组织为变化经平组织。横跨三针的经平组织，又称为经绒组织，图 2－10(a)为闭口经绒，其组织记录为 1—0/2—3//；图 2－10(b)为开口经绒，其组织记录为 0—1/3—2//。图 2－11 所示为横跨四针的经平组织，又称为经斜组织。图 2－11(a)为闭口经斜，其组织记录为 1—0/3—4//；图 2－11(b)为开口经斜，其组织记录为 0—1/4—3//。变化经平组织在线圈断裂后虽能脱散，但不会分成两片。

在经平组织中，所跨过的针数越多，延展线越长，横向延伸性越小。

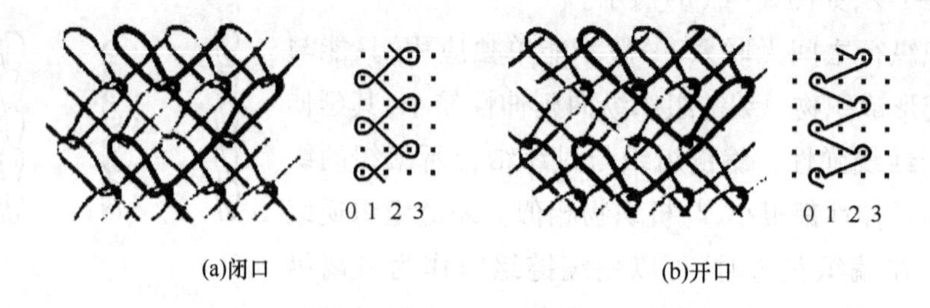

(a)闭口　(b)开口

图 2－10　经绒组织

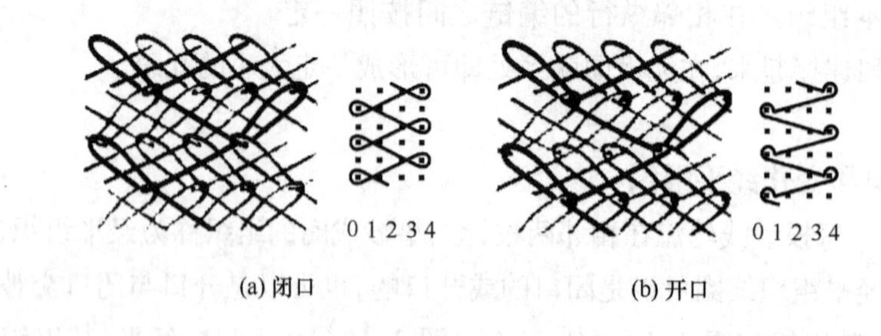

(a) 闭口　(b) 开口

图 2－11　经斜组织

三、经缎和变化经缎组织

每根纱线依次在三枚或三枚以上的针上成圈的组织称为经缎组织(atlas stitch)。图 2－12 为最简单的经缎组织，由于在三枚针上顺序成圈，所以常称为三针经缎组织，有时以其完全组织的横列数命名，为四列经缎组织，其组织记录为 1—0/1—2/2—3/2—1//。在一个完全组织中，导纱针的横移大小、方向和顺序可按花纹要求设定。

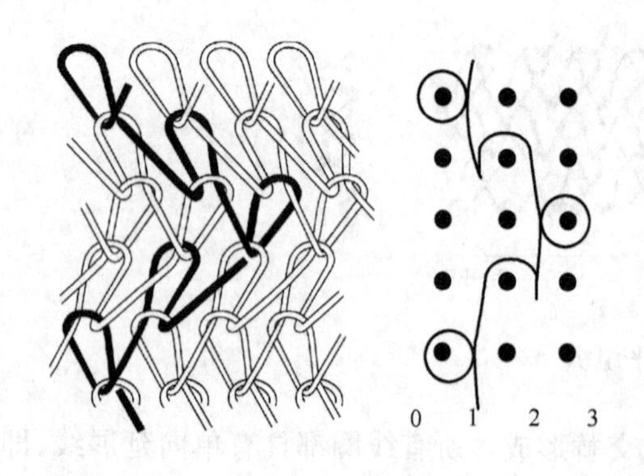

图 2－12　经缎组织

经缎组织一般由开口线圈和闭口线圈组成，

大多在垫纱转向时采用闭口线圈，而在中间采用开口线圈，此时延展线处于开口线圈两侧，由于两侧纱线弯曲程度不同，线圈向弯曲程度较小的方向倾斜，倾斜程度比转向线圈小，接近于经平组织的形态，转向线圈倾斜较大，在转向处往往产生孔眼。

经缎组织线圈断裂后纵行能沿逆编织方向脱散，但不会分成二片。

隔针垫纱可形成变化经缎组织。图2－13所示的垫纱运动图为四针变化经缎组织，其组织记录为1—0/2—3/4—5/6—7/5—4/3—2//。

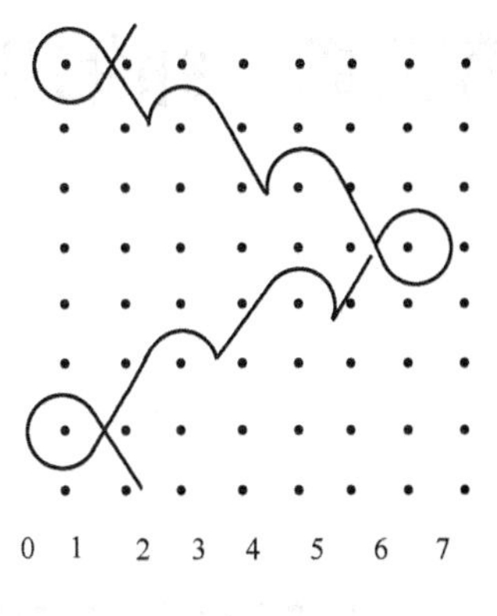

图2－13　变化经缎组织

四、重经组织

每根经纱每次同时在相邻两根针上垫纱成圈所形成的组织为重经组织（double loop stitch），为针前两针距横移的经编组织。重经组织可在上述基本组织的基础上形成。图2－14（a）和图2－14（b）分别为闭口和开口重经编链组织，它们的组织记录分别为2—0//和0—2/2—0//。图2－15（a）和图2－15（b）分别为开口和闭口重经平组织，它们的组织记录分别为0—2/3—1//和1—3/2—0//，后一横列相对于前一横列移过一个针距。

重经组织有闭口线圈和开口线圈，其性质介于经编和纬编之间，具有脱散性小，弹性好等优点。

重经组织编织时纱线张力大，生产工艺要求较高。

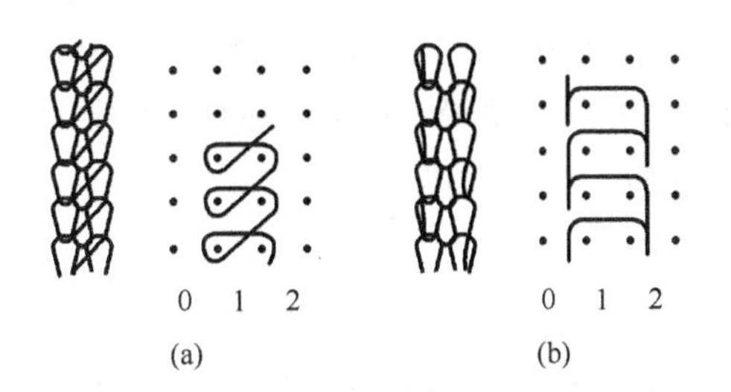

图2－14　重经编链组织

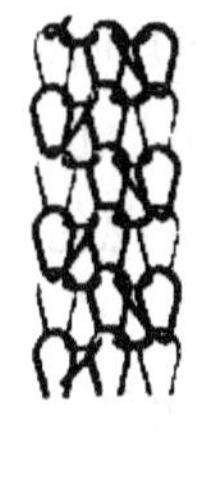

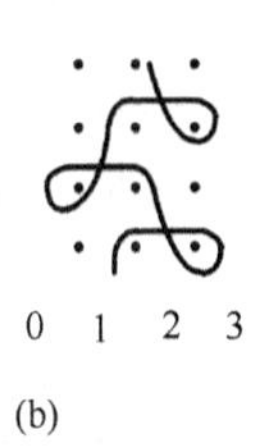

图2－15　重经平组织

思考练习题

1. 纬编和经编基本组织和变化组织各有哪几种？它们在结构和性能上各有何特点？
2. 纬平针织物为什么会产生线圈歪斜？向哪个方向歪斜？
3. 纬平针织物为什么会产生卷边？向哪个方向卷边？
4. 分别画出纬平针组织正反面的线圈图。画出3＋2罗纹组织的线圈图。
5. 分别画出经编基本组织和变化组织的垫纱运动图，并写出它们的组织记录。

第三章　纬编机成圈工艺

● 本章知识点 ●

1. 单面舌针圆纬机的结构和编织纬平针织物的成圈过程及其分析。
2. 罗纹和双罗纹机的结构和成圈工艺。
3. 双反面机的结构和成圈工艺。
4. 手动横机的结构和成圈工艺。

第一节　单面舌针圆纬机成圈工艺

单面圆纬机是指由一组针编织成圈的圆型纬编针织机(circular knitting machine)。常见的有使用钩针的台车、吊机和使用舌针的单针筒圆纬机,目前单面舌针圆纬机(以下简称单面圆机)使用较为广泛。早期的单面圆机只有一条三角针道,采用一种针踵的舌针,主要编织纬平针等结构简单的单面织物。现已发展到多条三角针道,采用多种针踵位置不同的舌针,织针三角(needle cam)简称三角,也可以在成圈、集圈、不编织三种工作方式之间变换,使用最广泛的是四针道单面圆机,可以编织平针、彩色横条、集圈等多种织物,如再更换一些成圈机件,还可编织衬垫、毛圈等花色织物。本节主要介绍单面圆机编织纬平针组织的成圈工艺。

一、成圈机件及其配置

单面圆机可以带有或不带沉降片。由于带沉降片编织的织物质量较好,所以占绝大多数。装有沉降片的单面圆机的成圈机件及其配置如图 3 - 1(a)所示。舌针 1 垂直插在针筒 2 的针槽中。沉降片 3 水平插在沉降片圆环 4 的片槽中。舌针与沉降片呈一隔一交错配置,沉降片圆环与针筒同步回转。箍簧 5 作用在舌针针杆上,防止在针筒转动时由于惯性力的作用使得舌针向外扑。舌针在随针筒转动的同时,针踵在织针三角座 6 上的三角 7 的作用下,推动织针在针槽中上下运动完成相应的成圈动作。沉降片三角(sinker cam)9 安装在沉降片三角座 8 上,沉降片在随沉降片圆环转动的同时,其片踵受沉降片三角的作用沿径向作进出运动,配合舌针完成成圈运动。导纱器 10 安装在针筒外侧,固定不动,起到对织针垫纱的作用。图 3 - 1(b)表示了舌针与针筒之间的关系。

1. 织针　单面圆机上用的舌针如图 1 - 6(b)所示。它包括针钩、针舌、针舌销、针踵和针

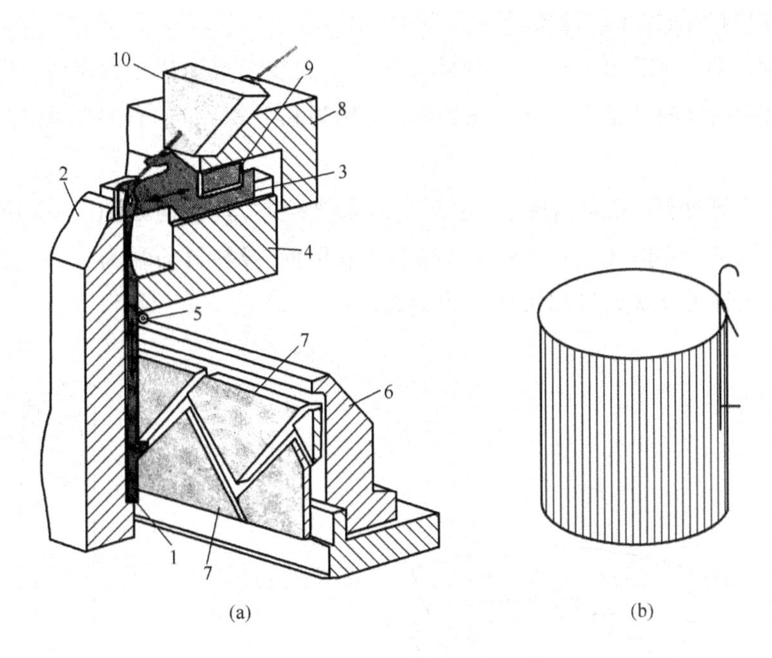

图 3－1　单面圆纬机成圈机件及其配置

杆几个部分。

2. 沉降片　沉降片是用来配合舌针进行成圈的。沉降片的结构如图 3－2 所示。1 是片鼻，2 是片喉，两者用来握持线圈的沉降弧，防止舌针上升退圈阶段，旧线圈随针一起上升。3 是片颚，其上沿（即片颚线）用于弯纱时握持纱线，故片颚线所在平面又称握持平面。4 是片踵，通过它来控制沉降片的运动。

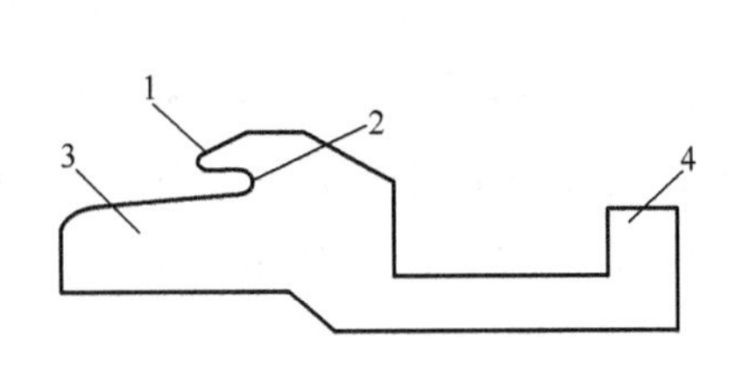

图 3－2　普通沉降片的结构

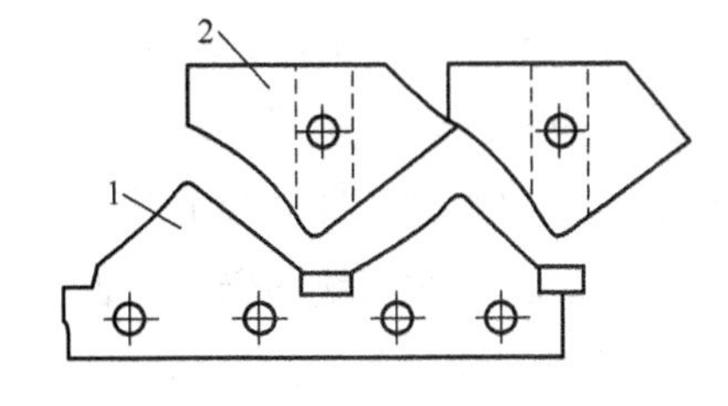

图 3－3　织针三角

3. 三角　纬编机的三角实际上就是一种机械凸轮，用于驱动作为从动件的织针完成相应的机械运动，从而将纱线编织成线圈。单面圆机的三角分为织针三角和沉降片三角。织针三角控制织针沿针槽作上下运动，沉降片三角控制沉降片沿针筒径向作进出运动。

（1）织针三角。织针三角的形状和结构虽然因机型不同而不同，但其主要应包括退圈三角 1 和弯纱三角 2 两部分，如图 3－3 所示。退圈三角又称起针挺针三角，控制织针上升完成退圈动作；弯纱三角又称成圈三角、压针三角，控制织针下降，完成闭口、套圈、脱圈和成圈动作。退圈三角一般是固定不动的，弯纱三角则需要能够沿着铅垂方向作上下调整，用以改变弯纱深度，适应所编织织物的线圈大小设计要求。

(2)沉降片三角。如图3－4所示,沉降片三角1固装在沉降片三角座内,作用于沉降片片踵2上,使其沿径向作进出运动,协助织针退圈、脱圈和对织物进行牵拉,配合舌针完成成圈动作。

4. 导纱器 导纱器(又称钢梭子)主要是用来垫纱的,其结构如图3－5所示。1是导纱孔,用来引导纱线;2是调节孔,可调节导纱器的高低位置,导纱器前端为一平面,在舌针上升退圈阶段,可防止因针舌反拨将针口关闭产生漏针。

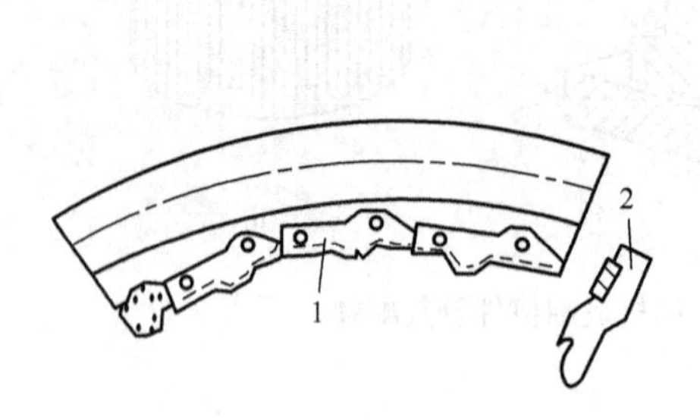

图3－4　沉降片三角

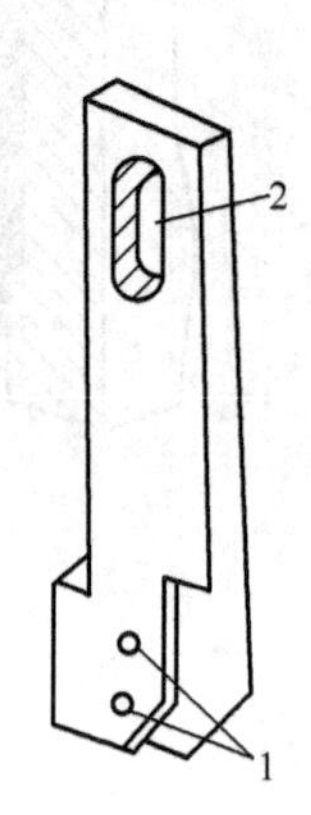

图3－5　导纱器

二、成圈过程

编织纬平针组织的成圈过程(knitting cycle)如图3－6所示。

1. 退圈 图3－6(a)至图3－6(c)为舌针退圈的过程。图3－6(a)所示为成圈过程的起始时刻,当织针针头通过沉降片片颚平面线时,沉降片向针筒中心挺足,用片喉握持旧线圈的沉降弧,防止退圈时织物随针一起上升。图3－6(b)所示为上升到集圈高度,又称第一退圈高度或退圈不足高度,此时旧线圈仍在针舌上,尚未退到针杆上。图3－6(c)所示为织针上升至最高点,旧线圈退到针杆上,完成退圈。

2. 垫纱 如图3－6(d)所示,退圈结束后,舌针在弯纱三角的作用下开始下降,在下降过程中,舌针从导纱器勾取新纱线,沉降片向外退出,为弯纱做准备。

3. 闭口、套圈 如图3－6(e)所示,舌针继续下降,旧线圈推动针舌向上转动从而关闭针口,并套在针舌外。此时,沉降片移至针筒最外侧,片鼻离开针平面,防止新纱线在片鼻上弯纱。

4. 弯纱、脱圈、成圈 舌针继续下降,针钩接触新纱线开始弯纱,针头低于片颚线时,旧线圈从针头上脱下,套在新形成的线圈上,如图3－6(f)所示,舌针下降到最低点,新纱线搁在沉降片片颚上弯纱,新线圈形成。

5. 牵拉 图3－6(f)至图3－6(a),沉降片从针筒外侧向针筒中心挺进,用片喉握持新形成线圈的沉降弧,将旧线圈推向针背,以防止在下一成圈过程开始时旧线圈重新套在针钩上。

同时,为避免新形成的线圈张力过大,舌针作少量回升。

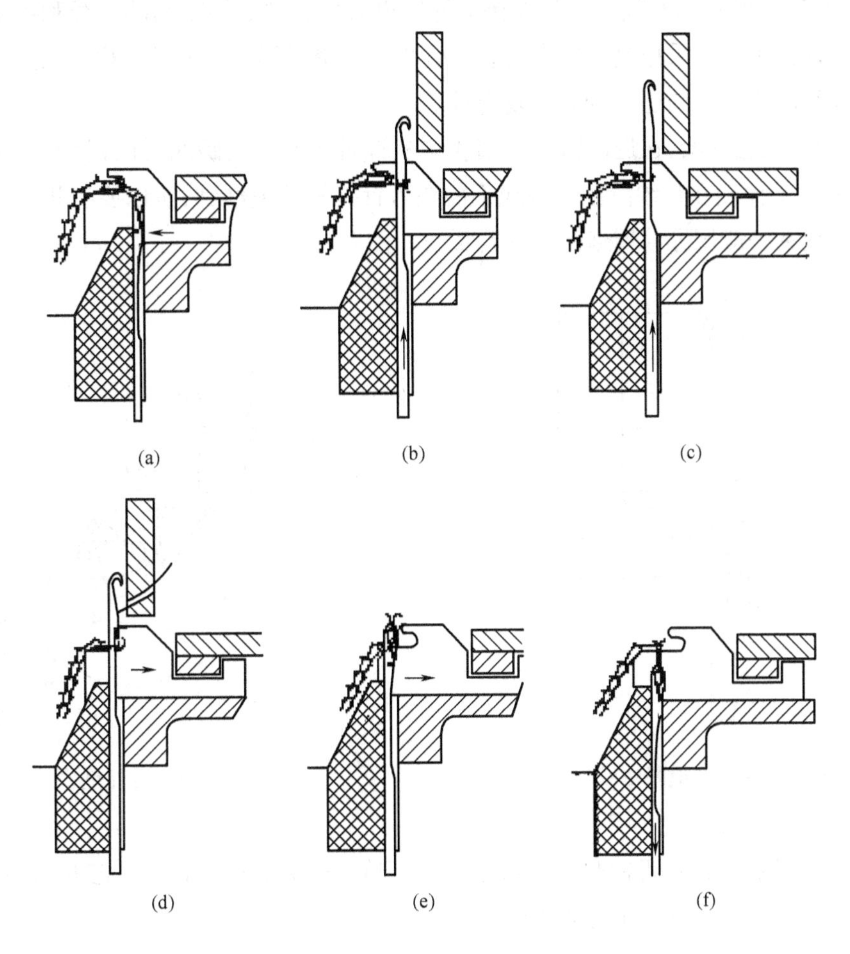

图3-6 单面圆机编织纬平针组织的成圈过程

三、成圈过程分析

1. 退圈 在单面舌针圆纬机上,退圈是一次完成的。即舌针在退圈三角的作用下从最低点上升到最高位置。如图3-7所示,当织针从弯纱最深点上升到退圈最高点时,舌针上升的动程为H,它与针钩头端到针舌末端的距离L,弯纱深度X和退圈空程h有关。退圈空程h是由于线圈与针之间存在着摩擦力,使线圈在退圈时随针一起上升而产生的。退圈空程h的大小与纱线对针之间的摩擦系数以及包围角有关。从理论上来说,当线圈随针上升并偏转至垂直位置时,空程最大,为了保证在任何情况下都能可靠地退圈,设计针上升的动程H时应保证针舌尖距沉降片片颚的距离$a \geqslant h_{max}$。

虽然增加针的上升动程H有利于退圈,但在退圈三角角度保持不变的条件下,增加H意味着一路三角所占的横向尺寸也增大,从而使在针筒周围可以安装的成圈系统数减少,使机器的效率降低。同样,如果降低舌针上升的动程H,在机器路数不变的情况下,可以减小退圈三角角度,有利于提高机器速度。因此应在保证可靠退圈的前提下,尽可能减小舌针上升的动程。目前降低舌针上升动程 H 的有效办法是在保证针钩里可以容纳足够粗细的纱线和可靠垫纱的情况下,采用短针钩舌针。采用复合针来代替舌针也可以降低织针的上升动程,不过,由于机构的复杂性,在纬编圆机中目前还很少采用复合针。

针舌形似一根悬臂梁,在退圈阶段当旧线圈从针舌上滑下的瞬间,针舌将产生弹跳关闭针口(又称反拨),从而使在垫纱阶段新纱线不能垫入针钩里造成漏针,所以要有相应的防止针舌反拨的装置,现在一般用导纱器来防止针舌反拨。

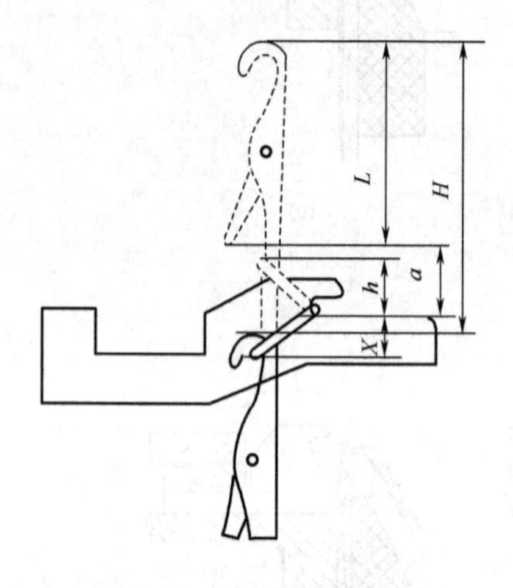

图3-7　舌针的退圈动程

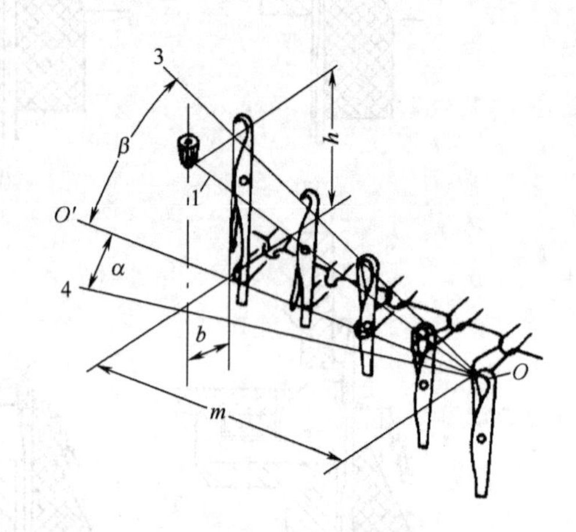

图3-8　舌针垫纱

2. 垫纱　退圈结束后,舌针开始沿弯纱三角下降,将纱线垫放于针钩之下,此时导纱器的位置应符合工艺要求,才能保证正确地垫纱。

如图3-8所示,从导纱器引出的纱线1在针平面(针所在的实际是一圆柱面,由于针筒直径很大,垫纱期间舌针经过的弧长很短,所以可将这一段视为平面)上投影线3与沉降片片颚线 $O—O'$(也称为握持线)之间的夹角 β 称为垫纱纵角。纱线1在水平面上的投影线4与沉降片片颚线 $O—O'$之间的夹角 α 称为垫纱横角。只有保证正确的垫纱角度,才能够使纱线准确地垫入针钩。在实际生产中,是通过调节导纱器的高低位置 h、前后(径向进出)位置 b 和左右位置 m 得到合适的垫纱纵角 β 与横角 α。由图可知:

$$\tan\alpha = \frac{b}{m} = \frac{b}{t \cdot n}$$

$$\tan\beta = \frac{h}{m} = \frac{h}{t \cdot n}$$

式中:b——导纱器离针平面的水平距离,mm;

h——导纱器离沉降片片颚线的垂直距离,mm;

m——导纱器至线圈脱圈处的水平距离,mm;

t——针距,mm;

n——从导纱器至线圈脱圈处的针距数。

在生产中,要根据机器的编织情况准确地调整导纱器。如果垫纱横角 α 过大,纱线将会远离针钩难以垫到针钩里面,从而造成漏针。如果 α 过小,可能发生针钩与导纱器碰撞,引起舌针和导纱器损坏。当垫纱纵角 β 过大时,易使舌针从纱线下面穿过,不能钩住纱线,造成漏针。而 β 角过小,在闭口阶段纱线可能会在针舌根部被夹持住,使纱线被轧毛甚至断裂。

在确定导纱器的左右位置时,除了要保证正确垫纱外,还要兼顾两点:一是在退圈时要能挡住已开启的针舌,防止其反拨;二是在针舌打开(退圈过程中)和关闭(闭口阶段)时导纱器不能阻挡其开闭动作。

3. 套圈　当针踵沿弯纱三角斜面继续下降时,旧线圈将沿针舌上升,套在针舌上,随着织针的下降,套在针舌上的纱线长度在逐渐增加,在旧线圈将要脱圈时达到最长。当编织较紧密,即线圈长度较短的织物时,套圈的线圈将从相邻线圈转移过来纱线。弯纱三角的角度会影响到纱线的转移。角度大,同时参加套圈的针数就少,有利于纱线的转移。反之角度减小,同时套圈的针数增加,不利于纱线的转移,严重时会造成套圈时纱线的断裂。

4. 弯纱、脱圈与成圈　针下降过程中,从针钩内点接触到新纱线起即开始了弯纱,并伴随着旧线圈从针头上脱下而继续进行,直至新纱线弯曲成圈状并达到所需的长度为止,此时形成了一定长度封闭的新线圈。

弯纱按其进行的方式可分为夹持式弯纱和非夹持式弯纱两种。当第一枚针结束弯纱,第二枚针才开始进行弯纱称为非夹持式弯纱。当同时参加弯纱的针数超过一枚时称为夹持式弯纱。弯纱按形成线圈纱线的来源可分为有回退弯纱和无回退弯纱。形成一只线圈所需要的纱线全部由导纱器供给称为无回退弯纱。形成线圈的一部分纱线是从已经弯成的线圈中转移而来的称为有回退弯纱。单面圆机属于有回退的夹持式弯纱,在这种弯纱方式中纱线张力将随参加弯纱针数的增多而增大。弯纱区域的纱线张力,特别是最大弯纱张力,是影响成圈过程能否顺利进行以及织物品质的重要参数。

影响最大弯纱张力 T_M 的因素主要有:

(1)给纱张力 T_0。T_M 将随 T_0 的增大而增大。

(2)摩擦系数 μ。主要与成圈机件和纱线表面光滑程度有关。纱线表面越粗糙,μ 越大,导致 T_M 也越大。编织较粗糙的纱线时,应在络纱或络丝中进行上蜡或给油处理,以改善表面的摩擦性能。此外纱线所经过的成圈机件的表面应尽可能光滑。

(3)牵拉张力 T'_0。随着牵拉张力 T'_0 增加,T_M 也增大。应在保证正常编织的情况下,尽量减小牵拉张力。

(4)弯纱三角角度 γ 和弯纱深度 X。当弯纱深度 X 保持不变时,随着弯纱三角角度 γ 的增大,同时参加弯纱的针数将减少,弯纱时纱线与成圈机件包围角总和相应减小,从而使最大弯纱张力 T_M 降低。但 γ 的增大,会使织针在下降时与弯纱三角之间的作用力加大,影响机器速度的提高,导致织针较快的磨损。而当弯纱三角角度 γ 一定时,随着弯纱深度 X 的增加,同时参加弯纱的针数会增加,最大弯纱张力 T_M 也会增加。

此外,弯纱三角的底部形状也对弯纱张力有一定的影响。

第二节　罗纹机和双罗纹机成圈工艺

一、成圈机件及其配置

(一) 罗纹机的成圈机件及其配置

罗纹机(rib knitting machine)是一种双面纬编针织机,罗纹机的针筒直径范围很大,小的为89mm(3.5英寸),大的可达762mm(30英寸)以上。成圈系统数为每2.54cm(1英寸)筒径1~3.2路。主要用来生产1+1、2+2等罗纹织物,制作内外衣坯布和袖口、领口、裤口、下摆等。

罗纹机有两个针床,它们相互呈90°配置,如图3-9(a)所示。圆形罗纹机一个针床呈圆盘形且配置在另一个针床上方,称针盘(dial),另一个针床呈圆筒形且配置在针盘下方,称针筒(cylinder)。针盘针槽与针筒针槽呈相错配置,通常上下各有一种织针,分别为上针[图3-9(a)中符号"○"]和下针[图3-9(a)中符号"×"]。当编织1+1罗纹组织时,针盘与针筒的针槽中插满了舌针,上下织针呈相间交错排列,如图3-9(b)所示。在编织2+2、3+3等罗纹时,上下织针则按相应规律排列。

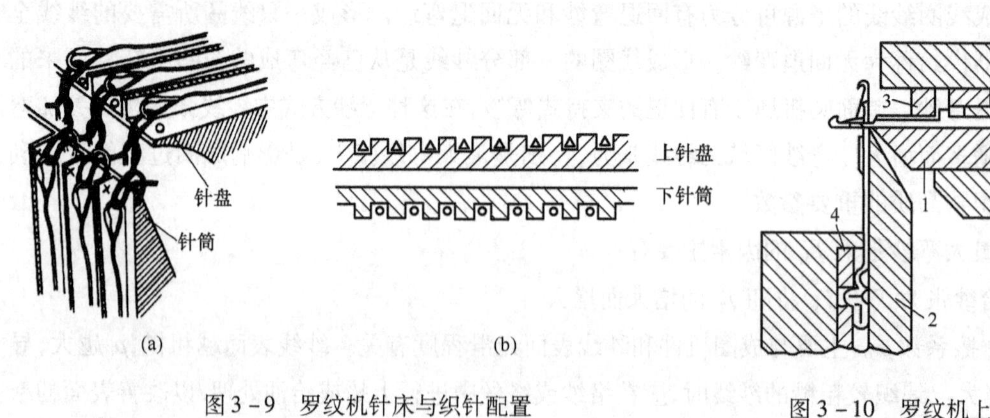

图3-9　罗纹机针床与织针配置

图3-10　罗纹机上下针床成圈机件的配置

如图3-10所示,位于针盘1和针筒2上的织针分别受上三角3和下三角4作用,在针槽中做进出和升降运动,将纱线编织成圈。导纱器固装在上三角座上,为织针提供新纱线。

罗纹机的转动方式有两种,一种是三角和导纱器固定不动,针盘与针筒同步回转;另一种是针盘与针筒固定不动,三角和导纱器回转。前一种方式用得较普通,后一种方式主要用于小筒径罗纹机。

(二) 双罗纹机的成圈机件及其配置

双罗纹机(interlock machine)俗称棉毛机,主要用于生产双罗纹织物及花色棉毛织物,用来制作棉毛衫裤、运动衫、T 恤衫等。新型双罗纹机不仅高速、多路、产量高，而且三角改进大，采用了多针道、积极给纱、自动控制机构等，因此产品质量好，花色品种多。

双罗纹机的上、下织针配置如图 3－11 所示。与罗纹机不同的是，双罗纹机针筒的针槽与针盘的针槽呈相对配置。下针分为高踵针 1 和低踵针 2，两种针在针筒针槽中呈 1 隔 1 排列；上针也分高踵针 2′和低踵针 1′，在针盘针槽中也呈 1 隔 1 排列。上下针的对位关系是：上高踵针 2′对应下低踵针 2，上低踵针 1′对下高踵针 1。编织时，下高踵针和上高踵针在某一个成圈系统编织一个 1＋1 罗纹，下低踵针与上低踵针在下一个成圈系统编织另一个 1＋1 罗纹，两个 1＋1 罗纹复合形成一个完整的双罗纹线圈横列。因此双罗纹机的成圈系统数必须是偶数。

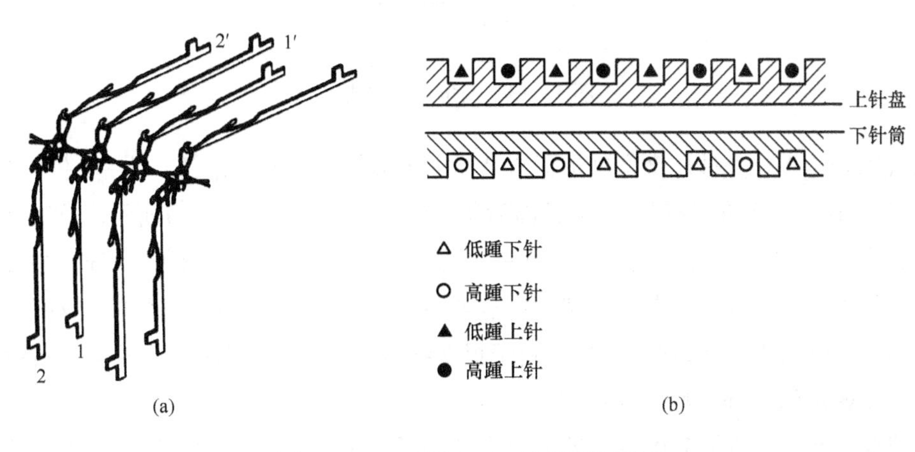

图 3－11　双罗纹机上下织针配置关系

由于上、下针均分为两种，故上、下三角也相应地分为高低两档（即两条针道），分别控制高低踵针，如图 3－12 所示。

如图 3－12 所示，在奇数成圈系统 A 中，上下高踵针 2、1 成圈，上下低踵针不成圈，相应的下高三角 3 和上高三角 4 配置成圈三角，上下低三角配置浮线三角 8、7；在偶数路 B，上下低踵针 6、5 成圈，上下高踵针不成圈，相应的下低三角 9 和上低三角 10 配置成圈三角，上下高三角配置浮线三角 12、11。经过 A、B 两路一个循环，编织出一个双罗纹线圈横列。

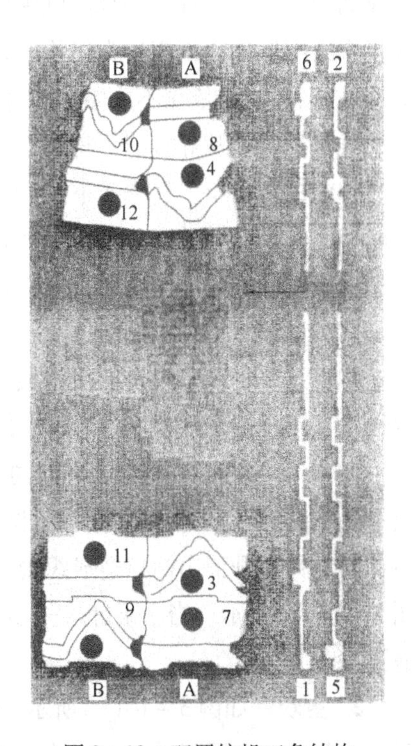

图 3－12　双罗纹机三角结构

二、上下针的成圈配合关系与成圈过程

（一）上下针的成圈配合关系

三角对位指上针压针最里点与下针压针最低点的相对位置关系，又称为成圈相对位置，它决定了上下针的成圈配合关系，它对编织工艺和产品质量有很大影响。不同

机器、不同产品、不同组织,对位有不同的要求。三角对位方式主要有三种:滞后成圈[图 3 - 13(a)]、同步成圈[图 3 - 13(b)]和超前成圈[图 3 - 13(c)]。

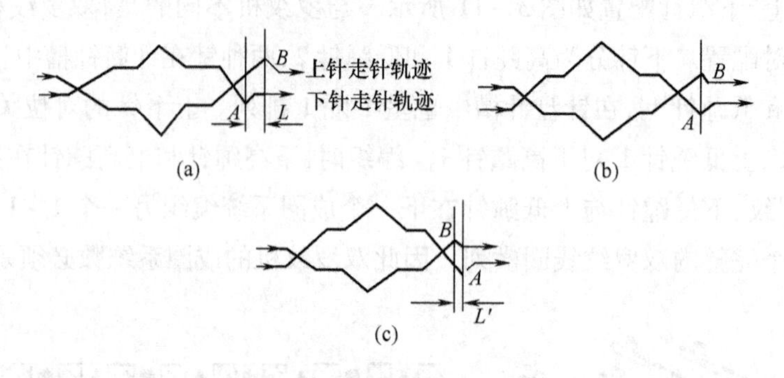

图 3 - 13　三角对位方式

滞后成圈是指下针先被压至弯纱最低点 A 完成成圈,上针比下针迟 1 针 ~6 针(图中距离 L)被压至弯纱最里点 B 进行成圈,即上针滞后于下针成圈,如图 3 - 13(a)所示。这种弯纱方式属于分纱式弯纱,即下针先弯成的线圈长度一般为所要求的两倍,然后下针回升,放松线圈,分一部分纱线供上针弯纱成圈。滞后成圈的优点是由于同时参加弯纱的针数少,弯纱张力小,而且弯纱的不均匀性可由上下线圈分担,有利于提高线圈的均匀性,因此应用较多。滞后成圈可以编织较为紧密的织物,但织物弹性较差。

同步成圈是指上下针同时到达弯纱最里点和最低点形成新线圈,如图 3 - 13(b)所示。同步成圈用于上下织针不能规则顺序编织成圈的场合,例如生产花式宽罗纹织物、提花织物和某些复合组织织物。编织这类织物时,在每某些成圈系统中,下针只有少部分针参加编织,或只有上针进行编织,要依靠不成圈的下针分纱给对应的上针有困难。同步成圈时,上、下织针所需要的纱线都要直接从导纱器中得到,织出的织物较松软,延伸性较好,弯纱张力较大。

超前成圈是指上针先于下针(距离 L')弯纱成圈,如图 3 - 13(c)所示。这种方式较少采用,一般用于在针盘上编织集圈或密度较大的凹凸织物,也可编织较为紧密的织物。

生产时应根据所编织的产品特点,调整罗纹机上下三角的对位关系。

(二)成圈过程

在罗纹机和双罗纹机上使用最多的三角对位关系是滞后成圈,下面就以滞后成圈为例介绍罗纹机和双罗纹机的成圈过程,如图 3 - 14 所示。

1. 退圈　退圈一般有上下针同步起针与上针超前下针 1 至 3 针起针两种。后一种方式,上针先出针,能起到类似单面纬编圆机中沉降片的握持作用,在随后下针退圈过程中,可以阻止织物随下针上升涌出筒口造成织疵,保证可靠地退圈。同时也可适当减小织物的牵拉张力。如图 3 - 14(a)所示。当上下针进一步外移和上升时,旧线圈将从针舌上滑下并退到针杆上完成退圈。

2. 垫纱　如图 3 - 14(b)所示,上、下织针同时达到挺针最外点和最高点完成退圈后,下针开始下降并垫上了新纱线 C,上针向针筒中心运动。

3. 闭口　如图3－14(c)所示,下针继续下降,并开始闭口。上针针钩此时还未钩到新纱线,上针的垫纱是随着下针弯纱成圈而完成的,因此导纱器的调整应以下针为主,兼顾上针。如图3－14(d)所示,下针继续下降,完成闭口,上针静止不动。

4. 下针套圈、脱圈、弯纱　如图3－14(e)、(f)所示,下针继续下降,完成套圈、脱圈、弯纱并形成了加倍长度的线圈,上针仍不作径向移动。

5. 上针闭口、套圈、脱圈、弯纱　如图3－14(g)、(h)所示,下针上升放松线圈,并将部分纱线分给上针,此时上针沿压针三角收进,完成闭口、套圈、脱圈、弯纱等过程。

6. 成圈、牵拉　上针成圈后略作外移(上针的回针),适当地回退少量纱线,同时下针略作下降,收紧因分纱而松弛的线圈,即下针"煞针"。在下针整理好线圈以后上针又收进一些,同样起整理线圈的作用。至此,上下织针成圈过程完成,且正、反两面的线圈都比较均匀。一个成圈过程完成后,新形成的线圈在牵拉机构的作用下被拉向针背,避免下一成圈循环中针上升退圈时又重新套入针钩中。

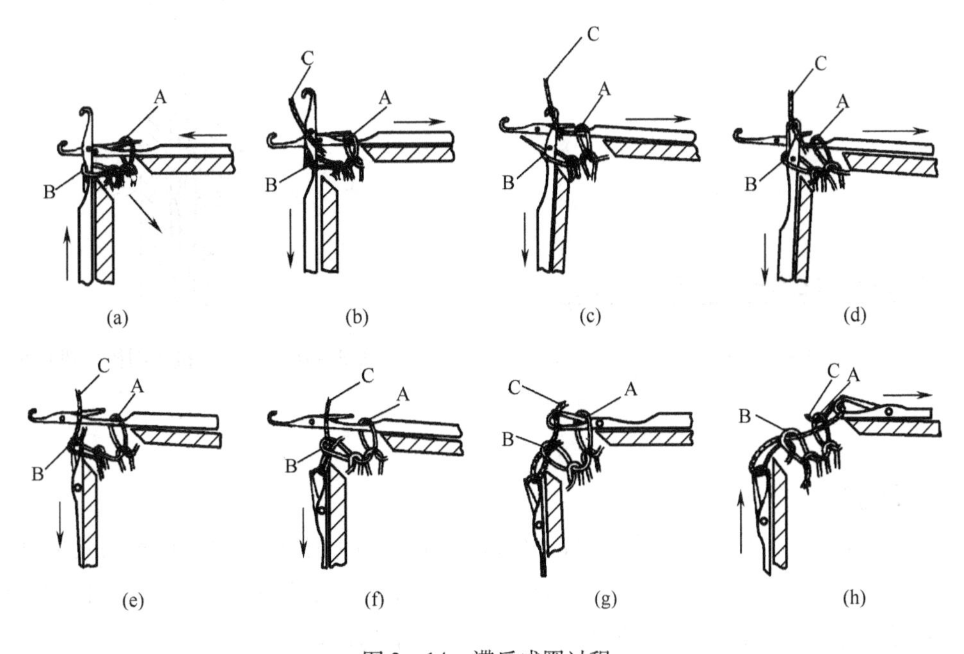

图3－14　滞后成圈过程

第三节　双反面机成圈工艺

双反面机(purl knitting machine, links and links machine)是一种双针床舌针纬编机,有平型和圆型两种。双反面机机号一般较低($E18$以下),适宜编织纵横向弹性均好的双反面类织物。

一、成圈机件及其配置

双反面机可采用双头舌针编织，如图3－15所示。双头舌针与普通舌针不同的是在针杆两端都具有针头。图3－16显示了圆型双反面机成圈机件的配置。双头舌针3安插在两个呈180°配置的下针筒5和上针筒6的针槽中，上下针槽相对，上下针筒同步回转。每一针筒分别安插着上导针片2和下导针片4，它们由上三角1和下三角7控制带动双头舌针运动，使双头舌针可以在上下针筒的针槽中相互转移并进行成圈。成圈可以在双头舌针的任一针头上进行，由于在两个针头上的脱圈方向不同，因此如果在一个针头上编织的是正面线圈，那么在另一个针头上编织的就是反面线圈。

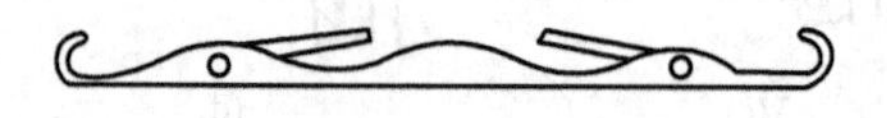

图3－15 双头舌针

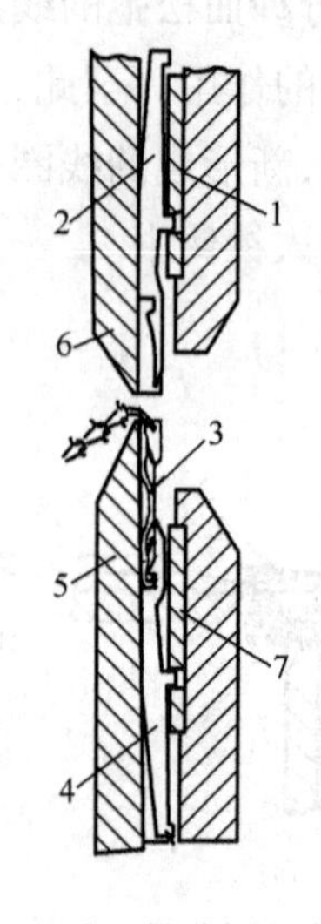

图3－16 双反面机成圈机件机器配置

二、成圈过程

双反面机的成圈过程与双头舌针的转移密切相关，可分为如图3－17所示的几个阶段。

(1)上针头退圈。如图3－17(a)、(b)所示，双头舌针3受下导针片4的控制向上运动，在上针头中的线圈退至针杆上，与此同时，上导针片2向下运动。

(2)上针钩与上导针片啮合。随着下导针片4的上升和上导针片2的下降，上导针片2受上针钩的作用向外侧倾斜，如图3－17(b)中箭头所示。当下导针片4升至最高位置时，上针钩嵌入上导针片2的凹口，与此同时，上导针片在压片23的作用下向内侧摆动，使上针钩与上导针片啮合，如图3－17(c)所示。

(3)下针钩与下导针片脱离。如图3－17(d)所示，下导针片4的尾端25在压片24的作用下向外侧摆动，使下针钩脱离下导针片4的凹口。之后上导针片2向上运动，带动双头舌针上升，下导针片4在压片28的作用下向内摆动恢复原位，如图3－17(e)所示。接着下导针片4下降与下针钩脱离接触，如图中3－17(f)所示。

(4)下针头垫纱。如图3－17(g)所示，上导针片2带动双头舌针进一步上升，导纱器9引

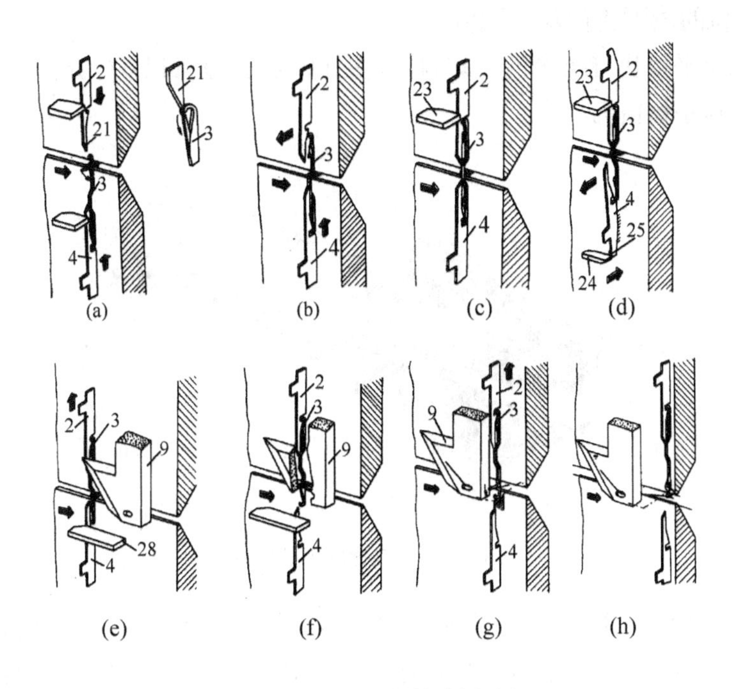

图3－17　双反面机的成圈过程

出的纱线垫入下针钩内。

(5)下针头弯纱与成圈。如图3－17(h)所示,双头舌针受上导针片控制上升至最高位置,旧线圈从下针头上脱下,新垫入的纱线弯纱并形成新线圈。

随后,双头舌针按上述原理从上针筒向下针筒转移,在上针头上形成新线圈。按此方法循环,将连续交替在上下针头上编织线圈,形成双反面织物。

第四节　横机成圈工艺

横机(flat knitting machine)是一种平型舌针纬编机,一般用于编织毛衫、手套、帽子等纬编针织成形产品。横机的种类很多,按照传动和控制方式的不同,可分为手动横机、机械半自动横机、机械全自动横机和电脑横机;按照用途不同,可分为毛衣横机、手套机和附件横机等。通常所说的横机大多是指毛衣横机。

横机的主要优点在于其能够编织半成形和全成形产品,裁剪损耗很低,从而大大节约了原料,减少了工序,但横机也存在成圈系统数少,生产效率低等不足。

针织横机的针床长度为500～2500mm(20～100英寸),机号为$E3$～$E20$。虽然横机的种类和型号很多,但构造基本相同,主要机构包括编织机构、给纱机构、牵拉机构、针床横移机构、选针机构、传动机构、控制机构等。以下主要介绍简单手摇横机的编织机构,包括其成圈机件和成圈过程。

一、手摇横机的成圈机件及其配置

横机的针床呈平板状,有单针床、双针床和多针床之分,通常以双针床为主。图3-18是一种最简单的双针床手摇横机。

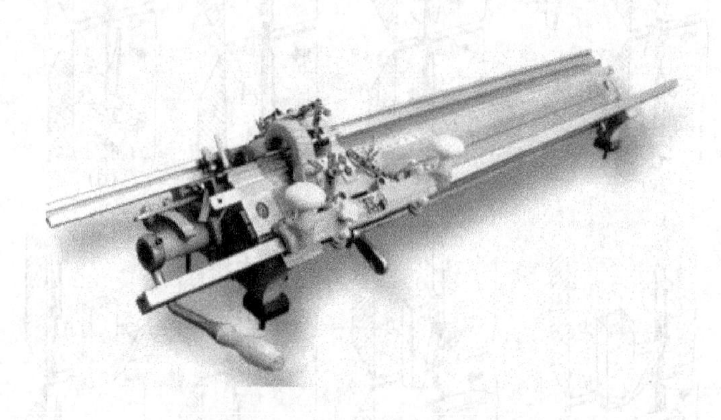

图3-18　双针床手摇横机

双针床横机的两个针床呈倒“V”字形配置,前后针床之间角度的大小随机种不同而不同,国产横机的角度大多为97°,两针床之间间距(称床口距)的大小影响织物密度与弹性,一般为一个针距大小,如图3-19所示。图中1、2分别为前、后针床,它们固装在机座3上。在针床的针槽中,平行排列着前、后针床的织针4、5。6为导纱器9的导轨,导纱器9可沿着导轨6左右运动;7、8分别为前、后三角座10、11的导轨。前、后三角座10、11由桥臂12连接在一起,形成横机的机头,机头像马鞍一样跨在前、后针床上,并可通过导纱变换器13带动导纱器9一起移动进行垫纱。此外,机头上还装有能够开启针舌和防止针舌反拨的扁毛刷14。当机头横移时,前、后针床上的织针针踵在三角轨道作用下,沿针槽上下移动,完成相应的成圈动作。针槽壁上端为较薄而光滑的栅状齿15。

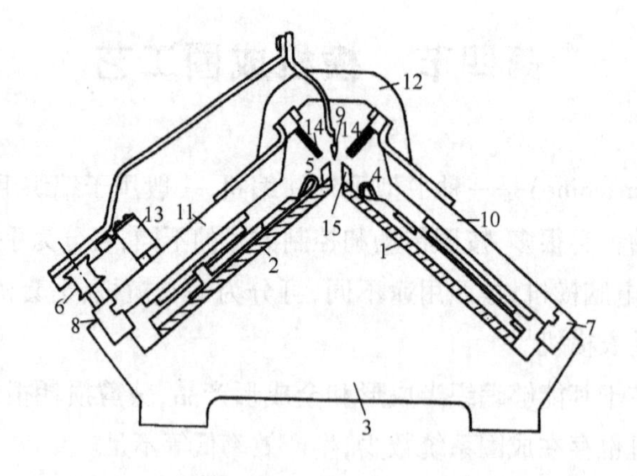

图3-19　手摇横机编织机构的一般构造

(一)针床

针床又叫针板,如图3-20所示。它是利用铣床在加工过的碳素钢板上铣出一条条平行的针槽1,用于放置舌针2,针槽与针槽之间用针槽壁分开,针槽壁在上端被薄而光滑的栅状齿3代替,针床上所有的栅状齿组成了栅状梳栉,它作用于线圈的沉降弧起握持作用。为了防止织针在针槽中运动时受到织物牵拉作用上抬或因自身重量下滑,在针床的上部装有一个横过针床的上塞铁4,它可以沿横向从针床上抽出来,以便更换织针。在每一枚织针的下面都有一个弹性针托5,用以控制针踵高度并防止织针下坠,当需要织针进入工作时,可以用手将其下方的针托推上去,使织针针踵进入三角轨道作用区;当织针需要退出工作时,如减针时,针托就和织针一起被压下来。下塞铁6压住针托,防止它们向外翘出,也防止针托和织针下滑。

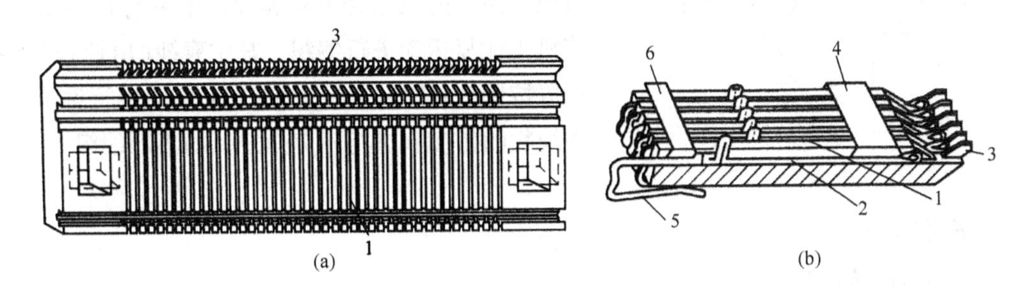

图3-20　手摇横机针床结构

(二)三角座及其三角

三角座又称机头,主要作用是安放前后三角装置,并带动三角在针床上方往复移动,作用于舌针的针踵使之沿针槽上下运动。其上除了三角外还装有导纱变换器、毛刷等。手摇横机的三角座如图3-21所示。

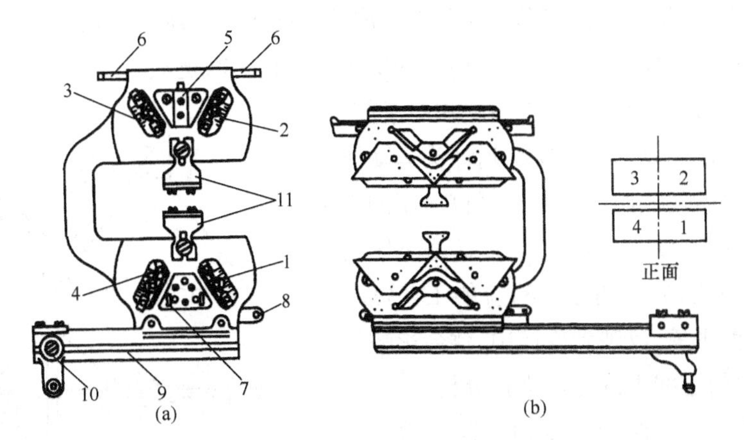

图3-21　手摇横机三角座

图3-21(a)为一种手摇横机三角座的正面视图,其上装有前、后三角座的压针调节装置1、2、3、4,用于调节相应弯纱三角的弯纱深度,以改变线圈大小,从而改变织物密度。导纱变换器5用于带动相应的导纱器进行工作;通过起针三角开关6和7可以使起针三角进入或退出工作,而起针三角半动程开关8可使起针三角处于半进位置。在操作时,推动手柄10,通过拉手9使机头沿针床往复运动,完成相应的编织动作。毛刷架11用于安装毛刷。图3-21(b)为手动

横机三角座的反面视图，在它的底板上可以安装各个三角，以构成三角装置。为了表述针床及三角装置的位置，习惯上将两块针床在一起按逆时针方向编号，即“正面”为操作者位置，前针床的右边为1号位，后针床的右边为2号位，后针床的左边为3号位，前针床的左边为4号位。

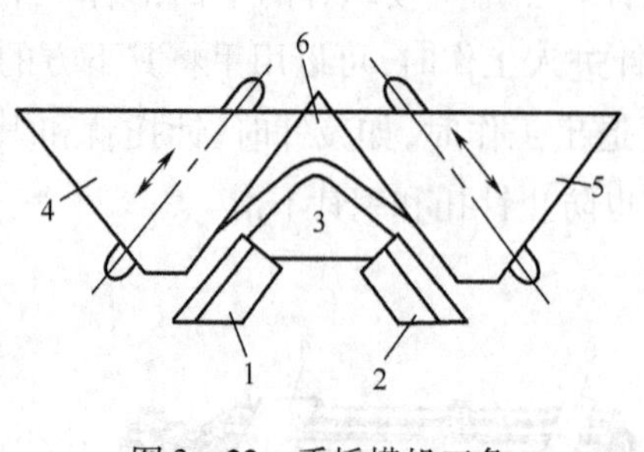

图3－22　手摇横机三角

横机三角因实现功能的不同可分为平式三角和花式三角。平式三角是最基本也是最简单的三角结构，如图3－22所示。它由起针三角1和2，挺针三角3，弯纱（压针）三角4和5，导向三角（又称眉毛三角）6组成。横机的三角结构通常是左右对称的，从而可以使机头往复运动进行编织。其中弯纱（压针）三角4、5可以按图3－22中箭头方向上下移动进行调节，以改变织物的密度和进行不完全压针的集圈编织。

二、成圈工艺

（一）横机的成圈过程

横机的成圈过程与圆型纬编机类似，也可以分为退圈、垫纱、闭口、套圈、弯纱、脱圈、成圈和牵拉八个过程。但横机的成圈过程又有自己的特点：

（1）退圈时，前、后针床的织针同时到达退圈最高点。

（2）两针床的织针直接从导纱器得到自己的纱线。

（3）压针时，前、后针床的织针同时到达弯纱最低点，属于无分纱同步成圈方式。

（二）走针轨迹对产品质量的影响

舌针在针槽中的运动是由三角的作用来完成的。图3－23所示为在普通横机上，当机头沿图示箭头方向移动时，织针沿三角工作面运动所得到的针头轨迹线。

从图3－23可以看出，前、后三角座相对于前、后针床床口的中心线$X—X'$对称，反映到针头运动轨迹上，就是前、后针床针头轨迹线$\alpha—\alpha'$和$\beta—\beta'$的交叉点是在$X—X'$轴中心线上。如果交叉点偏向任何一方的床口线，说明前、后三角座各对应的工艺点不对称，有滞后或超前现象，反映到生产中，就会影响产品质量。下面将对轨迹线上的各点进行分析。

（1）起针点a、a'。两个针床的织针开始从弯纱最深点沿起针三角上升。

（2）集圈点b、b'。织针上升到起针三角最高点又称第一退圈高度，旧线圈停留在针舌上。此工艺点临界值影响到集圈组织的编织。

（3）挺针最高点c、c'。在横机上，挺针三角高度一般较大。否则退圈不足，会造成疵点。

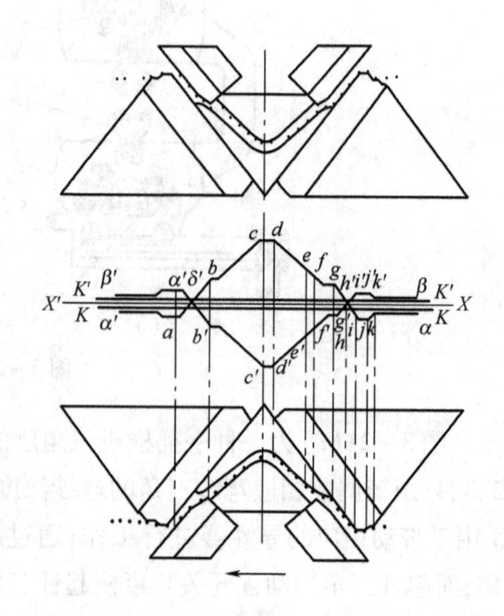

图3－23　舌针运动轨迹图

(4)喂纱点 e、e'。织针从最高点下降,此时纱线已开始垫入针钩。

(5)带纱和闭口阶段 f—g、f'—g'。曲线 d—g、d'—g'为上压针阶段,针舌的关闭快慢要适当,过慢会形成破洞,过快会产生漏针、吃单纱等疵点。上压针过慢是由于导向三角曲线较平坦,舌针下降慢,纱线正好垫在针肚上,当针舌一闭合就像剪刀一样割断纱线而形成破洞。上压针过快是由于导向三角曲线较陡,其结果是使针舌闭合过早,纱线还未垫稳,使纱线脱出,形成漏针或吃单纱。

(6)套圈阶段 g—h、g'—h'。此时旧线圈套在已经关闭的针头上。

(7)弯纱最低点 i、i'。它决定了线圈长度的大小。曲线 g—i、g'—i'为下压针阶段,它是由弯纱三角来完成的。若起针时前、后针床针头轨迹的交叉点偏离中心线 X—X',则下压针时交叉点同样会偏离 X—X'。当偏向前针床床口线 K—K 时,说明前针床舌针先弯纱成圈。由于前、后针床舌针不同步弯纱成圈,对于滞后成圈一面的针床舌针而言,弯纱时纱线阻力比另一面针床大,所形成的线圈就小,因而正反面线圈不均匀,影响织物的外观质量。对同一针床而言,要求左右两侧弯纱深度一致。

(8)回针点 j、j'。此时舌针仍处于弯纱三角底部的成圈位置上,略有轻微回退,以减少纱线张力,避免产生破洞。由于这个回退角度较小,基本不影响线圈的密度均匀性。如果压针三角底部呈圆弧球面形,有回退,则线圈大小不稳定,但纱线强力要求可以降低。

(9)从 k、k'点以后,织针脱离压针三角底边的控制,在牵拉力的作用下,旧线圈将从针钩拉至针床的床口线附近。

☞ 思考练习题

1. 在单面圆纬机的编织机构中有哪些主要成圈机件?各起什么作用?
2. 什么是垫纱横角和垫纱纵角?它们对垫纱有何影响?
3. 影响弯纱张力的因素有哪些?各有何影响?
4. 罗纹机和双罗纹机在结构上有何区别?
5. 罗纹机和双罗纹机上下针的成圈配合关系有哪几种形式?各有何特点?
6. 双反面机有哪些成圈机件?其编织原理是什么?
7. 手摇横机的成圈机件是如何配置的?

第四章　纬编花色组织

● 本章知识点 ●

1. 提花组织的结构、分类、特性和编织方法。
2. 集圈组织的结构、分类、特性和编织方法。
3. 添纱组织的结构、分类、特性和编织方法。
4. 衬垫组织的结构、分类、特性和编织方法。
5. 衬纬组织的结构、特性和编织方法。
6. 毛圈组织的结构、分类、特性和编织方法。
7. 长毛绒组织的结构、特性和编织方法。
8. 纱罗组织的结构、分类、特性和编织方法。
9. 菠萝组织的结构、分类、特性和编织方法。
10. 波纹组织的结构、分类、特性和编织方法。
11. 横条织物的结构和特性。
12. 绕经织物的结构、分类、特性和编织方法。
13. 衬经衬纬组织的结构、特性和编织方法。
14. 复合组织的概念，常用复合组织织物的分类、结构和特性。

第一节　提花组织

一、提花组织的结构与分类

提花组织(jacquard stitch)是按照花纹要求，有选择地在某些针上编织成圈，在不成圈的地方纱线以浮线的形式处于织针后面所形成的一种花色组织。其结构单元由线圈和浮线组成，如图4－1所示。提花组织有单面和双面之分。

(一)单面提花组织

单面提花(single－jersey jacquard)组织由平针线圈和浮线组成。有均匀和不均匀两种结构形式。

单面均匀提花组织一般采用不同颜色或不同种类的纱线进行编织，每一纵行上的线圈个数相同、大小基本一致。图4－2所示为一双色单面均匀提花组织。单面均匀提花组织有如下一些特征:首先,在每一个横列中每个纵行只能形成一次线圈,而且必须要形成一次线圈,否则线圈就不均匀;其次,一般情况下,在每一个横列中,每一种色纱都必须至少编织一次线圈,即在双色提花中,每一个横列中要有两种色纱出现,在三色提花中,每一横列要有三种色纱出现;第三,每个线圈后面都有浮线,浮线数等于色纱数减一,即两色提花线圈的后面有一根浮线,三色提花线圈的后面有两根浮线。在单面均匀提花织物中,连续浮线的针数不宜太多,一般不超过4~5针。一方面在编织时,过长的浮线将会改变垫纱的角度,可能使纱线垫不到针钩里去;另一方面,在织物反面过长的浮线也容易引起勾丝和断纱,影响服用。为了解决这个问题,在花纹较大时,可以在长浮线的地方按照一定的间隔编织集圈线圈,以保证垫纱的可靠和减少浮线的长度,而集圈线圈也不会影响到织物的花纹效果,只可能使织物的平整度受到些影响,这种带有集圈线圈的单面均匀提花织物被称为阿考丁织物(accordion fabric)。

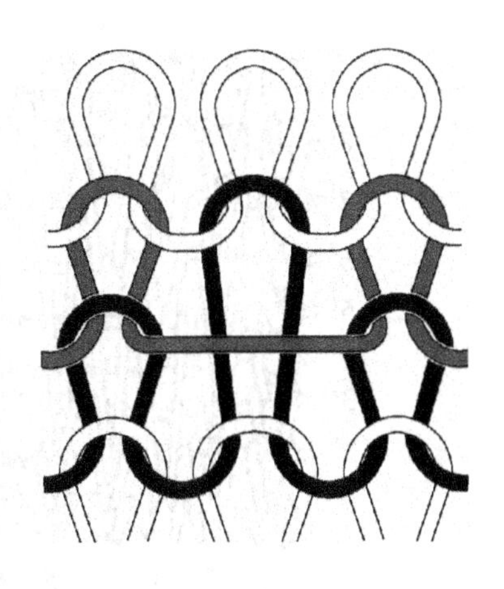

图4-1　提花组织

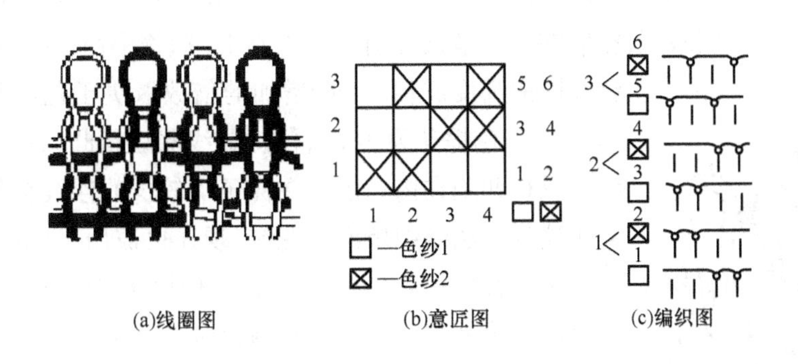

(a)线圈图　(b)意匠图　(c)编织图

图4-2　双色单面均匀提花组织

不均匀提花组织更多采用单色纱线。图4-3所示为一单色单面不均匀提花组织。在这类组织中,由于某些织针连续几个横列不编织,就形成了拉长的线圈,这些拉长了的线圈抽紧与之相连的平针线圈,使平针线圈凸出在织物的表面,从而使织物表面产生凹凸效应。某一线圈拉长的程度与连续不编织(即不脱圈)的次数有关。我们用"线圈指数"来表示编织过程中某一线圈连续不脱圈的次数,线圈指数越大,一般线圈越大,凹凸效应越明显。如果拉长线圈按花纹要求配置在平针线圈中,就可得到不同效应的凹凸花纹。但在编织这种组织时,织物的牵拉力和纱线张力应较小而均匀,否则容易产生破洞,同时每枚针上连续不编织的次数也不能太多,即"线圈指数"不能太大,否则也容易产生破洞。

不均匀提花组织也可用来编织短浮线的单面多色提花组织,此时为使浮线减少而将提花线圈与平针线圈纵行按照一定的比例适当排列,俗称"混吃条",如图4-4所示。这里,偶数线圈纵行2和4为提花线圈,奇数线圈纵行1和3为平针线圈"混吃条"。在编织时,提花线圈纵行

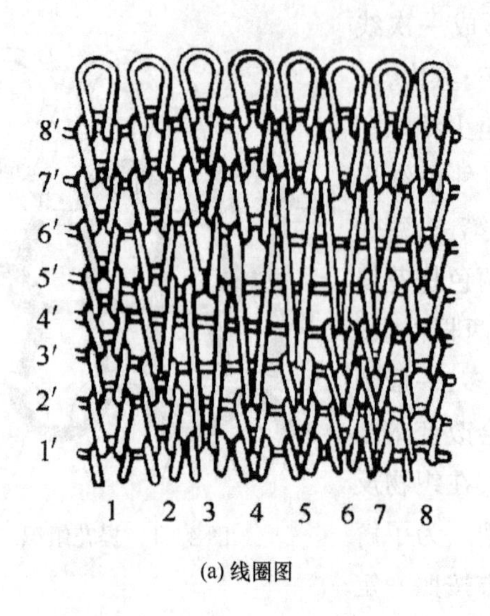

(a) 线圈图

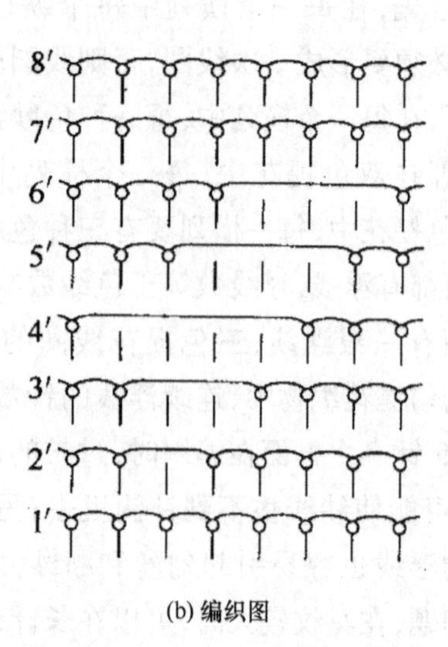

(b) 编织图

图4-3 单色单面不均匀提花组织

对应的织针按花纹选针编织，平针线圈纵行对应的织针则在每一成圈系统均参加编织。设计时可按花纹和风格要求，将提花线圈纵行与平针线圈纵行按2∶1、3∶1或4∶1间隔排列。这些平针线圈纵行使织物的浮线减短，相应的浮线最长分别是2、3或4。织物中由于提花线圈高度比平针线圈的高度成倍增加（增加的倍数取决于色纱数，如两色提花为2∶1，三色提花为3∶1），使提花线圈纵行凸出在织物表面，平针线圈纵行凹陷在内。由于在袜子中较长的浮线会使穿着不便，多采用这种方法编织单面提花袜，现在也被用于无缝内衣产品。尽管这是一种减短浮线有效的方法，但由于平针线圈纵行的存在，对花纹的整体外观有一定的影响，有时甚至破坏了花纹的完整性，故在面料产品中一般较少采用。

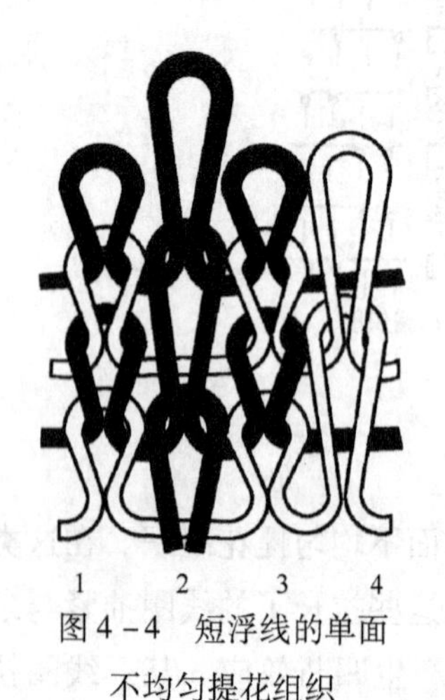

图4-4 短浮线的单面不均匀提花组织

（二）双面提花组织

双面提花（double - jersey jacquard, rib jacquard）组织在具有两个针床的纬编机上编织而成，其花纹可以在织物的一面形成，也可在织物的两面形成。在实际生产中，大多采用在织物的一面按照花纹要求提花，作为正面使用，另一面按照一定的结构进行编织，作为反面使用。双面提花组织的反面结构有横条、纵条、芝麻点和空气层等。

在编织横条反面双面提花时，每一成圈系统所有编织反面线圈的织针都参加编织，故又称为完全提花。图4-5所示为一横条反面双面提花组织。从图中可以看出，正面由两根不同的色纱形成一个提花线圈横列，编织所要求花纹，反面一种色纱编织一个线圈横列，形成横条效应。在这种组织中，由于反面织针每个横列都编织，反面线圈的纵密总是比正面线圈纵密大，其差异取决于色纱数，如色纱数为2，正反面纵密比为1∶2，如色纱数为3正反面纵密比为1∶3。色纱数愈多，正反面纵密的差异就愈大，从而会影响正面花纹的清晰及牢度。因此，设计与编织横条反面双面提花组织时,色纱数不宜过多,一般 2～3 色为宜。这种双面提花组织在纬编产品中很少采用。

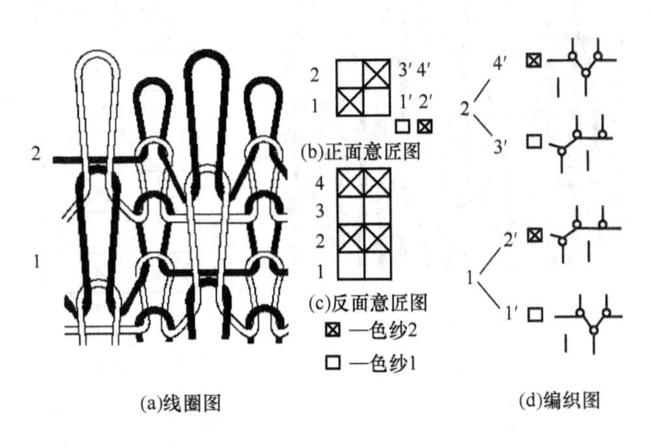

图 4－5　横条反面双面提花组织

芝麻点反面是每一个横列由两种色纱交替编织反面线圈而成的双面提花组织,又称为不完全提花组织。图 4－6 和图 4－7 分别为两色和三色芝麻点反面双面提花组织。从图中可以看出,不管色纱数多少,织物反面每个横列的线圈都是由两种色纱编织而成,并呈一隔一交错排列,形成芝麻点状外观。对于两色提花织物,织物正面两个成圈系统编织一个横列;三色提花织物正面需要三个成圈系统编织一个横列。其正反面线圈纵密差异随色纱数不同而异,当色纱数为 2 时,正反面线圈纵密比为 1∶1;色纱数为 3 时,正反面线圈纵密比为 2∶3。在这种提花组织中,因两个成圈系统编织一个反面线圈横列,因此正反面的纵密差异比横条反面小。且由于织物反面不同色纱线圈分布均匀,减弱了“露底”的现象。

空气层反面双面提花织物两面均按照花纹要求选针编织,通常正反面选针互补,即正面选针编织时,反面不编织;正面不编织的地方,反面针编织。当编织两色提花时,正反面花形相同但颜色相反,形成正反面颜色互补的花纹效应,如图 4－8 所示。空气层反面双面提花织物只能在两个针床都具有选针功能的提花纬编机上编织,如电脑提花横机。该产品织物厚实,紧密,花型清晰,不易露底,但在满针编织时织物单位面积重量较大。为了降低织物单位面积重量,在织物反面也可以隔针编织,图 4－9 所示为反面 1 隔 2 选针编织的空气层反面双面提花织物。

二、提花组织的特性与用途

提花组织中存在浮线,因此延伸性较小。单面提花组织的反面浮线不能太长,以免产生抽丝。在双面提花组织中,由于反面织针参加编织,因此不存在浮线过长的问题,即使有也被夹在织物两面的线圈之间,对服用影响不大。此外,提花组织的线圈纵行和横列是由几根纱线形成的,它的脱散性较小,织物较厚,单位面积重量较大。提花组织一般几个编织系统才编织一个提花线圈横列,生产效率较低,色纱数越多生产效率越低,通常一个横列色纱数不超过 4 种为宜。

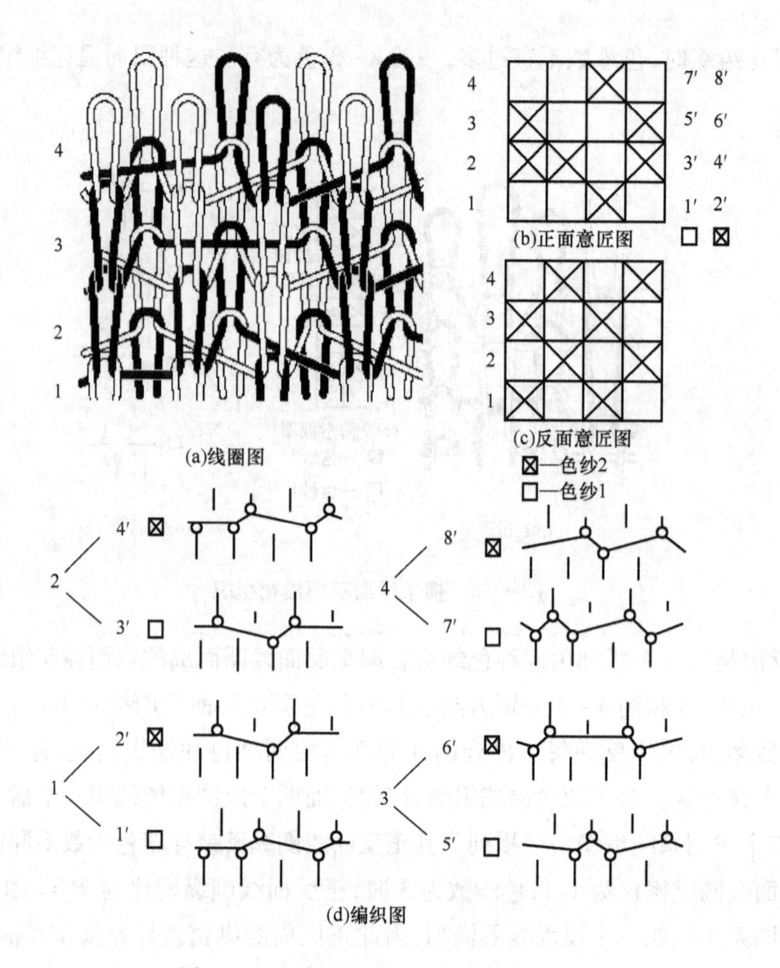

图 4－6　两色芝麻点反面双面提花组织

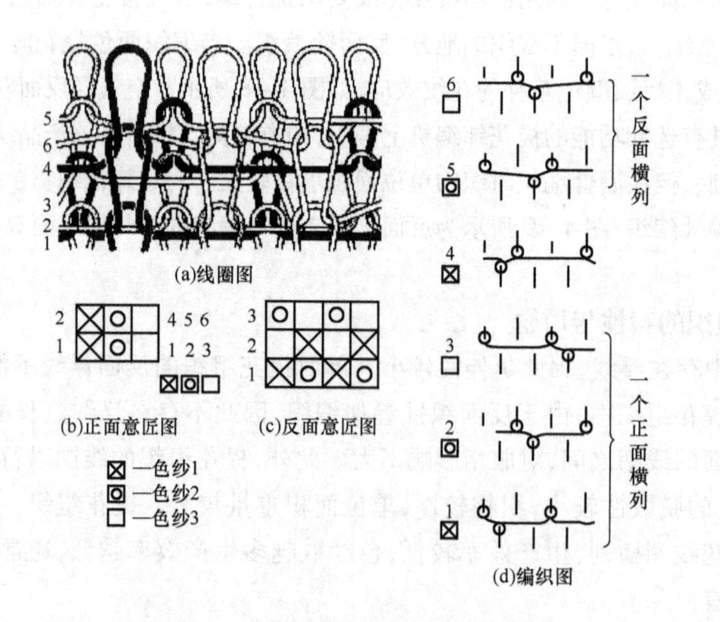

图 4－7　三色芝麻点反面双面提花组织

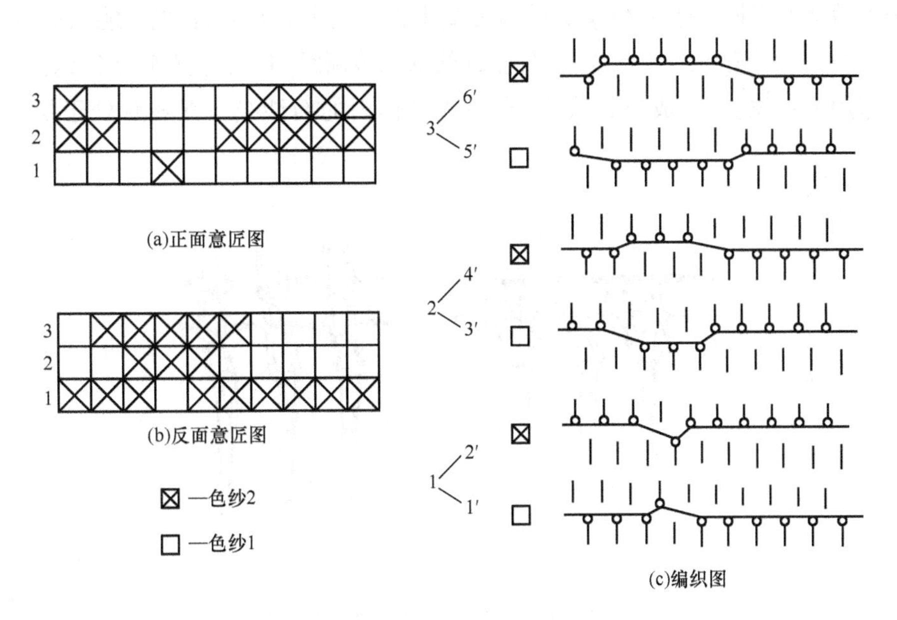

图4-8　空气层反面双面提花组织

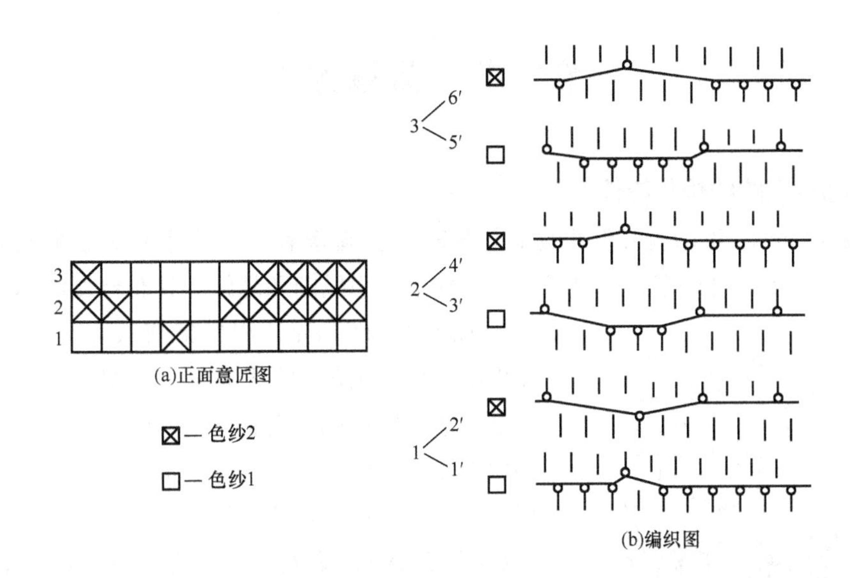

图4-9　1隔2抽针空气层反面双面提花组织

在用不同颜色纱线编织时,提花组织可以形成丰富的花纹效应,可用作T恤衫、休闲服、保暖内衣、羊毛衫、袜子和帽子等服装;沙发布等室内装饰面料以及汽车、火车等交通工具的座椅套等。

三、提花组织的编织方法

提花组织是将纱线垫放在按花纹要求所选择的织针上编织成圈,必须在有选针功能的纬编机上编织。以单面提花组织为例来说明它的编织方法,如图4-10所示。其中(a)表示织针1

和3被选上后上升退圈并垫上新纱线a,织针2未被选上不上升退圈,也不能钩取新纱线,旧线圈仍在针钩内;(b)表示织针1和3下降,新纱线编织成新线圈。而挂在针2针钩内的旧线圈在牵拉力的作用下被拉长,形成拉长线圈,未垫入针钩内的新纱线呈浮线状处于拉长的旧线圈后面。

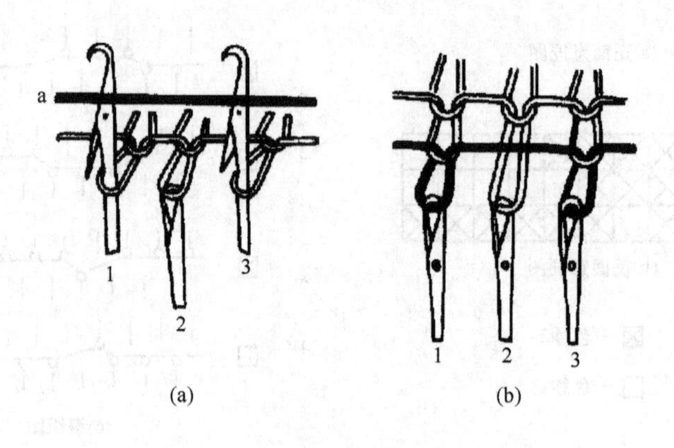

图4-10　单面提花组织的编织方法

第二节　集圈组织

一、集圈组织的结构与特性

集圈组织(tuck stitch)是在针织物的某些线圈上,除套有一个封闭的旧线圈外,还有一个或几个未封闭悬弧的一种纬编花色组织。其结构单元为线圈和悬弧。具有悬弧的旧线圈形成拉长线圈,如图4-11所示。根据集圈悬弧跨过针数的多少,集圈可分为单针集圈,双针集圈和三针集圈等。集圈悬弧跨过一枚针的集圈称单针集圈(图4-11中a),跨过两枚针上的集圈称双针集圈(图4-11中b),跨过三枚针的集圈称三针集圈(图4-11中c),依此类推。根据某一针(封闭线圈)上连续集圈的次数,集圈又可分为单列、双列和多列集圈。针(封闭线圈)上有一个悬弧的称单列集圈(图4-11中c),两个悬弧的称双列集圈(图4-11中b),三个悬弧的称三列集圈(图4-11中a)。在一枚针(封闭线圈)上连续集圈的次数一般可达7~8次,集圈次数越多,旧线圈(封闭线圈)承受的张力越大,容易造成断纱和针钩的损坏。通常把集圈针数和列数连在一起称呼,将图4-11中a称为单针三列集圈,b称为双针双列集圈,c称为三针单列集圈。

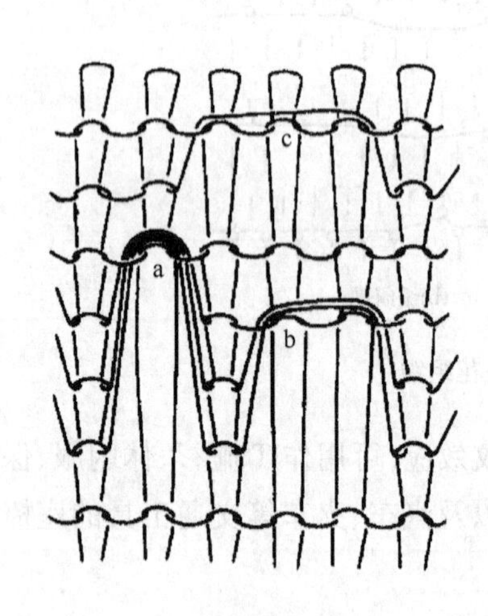

图4-11　集圈组织结构

集圈组织也可分为单面集圈和双面集圈。

(一)单面集圈组织

单面集圈组织是在纬平针组织的基础上进行集圈编织形成的。图 4 – 12 所示为采用单针单列集圈单元在平针线圈中有规律排列形成的一种斜纹效应。如集圈单元采用单针双列集圈，效果更为明显。这些集圈单元如采用不规则的排列还可形成绉效应的外观。另外，由于成圈线圈和集圈线圈对光线的反射效果存在差异，在针织物上还会产生一种阴影效应。

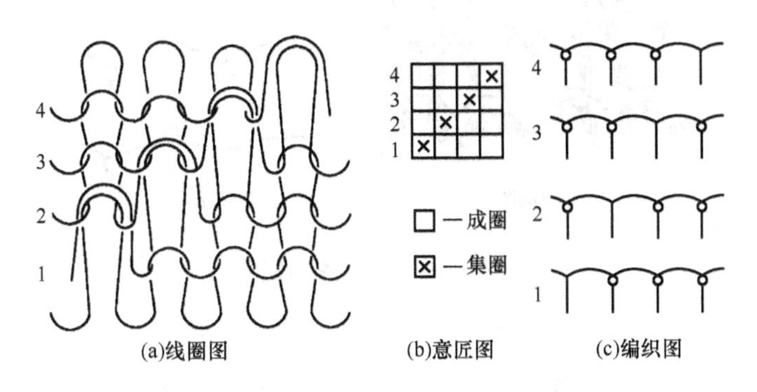

图 4 – 12　具有斜纹效应的集圈组织

图 4 – 13 所示为采用两种色纱和集圈单元组合形成的彩色花纹效应。集圈组织中悬弧被正面拉长线圈遮盖，不显露在织物正面。当采用色纱编织时，在织物正面只显示出拉长线圈色纱的色彩效应。从图 4 – 13(c)的色效应图中可以看出，凡是在图(b)所示的成圈的地方，它就显示图(a)中当前横列色纱的颜色；而在图(b)中有集圈的地方，它所显示的则是上一横列线圈的颜色。

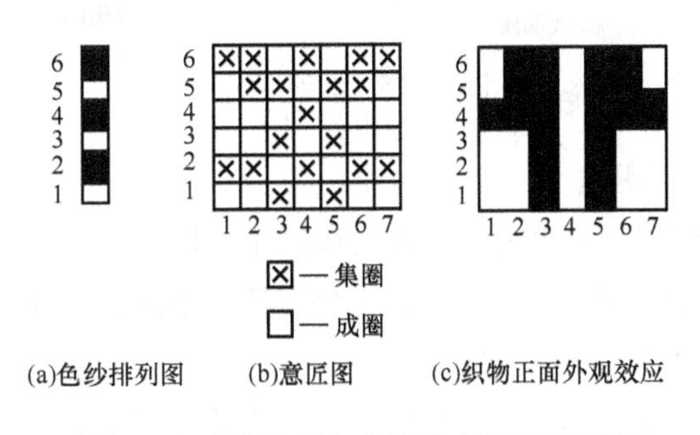

图 4 – 13　具有彩色花纹效应的集圈组织

(二)双面集圈组织

双面集圈组织是在双针床的针织机上编织而成。它可以在一个针床上集圈，也可以在两个针床上集圈。双面集圈组织不仅可以生产带有集圈效应的织物，还可以利用集圈单元来连接两个针床分别编织的平针线圈，得到具有特殊风格的织物。

常用的双面集圈组织为畦编(cardigan)和半畦编(half cardigan)组织。图 4 – 14 所示为半畦编组织，集圈只在织物的一面形成，两个横列完成一个循环。半畦编组织由于结构不对称，两面外观效应不同。图 4 – 15 所示为畦编组织，集圈在织物的两面交替形成，两个横列完成一个循环。畦编组织结构对称，两面外观效应相同。畦编和半畦编组织被广泛用于毛衫生产中，又称双元宝(畦编)、单元宝(半畦编)。

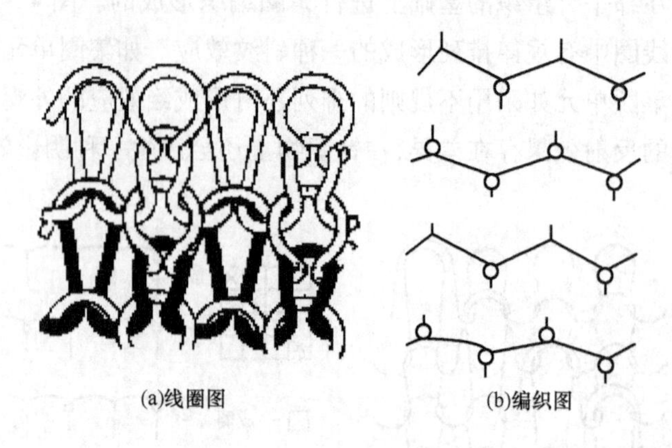

图4－14　半畦编组织

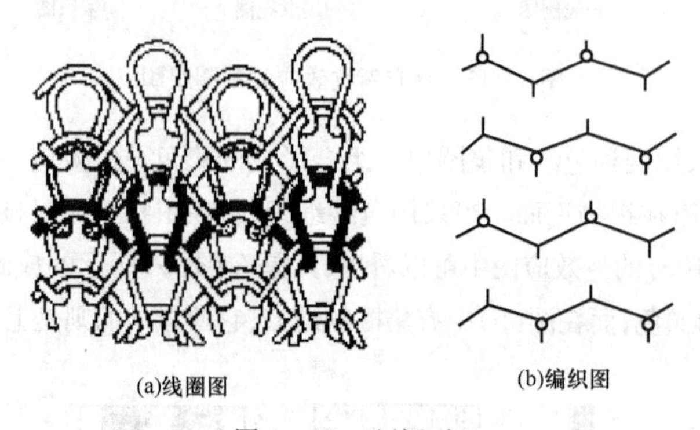

图4－15　畦编组织

(三)集圈组织的特性与用途

集圈组织的花色变化较多,利用集圈的排列和使用不同色彩与性能的纱线,可编织出表面具有图案、闪色、孔眼以及凹凸等效应的织物,使织物具有不同的服用性能与外观,还可以利用集圈悬弧来减少单面提花组织中浮线的长度。

集圈组织的脱散性较平针组织小,但容易抽丝。拉长线圈的后面有悬弧,所以其较平针与罗纹组织的厚度大。悬弧的存在使织物宽度增加,长度缩短,横向延伸较平针组织和罗纹组织小。线圈大小不均,织物强力较平针组织和罗纹组织小。

二、集圈组织的编织方法

集圈组织可以在钩针纬编机上编织,也可以在舌针纬编机上编织,现在主要在舌针纬编机上进行编织。在舌针纬编机上,集圈组织可以用不完全退圈法和不完全脱圈法两种方法进行编织。

不完全退圈法,退圈时织针只上升到集圈高度,旧线圈仍然挂在针舌上。垫纱后织针下降,新纱线和旧线圈一起进入针钩里,新纱线形成悬弧,旧线圈形成拉长线圈,如图4－16所示。图4－16(a)中针1和针3被选中后沿退圈三角上升到退圈最高点,针2只上升到集圈高度,旧线圈仍挂在针舌上，随后垫入新纱线 H。当针 1、2 和 3 下降时，三枚针都钩住新纱线。在脱圈阶段，针 1 和针 3 上的旧线圈从针头上脱下来，进入针钩的纱线形成新线圈；而此时针 2 上的旧线圈仍然在针钩里，不能从针头上脱下来，使其针钩内的新纱线不能形成封闭的线圈，只能形成未封闭的悬弧，与旧线圈一起形成集圈，如图 4－16(b)所示。

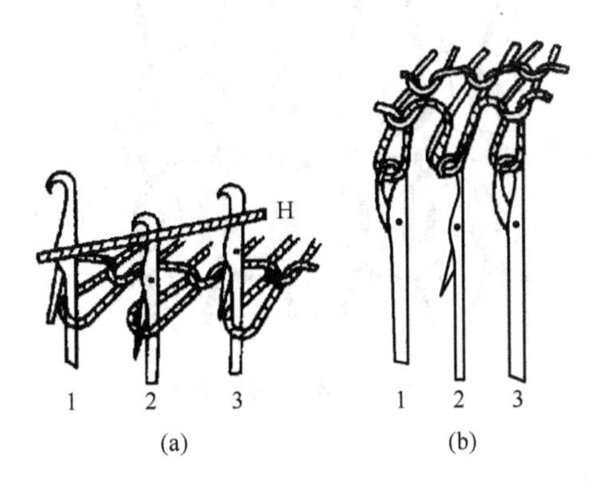

图 4－16　不完全退圈法集圈

不完全脱圈法的集圈，在退圈时，集圈针和成圈针一样都要上升到退圈最高点，旧线圈也要从针钩里退到针杆上；在垫纱时，织针都垫上新纱线，如图 4－17(a)所示。但在织针下降弯纱时，集圈针只下降到套圈高度，并不下降到弯纱最深点，旧线圈没有从针头上脱下来，如图 4－17(b)所示。这样，再退圈时旧线圈与新纱线一起退到针杆上，由新纱线形成悬弧，旧线圈形成拉长线圈，如图 4－17(c)所示。

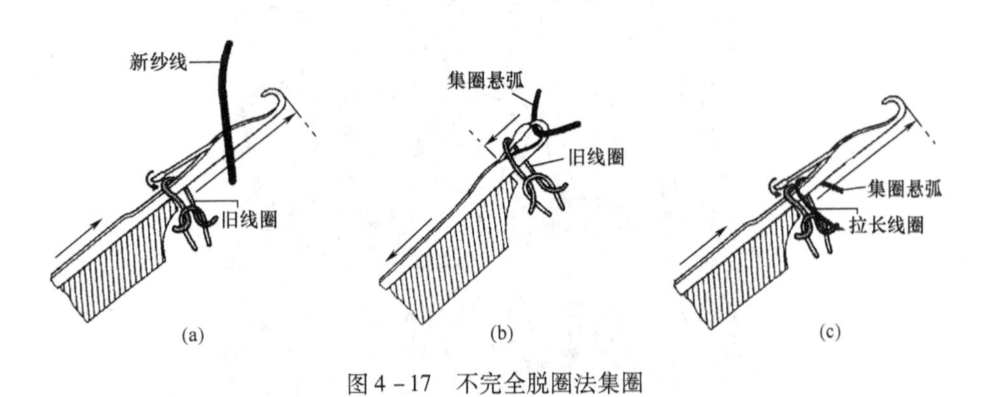

图 4－17　不完全脱圈法集圈

第三节　添纱组织

一、添纱组织的结构与特性

添纱组织(plating stitch)是指织物上的全部线圈或部分线圈由两根纱线形成，两根纱线所形成的线圈按照要求分别处于织物的正面和反面的一种花色组织，如图 4－18 所示，地纱

(ground yarn)始终处于织物反面,面纱(plating yarn)(添纱)始终处于织物正面。添纱组织可以是全部线圈添纱,也可以是部分线圈添纱。

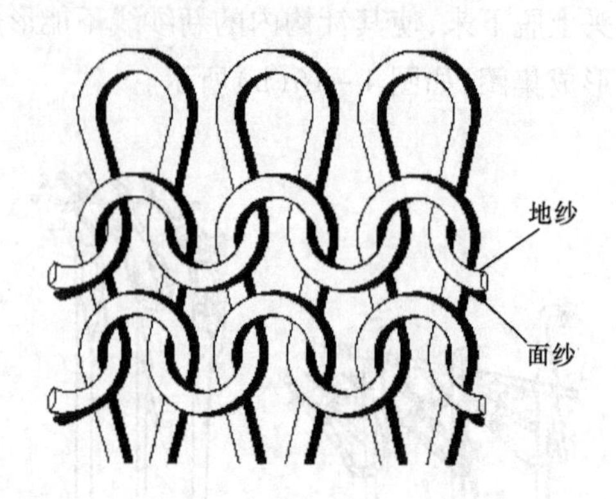

图4-18 添纱组织

(一)全部线圈添纱组织

全部线圈添纱组织是指织物内所有的线圈都是由两根纱线组成,织物的一面显露一种纱线的线圈,织物的另一面显露另一种纱线的线圈。图4-18所示就是一种平针全部线圈添纱组织,图中面纱始终显露在织物的正面,地纱始终显露在织物的反面。如在编织过程中,根据花纹要求相互交换两种纱线在织物正面和反面的相对位置,就会得到一种交换添纱组织(reverse plating),如图4-19所示。全部线圈添纱组织还可以罗纹为地组织,形成罗纹添纱组织。

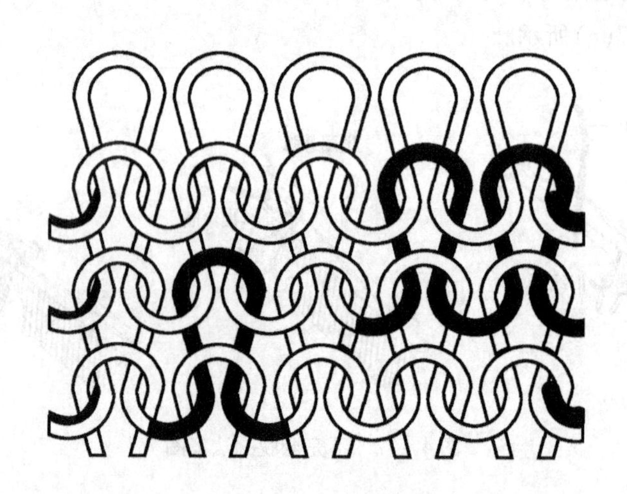

图4-19 交换添纱组织

(二)部分线圈添纱组织

部分线圈添纱组织是指在地组织内,仅有部分线圈进行添纱。图4-20所示的是浮线添纱(float plating)组织,又称架空添纱组织。它是将添纱纱线沿横向喂入形成线圈,覆盖在织物的部分线圈上形成的一种部分添纱组织。在没有形成添纱线圈的地方,添纱纱线以浮线的形式处于平针地组织线圈的后面,故称为浮线添纱。通常地纱纱线较细,添纱纱线较粗,在地纱成圈处织物稀薄，呈网孔状外观，形成网眼结构。

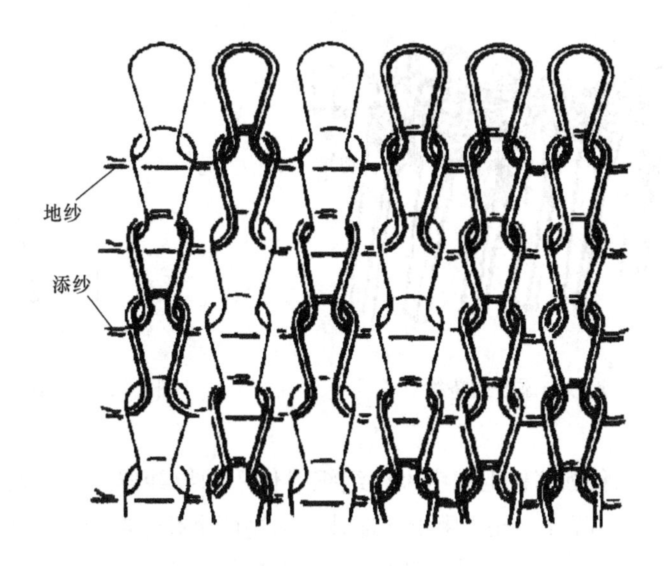

图4-20　浮线添纱组织

（三）添纱组织的特性与用途

全部线圈添纱组织的线圈几何特性基本上与地组织相同，在用两种不同的纱线编织时，织物两面可具有不同的色彩或服用性能，当采用两根不同捻向的纱线进行编织时，还可以消除单面针织物线圈歪斜的现象。以平针为地组织的全部添纱组织可用于功能性、舒适性要求较高的内衣和T恤面料，如丝盖棉，导湿快干织物等，用弹性较高的氨纶纱线与其他纤维的纱线进行添纱编织可以增加织物的弹性，是应用较多的针织产品。

部分添纱组织中由于浮线的存在，延伸性和脱散性较相应的地组织小，但容易引起勾丝。部分添纱组织常用于袜品和无缝内衣。

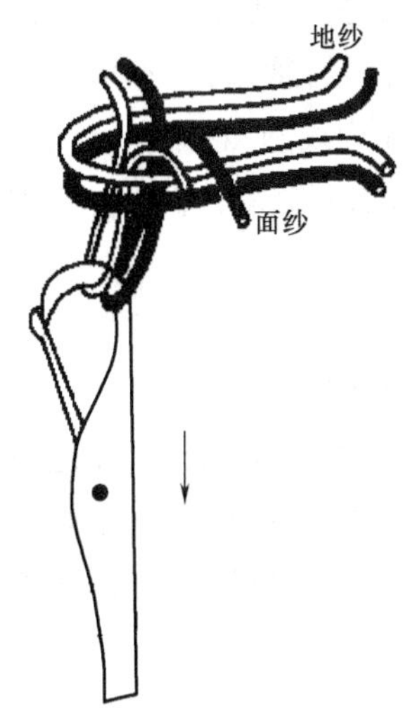

图4-21　添纱与地纱的相互配置

二、添纱组织的编织工艺

添纱组织的成圈过程与基本组织相同。但为了保证一个线圈覆盖在另一个线圈之上且具有所要求的相对位置关系，在编织时对织针、导纱器、沉降片、纱线张力以及纱线本身均有相应的要求，操作技术要求较高，处理不当会影响两个线圈的覆盖关系。

在编织添纱组织时，必须采用特殊的纱线喂入装置以便分别喂入地纱和面纱，并保证使面纱显露在织物正面，地纱处于织物反面。要使面纱很好地覆盖地纱，两种纱线必须保持如图4-21所示的相互配置关系。为达到这种配置关系，垫纱时必须保证地纱离针背较远，面纱离针背较近，如图4-22所示。

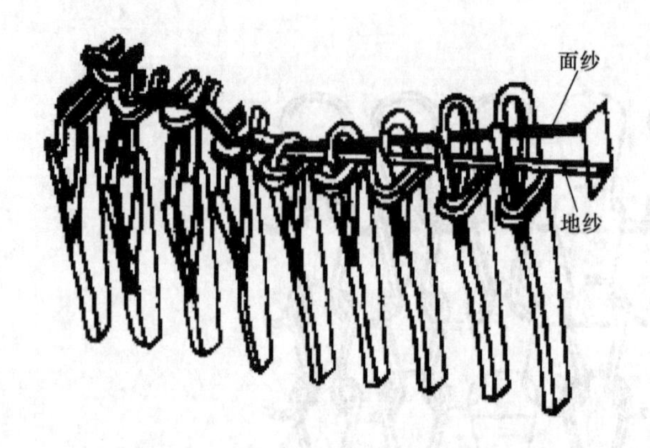

图 4－22　地纱与添纱的垫纱

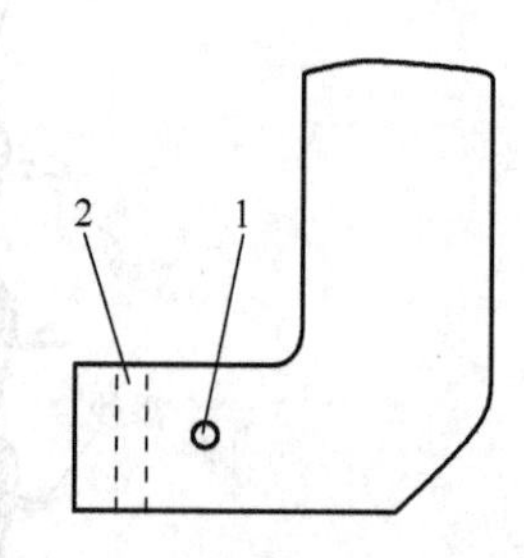

图 4－23　编织添纱组织专用导纱器

图 4－23 所示为一种圆纬机上编织添纱组织时使用的导纱器。它有两个垂直配置的导纱孔 1 和 2,其中孔 1 用于穿面纱,孔 2 用于穿地纱。从这两个孔垫纱至织针上,垫纱角度不同,面纱垫纱横角较小,靠近针背;地纱垫纱横角较大,靠近针钩外侧,从而保证了面纱和地纱的正确配置关系。

除了垫纱角外,织针和沉降片的外形,纱线本身的性质(线密度、摩擦系数、刚度等)、线圈长度、给纱张力以及牵拉张力等也影响到添纱的位置关系。

第四节　衬垫组织

一、衬垫组织的结构与特性

衬垫组织(fleecy stitch, laying－in stitch, laid－in stitch)是在地组织的基础上衬入一根或几根衬垫纱线,衬垫纱按照一定的比例在织物的某些线圈上形成不封闭的悬弧,在不形成悬弧的地方以浮线的形式处于织物反面的一种花色组织。其基本结构单元为线圈、悬弧和浮线。衬垫组织可以平针、添纱、集圈、罗纹或双罗纹等组织为地组织,最常用的地组织是平针组织和添纱组织。

(一)平针衬垫组织

平针衬垫组织(two－thread fleecy)以平针为地组织,又称两线衬垫组织,如图 4－24 所示。图中 1 为地纱(ground yarn),编织平针组织;2 为衬垫纱(fleecy yarn),它按一定的比例在地组织的某些线圈上形成悬弧,在另一些线圈的后面形成浮线,它们都处于织物的反面。但在衬垫纱与平针线圈沉降弧的交叉处,衬垫纱显露在织物的正面,这样就破坏了织物的外观,在衬垫纱较粗时更为明显,如图 4－24(a)中的 a、b 处所示。

(二)添纱衬垫组织

添纱衬垫(three－thread fleecy)组织是以添纱组织为地组织形成的衬垫组织,是一种最常用的衬垫组织,由面纱、地纱和衬垫纱构成,通常称作三线衬垫或三线绒。添纱衬垫组织结构如

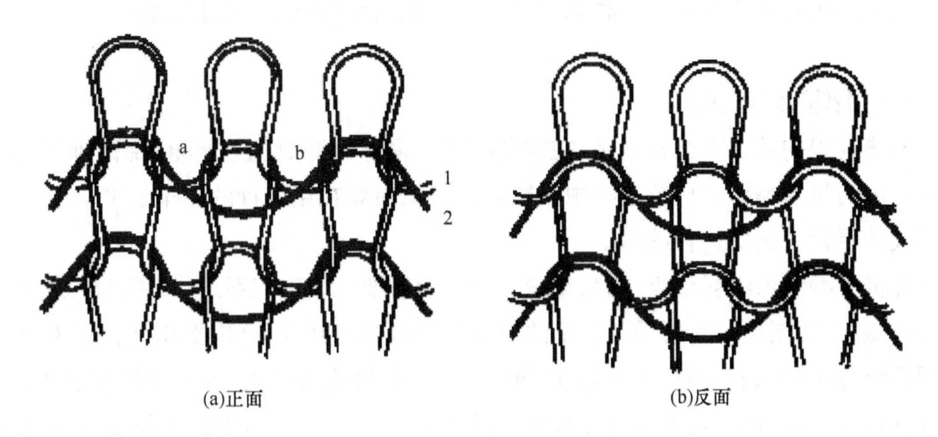

图 4 – 24　平针衬垫组织结构

图 4 – 25 所示。图中 1 为面纱,2 为衬垫纱,3 为地纱,面纱和地纱形成添纱结构,衬垫纱按一定的间隔在织物的某些线圈上形成不封闭的悬弧,在另一些线圈后面形成浮线。在衬垫纱与地组织线圈沉降弧的交接处,衬垫纱被夹在地组织线圈的地纱和面纱之间,既不会显露在织物正面,改善了织物的外观,又不易从织物中抽拉出来。

添纱衬垫组织的地组织由面纱和地纱组成,它们的相互位置与添纱组织一样,即面纱覆盖在地纱上,因此织物的正面外观取决于面纱的品质,但其使用寿命取决于地纱的强度,即使面纱磨断了,仍然有地纱锁住衬垫纱,使织物保持完整。

图 4 – 25　添纱衬垫组织结构

(三)衬垫组织的特性与用途

添纱衬垫组织可通过起绒形成绒类织物。起绒时,衬垫纱在拉毛机的作用下形成短绒,提高了织物的保暖性。为了便于起绒,衬垫纱可采用捻度较低的较粗纱线。起绒织物表面平整,保暖性好,可用于保暖服装和运动衣。

平针衬垫织物通常不进行拉绒,由于衬垫纱不成圈,可以采用比地纱粗的纱线或各种不易成圈的花式纱线形成花式效应。主要用作休闲装和 T 恤衫面料。采用不同的衬垫方式和花式纱线还能形成一定的花纹效应。

衬垫组织类织物由于衬垫纱的存在，织物厚实，横向延伸性小，尺寸稳定。

二、衬垫组织的编织工艺

平针衬垫组织的编织工艺较简单，在普通的单面多针道针织机上就能编织。而添纱衬垫组织则需要专用的机器编织。传统生产中添纱衬垫组织主要在用钩针的台车上进行编织，现在大多采用三线绒舌针大圆机进行编织。

在舌针机上编织添纱衬垫组织时，编织一个横列需要三路编织系统，采用面纱、地纱和衬垫纱三根纱线编织，如图 4－26 所示。这里的成圈机件包括织针 A、导纱器 B、沉降片 C，从左到右的各成圈系统分别垫入衬垫纱 D、面纱 E 和地纱 F。在衬垫纱喂入系统，织针按照垫纱比由三角进行选针形成悬弧或浮线，形成悬弧时织针沿图中实线Ⅰ所示的走针轨迹运行，形成浮线时织针沿图中虚线Ⅱ所示的走针轨迹运行。其成圈过程如图 4－27 所示。

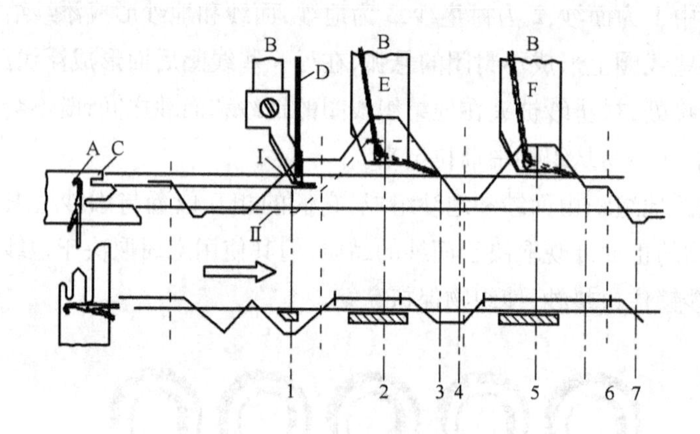

图 4－26　舌针编织添纱衬垫组织的走针轨迹

1. 喂入衬垫纱　编织衬垫纱时，被选上形成悬弧的织针根据垫纱比的要求上升到集圈高度钩取衬垫纱 D，如图 4－27（a）所示。然后沉降片向针筒中心运动，使衬垫纱弯曲，这些织针继续上升，衬垫纱从针钩内移到针杆上，如图 4－27（b）所示，此时这些织针的针头处于图 4－26 中位置 2 所示的实线高度。其余织针在衬垫纱喂入系统中不上升，此后在面纱喂入系统中上升到图 4－26 中位置 2 所示的虚线高度。

2. 喂入面纱　两种高度的织针随针筒的回转，在三角的作用下至图 4－26 中 3 的位置，喂入面纱 E，如图 4－27（c）所示。所有的织针继续下降至图 4－26 中 4 的位置，形成悬弧的织针上的衬垫纱 D 脱圈在面纱 E 上，如图 4－27（d）所示。此时，衬垫纱在沉降片的上片颚上。

3. 喂入地纱　针筒继续回转，所有的织针上升至图 4－26 中 5 的位置，此时面纱形成的线圈仍然在针舌上，然后垫入地纱 F，如图 4－27（e）所示。随着针筒的回转，所有的织针下降至图 4－26 中 6 的位置，此时织针、沉降片与三种纱线的相对关系如图 4－27（f）所示。当所有织针继续下降至图 4－26 中 7 的位置时，织针下降到最低点，针钩将面纱和地纱一起在沉降片的下片颚上穿过旧线圈，形成新线圈，这时衬垫纱就被夹在面纱和地纱之间，一个横列编织完成，如图 4－27（g）所示。

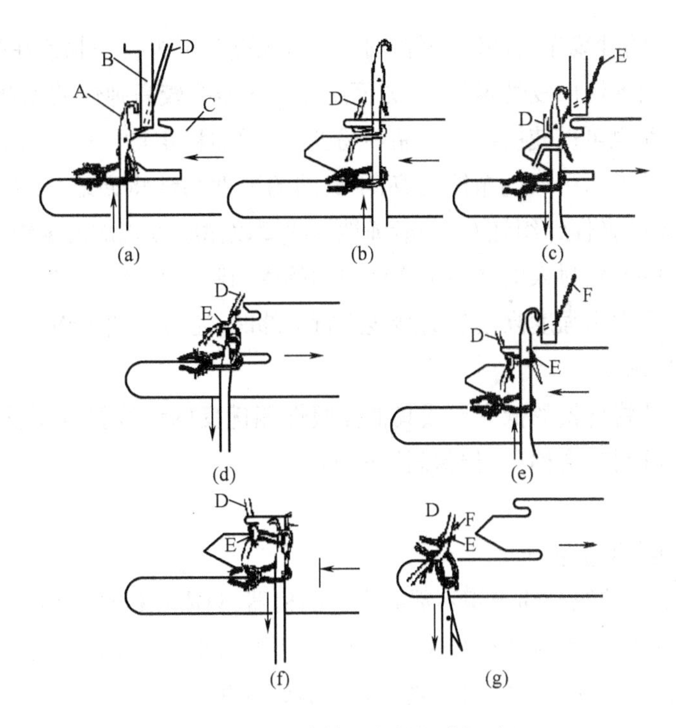

图 4－27　添纱衬垫组织的编织过程

第五节　衬纬组织

一、衬纬组织的结构和特性

衬纬组织(weft insertion stitch)是在地组织的基础上,沿纬向衬入一根或几根不成圈的辅助纱线而形成的,衬入的纱线称为衬纬纱,或简称纬纱。衬纬组织一般多为双面结构,纬纱夹在双面织物的中间。图 4－28 所示的是在罗纹组织基础上衬入了一根纬纱形成的衬纬组织。

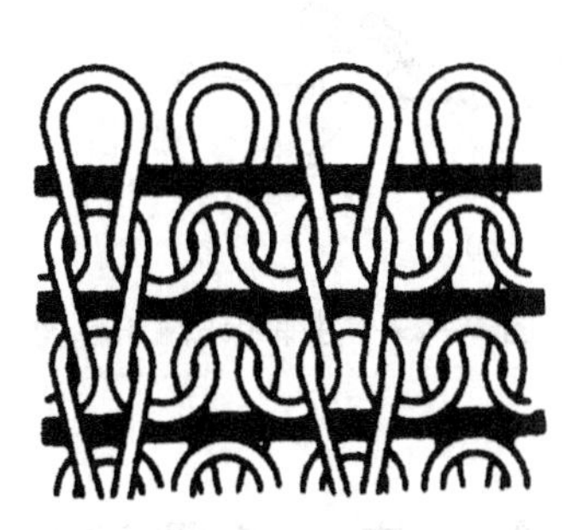

图 4－28　衬纬组织结构

衬纬组织主要通过衬入的纬纱来改善和加强织物的某一方面性能,如横向弹性、强度、稳定性以及保暖性等。

若采用弹性较大的纱线作为纬纱，可在圆机上编织圆筒形弹性织物或在横机上编织片状弹性织物，使织物的横向弹性回复性增加，一方面用以制作需要较高弹性的无缝内衣、袜品、领口、袖口等产品；另一方面也可以使所编织产品不易变形，增加稳定性。弹性纬纱衬纬织物不适合加工裁剪缝制的服装，因为一旦坯布被裁剪，不成圈的弹性纬纱将回缩，使织物结构受到破坏。如果要生产裁剪缝制的弹性针织坯布，一般弹性纱线要以添纱方式成圈编织。

当采用非弹性纬纱时，衬入的纬纱可降低织物的横向延伸性，编织尺寸稳定、延伸性小的织物，适宜制作外衣。采用高强度高模量的纱线进行衬纬时，还可以使织物在横向产生增强效果，用于生产某些产业用织物。

在双层织物中，若将蓬松的低弹丝或其他保暖性能优良的纱线衬入正反面的夹层中，可以生产优良的保暖内衣面料，俗称“三层保暖”织物。

二、衬纬组织的编织工艺

在双针床针织机上编织衬纬组织不需要专门的机器，只需在机器上加装特殊的导纱器或通过对普通导纱器进行调整，使衬纬纱线仅喂入到上、下织针的背面，而不进入针钩参加编织，从而将衬入的纬纱夹在正反面线圈的圈柱之间。其编织原理如图 4－29 所示。图 4－29（a）的 1、2 是上、下织针运动轨迹。地纱 3 穿在导纱器 4 的导纱孔内，喂入到织针上进行编织。衬纬纱 5 穿在特殊的喂纱嘴 6 内，喂入到上、下织针的针背面。当上、下织针在起针三角作用下出筒口进行退圈时，就把纬纱夹在上、下织针的线圈之间，如图 4－29（b）所示。有些双面针织机没有特制的喂纱嘴 6，可选用上一路的导纱器作为喂纱嘴，但导纱器的安装需适应衬纬的要求，织针应不参加编织。

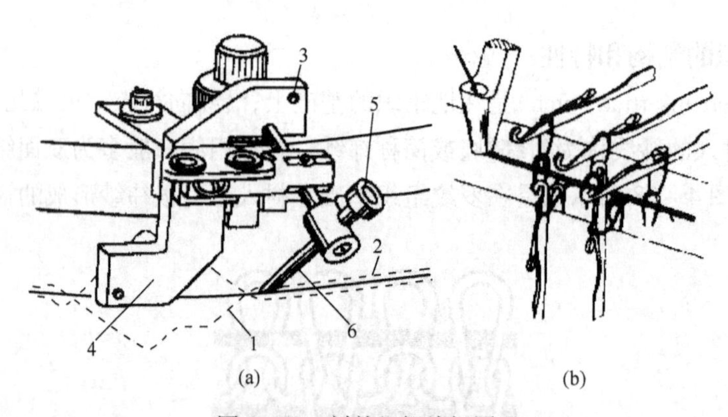

图 4－29　衬纬组织编织原理

第六节　毛圈组织

一、毛圈组织的结构与特性

毛圈组织（plush stitch）是由地组织线圈和带有拉长沉降弧的毛圈线圈组合而成的一种花

色组织。如图4-30所示,毛圈组织一般由两根纱线编织而成,一根编织地组织线圈,另一根编织毛圈线圈,两根纱线所形成的线圈以添纱的形式存在于织物中。毛圈组织可分为普通毛圈和花式毛圈,并有单面毛圈和双面毛圈之分。

(一)普通毛圈

普通毛圈是指每一只地组织线圈上都有一个毛圈线圈,而且所形成的毛圈长度是一致的,每一横列的毛圈也是同一种颜色的,又称为满地毛圈(all-over plush)。图4-30所示即为普通毛圈的结构,地组织为平针添纱组织。它能得到最密的毛圈,毛圈通过剪毛以后可以形成天鹅绒织物,是一种应用广泛的毛圈组织。

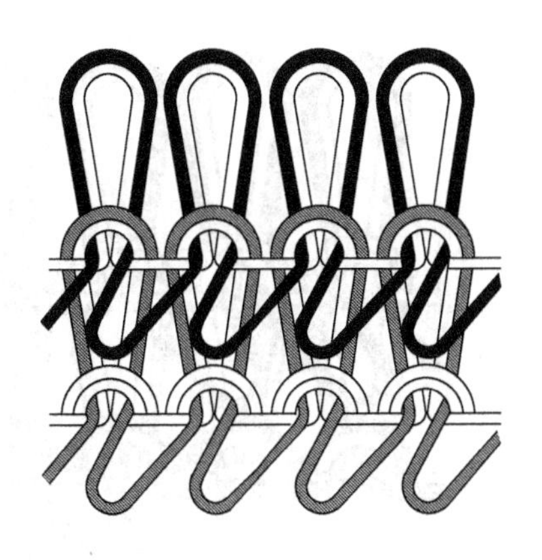

图4-30 普通毛圈组织

普通毛圈组织有正包毛圈和反包毛圈两种。地纱线圈显露在织物正面并覆盖住毛圈线圈的称"正包毛圈",这可防止在穿着和使用过程中毛圈纱被从正面抽拉出来,尤其适合于要对毛圈进行剪毛处理的天鹅绒织物。如果毛圈纱线圈显露在织物正面,将地纱线圈覆盖住,而织物反面仍是拉长沉降弧的毛圈为"反包毛圈"。在后整理工序中,可对"反包毛圈"正反两面的毛圈纱进行起绒处理,形成双面绒织物。

(二)花式毛圈组织

花式毛圈(patterned plush)是指通过毛圈形成花纹效应的毛圈组织。可分为提花毛圈、浮雕花纹毛圈和高低毛圈等。

1. 提花毛圈 提花毛圈(jacquard plush)的每个毛圈横列由两种或两种以上的色织毛圈编织而成。有两种结构和编织方法:

(1)非满地提花毛圈。这种提花毛圈每一提花毛圈横列由几个横列的地组织线圈组成,即两色提花毛圈每一毛圈横列由两个横列的地组织线圈组成,三色提花毛圈每一毛圈横列由三个横列的地组织线圈组成,依此类推。在编织时每一路所有的地纱都参加编织,而毛圈纱则是有选择地在某些针上成毛圈,在不成毛圈的地方与地纱形成添纱结构,如图4-31所示。在这种结构中,随着毛圈线圈色纱数的增加,织物的毛圈横列密度相应降低,使毛圈稀松,易倒伏,影响了织物的效果。

(2)满地提花毛圈。在这种提花毛圈织物中,不管色纱数多少,每一横列的毛圈线圈只有一个横列的地组织线圈,毛圈纱在不成圈的地方以浮线的形式存在于其他毛圈线圈的上面,如图4-32所示。毛圈色纱数的多少不会影响到毛圈的稀密程度,又称为高密度提花毛圈(high-density jacquard plush)。由于这种提花毛圈必须经过剪毛之后才能使用,因此其最终产品只能是绒类产品,现在主要用于制作汽车和其他室内装饰绒。

2. 浮雕花纹毛圈 浮雕花纹毛圈是通过有选择地在某些线圈上形成毛圈,在某些线圈上不形成毛圈,从而在织物表面由毛圈形成浮雕花纹效应。如图4-33所示。

3. 高低毛圈 这种毛圈是通过有选择地在不同针上形成毛圈高度不同的毛圈,以形成凹凸花式效应。

4. 双面毛圈 双面毛圈（two - faced plush）是指织物两面都形成毛圈的一种组织。如图4 - 34所示，该组织由三根纱线编织而成，纱线1编织地组织，纱线2形成正面毛圈，纱线3形成反面毛圈。

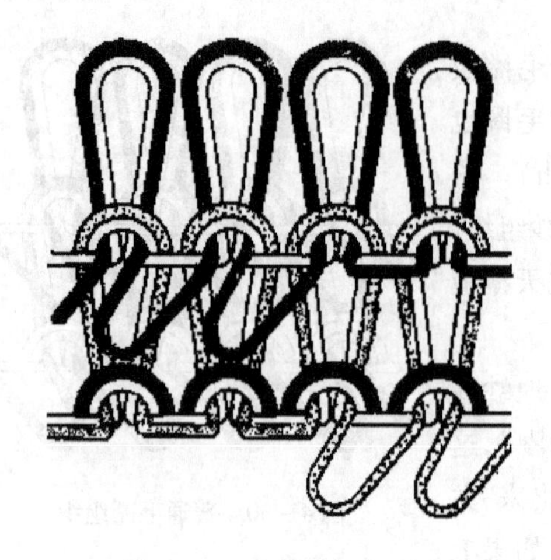

图4 - 31 非满地提花毛圈

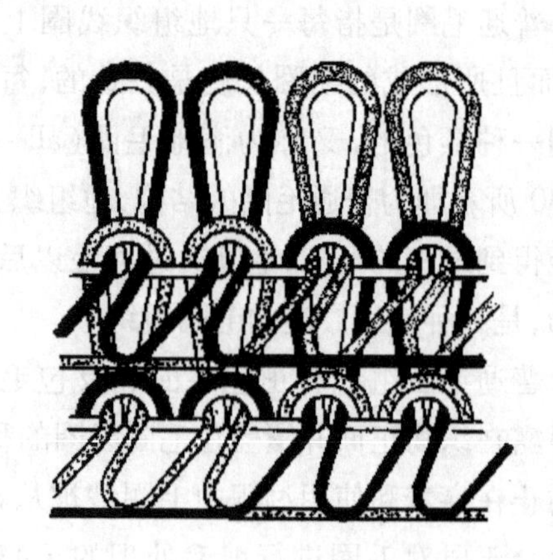

图4 - 32 满地提花毛圈

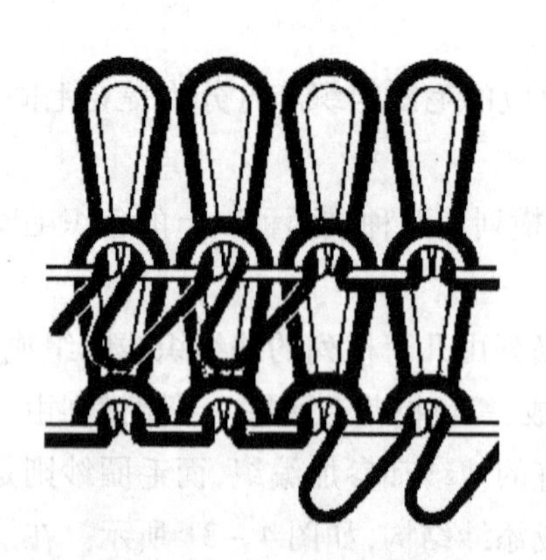

图4 - 33 浮雕花纹毛圈

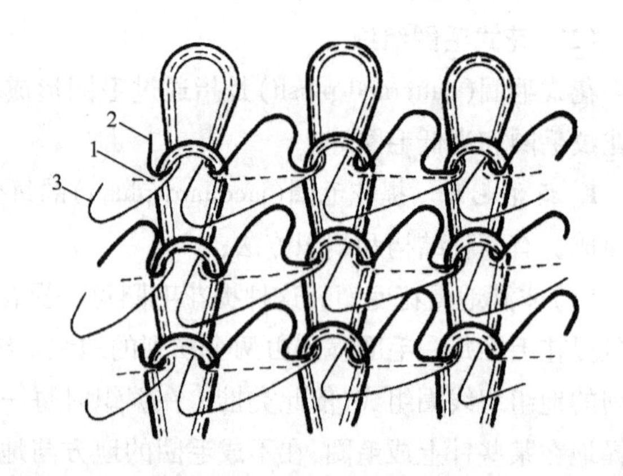

图4 - 34 双面毛圈组织结构

（三）毛圈组织的特性与用途

毛圈纱线的加入使得毛圈组织织物较普通平针组织织物厚实。但在使用过程中，由于毛圈松散，在织物的一面或两面容易受到意外的抽拉，使毛圈产生转移，破坏了织物的外观。为了防止毛圈意外抽拉转移，可将织物编织得紧密些，增加毛圈转移的阻力，并可使毛圈直立。另外，地纱可以使用弹性较好的低弹加工丝，以帮助束缚毛圈纱。

毛圈线圈和地组织线圈是一种添纱结构，因此它还具有添纱组织的特性，为了使毛圈纱与地纱具有良好的覆盖关系，毛圈组织应遵循添纱组织的编织要求。

不剪毛的毛圈组织具有良好的吸湿性，产品柔软，厚实，适宜制作睡衣、浴衣以及休闲服等。

毛圈组织经剪绒和起绒后还可形成天鹅绒、摇粒绒等单面或双面绒类织物，从而使织物丰满、厚实、保暖性增加。摇粒绒织物是秋冬季保暖服装的主要面料；天鹅绒是一种高档的时装面料；各种提花绒类被广泛用于家用和其他装饰用领域。

二、毛圈组织的编织原理

毛圈组织可以在钩针或舌针针织机上编织，现在主要在舌针针织机上编织。如图4-35所示，在单面舌针针织机上编织毛圈时，地纱1在片颚上弯纱形成平针线圈，毛圈纱2在片鼻上弯纱，沉降弧被拉长形成毛圈。可以采用片鼻高度不同的沉降片来改变毛圈的高度。

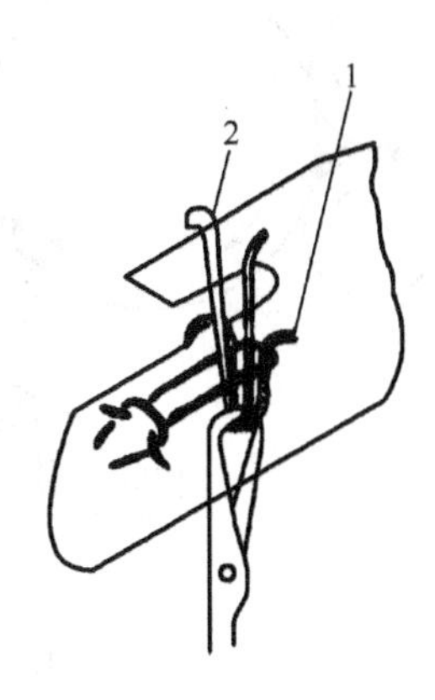

图4-35　单面舌针机上毛圈的形成

第七节　长毛绒组织

一、长毛绒组织的结构与特性

将纤维束与地纱一起喂入织针编织成圈，使纤维以绒毛状附着在织物表面，在织物反面形成绒毛状外观的组织，称为长毛绒组织（high-pile stitch）。它一般在纬平针组织的基础上形成，如图4-36所示。

长毛绒组织可以利用各种不同性质的纤维进行编织，根据所喂入的纤维长短、粗细不同，在织物中可形成类似于天然毛皮的刚毛、底毛和绒毛等毛绒效果，具有类似于天然动物毛皮的外观和风格，称为"人造毛皮"。

长毛绒织物手感柔软，保暖性和耐磨性好，可仿制各种天然毛皮，单位面积重量比天然毛皮轻，而且不会虫蛀。因而在服装、毛绒玩具、拖鞋、装饰织物等方面有许多应用。

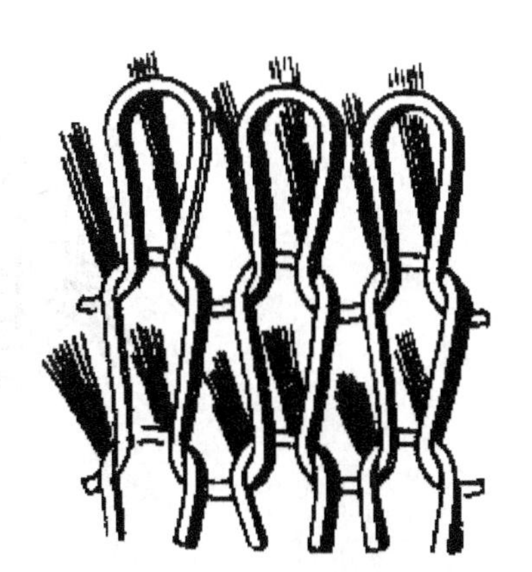

图4-36　长毛绒组织结构

二、长毛绒组织的编织工艺

长毛绒组织需要在专门的长毛绒编织机上进行编织，它是一种单面舌针针织机，除了普通单面机的特点外，在每一成圈系统还需附加一套纤维毛条梳理喂入装置，以便将纤维喂入织针。

如图4－37所示，纤维毛条1通过断条自停装置、导条器（图中未画出）进入梳理装置。梳理装置由一对输入辊2、3和表面带有钢丝的滚筒4组成。输入辊牵伸纤维毛条1并将其输送给滚筒4，后者的表面线速度大于前者，使纤维伸直、拉细并平行均匀排列。借助于特殊形状的钢丝，滚筒4将纤维束5喂入退圈织针6的针钩。

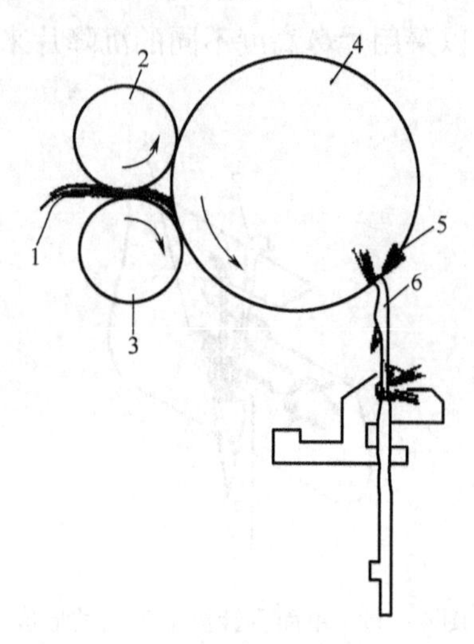

图4－37　纤维束的梳理和喂入

当针钩抓取纤维束后，针头后上方的吸风管A（图4－38）利用气流吸引力将未被针钩勾住而附着在纤维束上的散乱纤维吸走，并将纤维束吸向针钩，使纤维束的两个头端靠后，呈"V"字形紧贴针钩，以利编织，如图4－38中针1、针2、针3、针4所示。

当织针进入地纱喂纱区域时，针逐渐下降，从导纱器B中勾取地纱，并将其与纤维束一起编织成圈（图4－38中针5、针6、针7），纤维束的两个头端露在长毛绒组织的工艺反面形成毛绒，由地纱与纤维束共同编织形成了长毛绒织物。

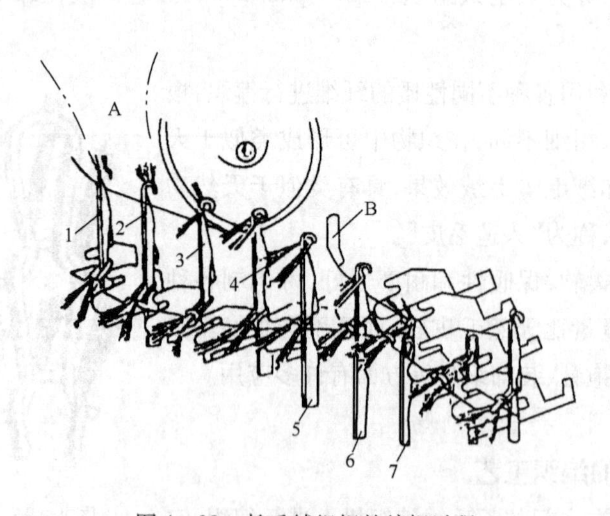

图4－38　长毛绒组织的编织过程

为了生产提花或结构花型的长毛绒织物，可通过电子或机械选针机构，对经过每一纤维束喂入区的织针进行选针，使选中的织针退圈并获取相应颜色的纤维束。

第八节　纱罗组织

一、纱罗组织的结构和特性

在纬编基本组织基础上，按照花纹要求将某些针上的线圈转移到与其相邻纵行的针上，所形成的组织为纱罗组织（loop transfer stitch，lace stitch），又称移圈组织，如图 4－39 所示。可在单针床或双针床上进行移圈形成单面或双面纱罗组织，在针织物表面形成各种结构花式效应。

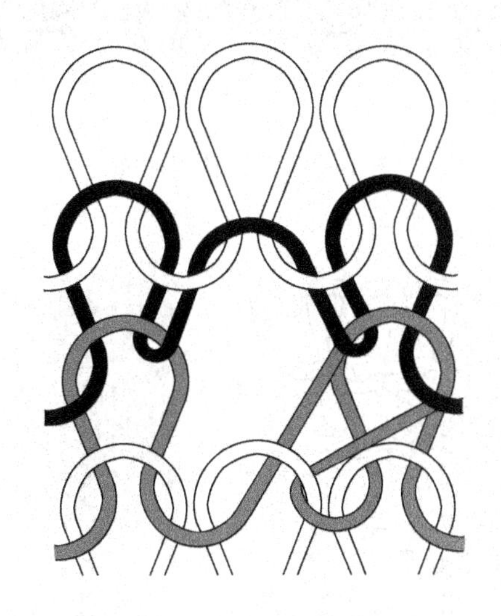

图 4－39　纱罗组织

（一）单面纱罗组织

图 4－40 为一种单面纱罗组织。按照花纹要求在不同针上以不同方式进行移圈，形成具有一定花纹效应的孔眼。例如：图中第Ⅱ横列 2、4、6、8 针上的线圈向右转移到 3、5、7、9 针上后，使 2、4、6、8 针成为空针，相应纵行中断，在第Ⅲ横列重新垫纱后，在这些地方就形成了一个横列的孔眼结构；而在接下来的横列中，以第 5 针为中心，左右纵行的线圈依次分别向左右转移，从而在织物中由移圈孔眼形成了“V”字形的花纹。

图 4－41 为一种单面绞花纱罗组织（cable stitch）。它是通过在相邻纵行中进行相互移圈形成，这样在织物表面就由倾斜的移圈线圈形成麻花状的花式效应。

（二）双面纱罗组织

双面纱罗组织可以在针织物的一面进行移圈，即将一个针床上的某些线圈移到同一针床的相邻针上，也可以在针织物两面进行移圈，即将一个针床上的线圈移到另一个针床与之相邻的针上，或者将两个针床上的线圈分别移到各自针床的相邻针上。

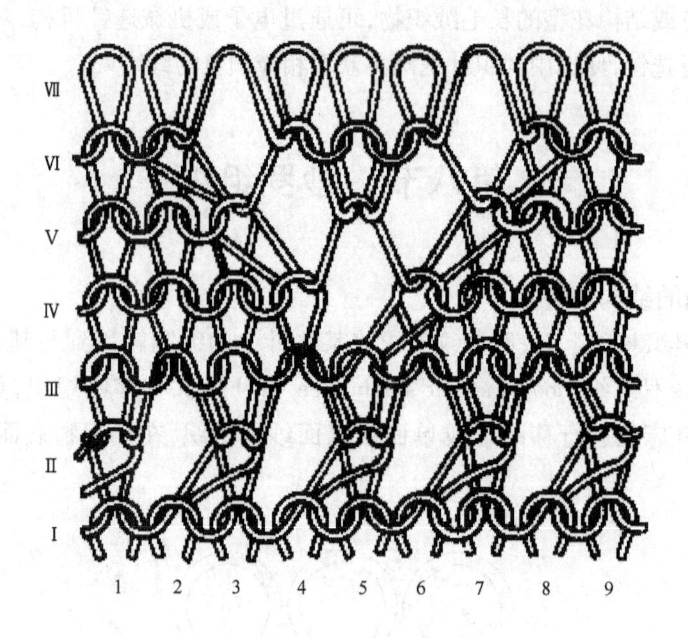

图4－40　单面纱罗组织

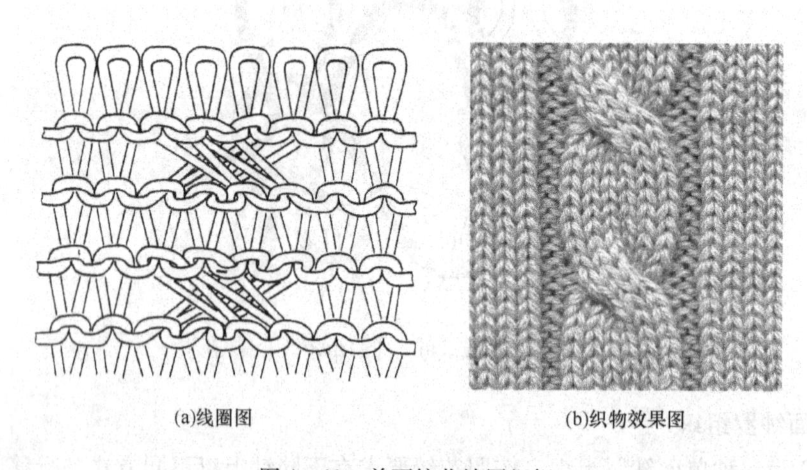

图4－41　单面绞花纱罗组织

图4－42所示为将一个针床针上的线圈转移到另一个针床的针上所形成的双面纱罗组织。正面线圈纵行1上的线圈3被转移到另一个针床相邻的针(反面线圈纵行2)上,从而使正面线圈在此处断开,形成开孔4。在实际织物中,由于罗纹结构的横向收缩,在织物中并不真正形成孔眼,在此处看到的是与正面线圈纵行1相邻的反面线圈,从而产生一种凹凸的效果。图4－43所示为在同一针床上进行移圈的双面纱罗组织。在第Ⅱ横列,同一面两只相邻线圈朝不同方向移到相邻的针上,即针5、7上的线圈分别移到针3、9上;第Ⅲ横列再将针3上的线圈移到针1上。在以后若干横列中,如果使移去线圈的针3、5、7不参加编织,而后再重新成圈,则在双面针织物上可以看到一块单面平针组织区域,这样在针织物表面就形成凹纹效应,而在两个线圈合并的地方,产生凸起效应。

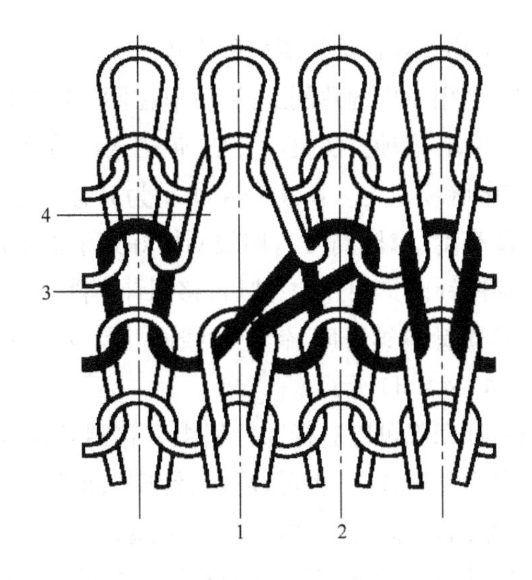

图4－42　一个针床向另一针床移圈的双面纱罗组织

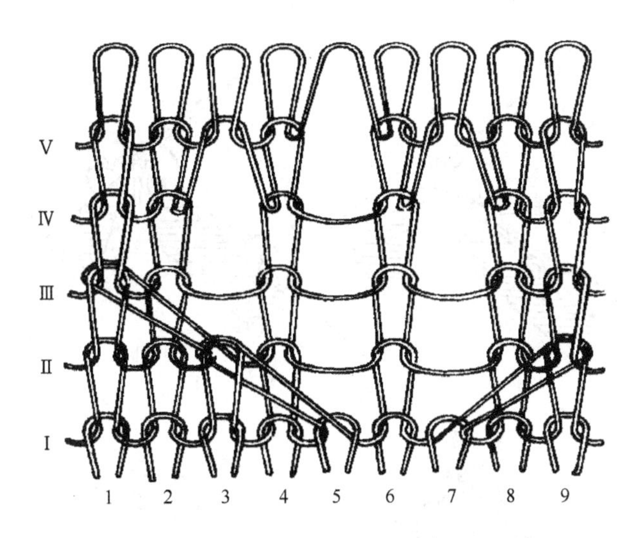

图4－43　同一针床移圈的双面纱罗组织

(三)纱罗组织的特性和用途

纱罗组织的基本特性主要取决于形成该组织的基本组织,但在移圈处由于孔眼的存在、线圈的凸起和扭曲,影响到织物的强度、耐磨性、起毛起球和勾丝,也使织物的透气性增加。纱罗组织可以形成孔眼、凹凸、线圈倾斜、绞花或扭曲等效应,如将这些结构按照一定的规律分布在针织物表面,则可形成所需的花纹图案。可以利用纱罗组织的移圈原理来增加或减少工作针数,编织成形针织物,或者改变织物的组织结构,使织物由双面编织改为单面编织。纱罗组织大量应用于毛衫的生产和某些高档T恤衫,也用于一些时尚内衣等产品。

二、纱罗组织的编织工艺

纱罗组织可以在圆机和横机上编织,但以横机编织为多。

横机编织纱罗组织有手工移圈和自动移圈两种方式。

在手动和半自动横机上，利用专用的移圈工具，可以在同一针床的织针之间进行移圈，也可以在不同针床织针之间进行移圈，这种方法灵活方便，但工人的劳动强度大，生产效率低。

自动移圈现在主要用在电脑横机上。图4－44所示为其移圈过程。首先，如图4－44(a)所示，移圈针b上升到过退圈高度(移圈高度)，旧线圈恰好处于扩圈片位置；在图4－44(b)中，接圈针a上升，将针头插入移圈针的扩圈片中；然后，移圈针下降，针上的线圈将针口关闭，如图4－44(c)所示；最后，随着移圈针继续下降，针上的线圈从针头上脱下来，进入接圈针的针钩里，完成了移圈的动作，如图4－44(d)所示。

在电脑横机上，由于前后针床都可以进行选针编织和移圈，因此两个针床都使用带有扩圈片的织针，既可以从前针床向后针床移圈，也可以从后针床向前针床移圈。目前的技术还不能实现同一针床织针之间相互移圈，要想进行这种移圈，必须先将一个针床针上的线圈移到另一个针床的针上，然后横移针床，改变前后针床织针的对位关系后，再将移过去的线圈移回到原来针床的相应织针上。

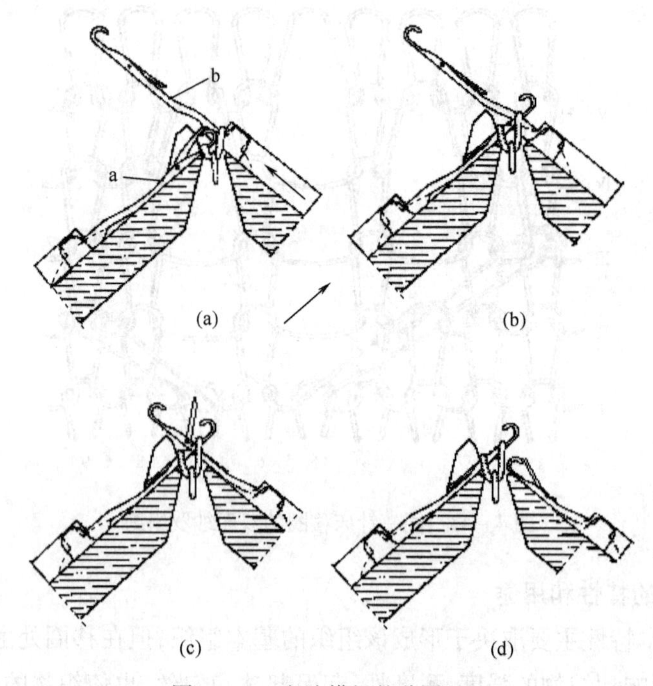

图4－44　电脑横机的移圈过程

第九节　菠萝组织

一、菠萝组织的结构和特性

菠萝组织(pelerine stitch, eyelet stitch)是新线圈在成圈过程中同时穿过旧线圈的针编弧与沉降弧的纬编花色组织，如图 4－45 所示。在编织菠萝组织时，必须将旧线圈的沉降弧套到针上，使旧线圈的沉降弧连同针编弧一起脱圈到新线圈上。

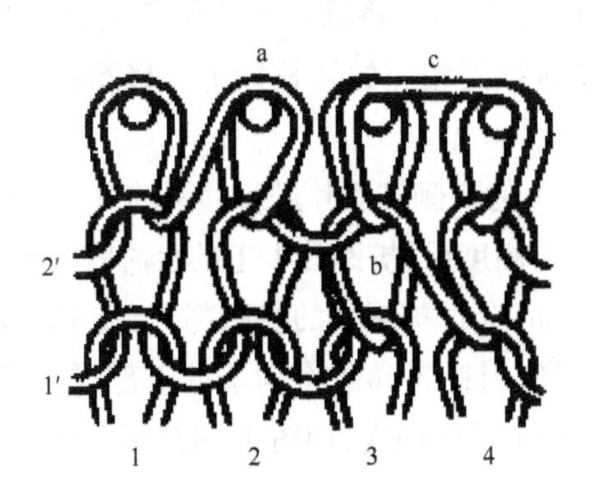

图 4－45　菠萝组织结构

菠萝组织可以在单面组织的基础上形成，也可以在双面组织的基础上形成。图 4－45 是以平针组织为基础形成的菠萝组织，其沉降弧可以转移到右边针上（图中 a），亦可以转移到左边针上（图中 b），还可以转移到相邻的两枚针上（图中 c）。图 4－46 是在 2＋2 罗纹基础上转移沉降弧的菠萝组织，两个反面纵行之间的沉降弧 a 转移到相邻两枚针上，形成孔眼 b。

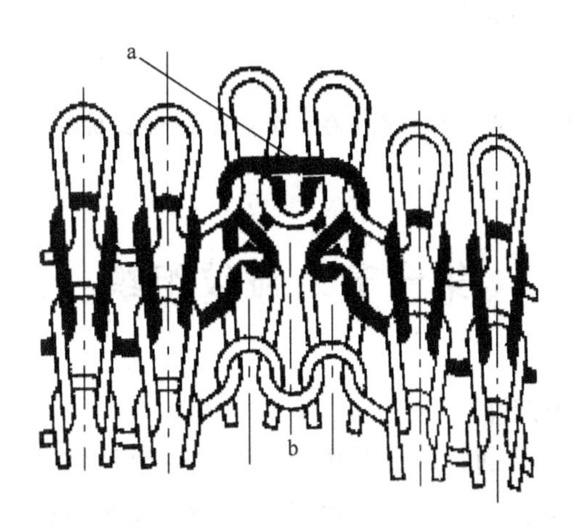

图 4－46　在 2＋2 罗纹基础上转移沉降弧

菠萝组织由于沉降弧的转移，可以在被移处形成孔眼效应，移圈后纱线的聚集也使织物产生凹凸效应。因为菠萝组织的线圈在成圈时，沉降弧是拉紧的，当织物受到拉伸时，各线圈受力不均匀，张力集中在张紧的线圈上，纱线容易断裂，使织物强力降低。

菠萝组织需要特殊的机器进行编织，编织机构复杂，因此使用较少，现在主要在圆机上编织网眼布，用于休闲和 T 恤服装。

二、菠萝组织的编织工艺

编织菠萝组织时,需借助于专门的移圈钩子或扩圈片将旧线圈的沉降弧转移到相邻的针上。移圈钩子或扩圈片有三种,左钩用于将沉降弧转移到左面针上,右钩用于将沉降弧转移到右面针上,双钩用于将沉降弧转移到相邻的两枚针上。移圈钩子或扩圈片可以装在针盘或针筒上。

图 4－47 所示为装在针筒上的双侧扩圈片进行移圈的方法。随着双侧扩圈片 1 的上升,逐步扩大沉降弧 2。当上升至一定高度后,扩圈片 1 上的台阶将沉降弧向上抬,使其超过针盘针 3 和 4。接着舌针 3 和 4 向外移动,穿过扩圈片的扩张部分,直至沉降弧 2 位于针钩的上方,如图 4－47(a)所示;然后扩圈片下降,织针 3 和 4 将钩子的上部撑开后,与沉降弧一起脱离移圈钩子,沉降弧被转移到了织针 3 和 4 的针钩内,如图 4－47(b)所示。

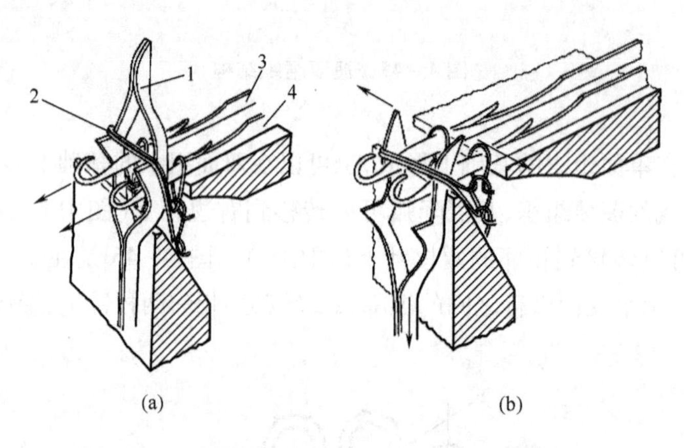

图 4－47　移圈钩子在针筒上的菠萝组织编织方法

第十节　波纹组织

一、波纹组织的结构和特性

波纹组织(racked stitch)是通过前后针床织针对应位置的相对移动使线圈倾斜,在织物上形成波纹状外观的双面纬编组织,如图 4－48 所示。波纹组织可以罗纹组织为基础组织形成,也可以双面集圈为基础组织形成。

(一)罗纹波纹组织

图 4－48 所示为在 1＋1 罗纹组织基础上,通过改变前后针床织针的对应关系形成的罗纹波纹组织(racked rib stitch)。在第Ⅰ横列,第 1、3 纵行的正面线圈在 2、4 纵行反面线圈的左侧,而到了第Ⅱ横列,原来第 1、3 纵行的正面线圈已经移到了第 2、4 纵行反面线圈的右侧。从而使第Ⅰ横列的正面线圈向右倾斜,而反面线圈向左倾斜。同样,在第Ⅲ横列时,第 1、3 纵行的正面线圈又移回到在 2、4 纵行反面线圈的左侧,从而使第Ⅱ横列的正面线圈向左倾斜,反面线圈向右倾斜。但在实际中,由于纱线弹性力的作用,它们力图回复原来的状态,从而使曲折效应消

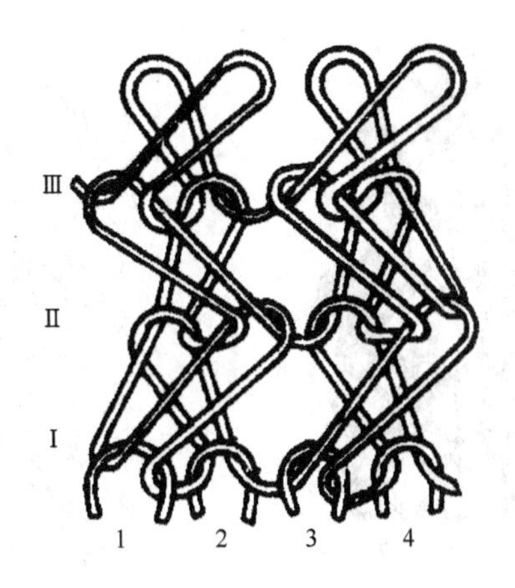

图4－48　1＋1罗纹波纹组织(横移一针距)

失。因此,在1＋1罗纹中,当针床移动一个针距时,在针织物表面并无曲折效应存在,正反面线圈纵行呈相背排列,而不像普通1＋1罗纹那样,正反面线圈呈交替间隔排列。在实际生产中,要想在1＋1罗纹中形成波纹效果,编织时就要使正反面纵行的线圈相对移动两个针距,如图4－49所示。线圈倾斜较大,不易回复到原来的位置,可以形成较为显著的曲折波纹效果。

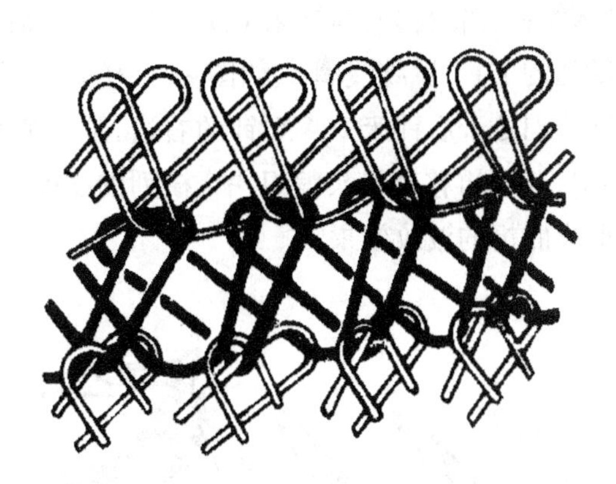

图4－49　1＋1罗纹波纹组织(横移两针距)

为了增强波纹效果,还可以在罗纹组织中进行抽针编织,如图4－50所示。在反面有7个线圈纵行,而正面只有5个线圈纵行,与第4、5反面线圈纵行对应的正面织针被抽去。当在前3个横列正面线圈纵行连续向右移动3次之后,就形成了从左向右的倾斜效果,而在后3个横列,正面线圈纵行连续向左移动3次之后,就形成了从右向左的倾斜效果。

(二)集圈波纹组织

图4－51所示为以畦编组织为基础组织的集圈波纹组织(racked tuck stitch)。在织物正面形成曲折花纹,在织物反面是直立的线圈。

(三)波纹组织的特性和用途

波纹组织可以根据花纹要求,由倾斜线圈组成曲折、方格及其他几何图案。由于它只能在横机上编织,因此主要用于毛衫类产品。

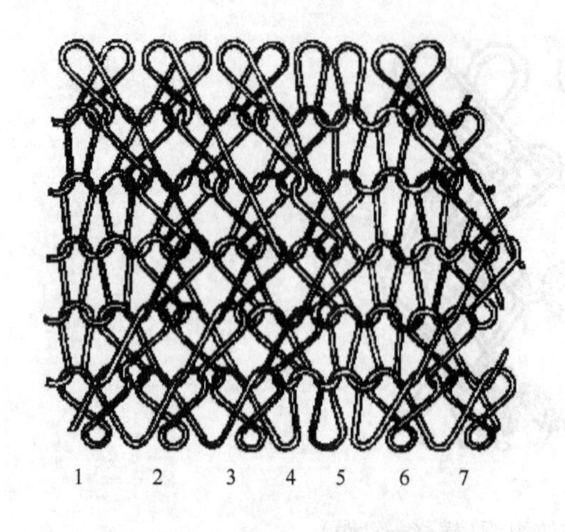

图 4－50　抽针罗纹波纹组织

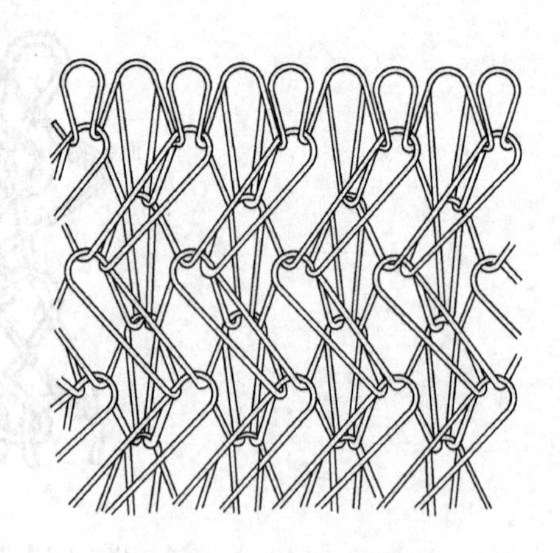

图 4－51　畦编波纹组织

二、波纹组织的编织方法

波纹组织是在双针床横机上通过针床横移来实现的。图 4－52 所示为 1＋1 罗纹波纹组织的编织过程。此时前后针床织针相错排列，前针床 1、3、5 针分别在后针床 2、4、6 针的左边。机头运行，由纱线编织一个横列的 1＋1 罗纹线圈 a，如图 4－52(a)所示；然后后针床向左移动一个针距，使前针床 1、3、5 针分别处于后针床 2、4、6 针的右边，从而使得在前针床针上所编织的正面线圈从左下向右上倾斜，此时再移动机头编织一个横列的线圈 b，如图 4－52(b)所示。如此往复移动针床，就可以形成曲折的波纹效果。

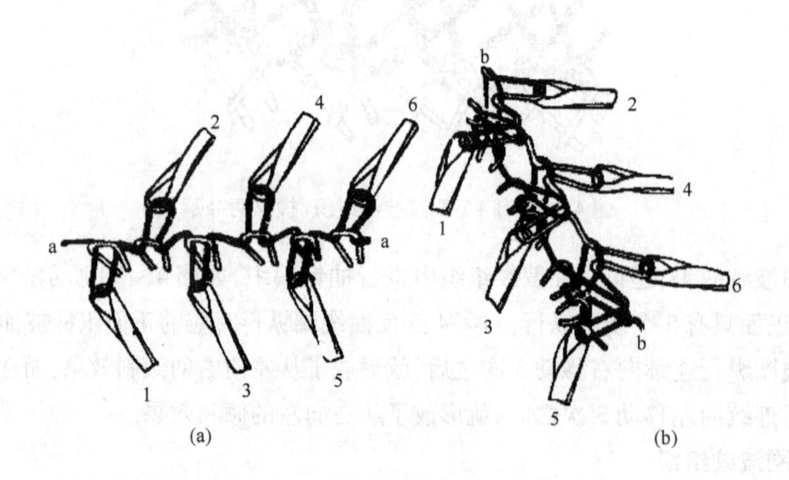

图 4－52　波纹组织的编织

根据所编织织物的花纹效果要求，可以在机头每运行一次移动一次针床，也可以在机头运行若干次后移动一次针床；针床可以每次移动一个针距，也可以每次移动两个针距；可以在相邻横列中分别向左右往复移动针床，也可以连续向一个方向移动若干横列后再向另一个方向移动。

第十一节　横条组织

一、横条组织的结构和特性

横条组织(striped knitted stitch)又称调线组织。它是通过在不同的线圈横列中采用不同的纱线编织出具有横向条纹状外观的一种纬编花色组织。最常用的是彩色横条织物,如图4-53所示。横条组织可以在任何纬编组织的基础上形成。

图4-53　彩色横条织物

由于横条组织在编织过程中线圈结构和形态没有发生任何变化,故其性质与所采用的基础组织相同。横条组织的外观效应取决于所选用纱线的特征。最常用的是采用不同颜色的纱线编织的彩色横条织物,还可以用不同细度的纱线编织凹凸横条织物,以及用不同纤维的纱线编织出具有不同反光效应的横条织物等。

横条组织常用于生产针织T恤、内衣、运动服和休闲服等。

二、横条组织的编织工艺

在普通圆纬机上,只要按一定的规律,在各个成圈系统的导纱器中穿入不同种类的纱线,就可以编织出横条织物。普通圆纬机各个成圈系统的导纱器在编织过程中是不可变换的,编织的横条宽度完全取决于成圈系统数。一般每台机器的成圈系统数量是有限的,所以织物中横条的宽度也受到限制,它们只能编织横条宽度较窄的织物。

为了增加横条宽度,就要采用带有调线机构的调线纬编圆机。这种机器在每一成圈系统装有多个导纱器或称导纱指,每个导纱器穿一种纱线,编织时,各系统可根据花型要求选用其中的某一个导纱器工作,在机器编织若干转之后,再换另一把导纱器工作,从而使横条的宽度增加。

在横机和手套机上,也可以配备若干把可调换的导纱器,通过导纱器变换装置,在编织若干横列后变换所使用的导纱器,从而改变所编织纱线的种类来生产横条织物。

第十二节　绕经组织

一、绕经组织的结构和特性

绕经组织(wrapping pattern)是在纬编地组织基础上,由经向喂入的纱线在一定宽度范围内的织针上缠绕成圈形成具有纵向花纹效应的织物。所引入的经纱可以与地组织线圈形成提花结构、衬垫结构和添纱结构,分别形成经纱提花组织、经纱衬垫组织和经纱添纱组织。

(一)经纱提花组织

经纱提花组织(warp - stitch weft knitted fabric)是在纬编地组织基础上,由沿经向喂入的纱线在一定的宽度范围内,在地纱没有成圈的针上形成线圈,从而在织物中形成纵向花纹效应。

目前经纱提花组织主要用于单面纬编织物,纬纱和经纱形成的结构类似于单面提花织物,按照花纹在需要显露的地方成圈,在不成圈的地方以浮线的形式存在于织物反面,如图 4 - 54 所示。连接相邻横列线圈的经纱将形成延展线。通常经纱只隔行编织,如图中的 2、4、6 横列,而在 1、3、5 横列则由地纱(纬纱)形成一横列的平针线圈。

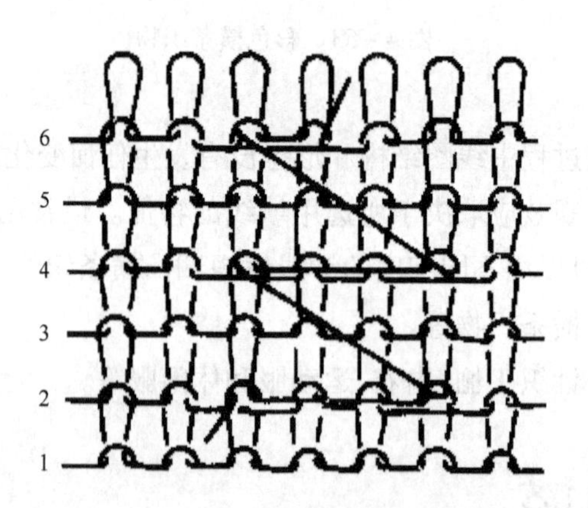

图 4 - 54　经纱提花组织

(二)经纱衬垫组织

经纱衬垫组织(warp inlay weft knitted fabric)是在纬编地组织基础上,由沿经向喂入的纱线在一定的宽度范围内,在地纱线圈上进行集圈和浮线编织,从而在织物中形成纵向衬垫花纹效应。纬编地组织可以是平针组织,也可以是衬垫组织。

图 4 - 55 所示为以平针衬垫组织为地组织的经纱衬垫组织。这里,在地纱 1 编织的平针组织上,隔行由衬垫纱 2 形成 1∶3 的衬垫结构,而在衬垫纱没有编织的横列,由经纱 3 在部分针上形成 1∶1 的衬垫结构。

(三)经纱添纱组织

经纱添纱组织(warp - plated weft knitted fabric, embroidery - plated fabric)是在纬编地组织

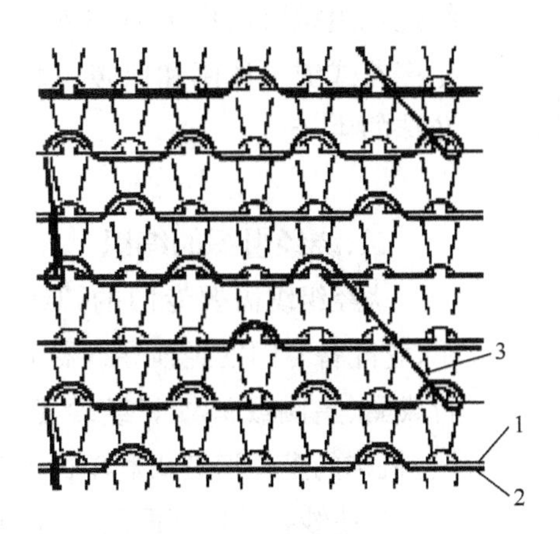

图4－55　经纱衬垫组织

基础上，由沿经向喂入的纱线在一定的宽度范围内，在地纱线圈上进行添纱编织，从而在织物中形成纵向花纹效应。纬编地组织主要是各种纬编单面织物，如平针和单面提花组织。在袜品中它又被称为吊线或绣花添纱组织。

图4－56所示的是经纱添纱组织，它是将添纱纱线沿经向喂入形成线圈，覆盖在地组织的部分线圈上形成的一种局部添纱结构。图中1为地纱，2为添纱，添纱常称为绣花线，它按花纹要求覆盖在部分线圈上形成花纹效应。添纱纱线通常较粗，可在织物中形成凸出的花纹效果。这种组织在袜品生产中应用较多。

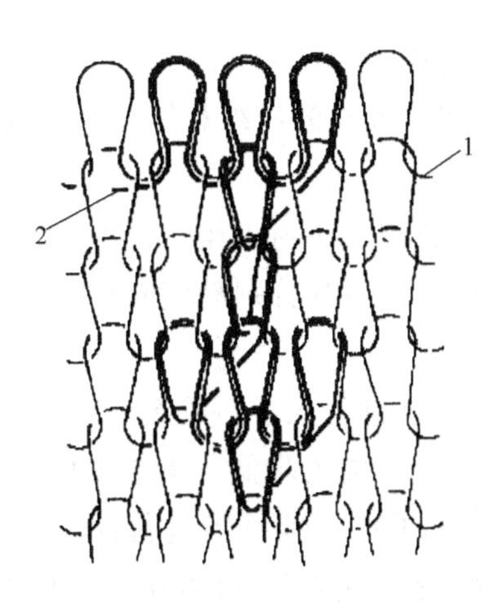

图4－56　经纱添纱组织

（四）绕经组织的特性与用途

由于一般的单面纬编组织在编织纵条纹花纹时会在织物中形成较长的浮线，既不易于编织也不利于服用，而利用绕经组织可以方便地形成纵向色彩和凹凸花纹效应，如果和横条组织结合，还可形成方格等效应。由于绕经组织中引入了经纱，使织物的纵向弹性和延伸性有所下降，纵向尺寸稳定性有所提高，但沿纵向的长延展线可能使织物强度和耐用性降低。经

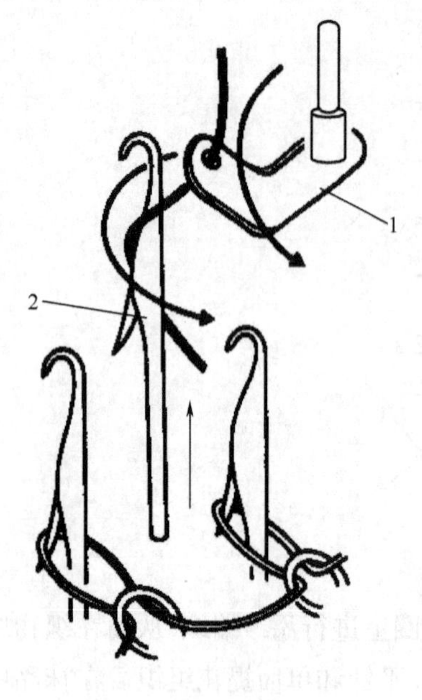

图4-57　经纱垫纱

纱提花组织可用作T恤和休闲服饰面料，经纱衬垫组织可生产花式绒类休闲和保暖服装，经纱添纱组织主要用于绣花袜的生产。

二、绕经组织的编织

绕经组织需要专门的圆纬机进行编织，如图4-57所示，它配备专门的经纱导纱器1将经纱绕在选上的针2上进行成圈、集圈或添纱。经纱提花组织可以用带有绕经（吊线）机构的多针道圆机和单面提花圆机进行生产。

与地纱导纱器不同的是，在编织时经纱导纱器与针筒一起转动，从而使得每一经纱导纱器只对应一定范围内的织针，在经纱编织时，经纱导纱器向外摆出将纱线垫入所对应的那部分针中被选上的织针上进行成圈。经纱花纹的最大宽度取决于经纱导纱器所对应的织针数目，一般在24针以内，机型不同也有所不同。

第十三节　衬经衬纬组织

一、衬经衬纬组织的结构和特性

在纬编地组织基础上衬入不参加成圈的经纱和纬纱所形成的组织为衬经衬纬组织（bi-axial fabric）。

图4-58所示的是在纬平针组织基础上衬入经纱和纬纱所形成的衬经衬纬织物，地纱A形成正常的纬平针组织结构，纬纱C和经纱B分别沿横向和纵向以直线的形式被地组织线圈的圈柱和沉降弧夹住。

衬经衬纬组织由于在横向和纵向都衬入了不成圈的直向纱线，从而使织物在这两个方向上的强度和稳定性增强，延伸性和变形能力降低。由于这些衬入的纱线不必弯曲成圈，可以采用弹性模量高、强度高、不易弯曲的高性能纤维进行编织，从而生产出具有较高拉伸强度的织物。这种织物经过模压成型、涂层或复合，可以用于制作高性能的产业用品，如头盔、增强材料等。

二、衬经衬纬组织的编织

图4-59所示为单面衬经衬纬圆机编织机构的示意图。它除了具有普通圆机的结构特点外，在针筒上方加装了一个直径大于针筒的分经盘1用于将经纱2分开导入编织区。衬纬纱由衬纬导纱器3将其喂入织针和衬经纱之间，由于分经盘直径大于针筒直径，所以地纱导纱器3可以被安置在衬经纱的里边，这样，织针钩取地纱4成圈时就将衬经纱夹在了所形成的线圈沉

降弧与衬纬纱之间，使其被束缚在织物中。

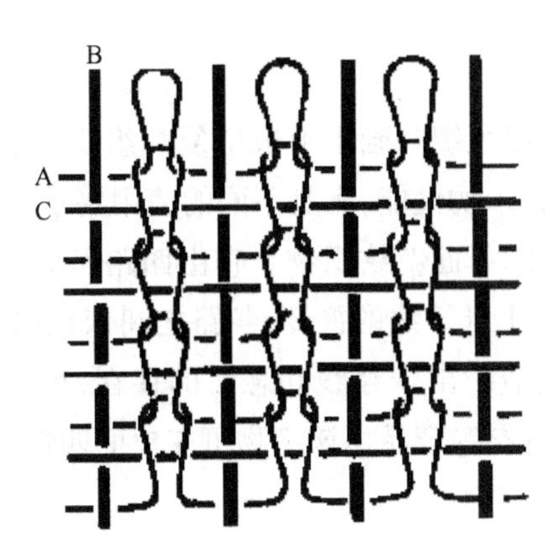

图4－58　衬经衬纬纬平针织物

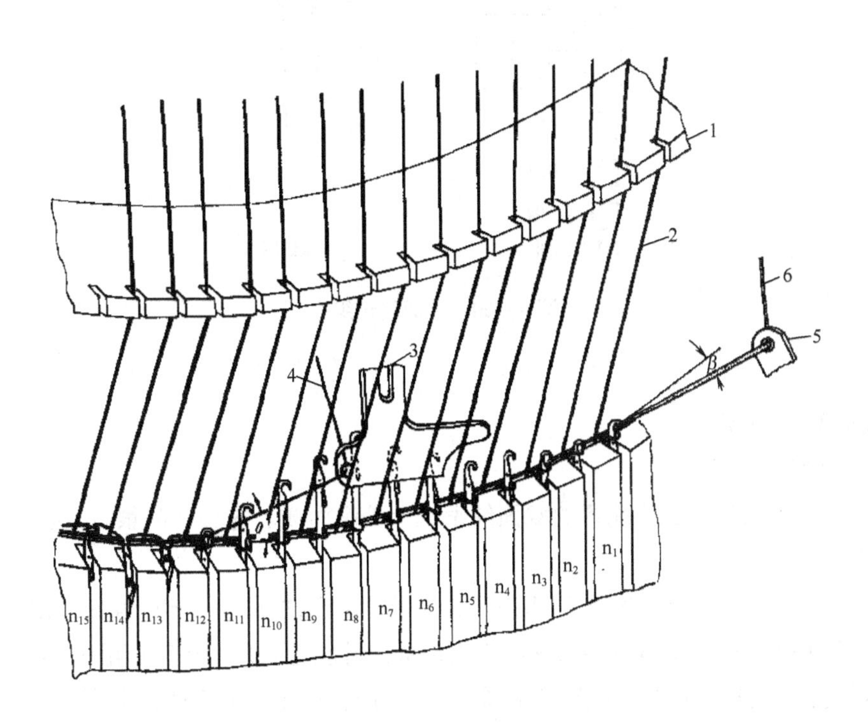

图4－59　衬经衬纬单面圆机编织原理

第十四节　复合组织

复合组织（combination stitch）是由两种或两种以上的纬编组织复合而成。它可以由不同的基本组织、变化组织和花色组织复合而成。复合组织可分为单面和双面复合组织。双面复合组织又可分为罗纹型和双罗纹型复合组织。

一、单面复合组织

单面复合组织是在单面纬编组织基础上形成的复合组织。它通过成圈、集圈、浮线等结构的组合，产生特殊的花色效应和织物性能，满足不同的使用要求。图4－60所示是由成圈、集圈和浮线三种结构单元复合而成的单面斜纹织物。它由四路形成一个循环，且在每一路编织中，织针呈现2针成圈、1针集圈和1针浮线的循环，各路之间依次向右移一针进行编织，使织物表面形成较明显的仿哔叽斜纹效应。由于浮线和悬弧的存在，织物的纵、横向延伸性小，结构稳定，挺括。该织物可用来制作衬衣等产品。该织物可在单面四针道圆纬机或具有选针机构的单面圆机上编织。

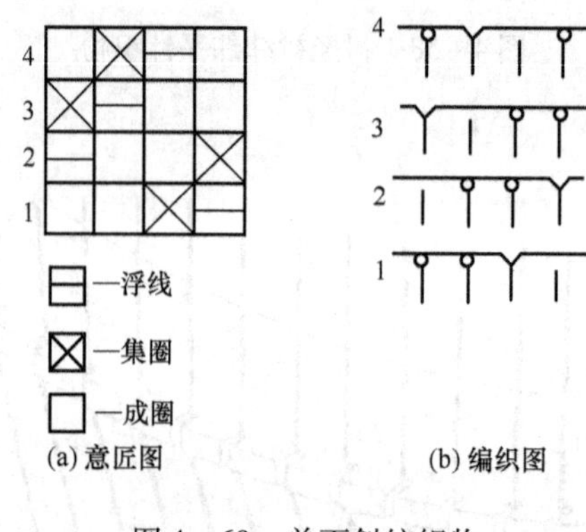

图4－60　单面斜纹织物

二、双面复合组织

（一）罗纹型复合组织

罗纹型复合组织是在罗纹配置的双面纬编机上编织而成。这类产品很多，这里仅举几种常用的织物组织。

1. 罗纹空气层组织　罗纹空气层组织译名为米拉诺罗纹（milano rib）组织，它由罗纹组织和平针组织复合而成。如图4－61所示，该组织由3路成圈系统编织一个完全组织，第1路编织一个1＋1罗纹横列；第2路上针退出工作，下针全部参加工作编织一行正面平针；第3路下针退出工作，上针全部参加工作编织一行反面平针，这两行单面平针组成一个完整的双层线圈横列。

从图4－61中可以看出，该织物正、反面两个平针组织之间没有联系，在织物上形成双层袋形空气层结构，并在织物表面有凸起的横楞效应，织物两面外观相同。

在罗纹空气层组织中，由于平针线圈浮线状沉降弧的存在，使织物横向延伸性减小，尺寸稳定性提高。同时，这种织物比同机号同细度纱线编织的罗纹织物厚实、挺括，保暖性好，因此在内衣、毛衫等产品中得到广泛应用。

2. 胖花组织　胖花组织（blister patterned fabric）由单面提花和双面提花复合而成。在双面提花地组织基础上，按照花纹要求配置单面提花线圈。地组织纱线在织物反面满针或隔针成

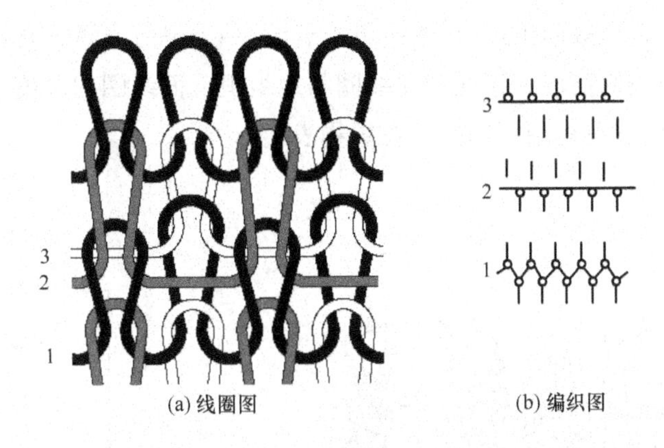

图 4-61　罗纹空气层组织

圈，在织物正面选针成圈；胖花纱线在织物反面不成圈，在织物正面地组织纱线不成圈处成圈。由于胖花线圈附着在地组织之上，且线圈长度小于反面线圈，下机后拉长的反面线圈收缩将使胖花线圈被挤压而凸出于织物表面形成凸出的花纹效应，称为胖花。

胖花组织可分为单胖和双胖。如果在一个正面线圈横列中，胖花线圈在同一枚针上只编织一次，其大小与地组织线圈一致，称为单胖；如果在一个正面线圈横列中，胖花线圈在同一枚针上连续编织两次，其大小是地组织线圈的一半，称为双胖。在一个正面线圈横列中，胖花线圈在同一枚针上连续编织的次数越多，凹凸效应越明显。

图 4-62 所示为两色单胖组织，从图中可以看出，一个正面线圈横列由 2 路编织而成，一个反面线圈横列由 4 路编织而成。正反面线圈高度之比为 1∶2，反面线圈被拉长，织物下机后，被拉长的反面线圈力图收缩，因而单面的胖花线圈就呈架空状凸出在织物的表面，形成胖花效应。由于在单胖组织中，胖花线圈在一个正面横列只进行一次编织，所以凹凸效果不够突出。

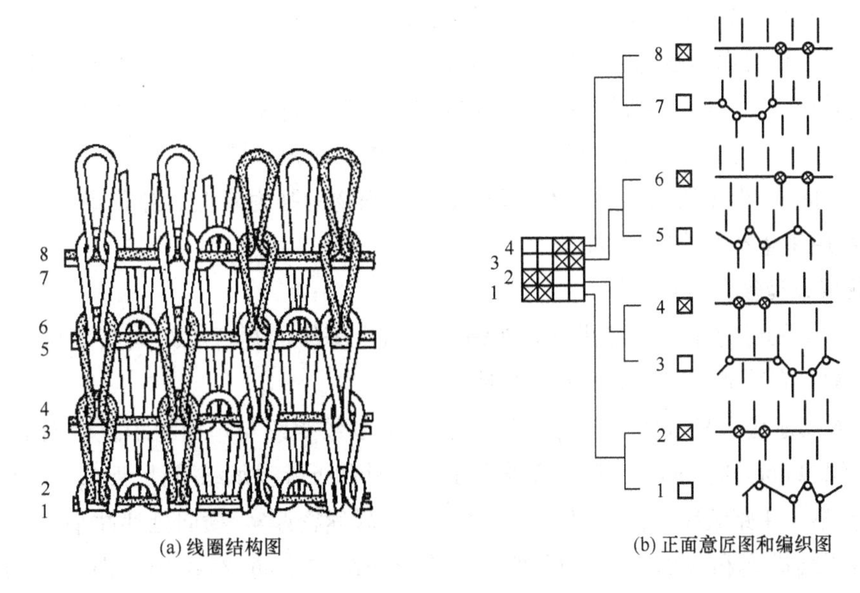

图 4-62　两色单胖组织

图4－63 所示为两色双胖组织，从图中可以看出，一个正面线圈横列由3路编织而成，一个反面线圈横列由6路编织而成。正面胖花线圈与地组织反面线圈的高度之比为1∶4，两者差异较大，使架空状的单面胖花线圈更加凸出在织物表面。

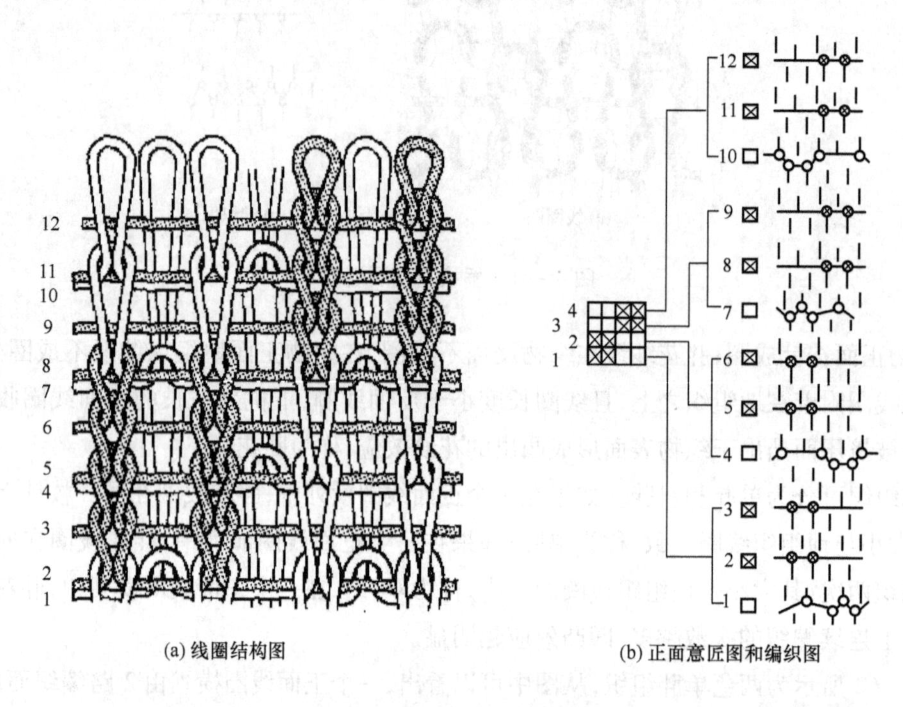

(a) 线圈结构图　(b) 正面意匠图和编织图

图4－63　两色双胖组织

和双面提花一样，胖花组织的反面也可以形成不同的效果，但通常都是采用高低踵针交替隔针成圈的方法编织。在编织两色胖花时，反面地组织由一种色纱形成单色效应；在编织三色胖花时，如果地组织由两色编织，反面可形成两色的芝麻点效应。

胖花组织不仅可以形成色彩花纹，还具有凹凸效应，也常常采用同一种颜色的纱线分别编织地组织线圈和胖花线圈，形成素色凹凸花纹效应，如双面斜纹、人字纹等产品。

双胖组织由于单面编织次数增多，所以其厚度、单位面积重量都大于单胖组织，且容易起毛起球和勾丝。此外，由于线圈结构的不均匀，使双胖织物的强力降低。胖花组织除了用作外衣织物外，还可用来生产装饰织物，如沙发座椅套等。

（二）双罗纹型复合组织

在上下针槽相对的棉毛机或其他双面纬编圆机上编织的复合组织为双罗纹型复合组织。这种组织通常具有普通双罗纹组织的一些特点。

图4－64 所示为一种双罗纹空气层组织，是由双罗纹组织与单面组织复合而成，译名为蓬托地罗马组织（Punto di Roma）。第1、2路分别在上针和下针上编织平针，形成一个横列的筒状空气层结构，第3、4路编织一横列双罗纹。该织物比较紧密厚实，横向延伸性小，具有较好的弹性。由于双罗纹横列和单面空气层横列形成的线圈结构不同，在织物表面有横向凸出条纹外观。

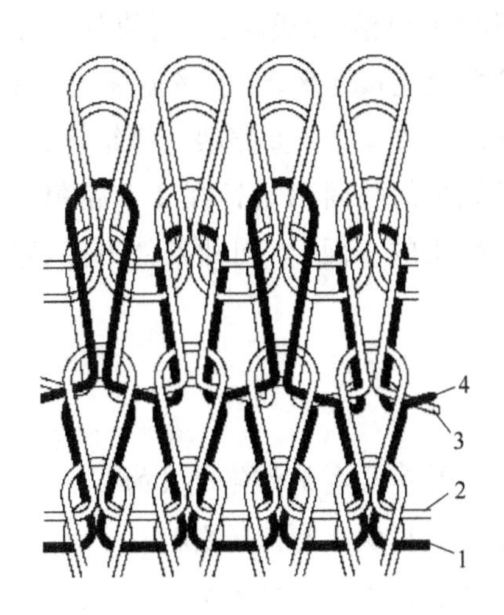

图 4-64　双罗纹空气层组织

盖组织又称丝盖棉组织、两面派织物，织针对位经常采用罗纹或双罗纹式配置，并以后者为多。双罗纹式盖组织是由双面集圈和变化平针复合而成。为了保证织物表面具有良好的遮盖效果，通常需选择合适的组织结构、适当的纱线线密度、适宜的给纱张力。若采用涤纶和棉纱生产盖组织，则可得到涤盖棉织物，该织物可作外衣、运动服、功能性内衣等面料。图 4-65(a)为一种四路一循环的涤盖棉组织的编织图，这里，1、3 路喂入涤纶丝，分别在下针低踵针和下针高踵针成圈，在上针低踵针和高踵针集圈，从而使其只显露在织物正面（下针编织的一面），2、4 路

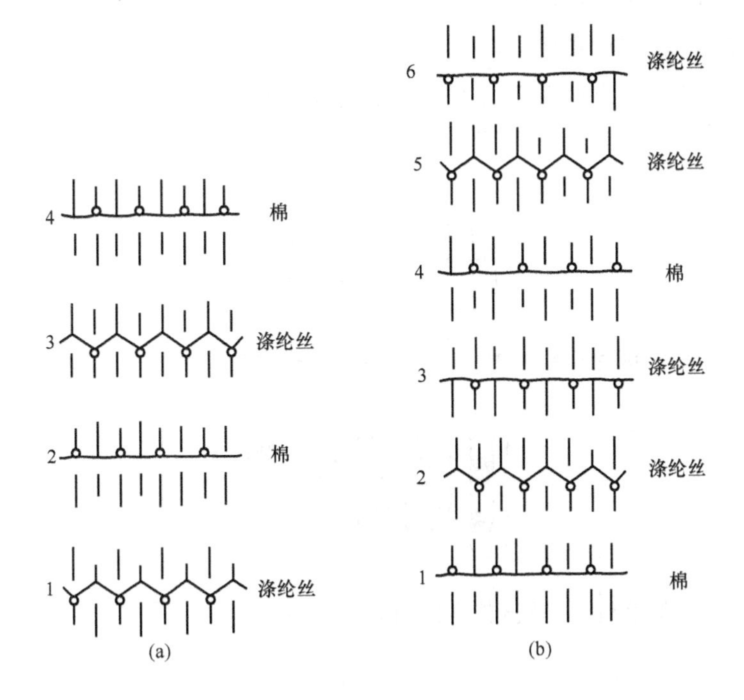

图 4-65　涤盖棉组织编织图

喂入棉纱，分别在上针高踵针和上针低踵针成圈，从而使其只显露在织物反面（上针编织的一面），正反面由涤纶丝在上针的集圈连接起来，形成涤盖棉的效果。图 4 - 65（b）为一种六路编织一循环的涤盖棉组织编织图，此时，2、3、5、6 路喂入涤纶丝，1、4 路喂入棉纱。涤纶丝只在下针编织，显露在织物正面（下针编织的一面），上针在 2、5 路集圈连接织物的两面；棉纱只在上针编织，显露在织物反面（上针编织的一面）。同种条件下，六路涤盖棉较四路涤盖棉更紧密，遮盖性好。

思考练习题

1. 纬编花色组织主要有哪些种类？各是如何定义的？
2. 纬编提花组织和集圈组织在编织上有何区别？
3. 舌针编织集圈组织有哪两种方法？有何区别？
4. 根据下列纬编组织意匠图画单面提花组织的编织图。

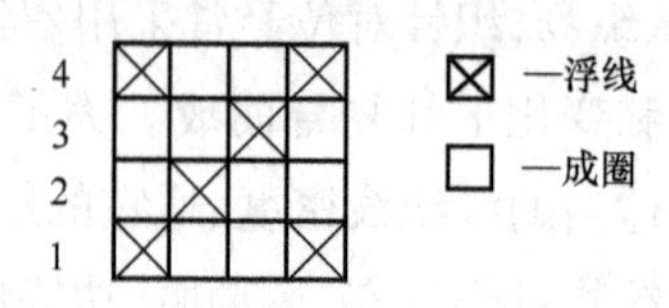

5. 根据下列纬编组织意匠图画编织图。

(1) 单面提花组织。

(2) 双面提花组织（横条反面）。

(3) 双面提花组织（芝麻点反面）。

(4) 单胖组织（色纱 1 为地组织，色纱 2 为胖花线圈）。

(5) 双胖组织（色纱 1 为地组织，色纱 2 为胖花线圈）。

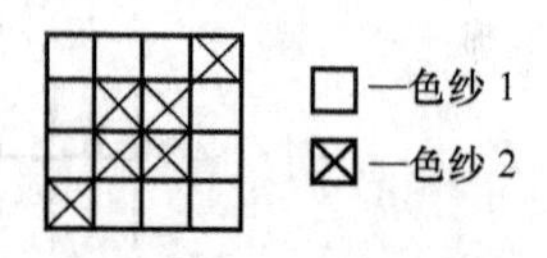

6. 根据下列单面集圈组织意匠图画编织图和色效应图。

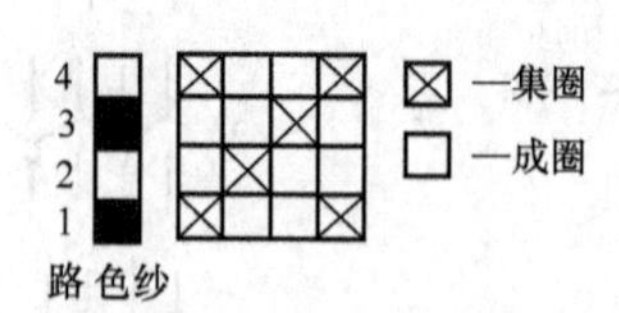

7. 设计一种纬编斜纹组织，画出其意匠图和编织图。

第五章 纬编选针机构

本章知识点

1. 纬编选针机构的主要形式及种类。
2. 多针道选针机构的选针原理及花纹设计方法。
3. 推片式与拨片式选针机构的选针原理及花纹设计方法。
4. 提花轮选针机构的选针原理及花纹设计方法。
5. 单级式与多级式电子选针装置及其选针原理。

在纬编针织物的生产中，除了采用基本组织外，还广泛采用各种花色组织来编织针织物，其目的在于：改变织物的外观，改善织物的特性。纬编花色组织针织物通常需要在具有选针机构的针织机上编织，选针机构可以根据花纹的要求，实现在每一成圈系统（knitting system）的选针（selecting needle），使织针按照需要进行成圈、集圈、不编织或处于其他编织状态。选针机构的形式和种类很多，常用的有多针道选针机构、提花轮选针机构、推片与拨片式选针机构和电子式选针机构等。

第一节 多针道选针机构

多针道选针机构也称多针道变换三角选针（multi - track exchangeable - cam needle selection）机构，即采用几种不同高度针踵的织针（又称不同踵位织针）和相对应的不同高度针道的三角，每一高度（档）三角针道的起针三角有成圈、集圈和不编织三种变换，以便实现选针的目的。目前使用最多的是单面四针道针织机以及双面 2 +4 针道（即上针两针道，下针四针道）针织机。

一、选针机构及选针原理

多针道变换三角针织机是利用三角变换（成圈、集圈和不编织）的配置，以及不同踵位织针的排列来进行选针。一种典型的单面四针道变换三角式选针机构的结构如图 5 - 1 所示，它包括织针 1、针筒 2、沉降片 3、导纱器 4、沉降片三角 5、沉降片三角座 6、沉降片圆环 7、针筒三角座 8、四档三角 9 和线圈长度调节盘 10 等。针筒上插有四种踵位的织针 A、B、C、D（图 5 - 2），它们的踵位高度与各档三角针道的高度相对应，分别受相应针道三角的控制。

图 5－3(a)是四针道针织机针筒的三角座,每一路成圈系统有四档三角,分别构成四条与织针踵位高度相对应的走针轨道(针道),各档三角可以独立变换,根据花纹的要求配置成圈三角、集圈三角和浮线(不成圈)三角。图 5－3(a)中为一路成圈系统,第 1、4 针道使用了集圈三角、第 2 针道使用了成圈三角、第 3 针道使用了浮线三角。根据织针踵位与相应针道三角的对应关系,当针筒上的织针经过此路成圈系统时,织针的编织状态分成三种情况:C 型织针成圈,A 型和 D 型织针集圈,B 型织针不编织(浮线)。该成圈系统的三角排列可用三角配置图予以表示,如图 5－3(b)所示。

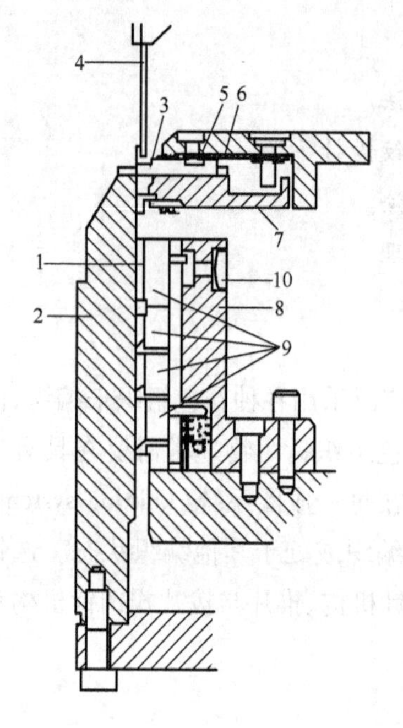

图 5－1　四针道变换三角式选针机构

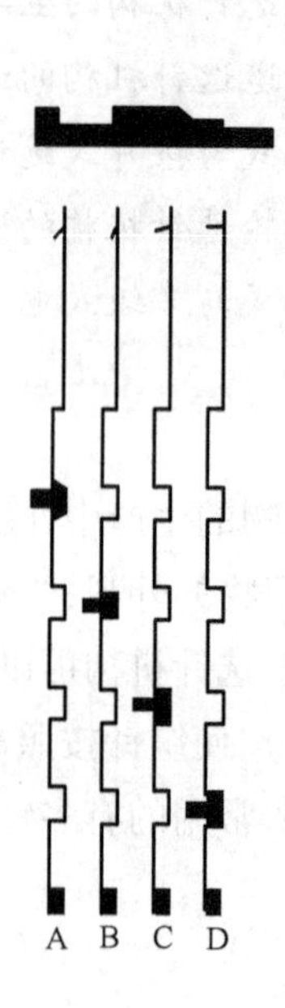

图 5－2　四档踵位的织针和沉降片

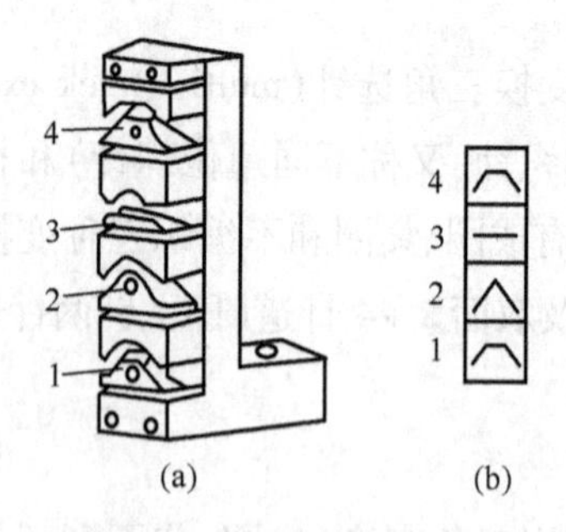

图 5－3　针筒三角座

二、形成花纹能力分析

多针道选针机构可以根据要求编排织针、配置三角,完成相应花型结构的编织。

(一) 花纹宽度

1. 不同花纹纵行数 由于每一线圈纵行是由一枚针编织的,各枚针的运动是相互独立的,不同踵位针的运动规律可以不一样,所以能够形成不同的花纹纵行。在这种机器上,完全组织中不同花纹的纵行数 B_0 等于针踵的档数 n。即:$B_0 = n$。例如,在三针道变换三角针织机上,有三档不同高度的针踵,完全组织中不同花纹的纵行数即为3;在四针道和五针道变换三角针织机上,分别有四档和五档不同高度的针踵,完全组织中不同花纹的纵行数即为4或5。

2. 最大花宽 B_{max} 实际生产中,为避免排针出错,通常需要将针按照一定规律排列。

(1)不对称花型:织针呈步步高"/"或步步低"\"形单片排列,$B_{max} = B_0 = n$,如图5-4(a)、图5-4(b)所示。织针呈步步高"/"或步步低"\"形双片排列,$B_{max} = 2B_0$,如图5-4(c)、图5-4(d)所示。

(2)对称花型:织针可呈"∧"或"∨"形排列,如图5-4(e)所示为"∧"排列,织针单片呈"∧"形单顶排列,$B_{max} = 2(B_0 - 1) = 2(n-1)$;若织针单片呈"∧"形双顶排列,则 $B_{max} = 2B_0 = 2n$,如图5-4(f)所示。

(3)无规律花型:不同踵位的织针排列可以任意设计,$B_{max} = N$(N 为针筒总针数)但完全组织中不同花纹的纵行数只有 B_0 或 n 个,如图5-4(g)所示。

有时为了简化图示,也用意匠格中竖线表示织针的排列,如图5-4(a)、图5-4(b)织针排列可分别用图5-4(h)、图5-4(i)所示,或直接用图中的字母来表示。

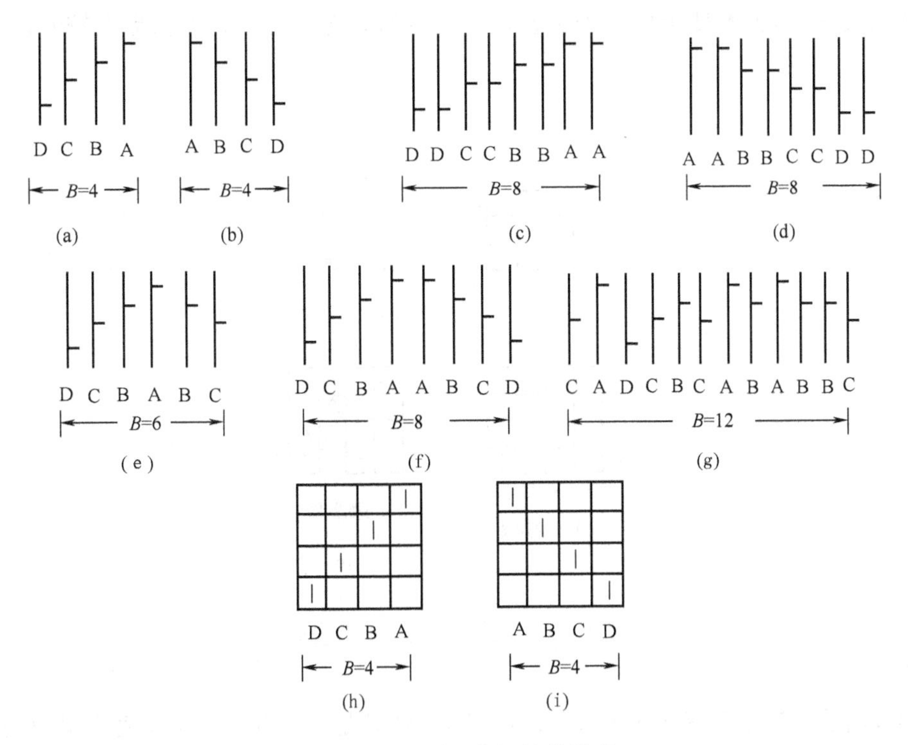

图5-4 不同踵位织针的排列

（二）花纹高度

1. 不同花纹横列数　在针织机上，一路成圈系统编织一个横列。在多针道针织机上，每一成圈系统的每个针道，可有成圈、集圈和浮线（不成圈）三种独立变换的三角选择，这样该机器变换三角的可能组合，即可以形成的不同花纹横列（或行数）H_0 可用下式计算：

$$H_0 = 3^n$$

式中：n——针道数。

三针道针织机，$H_0 = 3^3 = 27$ 横列；四针道针织机，$H_0 = 3^4 = 81$ 横列。以上仅仅是所有的排列可能，还应该扣除完全组织中无实际意义的排列，例如，在单面多针道针织机中，所有针道都配置成不成圈三角的情况即无意义。

2. 最大花高 H_{max}　多针道针织机上，最大花高 H_{max} 一定小于或等于机器的总路数，若一个完整的花型循环所需要的编织路数小于机器总路数，通常要求是总路数的约数。有些织物组织是由几个成圈系统编织一个完整的花纹横列，此时机器所能编织的最大花高 H_{max} 可由下式计算：

$$H_{max} = \frac{M}{e}$$

式中：M——成圈系统数，路；

e——编织一个横列所需要的路数（色纱数）。

三、应用实例

单面针织斜纹织物是利用成圈、集圈、浮线等线圈单元有规律地组合而成，使织物表面形成连续斜向的纹路，形成类似机织物的外观，通常分为单斜纹和双斜纹两种，后者较前者斜纹效果明显。

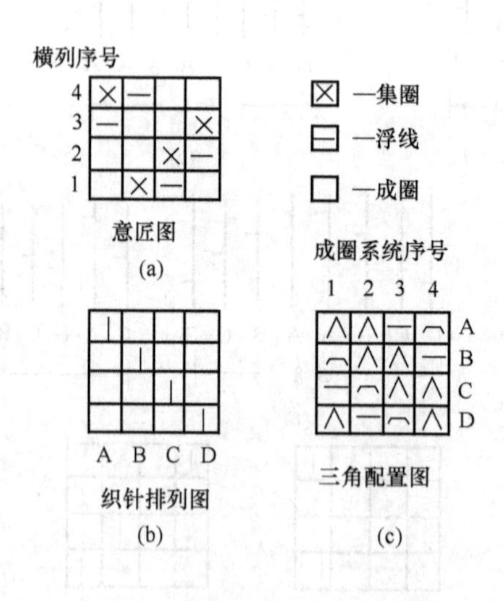

图 5－5　单面双斜纹织物工艺图

单面双斜纹织物工艺图如图 5－5 所示，图 5－5(a) 是一种双斜纹织物完全组织的意匠图，花高 H 为 4 横列，一个成圈系统编织意匠图中一个横列，故需要 4 个成圈系统编织一个完全组织花高，对应横列序号和成圈系统序号如图5－5(a)和图5－5(c)所示；花宽B为4纵行，且为4个不同的花纹纵行，故需选用4个不同踵位的织针，4个不同踵位的织针排成"\"形，如图5－5(b)所示；根据意匠图、织针排列图及选针原理即可排出各成圈系统的三角配置图，如图5－5(c)所示。

第二节　推片和拨片选针机构

一、选针机构与选针原理

(一)推片式选针机构及选针原理

推片式(插片式)选针装置(jack selector)有单推片式和双推片式两种类型。双推片式选针机构与单推片选针机构相似，其主要区别在于单推片式选针机构的装置为一组重叠的选针推片，只有一个选针点，同一选针系统上可对织针进行成圈和浮线二位选针；双推片式提花圆机选针机构每个选针装置上配置了两组重叠的选针推片，有两个选针点，可实现在同一选针系统上对织针进行成圈、集圈和浮线三位(three－way)选针。

下面介绍一种双推片式提花圆机选针机构的结构及选针原理。

1. 双推片式提花圆机成圈和选针机构　图5－6所示的是一种双推片式提花圆机成圈和选针机构的配置情况。针筒1的同一针槽中自上而下插有织针3、挺针片6和提花片18，2是双向运动沉降片，其运动受沉降片三角7和17控制。8为织针压针三角，它与针踵4作用，将被选中的织针压下。挺针片三角9与挺针片踵5作用，使挺针片上升。提花(选针)片18从下向上

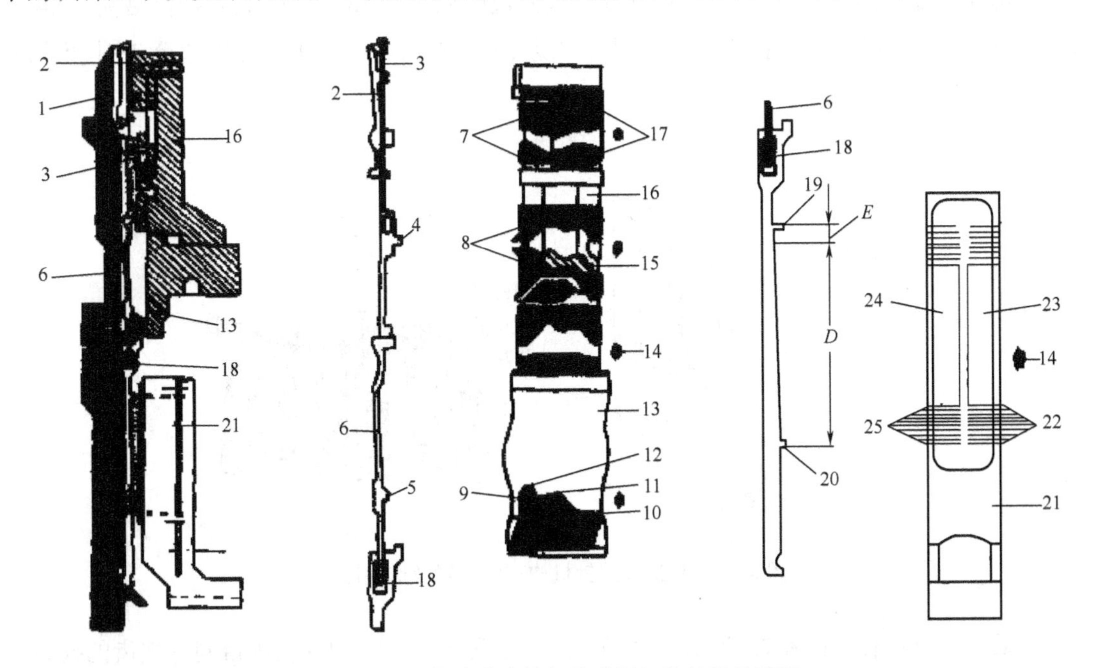

图5－6　双推片式选针机构成圈与选针机件配置

有39档不同高度的齿,如图5-7所示,1~37档齿为提花选针齿,每片提花片只保留某一档齿,提花片最上面38(B)和39(A)档齿为基本选针齿,其作用是在编织某些基本组织时用基本选针齿来控制。在高度上提花片的1~39号提花选针齿与选针装置21上的两列(23、24)彼此平行排列的1~39档推片(22、25)一一对应,如图5-6所示。选针推片均可作径向"进、出"运动,即按照花纹要求,每一档推片可以有"进"(靠近针筒)和"出"(远离针筒)两个位置,织针的编织情况由这两排推片的进出位置来共同决定。

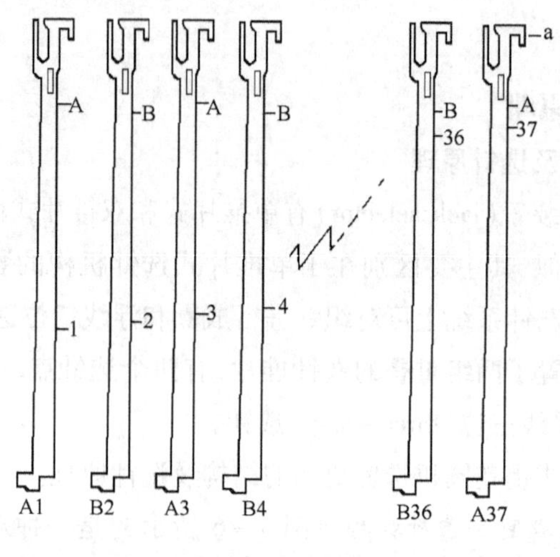

图5-7 提花片

2. 双推片式提花圆机选针原理 每一路成圈系统均有一个选针装置,如图5-8(a)所示,每一个选针装置上都有左、右两排选针推片。其俯视图如图5-8(b)所示,若针筒沿箭头14方向转动,根据同一高度(档)左右两推片不同的"进、出"位置,可以将织针分别选至成圈、集圈和不编织三个位置。

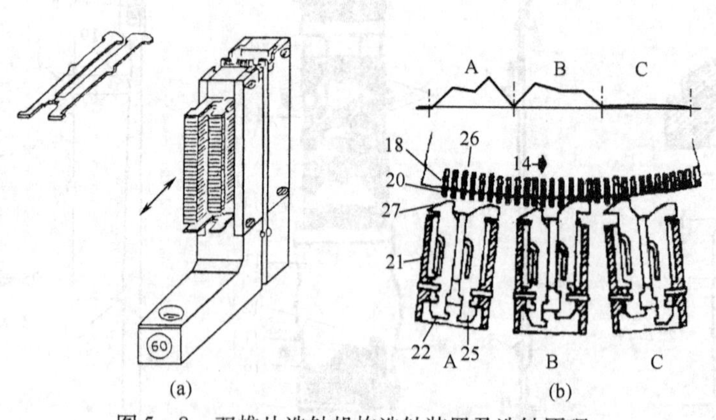

图5-8 双推片选针机构选针装置及选针原理

如果某一档左右两推片22和25均处于"出"位[图5-8(b)中A],则留同一档齿的提花片18的片齿20不受推片前端27的作用,即不被压入针槽。这样位于其上部的挺针片也不被压入针槽。由于提花片18的上端与挺针片6的下端呈相嵌状(如图5－6所示),因此挺针片也不被压入针槽,这样挺针片片踵便沿挺针片三角9上升至退圈高度12,从而将位于其上的织针3向上推至退圈位置,使织针正常成圈。

如果某一档推片左出右进,即左推片处于"出"位,右推片处于"进"位[图5－8(b)中B],则留同一档齿的提花片在经过左推片时不被压入针槽,在它上面的挺针片6的片踵5可沿挺针片三角9上升至集圈高度11,当该提花片运动至右推片位置时被压进针槽,使挺针片片踵在到达集圈高度后也被压入针槽,因此织针只能上升到集圈高度进行集圈。

如果某一档推片左进右出,即左推片处于"进"位,右推片处于"出"位[图5－8(b)中C],则留同一档齿的提花片一开始就被压进针槽,提花片带动挺针片,使挺针片的片踵5在高度10就脱离挺针片三角9作用面,挺针片不能上升,从而织针不上升,即不编织。

这种选针方式可进行三位选针,从而增加了花纹设计的可能性。进行花纹设计,即是按照花纹意匠图的要求,根据上述原理对每一成圈系统中的左右推片进行排列。

(二)拨片式选针机构的结构及选针原理

拨片式提花圆机选针机构(shift－lever needle selection)是一种操作方便的三位选针机构。

1. 拨片式提花圆机成圈和选针机构　拨片式提花圆机成圈及选针机构的配置情况如图5－9所示。在针筒1的每个针槽中自上而下安装着织针2、挺针片3和提花片4,5为选针装置,6为选针拨片,7为针筒三角座,8为沉降片,9为沉降片三角,10为提花片复位三角。织针的上升受挺针片控制,如果挺针片能沿起针三角上升,则顶起其上织针参加编织;如果选针拨片将提花片压进针槽,提花片头便带动挺针片脱离挺针三角作用,织针不上升。

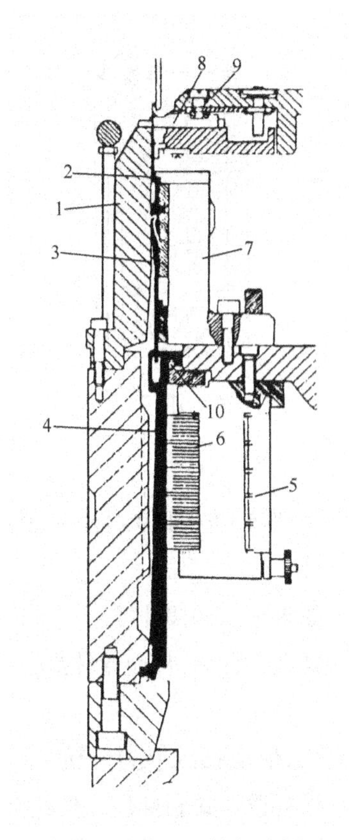

图5－9　成圈机构与选针机构配置图

如图5－7所示,提花选针片共有39档齿,其中选针齿有37档,由低到高依次编为1、2、3…37号,38、39档齿为基本选针齿,分别称为B齿、A齿,B齿比A齿低一档。每枚提花片上有一个提花选针齿和一个基本选针齿。1、3、5…37奇数提花片上有A齿,故又称为A型提花片,2、4、6…36偶数提花片上有B齿,故又称为B型提花片。在提花片进入下一路选针装置的选针区域前,由复位三角作用复位踵,使提花片复位,选针齿露出针筒外,以便接受选针拨片的选择。

拨片式选针机构如图5－10所示。它主要为一排重叠的可左右拨动的选针拨片1,每只拨片在片槽中可根据不同的编织要求处于左、中、右三个选针位置。每个选针装置上共有39档选针拨片,与提花片的39档齿在高度上一一对应。

2. 拨片式提花圆机选针原理　如图5－11所示,图中1为针筒,2为提花片片齿,3为选针拨片。在拨片式选针机构中，拨片可拨至左、中、右三个不同位置，从而在同一选针系统上对织针进行成圈、集圈和浮线三位选针。

当某一档拨片置于中间位置时，拨片的前端作用不到留同一档齿的提花片，则不将这些提花片压入针槽，使得与提花片相嵌的挺针片的片踵露出针筒，在挺针片三角的作用下，挺针片上升，将织针推升到退圈高度，从而编织成圈，如图5－11(a)所示。

如果某一档拨片拨至右侧，挺针片在挺针片三角的作用下上升，将织针推升到集圈高度后，与挺针片相嵌的并留同一档齿的提花片被拨片压入针槽，使挺针片不再继续上升退圈，从而其上方的织针集圈，如图5－11(b)所示。

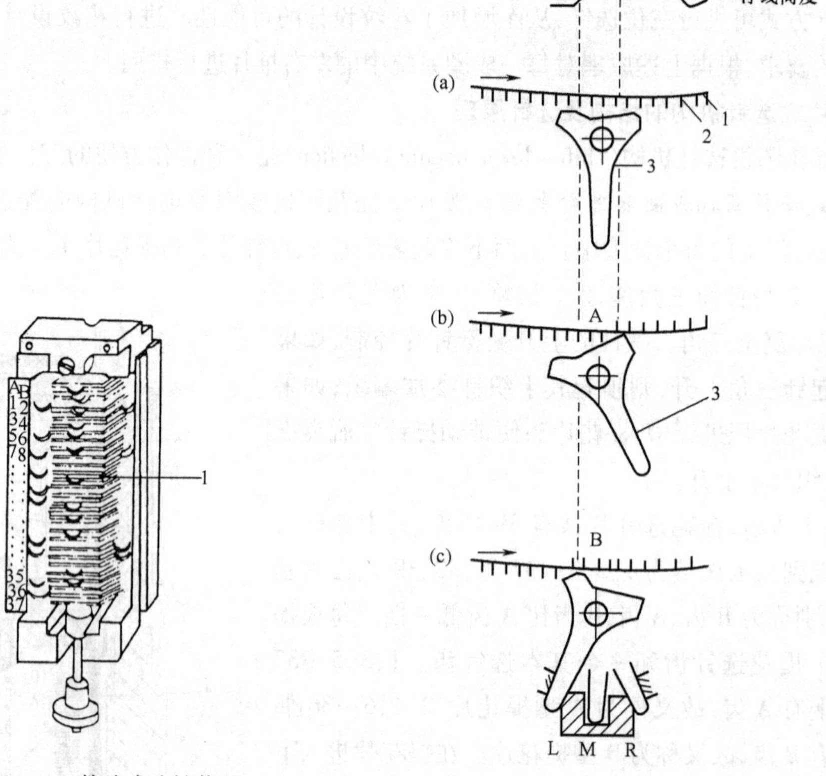

图5－10　拨片式选针装置

图5－11　拨片式选针机构选针原理

如果某一档拨片拨至左侧，它会在退圈一开始就将留同一档齿的提花片压入针槽，使挺针片片踵埋入针筒，从而导致挺针片不上升，这样织针也不上升，即不编织，如图5－11(c)所示。

二、形成花纹能力分析

尽管拨片式和推片式提花圆机的选针原理不同，但其花纹宽度和高度的设计方法基本相同，其花纹的大小与拨片或推片的档数，机器的成圈系统数有关。

（一）花纹宽度

花纹宽度的大小与提花圆机所用提花片的齿数多少及排列方式有关。提花片的排列方式可分为单片排列、多片排列和单片、多片混合排列。

1. 非对称花型　提花片按齿高一般采用“/”或“\”形排列。一枚提花片控制一枚织针，即意匠图上一个线圈纵行。一枚提花片只留一个提花选针齿，这样不同高度提花选针齿的运动规律是独立的，故完全组织中花纹不同的纵行数等于提花片选针齿的档数，所以单片排列时非对称花形的最大花宽 B_{max} 为：

$$B_{max} = n \text{ 或 } B_{max} = n - 1$$

式中：n——提花片选针齿档数。

n 往往为 25、37 等奇数，可约数少，为了最大花宽内在不重新排列提花片的情况下可以有更多的花宽选择，希望最大花宽 B_{max} 有较多的可约数，B_{max} 常选 $n-1$。例如，当 n 为 37 时，如果提花片按照 1～36 片排列，则可以在不重新排列提花片的情况下编织花宽为 18、12、9、6、4、3、2 和 1 等花宽的产品；如果按照 1～37 片排列，所能编织的花宽只能是 1 和 37 线圈纵行。

2. 对称花型　提花片按齿高一般采用“∨”或“∧”形排列。一枚提花片控制两枚织针，即意匠图上的两个线圈纵行，两者的运动规律一样，这样编织出来的花纹是左右对称的。一般情况下设计对称花形时都采用单顶单底式，第 1 档提花片和最高一档提花片在排列时只使用一次，所以单片排列时对称花形的最大宽度 B_{max} 为：

$$B_{max} = 2(n-1)$$

如果上述最大花宽还满足不了花形设计要求，那么根据选针原理，在设计花形时，在某些纵行上可设计相同的组织点，这些纵行就可以采用同一种档数的提花片。

（二）花纹高度

最大花高取决于提花圆机成圈系统数及编织一个横列所需要的成圈系统数（编织一个横列的色纱数）。当所选用的机器型号、规格一定时，成圈系统数即为一定值，最大花高计算公式如下：

$$H_{max} = \frac{M}{e}$$

式中：M——成圈系统数；

e——编织一个横列所需要的成圈系统数（色纱数）。

选取的花纹高度可以小于上述最大花高，但最好是最大花高的约数，以最大限度地使用所有成圈系统工作，否则就要使某些成圈系统退出工作，从而使机器的生产效率降低。

三、应用实例

某拨片式单面提花圆机机器条件为针筒直径 762mm（30 英寸），成圈系统数 $M=72$ 路，提花片齿数 $n=37$ 齿。要求设计一单面提花集圈织物。

1. 花宽与花高设计 根据机器的条件,现设计单面不均匀提花织物,花宽 B 取 36 纵行,花高 H 取 72 横列;提花集圈组织每一路成圈系统编织一个线圈横列,72 路成圈系统可编织 72 个横列,即针筒 1 转织出 1 个花高。

2. 设计花型图案 根据确定的花宽与花高设计的花纹意匠图,如图 5-12 所示。

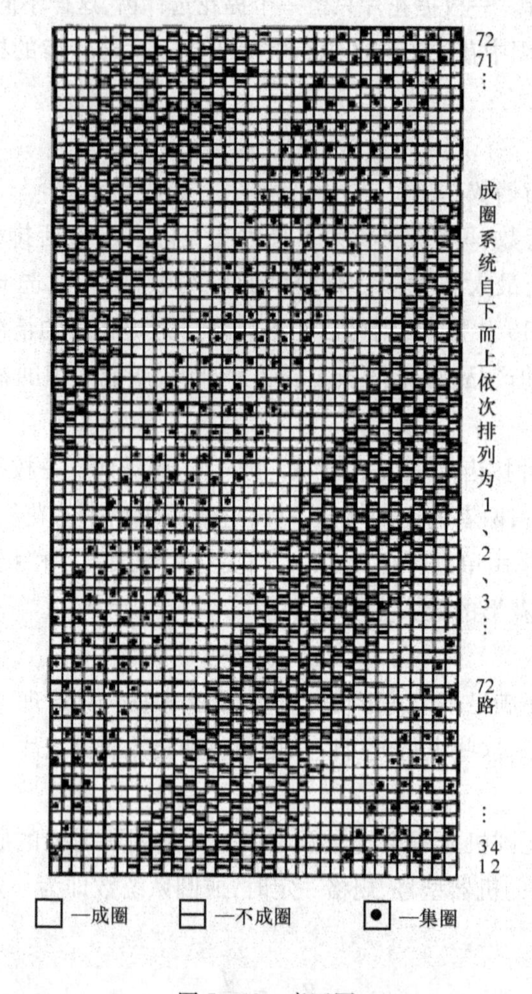

图 5-12 意匠图

3. 提花片排列 由意匠图可以看出,花型不对称,且设计花宽 B 为 36 纵行,故选用 1~36 号提花片,自下而上排成"/"形。

4. 上机工艺 根据设备的选针原理及花纹意匠图,排出各成圈系统的拨片工艺位置图,如图 5-13 所示,图中 M 表示拨片在图 5-11(a)的中间位置(成圈);R 表示拨片在图 5-11(b)的右侧位置(集圈);L 表示拨片在图 5-11(c)的左侧位置(浮线)。也可以如表 5-1 所示用相应的表格方式从下到上按 1~72 路顺序给出各路拨片的工作情况。

齿号\路数	1	2	3	4	5	6	7	8	9	10	11	12	13	14	15	16	17	18	19	20	21	22	23	24	25	26	27	28	29	30	31	32	33	34	35	36
1	M	R	M	M	M	R	M	M	M	R	M	M	M	R	M	M	M	R	M	M	M	R	M	M	M	M	M	M	M	M	M	M	M	M	M	L
2	M	M	M	R	M	M	M	R	M	M	M	R	M	M	M	R	M	M	M	R	M	M	M	R	M	M	M	M	M	M	M	M	M	M	M	M
3	M	M	M	M	M	R	M	M	M	R	M	M	M	R	M	M	M	R	M	M	M	R	M	M	M	R	M	M	M	M	M	M	M	M	M	M
4	M	M	M	M	M	M	M	R	M	M	M	R	M	M	M	R	M	M	M	R	M	M	M	R	M	M	M	R	M	M	M	M	M	M	M	M
5	M	M	M	M	M	M	M	M	M	R	M	M	M	R	M	M	M	R	M	M	M	R	M	M	M	R	M	M	M	R	M	M	M	M	M	M
6	M	M	M	M	M	M	M	M	M	M	M	R	M	M	M	R	M	M	M	R	M	M	M	R	M	M	M	R	M	M	M	R	M	M	M	M
7	M	M	M	M	M	M	M	M	M	M	M	M	M	R	M	M	M	R	M	M	M	R	M	M	M	R	M	M	M	R	M	M	M	R	M	M
8	L	M	M	M	M	M	M	M	M	M	M	M	M	M	M	R	M	M	M	R	M	M	M	R	M	M	M	R	M	M	M	R	M	M	M	R
9	M	L	M	L	M	M	M	M	M	M	M	M	M	M	M	M	M	R	M	M	M	R	M	M	M	R	M	M	M	R	M	M	M	R	M	M
10	L	M	L	M	L	M	M	M	M	M	M	M	M	M	M	M	M	M	M	R	M	M	M	R	M	M	M	R	M	M	M	R	M	M	M	R
11	M	L	M	L	M	L	M	L	M	M	M	M	M	M	M	M	M	M	M	M	M	R	M	M	M	R	M	M	M	R	M	M	M	R	M	M
12	L	M	L	M	L	M	L	M	L	M	M	M	M	M	M	M	M	M	M	M	M	M	M	R	M	M	M	R	M	M	M	R	M	M	M	R
13	M	L	M	L	M	L	M	L	M	L	M	L	M	M	M	M	M	M	M	M	M	M	M	M	M	R	M	M	M	R	M	M	M	R	M	M
14	L	M	L	M	L	M	L	M	L	M	L	M	L	M	M	M	M	M	M	M	M	M	M	M	M	M	M	R	M	M	M	R	M	M	M	R
15	M	L	M	L	M	L	M	L	M	L	M	L	M	L	M	L	M	M	M	M	M	M	M	M	M	M	M	M	M	R	M	M	M	R	M	M
16	L	M	L	M	L	M	L	M	L	M	L	M	L	M	L	M	L	M	M	M	M	M	M	M	M	M	M	M	M	M	M	R	M	M	M	R
17	M	L	M	L	M	L	M	L	M	L	M	L	M	L	M	L	M	L	M	L	M	M	M	M	M	M	M	M	M	M	M	M	M	R	M	M
18	L	M	L	M	L	M	L	M	L	M	L	M	L	M	L	M	L	M	L	M	L	M	M	M	M	M	M	M	M	M	M	M	M	M	M	R
19	M	L	M	L	M	L	M	L	M	L	M	L	M	L	M	L	M	L	M	L	M	L	M	L	M	M	M	M	M	M	M	M	M	M	M	M
20	L	M	L	M	L	M	L	M	L	M	L	M	L	M	L	M	L	M	L	M	L	M	L	M	L	M	M	M	M	M	M	M	M	M	M	M
21	M	M	M	L	M	L	M	L	M	L	M	L	M	L	M	L	M	L	M	L	M	L	M	L	M	L	M	L	M	M	M	M	M	M	M	M
22	M	M	M	M	L	M	L	M	L	M	L	M	L	M	L	M	L	M	L	M	L	M	L	M	L	M	L	M	L	M	M	M	M	M	M	M
23	M	M	M	M	M	M	M	L	M	L	M	L	M	L	M	L	M	L	M	L	M	L	M	L	M	L	M	L	M	L	M	L	M	M	M	M
24	M	M	M	M	M	M	M	M	L	M	L	M	L	M	L	M	L	M	L	M	L	M	L	M	L	M	L	M	L	M	L	M	L	M	M	M
25	M	M	M	M	M	M	M	M	M	M	M	L	M	L	M	L	M	L	M	L	M	L	M	L	M	L	M	L	M	L	M	L	M	L	M	L
26	M	M	M	M	M	M	M	M	M	M	M	M	L	M	L	M	L	M	L	M	L	M	L	M	L	M	L	M	L	M	L	M	L	M	L	M
27	M	R	M	M	M	M	M	M	M	M	M	M	M	M	M	L	M	L	M	L	M	L	M	L	M	L	M	L	M	L	M	L	M	L	M	L
28	M	M	M	R	M	M	M	M	M	M	M	M	M	M	M	M	L	M	L	M	L	M	L	M	L	M	L	M	L	M	L	M	L	M	L	M
29	M	R	M	M	M	R	M	M	M	M	M	M	M	M	M	M	M	M	M	L	M	L	M	L	M	L	M	L	M	L	M	L	M	L	M	L
30	M	M	M	R	M	M	M	R	M	M	M	M	M	M	M	M	M	M	M	M	L	M	L	M	L	M	L	M	L	M	L	M	L	M	L	M
31	M	R	M	M	M	R	M	M	M	R	M	M	M	M	M	M	M	M	M	M	M	M	M	L	M	L	M	L	M	L	M	L	M	L	M	L
32	M	M	M	R	M	M	M	R	M	M	M	R	M	M	M	M	M	M	M	M	M	M	M	M	L	M	L	M	L	M	L	M	L	M	L	M
33	M	R	M	M	M	R	M	M	M	R	M	M	M	R	M	M	M	M	M	M	M	M	M	M	M	M	M	L	M	L	M	L	M	L	M	L
34	M	M	M	R	M	M	M	R	M	M	M	R	M	M	M	R	M	M	M	M	M	M	M	M	M	M	M	M	L	M	L	M	L	M	L	M
35	M	R	M	M	M	R	M	M	M	R	M	M	M	R	M	M	M	R	M	M	M	M	M	M	M	M	M	M	M	M	M	L	M	L	M	L
36	M	M	M	R	M	M	M	R	M	M	M	R	M	M	M	R	M	M	M	R	M	M	M	M	M	M	M	M	M	M	M	M	L	M	L	M

齿号\路数	37	38	39	40	41	42	43	44	45	46	47	48	49	50	51	52	53	54	55	56	57	58	59	60	61	62	63	64	65	66	67	68	69	70	71	72
1	M	L	M	L	M	L	M	L	M	L	M	L	M	L	M	L	M	L	M	L	M	L	M	L	M	M	M	M	M	M	M	M	M	M	M	M
2	L	M	L	M	L	M	L	M	L	M	L	M	L	M	L	M	L	M	L	M	L	M	L	M	L	M	M	M	M	M	M	M	M	M	M	M
3	M	M	M	L	M	L	M	L	M	L	M	L	M	L	M	L	M	L	M	L	M	L	M	L	M	L	M	L	M	M	M	M	M	M	M	M
4	M	M	M	M	L	M	L	M	L	M	L	M	L	M	L	M	L	M	L	M	L	M	L	M	L	M	L	M	L	M	M	M	M	M	M	M
5	M	M	M	M	M	M	M	L	M	L	M	L	M	L	M	L	M	L	M	L	M	L	M	L	M	L	M	L	M	L	M	L	M	M	M	M
6	M	M	M	M	M	M	M	M	L	M	L	M	L	M	L	M	L	M	L	M	L	M	L	M	L	M	L	M	L	M	L	M	L	M	M	M
7	M	M	M	M	M	M	M	M	M	M	M	L	M	L	M	L	M	L	M	L	M	L	M	L	M	L	M	L	M	L	M	L	M	L	M	L
8	M	M	M	M	M	M	M	M	M	M	M	M	L	M	L	M	L	M	L	M	L	M	L	M	L	M	L	M	L	M	L	M	L	M	L	M
9	M	R	M	M	M	M	M	M	M	M	M	M	M	M	M	L	M	L	M	L	M	L	M	L	M	L	M	L	M	L	M	L	M	L	M	L
10	M	M	M	R	M	M	M	M	M	M	M	M	M	M	M	M	L	M	L	M	L	M	L	M	L	M	L	M	L	M	L	M	L	M	L	M
11	M	R	M	M	M	R	M	M	M	M	M	M	M	M	M	M	M	M	M	L	M	L	M	L	M	L	M	L	M	L	M	L	M	L	M	L
12	M	M	M	R	M	M	M	R	M	M	M	M	M	M	M	M	M	M	M	M	L	M	L	M	L	M	L	M	L	M	L	M	L	M	L	M
13	M	R	M	M	M	R	M	M	M	R	M	M	M	M	M	M	M	M	M	M	M	M	M	L	M	L	M	L	M	L	M	L	M	L	M	L
14	M	M	M	R	M	M	M	R	M	M	M	R	M	M	M	M	M	M	M	M	M	M	M	M	L	M	L	M	L	M	L	M	L	M	L	M
15	M	R	M	M	M	R	M	M	M	R	M	M	M	R	M	M	M	M	M	M	M	M	M	M	M	M	M	M	M	L	M	L	M	L	M	L
16	M	M	M	R	M	M	M	R	M	M	M	R	M	M	M	R	M	M	M	M	M	M	M	M	M	M	M	M	L	M	L	M	L	M	L	M
17	M	R	M	M	M	R	M	M	M	R	M	M	M	R	M	M	M	R	M	M	M	M	M	M	M	M	M	M	M	M	M	L	M	L	M	L
18	M	M	M	R	M	M	M	R	M	M	M	R	M	M	M	R	M	M	M	R	M	M	M	M	M	M	M	M	M	M	M	M	L	M	L	M
19	M	R	M	M	M	R	M	M	M	R	M	M	M	R	M	M	M	R	M	M	M	R	M	M	M	M	M	M	M	M	M	M	M	M	M	M
20	M	M	M	R	M	M	M	R	M	M	M	R	M	M	M	R	M	M	M	R	M	M	M	R	M	M	M	M	M	M	M	M	M	M	M	M
21	M	M	M	M	M	R	M	M	M	R	M	M	M	R	M	M	M	R	M	M	M	R	M	M	M	R	M	M	M	M	M	M	M	M	M	M
22	M	M	M	M	M	M	M	R	M	M	M	R	M	M	M	R	M	M	M	R	M	M	M	R	M	M	M	R	M	M	M	M	M	M	M	M
23	M	M	M	M	M	M	M	M	M	R	M	M	M	R	M	M	M	R	M	M	M	R	M	M	M	R	M	M	M	R	M	M	M	M	M	M
24	M	M	M	M	M	M	M	M	M	M	M	R	M	M	M	R	M	M	M	R	M	M	M	R	M	M	M	R	M	M	M	R	M	M	M	M
25	M	M	M	M	M	M	M	M	M	M	M	M	M	R	M	M	M	R	M	M	M	R	M	M	M	R	M	M	M	R	M	M	M	R	M	M
26	L	M	M	M	M	M	M	M	M	M	M	M	M	M	M	R	M	M	M	R	M	M	M	R	M	M	M	R	M	M	M	R	M	M	M	R
27	M	L	M	L	M	M	M	M	M	M	M	M	M	M	M	M	M	R	M	M	M	R	M	M	M	R	M	M	M	R	M	M	M	R	M	M
28	L	M	L	M	L	M	M	M	M	M	M	M	M	M	M	M	M	M	M	R	M	M	M	R	M	M	M	R	M	M	M	R	M	M	M	R
29	M	L	M	L	M	L	M	L	M	M	M	M	M	M	M	M	M	M	M	M	M	R	M	M	M	R	M	M	M	R	M	M	M	R	M	M
30	L	M	L	M	L	M	L	M	L	M	M	M	M	M	M	M	M	M	M	M	M	M	M	R	M	M	M	R	M	M	M	R	M	M	M	R
31	M	L	M	L	M	L	M	L	M	L	M	L	M	M	M	M	M	M	M	M	M	M	M	M	M	R	M	M	M	R	M	M	M	R	M	M
32	L	M	L	M	L	M	L	M	L	M	L	M	L	M	M	M	M	M	M	M	M	M	M	M	M	M	M	R	M	M	M	R	M	M	M	R
33	M	L	M	L	M	L	M	L	M	L	M	L	M	L	M	L	M	M	M	M	M	M	M	M	M	M	M	M	M	R	M	M	M	R	M	M
34	L	M	L	M	L	M	L	M	L	M	L	M	L	M	L	M	L	M	M	M	M	M	M	M	M	M	M	M	M	M	M	R	M	M	M	R
35	M	L	M	L	M	L	M	L	M	L	M	L	M	L	M	L	M	L	M	L	M	M	M	M	M	M	M	M	M	M	M	M	M	R	M	M
36	L	M	L	M	L	M	L	M	L	M	L	M	L	M	L	M	L	M	L	M	L	M	M	M	M	M	M	M	M	M	M	M	M	M	M	R

图 5-13　拨片工艺位置图

表 5－1　拨片排列表

路	拨片工艺位置																																								
	左	中	右	左	中	右	左	中	右	左	中	右	左	中	右	左	中	右	左	中	右	左	中	右	左	中	右	左	中	右	左	中	右	左	中	右	左	中	右	左	中	右
1	0	7	0	1	1	0	1	1	0	1	1	0	1	1	0	1	1	0	1	1	0	1	16	0																			
2	0	0	1	0	7	0	1	1	0	1	1	0	1	1	0	1	1	0	1	1	0	1	7	1	0	1	1	0	1	1	0	1	1	0	1	1	0	1				
3	0	9	0	1	1	0	1	1	0	1	1	0	1	1	0	1	1	0	1	16																						
4	0	1	1	0	6	0	1	1	0	1	1	0	1	1	0	1	1	0	1	1	0	1	1	0	1	6	1	0	1	1	0	1	1	0	1	1	0	1	1			
5	0	9	0	1	1	0	1	1	0	1	1	0	1	1	0	1	1	0	1	1	0	1	14																			
6	0	0	1	0	1	1	0	7	0	1	1	0	1	1	0	1	1	0	1	1	0	1	1	0	1	7	1	0	1	1	0	1	1	0	1	1	0	1				
7	0	11	0	1	1	0	1	1	0	1	1	0	1	1	0	1	1	0	1	14																						
8	0	1	1	0	1	1	0	6	0	1	1	0	1	1	0	1	1	0	1	1	0	1	1	0	1	1	0	1	6	1	0	1	1	0	1	1	0	1	1			
9	0	11	0	1	1	0	1	1	0	1	1	0	1	1	0	1	1	0	1	1	0	1	12																			
10	0	0	1	0	1	1	0	1	1	0	7	0	1	1	0	1	1	0	1	1	0	1	1	0	1	1	0	1	7	1	0	1	1	0	1	1	0	1				
11	0	13	0	1	1	0	1	1	0	1	1	0	1	1	0	1	1	0	1	12																						
12	0	1	1	0	1	1	0	1	1	0	6	0	1	1	0	1	1	0	1	1	0	1	1	0	1	1	0	1	1	0	1	6	1	0	1	1	0	1	1			
13	0	13	0	1	1	0	1	1	0	1	1	0	1	1	0	1	1	0	1	1	0	1	10																			
14	0	0	1	0	1	1	0	1	1	0	1	1	0	7	0	1	1	0	1	1	0	1	1	0	1	1	0	1	1	0	1	7	1	0	1	1	0	1				
15	0	15	0	1	1	0	1	1	0	1	1	0	1	1	0	1	1	0	1	10																						
16	0	1	1	0	1	1	0	1	1	0	1	1	0	6	0	1	1	0	1	1	0	1	1	0	1	1	0	1	1	0	1	1	0	1	6	1	0	1	1			
17	0	15	0	1	1	0	1	1	0	1	1	0	1	1	0	1	1	0	1	1	0	1	8																			
18	0	0	1	0	1	1	0	1	1	0	1	1	0	1	1	0	7	0	1	1	0	1	1	0	1	1	0	1	1	0	1	1	0	1	7	1	0	1				
19	0	17	0	1	1	0	1	1	0	1	1	0	1	1	0	1	1	0	1	8																						
20	0	1	1	0	1	1	0	1	1	0	1	1	0	1	1	0	6	0	1	1	0	1	1	0	1	1	0	1	1	0	1	1	0	1	1	0	1	6	1			
21	0	17	0	1	1	0	1	1	0	1	1	0	1	1	0	1	1	0	1	1	0	1	6																			
22	0	0	1	0	1	1	0	1	1	0	1	1	0	1	1	0	1	1	0	7	0	1	1	0	1	1	0	1	1	0	1	1	0	1	1	0	1	7				
23	0	19	0	1	1	0	1	1	0	1	1	0	1	1	0	1	1	0	1	6																						
24	0	1	1	0	1	1	0	1	1	0	1	1	0	1	1	0	1	1	0	6	0	1	1	0	1	1	0	1	1	0	1	1	0	1	1	0	1	1	0	1	5	
25	0	19	0	1	1	0	1	1	0	1	1	0	1	1	0	1	1	0	1	1	0	1	4																			
26	0	2	1	0	1	1	0	1	1	0	1	1	0	1	1	0	1	1	0	7	0	1	1	0	1	1	0	1	1	0	1	1	0	1	1	0	1	5				
27	0	21	0	1	1	0	1	1	0	1	1	0	1	1	0	1	1	0	1	4																						
28	0	3	1	0	1	1	0	1	1	0	1	1	0	1	1	0	1	1	0	6	0	1	1	0	1	1	0	1	1	0	1	1	0	1	1	0	1	1	0	1	3	
29	0	21	0	1	1	0	1	1	0	1	1	0	1	1	0	1	1	0	1	1	0	1	2																			
30	0	4	1	0	1	1	0	1	1	0	1	1	0	1	1	0	1	1	0	7	0	1	1	0	1	1	0	1	1	0	1	1	0	1	1	0	1	3				
31	0	23	0	1	1	0	1	1	0	1	1	0	1	1	0	1	1	0	1	2																						
32	0	5	1	0	1	1	0	1	1	0	1	1	0	1	1	0	1	1	0	6	0	1	1	0	1	1	0	1	1	0	1	1	0	1	1	0	1	1	0	1	1	
33	0	23	0	1	1	0	1	1	0	1	1	0	1	1	0	1	1	0	1	1	0	1																				

续表

路	拨片工艺位置																																								
	左	中	右	左	中	右	左	中	右	左	中	右	左	中	右	左	中	右	左	中	右	左	中	右	左	中	右	左	中	右	左	中	右	左	中	右	左	中	右	左	中	右
34	0	6	1	0	1	1	0	1	1	0	1	1	0	1	1	0	1	1	0	7	0	1	1	0	1	1	0	1	1	0	1	1	0	1	1	0	1	1				
35	0	25	0	1	1	0	1	1	0	1	1	0	1	1	0	1	1	0	1																							
36	1	6	1	0	1	1	0	1	1	0	1	1	0	1	1	0	1	1	0	6	0	1	1	0	1	1	0	1	1	0	1	1	0	1	1	0	1	1				
37	0	1	0	1	23	0	1	1	0	1	1	0	1	1	0	1	1	0	1	1	0	1																				
38	1	7	1	0	1	1	0	1	1	0	1	1	0	1	1	0	1	1	0	7	0	1	1	0	1	1	0	1	1	0	1	1	0	1	1							
39	0	1	0	1	25	0	1	1	0	1	1	0	1	1	0	1	1	0	1																							
40	1	1	0	1	6	1	0	1	1	0	1	1	0	1	1	0	1	1	0	1	1	0	6	0	1	1	0	1	1	0	1	1	0	1	1	0	1	1				
41	0	1	0	1	1	0	1	23	0	1	1	0	1	1	0	1	1	0	1	1	0	1																				
42	1	1	0	1	7	1	0	1	1	0	1	1	0	1	1	0	1	1	0	1	1	0	7	0	1	1	0	1	1	0	1	1	0	1	1							
43	0	1	0	1	1	0	1	25	0	1	1	0	1	1	0	1	1	0	1																							
44	1	1	0	1	1	0	1	6	1	0	1	1	0	1	1	0	1	1	0	1	1	0	1	1	0	6	0	1	1	0	1	1	0	1	1	0	1	1				
45	0	1	0	1	1	0	1	1	0	1	23	0	1	1	0	1	1	0	1	1	0	1																				
46	1	1	0	1	1	0	1	7	1	0	1	1	0	1	1	0	1	1	0	1	1	0	1	1	0	7	0	1	1	0	1	1	0	1	1							
47	0	1	0	1	1	0	1	1	0	1	25	0	1	1	0	1	1	0	1																							
48	1	1	0	1	1	0	1	1	0	1	6	1	0	1	1	0	1	1	0	1	1	0	1	1	0	1	1	0	6	0	1	1	0	1	1	0	1	1				
49	0	1	0	1	1	0	1	1	0	1	1	0	1	23	0	1	1	0	1	1	0	1																				
50	1	1	0	1	1	0	1	1	0	1	7	1	0	1	1	0	1	1	0	1	1	0	1	1	0	1	1	0	7	0	1	1	0	1	1							
51	0	1	0	1	1	0	1	1	0	1	1	0	1	25	0	1	1	0	1																							
52	1	1	0	1	1	0	1	1	0	1	1	0	1	6	1	0	1	1	0	1	1	0	1	1	0	1	1	0	1	1	0	6	0	1	1	0	1	1				
53	0	1	0	1	1	0	1	1	0	1	1	0	1	1	0	1	23	0	1	1	0	1																				
54	1	1	0	1	1	0	1	1	0	1	1	0	1	7	1	0	1	1	0	1	1	0	1	1	0	1	1	0	1	1	0	7	0	1	1							
55	0	1	0	1	1	0	1	1	0	1	1	0	1	1	0	1	25	0	1																							
56	1	1	0	1	1	0	1	1	0	1	1	0	1	1	0	1	6	1	0	1	1	0	1	1	0	1	1	0	1	1	0	1	1	0	6	0	1	1				
57	0	1	0	1	1	0	1	1	0	1	1	0	1	1	0	1	1	0	1	23	0	1																				
58	1	1	0	1	1	0	1	1	0	1	1	0	1	1	0	1	7	1	0	1	1	0	1	1	0	1	1	0	1	1	0	1	1	0	7							
59	0	1	0	1	1	0	1	1	0	1	1	0	1	1	0	1	1	0	1	24																						
60	1	1	0	1	1	0	1	1	0	1	1	0	1	1	0	1	1	0	1	6	1	0	1	1	0	1	1	0	1	1	0	1	1	0	1	1	0	6				
61	0	1	0	1	1	0	1	1	0	1	1	0	1	1	0	1	1	0	1	1	0	1	22																			
62	0	2	0	1	1	0	1	1	0	1	1	0	1	1	0	1	1	0	1	7	1	0	1	1	0	1	1	0	1	1	0	1	1	0	1	1	0	5				
63	0	3	0	1	1	0	1	1	0	1	1	0	1	1	0	1	1	0	1	22																						
64	0	2	0	1	1	0	1	1	0	1	1	0	1	1	0	1	1	0	1	1	0	1	6	1	0	1	1	0	1	1	0	1	1	0	1	1	0	1	1	0	4	
65	0	3	0	1	1	0	1	1	0	1	1	0	1	1	0	1	1	0	1	1	0	1	20																			
66	0	4	0	1	1	0	1	1	0	1	1	0	1	1	0	1	1	0	1	7	1	0	1	1	0	1	1	0	1	1	0	1	1	0	1	1	0	3				

续表

路	拨片工艺位置																																									
	左	中	右	左	中	右	左	中	右	左	中	右	左	中	右	左	中	右	左	中	右	左	中	右	左	中	右	左	中	右	左	中	右	左	中	右	左	中	右	左	中	右
67	0	5	0	1	1	0	1	1	0	1	1	0	1	1	0	1	1	0	1	20																						
68	0	4	0	1	1	0	1	1	0	1	1	0	1	1	0	1	1	0	1	1	0	1	6	1	0	1	1	0	1	1	0	1	1	0	1	1	0	1	1	0	2	
69	0	5	0	1	1	0	1	1	0	1	1	0	1	1	0	1	1	0	1	1	0	1	18																			
70	0	6	0	1	1	0	1	1	0	1	1	0	1	1	0	1	1	0	1	7	1	0	1	1	0	1	1	0	1	1	0	1	1	0	1	1	0	1				
71	0	7	0	1	1	0	1	1	0	1	1	0	1	1	0	1	1	0	1	18																						
72	0	6	0	1	1	0	1	1	0	1	1	0	1	1	0	1	1	0	1	1	0	1	6	1	0	1	1	0	1	1	0	1	1	0	1	1	0	1	1			

第三节　提花轮选针机构

提花轮提花圆机的选针机构为提花轮(pattern wheel),其结构简单,属于有选择性的直接式选针机构。它以提花轮上的片槽及其钢米作为选针元件,直接与针织机的织针、沉降片或挺针片作用,并在与其一起啮合转动的过程中进行选针。提花轮选针机构可在单针筒或双针筒针织机上使用。

一、提花轮选针机构及选针原理

在提花轮提花圆机上,针筒上只有一种织针,每枚织针上只有一个针踵,在一个针道中运行。针踵有两个用途:一是在针道中与三角作用,控制织针的运动;二是与提花轮作用进行选针,使织针处于编织成圈、集圈或不编织等不同编织状态。

针筒的周围每一成圈系统装有三角,其结构如图 5-14 所示。每一成圈系统的三角由起针三角 1、侧向三角 2 和弯纱(压针)三角 3 组成,每一路三角的外侧安装一个提花轮 4。提花轮的结构如图 5-15 所示,提花轮 1 上由钢片组成许多凹槽,与织针针踵啮合,由针踵带动使提花轮绕其轴芯 2 回转。在凹槽中,按照花纹的要求,可装上高钢米 3 或低钢米 4,也可不装钢米,由于提花轮是呈倾斜配置的,当提花轮回转时,便可使针筒上的织针分成三条轨迹运动,如图 5-14 所示:

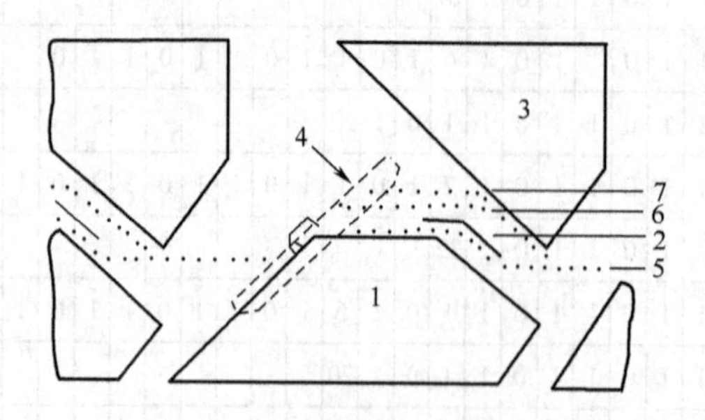

图 5-14　提花轮提花圆机三角结构

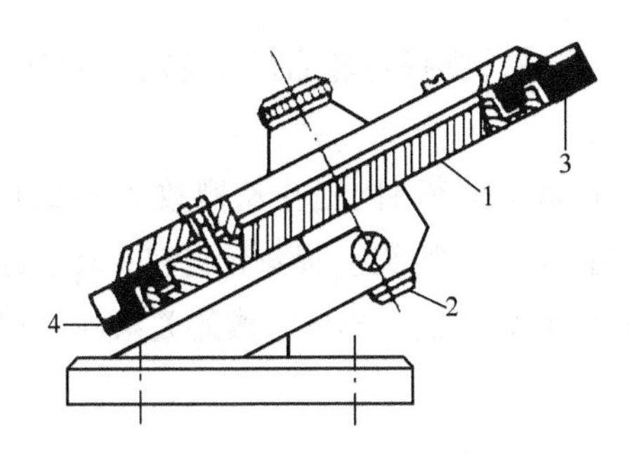

图5－15　提花轮的结构

当织针与提花轮上不插钢米的凹槽啮合时，沿起针三角1上升一定高度，而后被侧向三角2压下。织针没有升至退圈高度，没有垫纱成圈，织针的运动轨迹线如图5－14中5所示，该织针不编织。

当织针与提花轮上装有低钢米的凹槽啮合时，针踵受钢米的上抬作用，上升到不完全退圈的高度，然后被弯纱（压针）三角3压下，如图5－14中的轨迹线6所示，该织针形成集圈。

当织针与提花轮上装有高钢米的凹槽啮合时，针踵在钢米作用下，上升到完全退圈的高度，进行编织成圈，它的轨迹线如图5－14中的轨迹线7所示。

这种选针机构属于三位选针，按照花纹要求在提花轮中插入高、低钢米或不插钢米，就能在编织一个横列时将织针分成编织成圈、不编织、集圈3种轨迹。

提花轮直径的大小，不仅影响到各路成圈系统所占的空间，还影响到花纹的大小以及针踵的受力情况。提花轮直径小，有利于增加成圈系统数，但花纹的范围较小；提花轮直径大，则成圈系统数较少。另外由于提花轮的转动是由针踵带动的，所以提花轮直径大时，针踵的负荷较大，不利于提高机速和织物质量。

二、矩形花纹的形成和设计

提花轮式提花圆机所形成的花纹区域可归纳为矩形、六边形和菱形三种，其中以矩形花纹最为常用。花纹区域主要取决于针筒总针数N、提花轮槽数T和成圈系统数M之间的关系。当T能被N整除时，则形成无位移的矩形花纹；当T不能被N整除，但余数r与N、T之间有公约数时，则形成有位移的矩形花纹；当T不能被N整除，且余数r与N、T之间无公约数时，则形成六边形花纹。而菱形花纹则要由专门的提花轮来形成。下面介绍矩形花纹的形成和设计方法。

（一）总针数N可被提花轮槽数T整除，即余针数$r=0$时

在针筒回转时，提花轮槽与针筒上的针踵啮合并转动，且存在下列关系式：

$$N = Z \times T \pm r$$

式中：N——针筒上的总针数；

T——提花轮槽数；

r——余针数；

Z——正整数。

当 $r=0$ 时，$N/T=Z$，即针筒一转，则提花轮自转 Z 转，因此针筒每转中针与提花轮槽的啮合关系始终不变。

假设某针织机上针筒的总针数 $N=36$ 针，提花轮槽数 $T=12$，成圈系统 $M=1$，则 $N/T=36/12=3$，$r=0$，这样，针筒每转一圈，编织 1 个横列，提花轮自转 3 转。在针筒周围构成 3 个完全相同的织物花纹单元。如果将圆筒展开成平面，画出针与槽的关系，可得如图 5-16 所示的情况。

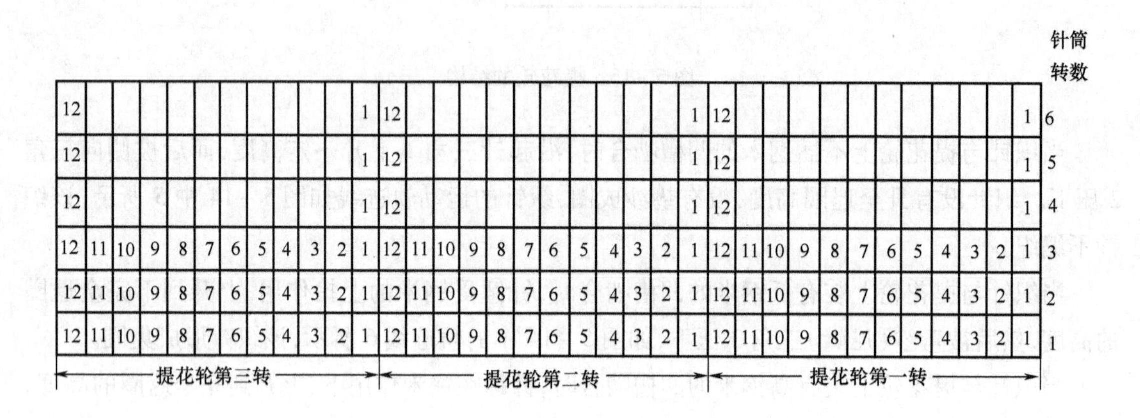

图 5-16 余针数为 0 时织针与提花轮槽啮合关系展开图

当针筒第一转时，提花轮第 1 槽作用在第 1、13、25 针上，提花轮第 2 槽作用在第 2、14、26 针上，依次类推。当针筒第二转时，针与槽的关系也是如此。依此方式连续编织下去，其对应关系始终不变，此种花型上下垂直重叠，且平行排列，没有纵移和横移。由于一般提花圆机路数和提花轮槽数相比要少很多，所以这种结构的提花轮提花圆机通常花纹高度较小，花纹宽度较大，使得花形不协调，很少采用。

（二）总针数 N 不能被提花轮槽数 T 整除，即余针数 $r\neq0$ 时

1. 提花轮槽与针的关系 当 $r\neq0$ 时，提花轮槽与针的关系就不像 $r=0$ 时那样固定不变。当 N、T、r 之间具有公约数时，完全组织为直角矩形花纹，否则将为六边形。此时，当针筒第 1 转时，提花轮的第 1 个槽与针筒上的第 1 针啮合，但当针筒第 2 转时，提花轮的第 1 个槽就不会与针筒第 1 针啮合了。

假设某提花机的针筒总针数 $N=170$ 针，提花轮槽数 $T=50$ 槽，则 $\frac{N}{T}=\frac{170}{50}=3$ 还余 20 针，即 $r=20$。此时，N、T、r 三者最大公约数为 10。

当针筒第 1 转时，提花轮自转 $3\frac{2}{5}$ 转。当针筒第 2 转时与针筒上第 1 枚针啮合的是提花轮上的第 21 个槽，这种啮合变化的情况如图 5-17 所示（图中小圆代表提花轮，大圆代表针筒，大圆上每一圈代表针筒 1 转，其中的Ⅰ、Ⅱ…Ⅴ分别代表 10 针一段或 10 槽一段）。

从图 5-17(a)中可看出：当针筒第 1 转时，提花轮上第 1 区段（第 1 ~ 10 槽）与针筒的第 1 ~ 10 枚织针啮合；当针筒第 2 转时，提花轮上的第Ⅲ区段（第 21 ~ 30 槽）与针筒的第 1 ~ 10 枚针啮合；当针筒第 3 转时，提花轮上的第Ⅴ区段（第 41 ~ 50 槽）与针筒的第 1 ~ 10 枚织针啮

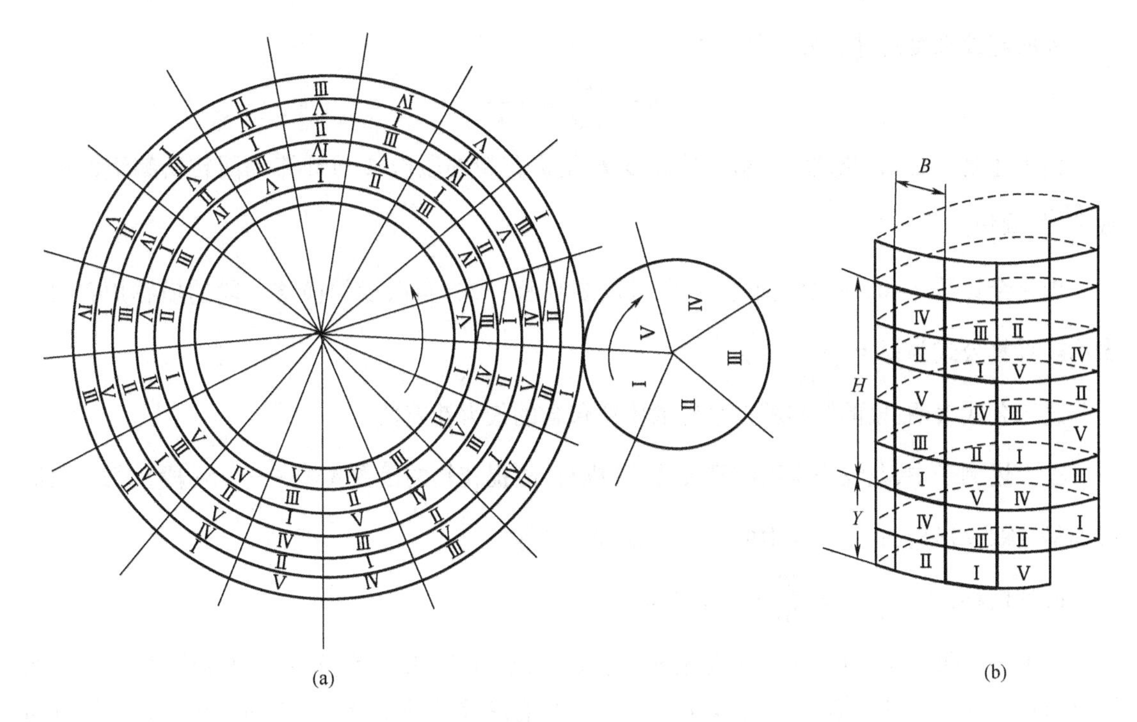

(a)　　　　(b)

图 5－17　余针数不为 0 时织针与提花轮槽啮合关系图

合；如此，一直到针筒第 6 转时，才又回复到提花轮上的第Ⅰ区段与针筒上的第 1～10 织针啮合。即针筒要转过 5 转，针筒上最后一枚织针才恰好与提花轮槽的最后一槽啮合，完成一个完整的循环。

从图 5－17（b）中还可看出：提花轮的 5 个区段在多次滚动啮合中，互相并合构成一个个矩形面积，其高度为 H，宽度为 B（图中用粗线条画出）。花纹矩形面积之间有纵移 Y；由此使花纹在织物中呈螺旋形排列，编织出有位移花纹的织物。

2. 花宽、花高的选择及花纹设计

（1）完全组织的宽度和高度。为了得到一个比较合适的花宽和花高的比例，一个完全组织的花纹宽度 B 应是 N、T、r 三者的公约数。完全组织最大花纹宽度 B_{max} 应是 N、T、r 三者的最大公约数。

一个完全组织的花纹高度：

$$H = \frac{TM}{B_{max}e}$$

式中：B_{max}——完全组织的最大花宽；

T——提花轮槽数；

M——成圈系统数；

e——色纱数，即编织一花型横列所需成圈系统数。

（2）段数及段的横移。将提花轮的槽分成几等份，每一等份所包含的槽数等于最大花宽 B_{max}，现将这个等份称为“段”；提花轮槽中所包含的等份数即为段数，用 A 表示。计算公式为：

$$A = \frac{T}{B_{max}}$$

此时花纹高度的计算公式可写成：

$$H=\frac{TM}{B_{max}e}=A\frac{M}{e}$$

由上述公式可知：花纹完全组织的高度 H 是提花轮的段数 A 与针筒一回转所编织的横列数 $\frac{M}{e}$ 的乘积。

由于余针数 $r\neq0$，所以针筒每转，段号就要横移一次，叫做段的横移。段的横移用符号 X 表示。计算公式为：$X=\frac{r}{B_{max}}$

这个公式表明：段的横移就是余针数中所包含的最大花宽数。

在上述例子中，花纹完全组织宽度为 10 纵行，故提花轮的段数 $A=\frac{T}{B_{max}}=5$（段），每一段依次编号，称为段号，如图 5－5 中的Ⅰ、Ⅱ、Ⅲ、Ⅳ、Ⅴ等。

段的横移：$X=\frac{r}{B_{max}}=\frac{20}{10}=2$（段）。

（3）花纹的纵移。花纹的纵移是指两个相邻花纹（完全组织）在垂直方向的位移，是花纹在线圈形成方向向上升的横列数，用 Y 表示。花纹具有纵移是提花轮式选针机构的特征。纵移与成圈系统数 M、段的横移数 X，提花组织中所使用的色纱数 e 及完全组织的高度 H 有关。两个完全组织之间纵移的段数 Y' 为：

$$Y'=\frac{A(K+1)-1}{X}$$

这里的 K 为正整数 0，1，2…，在计算时从“0”开始选起，直到所得的数 Y' 为正整数止。

当机器上有 M 个成圈系统，采用 e 种色纱编织时，则针筒 1 转要编织 $\frac{M}{e}$ 个横列。在这种情况下，纵移横列数 Y 可用下式求得：

$$Y=Y'\times\frac{M}{e}=\frac{\frac{M}{e}\times A\times(K+1)-\frac{M}{e}}{X}$$

因为 $\frac{M}{e}\times A=H$；则 $Y=\frac{H(K+1)-\frac{M}{e}}{X}$

在求得上述各项数据的基础上，就可以设计矩形花纹。因为有段的横移和花纹纵移存在，所以一般要绘出两个以上完全组织，并应指出纵移和段号在完全组织高度中的排列顺序。

三、应用实例

已知机器条件：总针数 $N=552$ 针；提花轮槽数 $T=60$ 槽；进纱路数 $M=8$ 路；产品为两色提花织物，色纱数 $e=2$。

（一）计算并确定花纹完全组织的宽度 B

由公式：$N=Z\times T+r$ 得：$\frac{N}{T}=\frac{552}{60}=9\frac{12}{60}$　余针数 $r=12(r\neq0)$

552、60、12 三者的公约数为 12、6…，其中最大公约数为 12，故可设计矩形花纹。现取花纹完全组织宽度为 $B = B_{max} = 12$ 纵行。

（二）计算并确定花纹完全组织的高度 H

由公式计算得完全组织花高 H：

$$H = \frac{T \times M}{B_{max} \times e} = \frac{60 \times 8}{12 \times 2} = 20\ (\text{横列})$$

（三）计算段数 A 并确定段的横移 X

$$A = \frac{T}{B_{max}} = \frac{60}{12} = 5\ (\text{段})$$

$$X = \frac{r}{B_{max}} = \frac{12}{12} = 1\ (\text{段})$$

（四）计算花纹纵移 Y

$$Y = \frac{H(K+1) - \frac{M}{e}}{X} = \frac{20 \times (0+1) - \frac{8}{2}}{1} = 16\ (\text{横列})$$

（五）设计花纹图案

在意匠纸上，画出两个以上完全组织的范围，然后画出各完全组织及其纵移、横移情况，并设计花纹图案。设计时，要注意花纹的连接，不要造成错花的感觉。意匠图如图 5－18 所示。

（六）绘制上机图或进行上机设计

1. 编制提花轮排列顺序 按两路编织一个横列，针筒每转编织 4 个横列及编织一个完全组织需要针筒回转 5 转的计算数据，编制提花轮排列顺序，如图 5－18 所示。

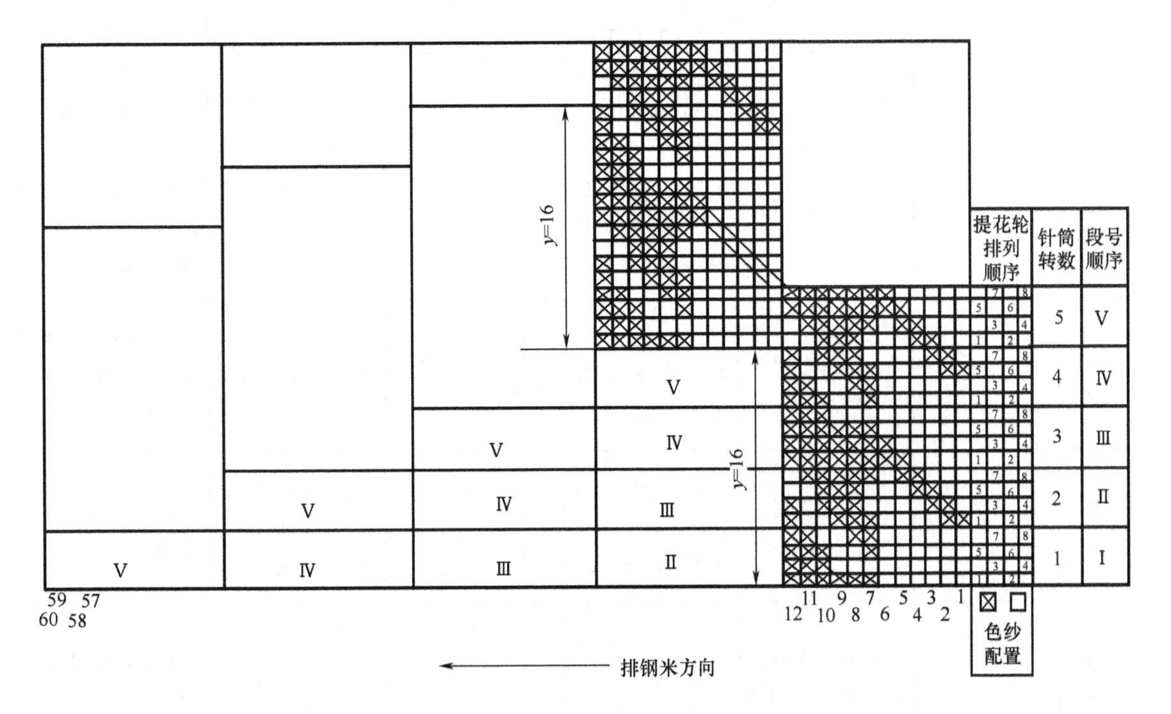

图 5－18 花纹意匠图与上机工艺图

2. 编制段号与针筒转数关系图 按针筒转数与段号关系的计算方法编制它们的关系图，如图5－18右侧所示。

3. 编制提花轮钢米排列图 因为提花轮段数为5，故将每只提花轮槽分为5等份，每等份12槽，按逆时针方向写好Ⅰ→Ⅱ→Ⅲ→Ⅳ→Ⅴ顺序，然后按逆时针方向排钢米。根据每一提花轮上各段所对应的意匠图花形横列及各成圈系统编织色纱情况，排列提花轮上钢米。例如，第2号提花轮上的第Ⅲ段(25～36槽，即第Ⅲ段中的第1～12槽)对应于意匠图中第9横列，且是选针编织白色(符号"□")的线圈。所以第25～28槽(即第Ⅲ段中的第1～4槽)应排高钢米，第29～36槽(即第Ⅲ段中的第5～12槽)应不排钢米。8个提花轮上其余各段的钢米按此方法排列，提花轮槽钢米按段排列如表5－2所示。由于提花轮的分段只是虚拟的，在提花轮上并没有真实的段的界线，因此，在实际生产中，可以将整个提花轮的所有槽数按顺序排列钢米，如表5－3所示。

表5－2 提花轮钢米按段号排列表

色纱	针筒转数	1	2	3	4	5
	提花轮段号	Ⅰ	Ⅱ	Ⅲ	Ⅳ	Ⅴ
	提花轮编号	钢米排列情况				
黑纱	1	1～6无、7～12高	1～2高、3～6无、7～9高、10～11无、12高	1～4无、5～12高	1～6无、7高、8～9无、10～12高	1～2无、3～4高、5～7无、8～10高、11～12无
白纱	2	1～6高、7～12无	1～2无、3～6高、7～9无、10～11高、12无	1～4高、5～12无	1～6高、7无、8～9无、10～12无	1～2高、3～4无、5～7高、8～10无、11～12高
黑纱	3	1～9无、10～12高	1无、2～3高、4～7无、8～10高、11无、12高	1～5无、6～12高	1～6无、7～8高、9～10无、11～12高	1～3无、4～5高、6无、7～11高、12无
白纱	4	1～9高、10～12无	1高、2～3无、4～7高、8～10无、11高、12无	1～5高、6～12无	1～6高、7～8无、9～10高、11～12无	1～3高、4～5无、6高、7～11无、12高
黑纱	5	1～6无、7高、8～9无、10～12高	1～2无、3～4高、5～7无、8～10高、11～12无	1～6无、7～12高	1～2高、3～6无7～9高、10～11无、12高	1～4无、5～12高
白纱	6	1～6高、7无、8～9高、10～12无	1～2高、3～4无、5～7高、8～10无、11～12高	1～6高、7～12无	1～2无、3～6高、7～9无、10～11高、12无	1～4高、5～12无

续表

色纱	针筒转数	1	2	3	4	5
	提花轮段号	I	II	III	IV	V
	提花轮编号	钢米排列情况				
黑纱	7	1～6 无、7～8 高、9～10 无、11～12 高	1～3 无、4～5 高、6 无、7～11 高、12 无	1～9 无、10～12 高	1 无、2～3 高、4～7 无、8～10 高、11 无、12 高	1～5 无、6～12 高
白纱	8	1～6 高、7～8 无、9～10 高、11～12 无	1～3 高、4～5 无、6 高、7～11 无、12 高	1～9 高、10～12 无	1 高、2～3 无、4～7 高、8～10 无、11 高、12 无	1～5 高、6～12 无

表 5-3　提花轮钢米不按段号排列表

色纱	提花轮编号	钢米排列情况																			
		高	无	高	无	高	无	高	无	高	无	高	无	高	无	高	无	高	无	高	无
黑纱	1		1～6	7～14	15～18	19～21	22～23	24	25～28	29～36	37～42	43	44～45	46～48	49～50	51～53	53～55	56～58	59～60		
白纱	2	1～6	7～14	15～18	19～21	22～23	24	25～28	29～36	37～42	43	44～45	46～48	49～50	51～53	53～55	56～58	59～60			
黑纱	3		1～9	1～12	13	14～15	16～19	20～22	23	24	25～29	30～36	37～42	43～44	45～46	47～48	49～51	52～53	54	55～59	60
白纱	4	1～9	1～12	13	14～15	16～19	20～22	23	24	25～29	30～36	37～42	43～44	45～46	47～48	49～51	52～53	54	55～59	60	
黑纱	5		1～6	7	8～9	10～12	13～14	15～16	17～19	20～22	23～30	31～38	39～42	43～45	46～47	48	49～52	53～60			
白纱	6	1～6	7	8～9	10～12	13～14	15～16	17～19	20～22	23～30	31～38	39～42	43～45	46～47	48	49～52	53～60				
黑纱	7		1～6	7～8	9～10	11～12	13～15	16～17	18	19～23	24～33	34～36	37	38～39	40～43	44～46	47	48	49～53	54～60	
白纱	8	1～6	7～8	9～10	11～12	13～15	16～17	18	19～23	24～33	34～36	37	38～39	40～43	44～46	47	48	49～53	54～60		

第四节　电子选针机构

电子选针(electronic needle selection)机构属单针式选针机构。随着计算机技术和电子技术的迅速发展以及针织机械制造加工水平的不断提高,越来越多的针织机采用了电子选针装置,再配以计算机辅助花型准备系统,大大提高了针织机的花型编织能力和花型设计准备的速度。目前纬编针织机采用的电子选针装置可以分为单级式与多级式两类。

一、单级式电子选针器与选针原理

(一)电脑提花圆机选针机构与选针原理

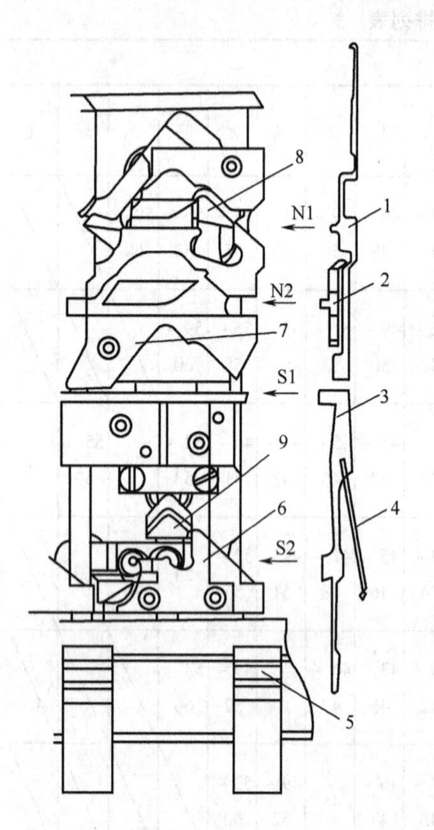

图 5-19　单级式选针与成圈机件配置

图 5-19 为某单级式选针电脑提花圆机的编织与选针机件及其配置。同一针槽中自上而下安插着带有导针片 2 的织针 1 和带有弹簧片 4 的挺针片 3。选针器 5 是一个永久磁铁,其中有一狭窄的选针区(选针磁极)。根据接收到选针脉冲信号的不同,选针区可以保持磁性或消除磁性。6 和 7 分别是挺针片起针三角和下压复位三角。织针没有起针三角,织针上升与否取决于挺针片是否被选中上升。活络三角 8 和 9 可使被选中的织针进行编织或集圈。当活络三角 8 和 9 同时拨至高位时,被选中的织针编织;同时拨至低位时,被选中的织针集圈。

选针原理见图 5-20,其中(b)和(c)为俯视图。在挺针片 3 即将进入每一系统的选针器 5 时,先受复位三角 9 的径向作用,使挺针片片尾 10 被推向选针器 5,并被永久磁铁 11 吸住。此后,挺针片片尾贴住选针器表面继续横向运动。在机器运转过程中,针筒每转过一个针距,从控制器发出一个选针脉冲信号给选针器的狭窄选针磁极 12。当某一挺针片运动至磁极 12 时,若此刻选针磁极收到的是低电平脉冲信号,则选针磁极保持磁性,挺针片片尾仍被选针器吸住,即没被选中,如图(b)中的 13。随着片尾移出选针磁极 12,仍继续贴住选针器上的永久磁铁 11 横向运动。这样,挺针片的下片踵只能从起针三角 6 的内表面经过,不能走上起针三角,不推动织针上升,即织针不编织;若选针磁极 12 收到的是高电平脉冲信号,则选针磁极磁性消除,挺针片在弹簧片的作用下,片尾 10 脱离选针器,即被选中,如图(c)中的 14 所示,随着针筒的回转,挺针片下片踵沿起针三角 6 上升,推动织针上升编织或集圈。

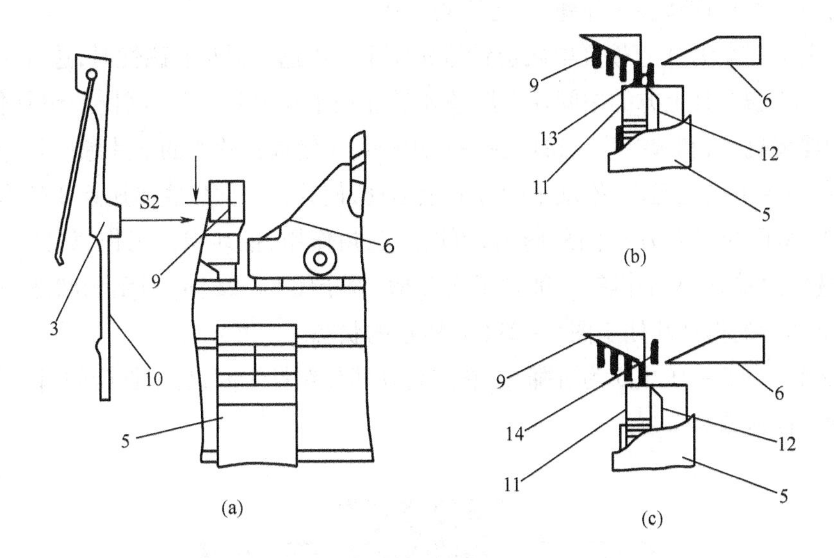

图5－20　单级式选针原理

(二) 电脑横机选针机构与选针原理

1. 编织与选针机件　图5－21所示为单级选针电脑横机(computerized flat knitting machine)一个针床的截面图,它反映出舌针与选针机件间的配置关系。各元件及作用如下:

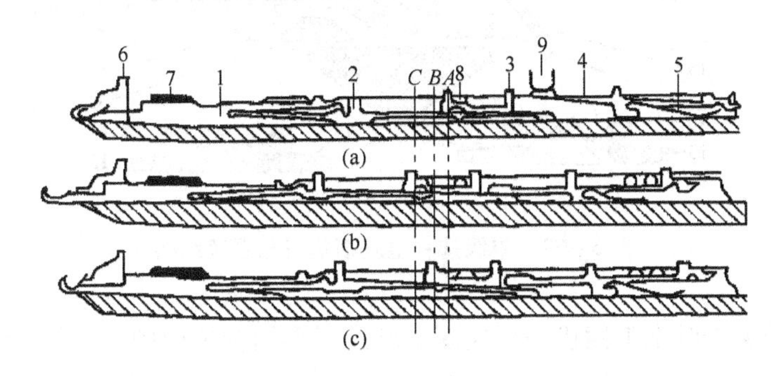

图5－21　舌针与选针机件的配置

(1)织针。电脑横机主要采用舌针。为了便于在前后针床进行移圈,除了普通舌针的特点之外,电脑横机所采用的舌针还带有一个扩圈片,在移圈时,一个针床上的织针可以插到另一个针床织针的扩圈片中。在针槽中,织针1由塞铁7压住,以免编织时受牵位力作用使针从针槽中翘出,它由挺针片2推动上升或下降。

(2)挺针片。挺针片2和织针1嵌在一起。挺针片的片杆有一定的弹性,当挺针片不受压时,片踵伸出针槽,可以沿着机头中的三角轨道运动并推动织针上升或下降;当挺针片受压时,片踵进入到针槽里边,不能与三角作用,其上的织针就不能上升或下降。

(3)中间片(又称压片)。中间片3位于挺针片2之上,当它的上片踵与三角系统中的压条作用时,中间片向下压向挺针片,使挺针片片踵进入针槽,离开三角的作用;当它的上片踵不受压时,下面的挺针片片踵就会向外翘出,与三角作用。

(4)选针片。选针片4直接受电磁选针器9作用。当选针器9有磁性时,选针片被吸住,选针片不会沿三角上升,其上方的中间片在压条8的作用下将挺针片压入针槽,织针保持不工作状态;当选针器无磁时,和选针片4镶嵌在一起的压簧5使选针片4的下片踵向外翘出,选针片在相应的三角作用下向上运动,推动中间片向上运动,使其突出部位脱离压条8的作用,它下面的挺针片2被释压,挺针片片踵向外翘出,可以与三角作用,推动织针工作,如图5-21(b)所示。在每次选针之前,所有的挺针片都被压入针槽,处于图5-21(a)所示的状态,只有在机头运行中被选上的针的挺针片处于图5-21(b)所示的状态。

(5)沉降片。图5-21中6为沉降片,它配置在两枚织针中间,位于针床的齿口部分的沉降片槽中,协助织针退圈和牵拉。

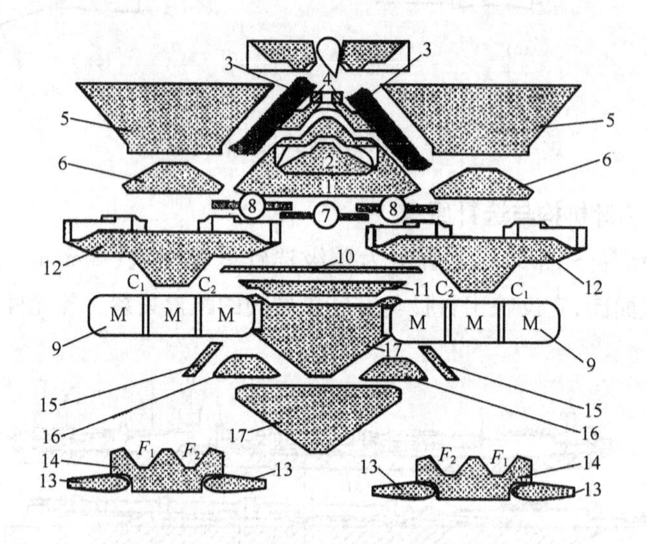

图5-22 单级选针电脑横机三角系统结构

图5-22为单级选针电脑横机一个成圈系统的三角结构平面图。1为挺针片起针三角,被选上的挺针片可沿其上升到集圈高度或成圈高度。接圈三角2和起针三角1同属一个整体,它可使被选上的挺针片沿其上升到接圈高度。挺针片压针三角3除起压针弯纱作用外,还起移圈三角的作用,要移圈针的挺针片在移圈时沿其上平面上升到移圈高度。它可以通过步进电机在程序的控制下进行无级调节以得到合适的弯纱深度。挺针片的导向三角4起导向和收针作用。上、下护针三角5、6起护针作用。移圈时,上护针三角还起压针作用。集圈压条7和接圈压条8是作为一体的活动件,可上、下移动,用于与中间片的上片踵作用,分别在集圈位置或接圈位置将中间片压下去,从而使挺针片和织针不再继续上升,在该高度上进行集圈或接圈。

选针器9由握持区M和选针区C_1、C_2组成,它们都是永久磁铁,但在选针区可通过电信号的有无使其有磁和消磁。选针前先由握持区M吸住选针片的片头,如图5-21(a)所示,当选针区移动到选针片片头位置时,如果选针区没有被消磁,选针片头仍然被握持,织针没有被选上,不工作;如果选针区被消磁,选针片头被释放,相应的织针就被选上[图5-21

(b)]。中间片走针三角10、11形成中间片下片踵的三个针道，当中间片的下片踵沿三角10的上平面运行时，织针可处于成圈或移圈位置；当中间片的下片踵在三角10和11之间通过时，织针处于集圈或接圈位置；如果织针始终处于不工作位置，则中间片的下片踵就在三角11的下面通过。12为中间片复位三角，它作用于中间片的下片踵，使中间片回到起始位置，即图5-21(a)所示的位置。

选针片复位三角13作用于选针片的尾部，使选针片片头摆出针槽，由选针器9握持住，以便进行选针。选针三角14有两个起针斜面 F_1 和 F_2，作用于选针片的下片踵，分别把在第一选针区和第二选针区被选上的选针片推入相应的工作位置。选针片挺针三角15、16作用于选针片的上片踵上，把由选针三角推入工作位置的选针片继续向上推。其中，三角15作用于第一选针区选上的选针片，三角16作用于第二选针区选上的选针片，分别把相应的挺针片推至成圈(或移圈)位置和集圈(或接圈)位置。选针片下压复位三角17把沿三角15、16上升的选针片压回到初始位置。

2. 编织与选针原理

(1)成圈、集圈和浮线。如图5-22所示，在成圈时，选针片在第一选针区被选上，选针片的下片踵沿选针三角的 F_1 面上升，上片踵沿三角16上升，从而推动它上面的中间片的下片踵上升到三角10的上方并沿其上面通过，中间片的上片踵在压条8的上方通过，始终不受压，相应的挺针片一直沿三角1的上表面运行，直至上升到退圈最高点，其上的织针成圈，如图5-23所示，这里的 H_1、H_2、H_3 分别为挺针片片踵、中间片上踵和中间片下踵的走针轨迹。

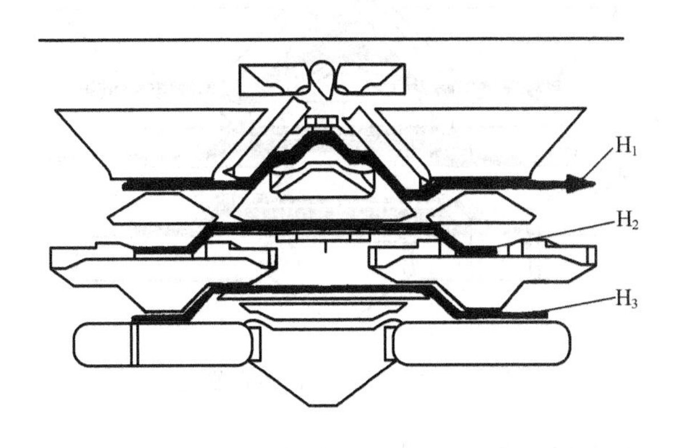

图5-23　成圈走针轨迹

集圈编织时，选针片在第二选针区被选上，选针片下片踵沿选针三角的 F_2 面上升，上片踵沿三角15上升，从而推动它上面的中间片的下片踵上升到三角10和11之间并沿其通过，中间片的上片踵在经过压条7时，被压条7压进针槽，从而也将挺针片片踵压进针槽，使挺针片在上升到集圈高度时就不能再沿三角上升，只能在三角1(图5-22)的表面通过，形成如图5-24中 H_1 所示的走针轨迹，其上的织针形成集圈。图中 H_2 和 H_3 分别为相应的中间片上踵和下踵的走针轨迹。

在两个选针区都没有被选上的选针片不会沿三角14上升，从而也就不会推动中间片离开

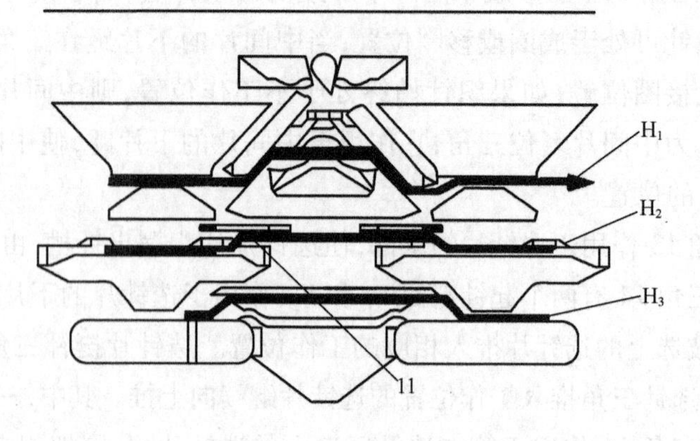

图 5－24　集圈走针轨迹

它的起始位置，中间片始终被压条压制，挺针片片踵也不会翘出针槽，不会沿三角上升，只能在三角的表面通过，其上的织针就不参加编织。

在编织过程中，如果有些选针片在第一选针区被选上，有些选针片在第二选针区被选上，有些选针片在两个选针区都不被选上，则会形成三条走针轨迹，分别为成圈、集圈和浮线，这就是三位选针编织。如图 5－25 所示。

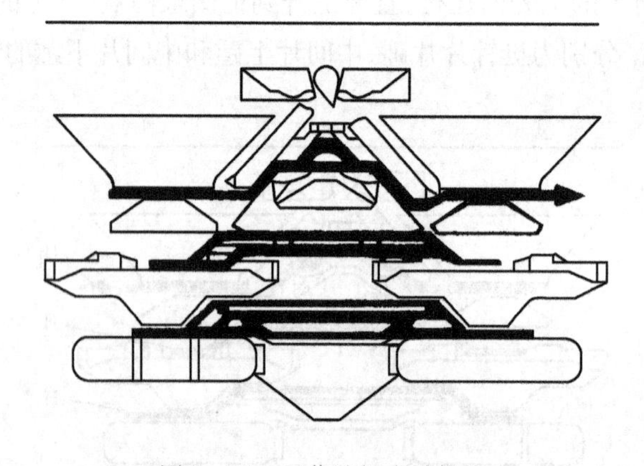

图 5－25　三位选针走针轨迹

(2)移圈和接圈。移圈本来是将一个针上的线圈转移到另一个针上的过程，但是在电脑横机中为了更好地表述移圈过程，把这个过程分解开来，将给出线圈称为移圈，而接受线圈称为接圈。

如图 5－26 所示，移圈时的选针与成圈时相似，选针片也是在第一选针区被选上，选针片和中间片都走与成圈时相同的轨迹。所不同的是，此时的挺针片压针三角 2 向下移动到最下位置，挡住了挺针片片踵进入三角 1 轨道的去路，使其只能沿压针三角的上面通过，上升到移圈高度。

图 5－27 是接圈时的走针轨迹。接圈时，选针片在第二选针区被选上，与集圈选针相同。但此时集圈压条 7 和接圈压条 8 下降一级(比照图 5－24)。这样，被选上的中间片上片踵在一

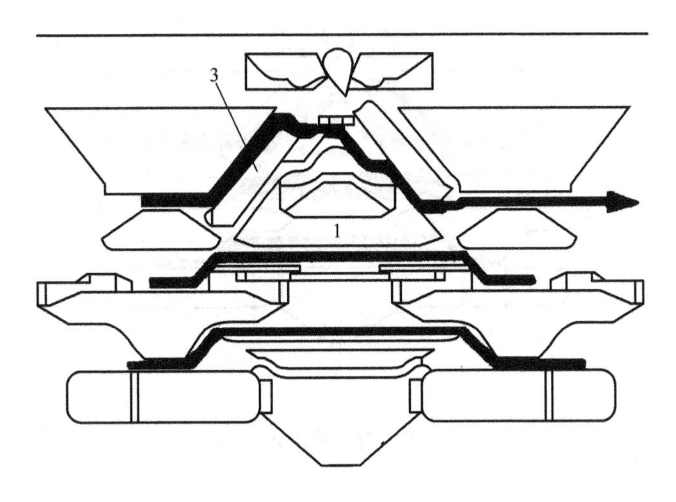

图5－26　移圈走针轨迹

开始就与左边的接圈压条作用，被压入针槽，并将挺针片片踵也压入针槽，使其不能沿下降的压针三角3上升。当运行到中间位置，离开接圈压条后，中间片和挺针片被释放，挺针片片踵露出针槽，沿接圈三角2的轨道上升，其上的织针上升到接圈高度，使针头正好进入对面针床织针的扩圈片里，当移圈针下降后，就将线圈留在了接圈针的针钩里。随后，另一块接圈压条重新作用于中间片的上片踵，挺针片的片踵再次沉入针槽，以免与起针三角相撞，并不受压针三角3的影响。走过第二块接圈压条后，挺针片片踵再次露出针槽，从三角5、6之间通过，被压到起始位置，完成接圈动作。

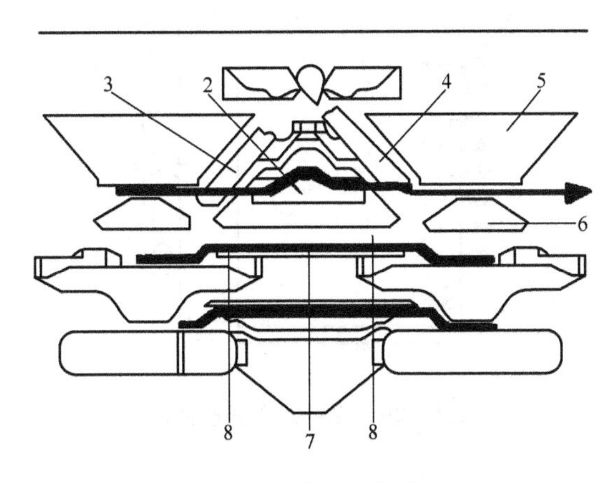

图5－27　接圈走针轨迹

在机头的一个行程中，在同一成圈系统也可以有选择的使前后针床织针上的线圈相互转移，即有些针上的线圈从后针床向前针床转移，有些针上的线圈从前针床向后针床转移，这样就形成双向移圈。双向移圈的走针轨迹如图5－28所示，此时，有些选针片在第一选针区被选上，其上的织针进行移圈，有些针在第二选针区被选上，其上的织针接圈，在两个选针区都没有被选上的选针片，其上面的织针既不移圈也不接圈。

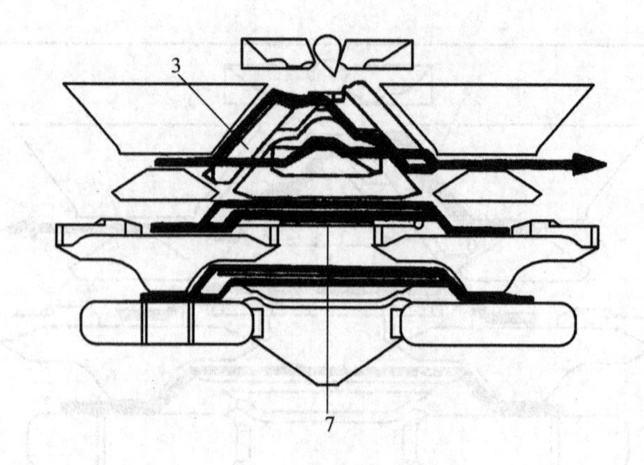

图5－28　双向移圈走针轨迹

二、多级式电子选针器与选针原理

(一)电脑提花圆机选针机构与选针原理

图5－29为电脑提花圆机上使用的多级式电子选针(multi－step electronic needle selection)器的外形。它主要由多级(一般六级或八级)上下平行排列的选针刀1、选针电器元件2以及接口3组成。每一级选针刀片受与其相对应的同级电器元件控制,可作上下摆动,以实现选针与否。选针电器元件通过接口和电缆接收来自电脑控制器的选针脉冲信号。

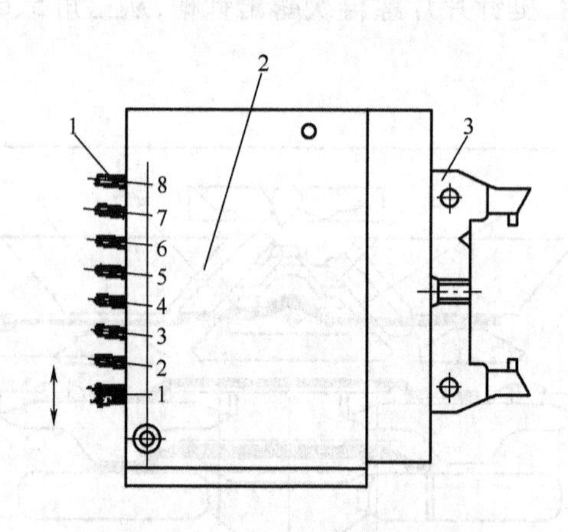

图5－29　多级式电子选针器

由于电子选针器可以安装在多种类型的针织机上,因此机器的编织与选针机件的形式与配置可能不完全一样,但其选针原理还是相同的,下面仅举一个例子说明选针原理。

图5－30为一种针织机编织与选针机件及其配置。图中1为八级电子选针器,在针筒2的同一针槽中,自下而上插着提花片3、挺针片4和织针5。有八档不同的齿高的提花片,与八级选针刀片一一对应。各档提花片通常呈步步高“/”排列。如果选针器中某一级电器元件接收到不选针编织的脉冲信号,它控制同级的选针刀向上摆动,刀片将与其同级的提花片片齿作用,

从而将相应的提花片压入针槽,通过提花片的上端6作用于挺针片下端,使挺针片的下片踵也没入针槽中,因此挺针片不能沿挺针片三角7上升。这样,在挺针片上方的织针也不上升,织针不编织。如果某一级选针电器元件接收到选针编织的脉冲信号,它控制同级的选针刀片向下摆动,刀片作用不到同级提花片的齿上,提花片不被压入针槽,提花片的上端和挺针片的下端向针筒外侧摆动,使挺针片下片踵沿三角7上升,并推动在其上方的织针也上升进行编织。三角8和9分别作用于挺针片上片踵和针踵,将挺针片和织针向下压至起始位置。

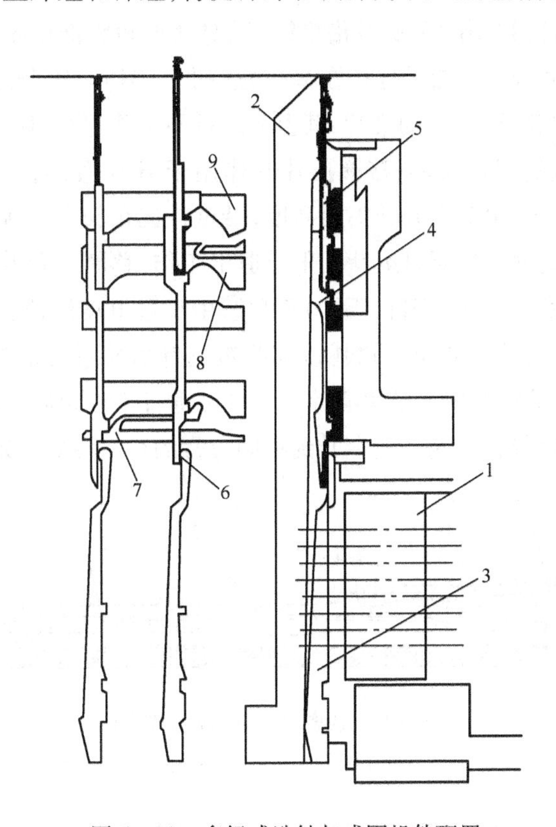

图5-30 多级式选针与成圈机件配置

对于八级电子选针器来说,在针织机运转过程中,每一选针器中的各级选针电器元件在针筒每转过8个针距时都接收到一个信号,从而实现连续选针。选针器级数的多少与机号和机速有关。由于选针器的工作频率有一个上限,所以机号和机速愈高,需要级数愈多,致使针筒高度增加。如果每一成圈系统只有一组选针器,为两位选针(即编织与不编织)方式;每一成圈系统有两组选针器,则为三位选针(即编织、集圈与不编织)方式。

(二)电脑横机选针机构及选针原理

1. 编织与选针机件 图5-31所示为成圈与选针机件在针床5上的配置关系。在同一针槽中,同时排列着织针1,挺针片2 ,推片3,选针片4。其中织针与挺针片的头部相联结配合成为一体,由于挺针片具有一定的弹性,当它的后半部受到外力作用时,其片踵即沉入针槽内,从而使织针退出工作。推片位于挺针片后端上部,它的片踵可处于A、B、H三个位置,并受机头上压片(图5-32)的控制,以使织针处于成圈、集圈、不编织三种状态。选针片按选针齿高度不同按一定顺序排列，与相应的选针器作用。

三角系统的平面结构如图5－32所示，每个针床的三角由两个编织系统S1和S2、两个移圈系统T1和T2、四个选针系统C1、C2、C3和C4组成。选针器②有八档选针摆片，每档对应一档选针齿，每档选针摆片分别由相应的电磁铁控制上下摆动。上摆时，不压相应齿高的选针片，选针片可沿三角上升进行选针；下摆时，压相应齿高的选针片，被压入的选针片不能沿三角上升选针。每一成圈系统有两组选针器，经第一组选针器选出的选针片沿预选针三角③上升并将推片推至H位（图5－31）；经第二组选针器选出的选针片沿推针三角①上升可将推片推往A位（图5－31）；两组选针器都没选上的选针片，其上的推片保持在B位置（图5－31）。每个三角系统有三种压片：不织压片⑤作用于B位置（图5－31）的推片，其上的织针不工作；集圈压片⑥ 作用于H位置（图5－31）的推片，使相对应的织针集圈；接圈压片⑨作用于H位置的推片，使相应的织针接圈。被选上的挺针片可沿起针三角⑦上升到集圈高度，沿挺针三角⑩上升到退圈高度，在翻针时沿接圈三角⑧上升至接圈高度。移圈时挺针三角⑩退出工作，移圈三角⑪进入工作，被选上的织针可沿其上升到移圈高度。弯纱（变目、压针）三角⑫由步进电动机控制，可上下移动以调整弯纱深度，改变织物密度。选针片复位三角④使那些被选针器压进去的选针片抬起回到待选位置。导针三角⑬起导针、护针作用。推片清针三角⑭可垂直于三角底板运动，将处于H位和A位的推片推至B位。翻针导针三角⑮使上升到移圈位置的针下降到起始位置。

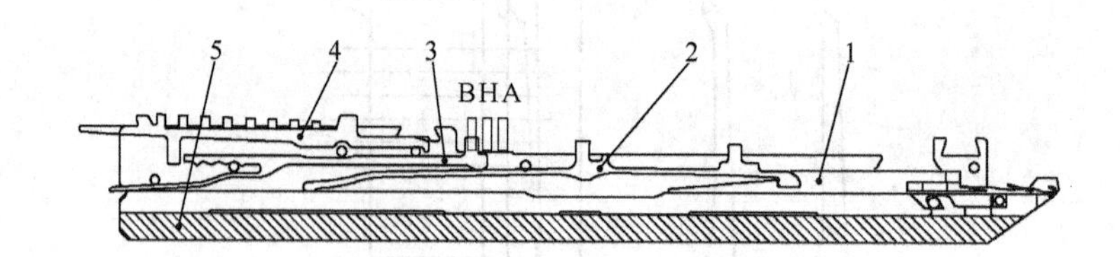

图5－31　成圈与选针机件配置图

1—织针　2—挺针片　3—推片　4—选针片　5—针床

2. 选针工作原理　该机通过两次选针实现三功位编织的功能。由于两个系统只有4套选针器，因此，上一编织行程需要为下一编织行程进行预选针。例如，当机头从左向右运行时，C1选针系统会为下一行程第一成圈系统的编织进行第一次选针，被选上的选针片沿左边的预选针三角上升，将相应的弹簧推片推至H位。在下一行程，机头从右向左运行时，C1选针系统进行二次选针，对在上一行程被C1选针系统预选上的选针片再进行一次选择，被选上的选针片沿左边的第一个推针三角再上升一级，从而把它上面的推片推到A位。而那些没有被选上的选针片既不沿预选针三角上升，也不沿推针三角上升，其上的弹簧推片就处于B位置。

机头继续向左运行，C2选针器为第二成圈系统进行第一次选针，被选上的选针片沿中间的预选针三角③上升，推动弹簧推片上升到H位，C3选针器为第二成圈系统进行第二次选针，被选上的选针片沿相应的推针三角①上升，推动弹簧推片上升到A位。经过最后一个选针器C4时，它将为下一个行程进行预选针，被选上的选针片沿右边的预选针三角③上升，推动弹簧推片上升到H位，以便下一个行程的编织。

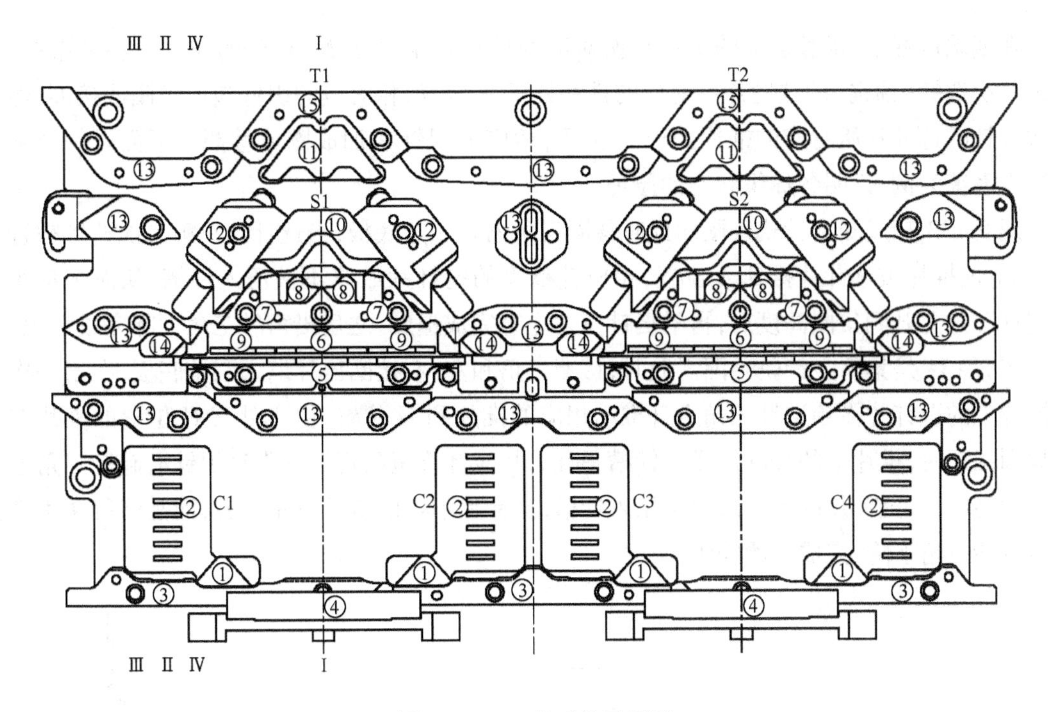

图 5－32　三角系统平面图

①—推针三角　②—选针器　③—预选针三角　④—选针片复位三角　⑤—不织压片　⑥—集圈压片　⑦—起针三角　⑧—接圈三角　⑨—接圈压片　⑩—挺针三角　⑪—移圈三角　⑫—弯纱(压针、度目)三角　⑬—导针三角　⑭—推片清针三角　⑮—翻针导针三角

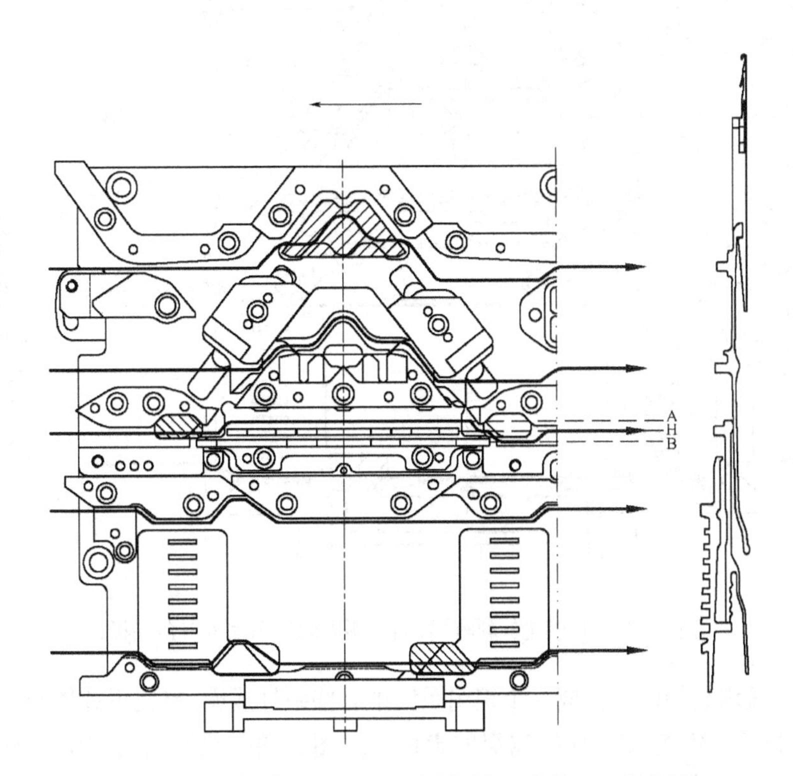

图 5－33　成圈走针轨迹图(斜线阴影的三角缩入三角底板)

在编织过程中,未被选上的选针片所对应的推片处于 B 位置,相应的织针不参加编织;只经过一次选针(预选)的选针片所对应的推片处于 H 位置,相对应的织针参加集圈或接圈;经过两次选针的选针片所对应的推片处于 A 位置,相应的织针参加成圈或移圈。下面以一个编织和移圈系统为例,说明各编织状态的原理。

图 5-33 是成圈走针轨迹图。此时移圈三角缩入三角底板,当选针片在第二次选针被选上时,相应的推片被选针片推到 A 位置,相应针槽里的挺针片始终不被压入针槽,从而带动织针沿起针三角上升到集圈高度后,再沿挺针三角上升完成退圈,之后沿弯纱三角下降完成编织。

图 5-34 是集圈走针轨迹图。此时,移圈三角和左、右接圈压片缩入三角底板,在第一次选针被选上的选针片沿预选针三角上升推动相应的推片到 H 位置,由于处于 H 位置的推片在经过集圈压片时,推片上的片踵被压入针槽,所以,相应针槽里的挺针片带动织针沿起针三角上升到集圈高度后,挺针片的下片踵也被压入针槽,挺针片不再沿挺针三角上升,而是停留在集圈位置沿弯纱三角下降,完成集圈编织。

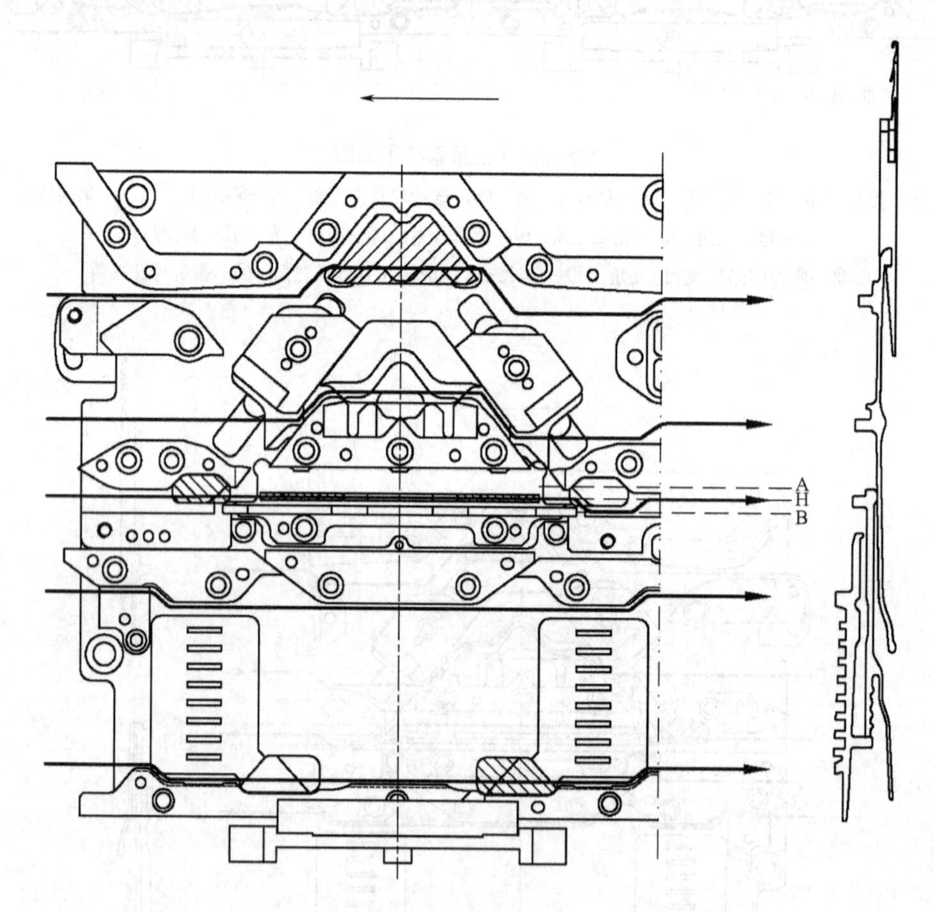

图 5-34　集圈走针轨迹图(斜线阴影的三角缩入三角底板)

“三功位”编织是指同一行同一个编织系统中有些织针成圈,有些织针集圈,还有一些织针不参加编织。图 5-35 是“三功位”编织的走针轨迹图。图中粗实线为编织轨迹,虚线为集圈轨迹。这时各三角的状态与前面所述的集圈时一样,参加集圈和参加成圈的织针分别在第一次选针和第二次选针被选上，仅在第一次选针被选上的选针片沿预选针三角上升，并推动相应的推片上升到H位，其上的挺针片推动织针到集圈高度，形成集圈；在第二次选针也被选上的选针片沿推针三角上升，推动相应的推片到A位置，其上的挺针片推动织针到退圈高度，形成线圈；那些没有被选上的选针片不上升，所对应的推片处于初始位B位置，其上挺针片不上升，织针不编织。

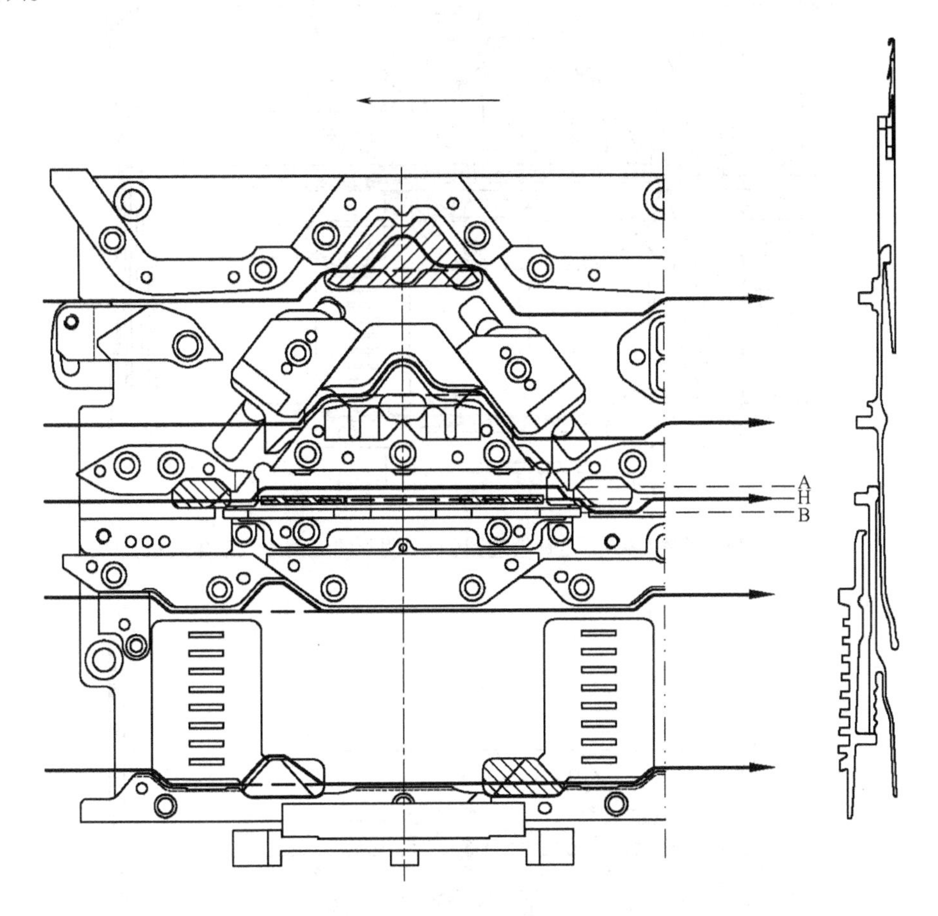

图5-35　“三功位”编织走针轨迹图（斜线阴影的三角缩入三角底板）

图5-36是移圈（翻针）走针轨迹图。这时挺针三角缩入三角底板，移圈三角进入工作，两次选针都被选上的选针片沿推针三角上升，推动相应的推片到A位置，其上的挺针片带动织针沿起针三角上升到集圈高度后，挺针片的上片踵再沿移圈三角上升，在移圈三角与翻针导针三角组成的轨道中运行完成移圈，再沿导针三角运行到初始位置。

图5-37是接圈走针轨迹图。这时挺针三角缩入三角底板，集圈压片摆开H位置，在第一次选针（预选针）被选上的选针片沿预选针三角上升推动相应的推片到H位置，如果在第二次选针不被选上，处于H位的推片走到接圈压片时被压入针槽，其上的挺针片下片踵也被压入针槽，不能沿起针三角上升，当推片经过集圈压片位置时被释放，挺针片的下片踵也被释放，可沿起针三角上加工出来的斜面（即接圈三角）运行到接圈高度，之后挺针片的上片踵沿移圈三角的右下斜面下降完成接圈，沿导针三角运行到初始位置。

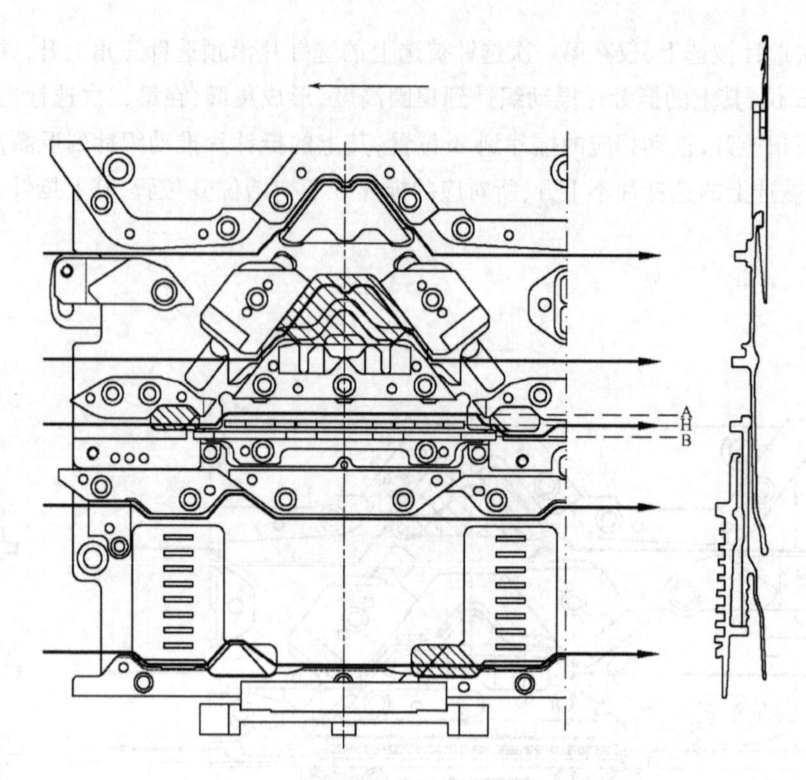

图 5-36　移圈（翻针）走针轨迹图（斜线阴影的三角缩入三角底板）

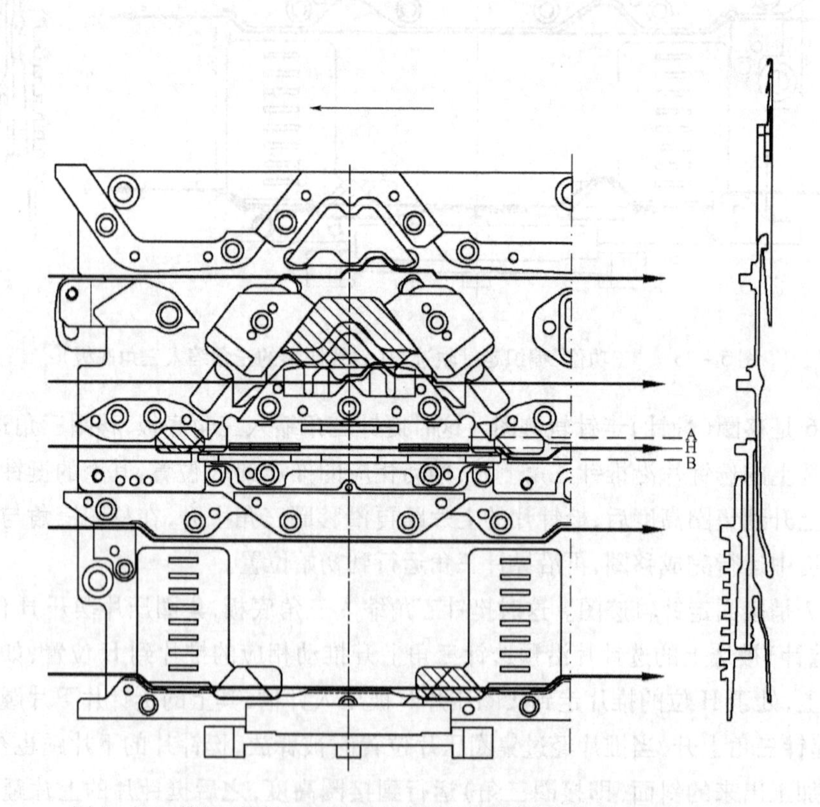

图 5-37　接圈（接针）走针轨迹图（斜线阴影的三角缩入三角底板）

图5－38所示为双向移圈（前、后对翻）走针轨迹图，图中粗实线为移圈轨迹，虚线为接圈轨迹。这时各三角的状态与前面所述的织针接圈时的状态一样，仅在第一次选针（预选针）被选上的选针片沿预选针三角上升推动相应的推片到H位置，其上的挺针片推动织针上升到接圈高度进行接圈；在第二次选针也被选上的选针片推动相应的推片到A位置，其上的挺针片带动织针沿移圈三角上升完成移圈。没有被选上的选针片不上升，相应的推片处于B位置，始终压制挺针片，挺针片不推动织针上升，织针不移圈也不接圈。

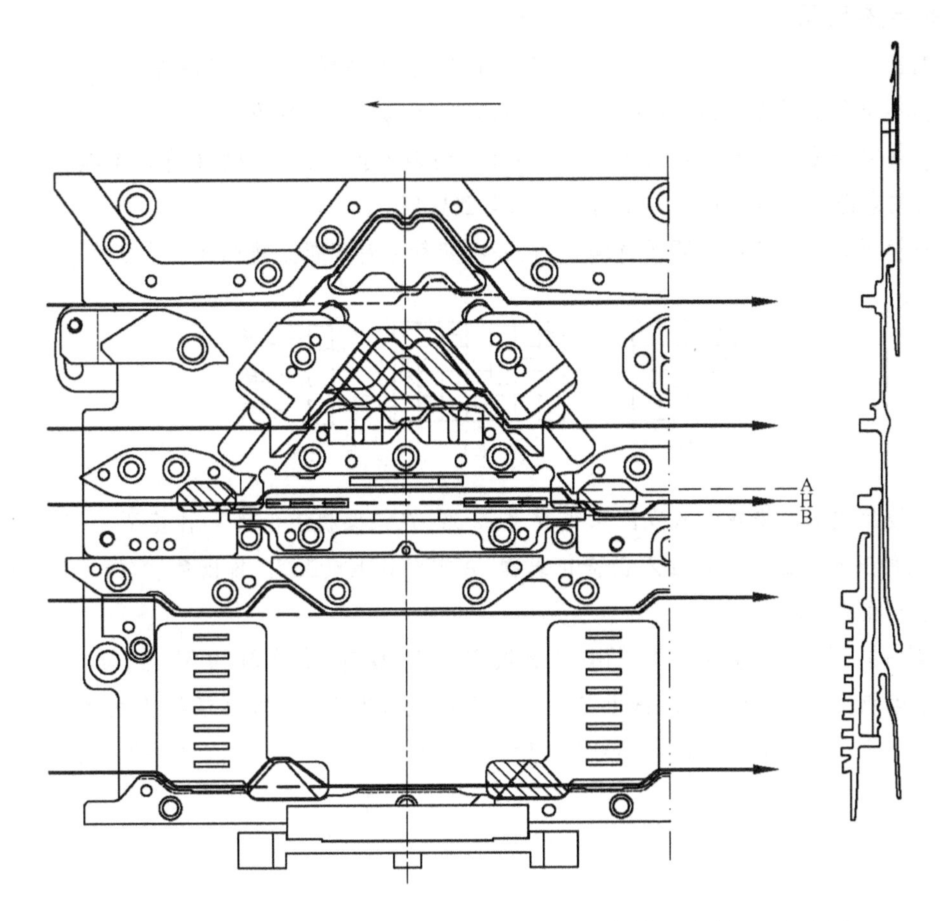

图5－38　双向移圈（前后对翻）走针轨迹图（斜线阴影的三角缩入三角底板）

为了保证电子选针针织机能顺利地编织出所要求的花纹，需要有花型设计、信息储存、信号检测与控制等部分与之相配套。计算机花型准备系统用来设计与绘制花型以及设置上机工艺数据，可通过鼠标、数字化绘图仪、扫描仪等输入图形。设计好的花型信息保存在磁盘或U盘上，将磁盘或U盘插入针织机的电脑控制器中，便可输入选针等控制信息。电脑控制器上有键盘、显示器等，也可在其上直接输入比较简单的花型或对已输入的花型进行修改。

三、电子选针机构的特点

在具有机械选针装置的针织机上，不同花纹的纵行数受到针踵位数或提花片片齿档数等的限制，而电子选针机构可以对每一枚针独立进行选针（又称单针选针），因此，不同花纹的纵行数可以等于总针数；对于机械式选针机器来说，花纹信息是储存在变换三角、提花轮、选针器等机件上，储存的容量有限，因此不同花纹的横列数也受到限制，而电子选针机器花纹信息是储存在计算机的内存、磁盘或U盘上，容量大得多，不同花纹的横列数可以非常多，从实际应用的角度说，在电子选针针织机中，花纹完全组织的大小及其图案可以不受限制。

思考练习题

1. 简述多针道选针机构、推片式与拨片式选针机构、提花轮的选针原理。

2. 简述电子选针原理，比较单级式与多级式电子选针的优缺点。

3. 在多针道变换三角针织机上，设计一种单面两色提花组织织物（花宽4纵行、花高6横列），画出其意匠图、编织图、织针排列图和三角配置图。

4. 根据下列单面组织意匠图画编织图，并在四针道针织机上排列织针和三角。

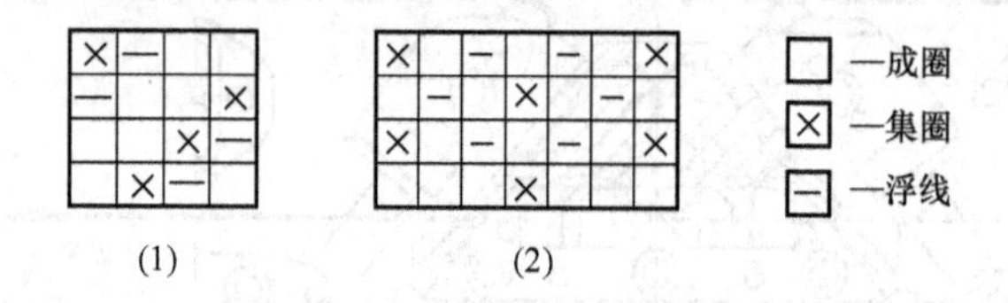

5. 某拨片式双面提花圆机成圈系统数为72路，在该圆机上设计一种花宽为18纵行，花高为12横列的三色小芝麻点反面双面提花织物，并排出其上机工艺（排出色纱、提花片、各路拨片位置和上三角排列等）。

6. 某一单面提花轮提花圆机，机器总针数N为1830针，路数M为32路，提花轮槽数T为120槽，在编织两色提花组织时，试求其最大花宽和最大花高、段的横移数和纵移横列数，画出段号作用顺序。并以最大花宽和最大花高设计一种两色提花产品，排出各路提花轮钢米的排列情况。

第六章　纬编给纱与牵拉卷取

本章知识点

1. 纬编生产对给纱和牵拉卷取的要求。
2. 给纱机构的种类和结构。
3. 牵拉卷取机构的形式。

纬编针织机上的给纱(yarn feeding)是指纱线从纱筒子上退绕下来,沿着导纱装置、张力装置、喂纱装置进入编织机构的过程,完成这个过程的机构称为给纱机构。给纱机构还起着对纱线进行检测、辅助处理,控制给纱张力和送纱量等作用,它直接影响织物的线圈长度、密度和平方米克重等主要指标。

针织机的牵拉(take - up)卷取(wind - on)过程,就是将形成的织物从成圈区域中牵引出来,给织物一定的张力后卷绕成一定形式和容量的卷装。绝大多数圆型纬编机装有卷取机构。普通的平型纬编机和袜机因主要编织计件衣片和袜坯,所以一般不用卷取机构。

第一节　给纱与牵拉卷取的要求

一、给纱的要求

纬编针织机的给纱工艺要满足以下几点要求:

(1)纱线必须连续均匀地送入编织区域;

(2)各成圈系统之间的给纱比应保持一致;

(3)在保证正常编织的情况下,送入各成圈区域的纱线张力宜小些,且要均匀一致;

(4)如发现纱疵、断头和缺纱等情况应能迅速停机;

(5)当产品品种改变时,给纱量也应能相应改变,且调整方便;

(6)纱架应能安放足够数量的预备筒子,无须停机换筒,使生产能连续进行;

(7)在满足上述条件的基础上,给纱机构应简单,且便于操作。

二、牵拉卷取的要求

牵拉与卷取对成圈过程和产品质量影响很大,因此应满足下列基本要求:

(1)由于成圈过程是连续进行的,故要求牵拉与卷取应能连续不断和及时地进行;

(2)作用在每一线圈纵行的牵拉张力要稳定、均匀、一致;

(3)牵拉卷取的张力、单位时间内的牵拉卷取量应能根据工艺要求调节。

第二节　给纱机构及其分类

纬编机的给纱方式分为消极式和积极式两大类。

消极式给纱是借助于编织时织针对纱线施加的拉力,将纱线从纱筒上退绕下来并引到编织区域。抽取的纱量取决于成圈系统的编织状况和弯纱深度等因素。这种给纱方式适用于编织时不能连续供纱或耗纱量不规则变化的针织机和织物结构,如横机和提花圆机等。在横机中,当机头在针床工作区域移动进行编织时需要给纱,而机头移到针床两端换向时就会停止编织,不需要给纱,所以只能采用消极式给纱方式。在提花圆机中,编织某些花色组织时,每个成圈系统在不同时间的耗纱量与被选中参加编织针数的多少有关,各成圈系统之间的耗纱量也可能不同,因此也只能采用消极式给纱方式。

积极式给纱是主动向编织区输送定长的纱线,指在单位时间内给每一成圈系统输送规定长度的纱线。送纱量的大小由给纱机构进行控制。积极式给纱方式适用于在生产过程中,各成圈系统或某些成圈系统的耗纱速度均匀一致的机器,如在单双面多针道圆机、普通毛圈机、罗纹机和棉毛机等机器上编织基本组织织物和其他送纱量均匀可定量的织物。积极式给纱能够满足匀速给纱,达到纱线张力、送纱量的均匀、定量、可调的要求,有利于减少织疵,提高产品质量。

在纬编针织机上,纱筒放在筒子架上,根据机器不同,筒子架也有几种不同形式。横机由于所用纱筒数量少,纱筒直接放在针床上方的架子上。小筒径圆型针织机中也是这样放置纱筒。对于大筒径圆型针织机,纱筒可放在机器上方的圆型筒子架上或者放在机器旁边的落地纱架上。前者占地面积小,后者可放置较多的预备纱筒,换纱筒和运输较为方便。在某些三角座回转的针织机中,纱架必须随三角座同步回转,这样就不能用落地纱架。

一、消极式给纱装置

(一)简单消极式给纱装置

图6-1所示为一种简单消极式给纱装置。纱线从放在纱架上的纱筒1引出,经过导纱钩2和2′、上导纱圈3、张力装置4、下导纱圈5和导纱器6进入编织区域。

横机上的纱线行程及其检测与圆纬机相似,只是多了挑线弹簧,它的作用是当机头在针床两端换向返回时,将松弛的纱线抽紧,以保证随后的编织正常进行。

在简单消极式给纱装置中,纱线从纱筒上退绕时的阻力在纱筒的大端与小端会有差异,在满筒与空筒时又不相同,从而导致一路的给纱张力有波动,各路间的给纱张力也难以做到均匀一致,从而影响到线圈长度的均匀性和织物的质量。

(二)贮存消极式给纱装置

这种给纱装置安装在纱筒与编织系统之间,其工作原理是:纱线从纱筒上引出后,不是直接喂入编织区，而是先均匀地卷绕在该装置的圆柱形贮纱筒上，在绕上少量具有同一直径的纱圈后，再由织针根据需要从贮纱筒上抽取适量的纱线进行编织。

贮存式给纱装置如图 6－2 所示。纱线 1 经过张力装置 2、断纱自停探测杆 3(断纱时指示灯 8 闪亮)，卷绕在贮纱筒 10 上。贮纱筒由内装的微型电动机或条带驱动。当倾斜配置的圆环 4 处于最高位置时，它使控制电动机的微型开关或使控制条带与贮纱筒接触的电磁离合器接通，电动机(或条带)驱动贮纱筒回转进行卷绕。由于圆环 4 的倾斜，卷绕过程中纱线被推向环的最低位置，即纱圈 9 向下移动。随着纱圈 9 数量的增加，圆环 4 逐渐移向水平位置。当贮纱筒上的卷绕纱圈数达最大(约 4 圈)时，圆环 4 使电动机开关断开或电磁离合器断电，贮纱筒停止卷绕。

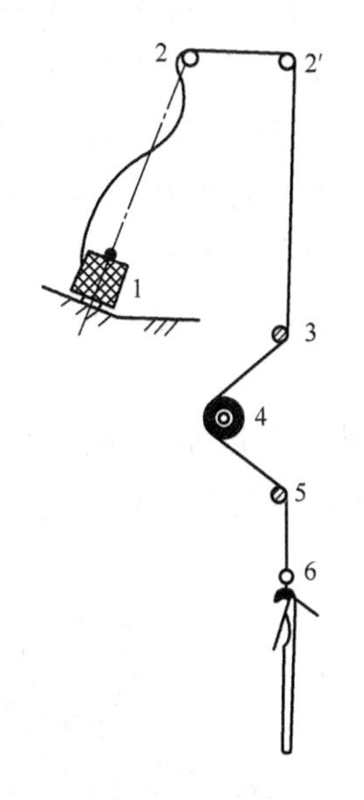

图 6－1　简单消极式给纱装置

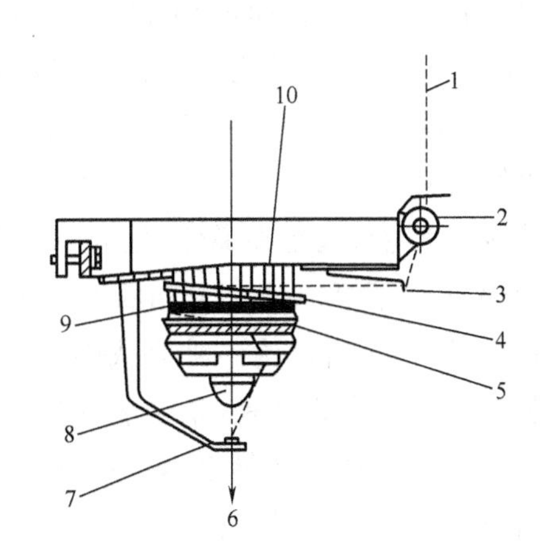

图 6－2　贮存消极式给纱装置

纱线从贮纱筒下端经过张力环 5 退绕，再经导纱孔 6 输出。为了调整退绕纱线的张力，可以根据加工纱线的性质，采用具有不同梳片结构的张力环 5。

这种装置比简单消极式给纱具有明显的优点。第一，纱线卷绕在过渡性的贮纱筒上后有短暂的延缓作用，可以消除由于纱筒容纱量不一，退绕点不同和退绕时张力波动所引起的纱线张力的不均匀性，使纱线在相仿的条件下从贮纱筒上退绕。其次，该装置所处的位置与编织区域的距离比纱筒离编织区域的距离近，可以最大限度地改善由纱线行程长造成的附加张力和张力波动。

二、积极式给纱装置

采用积极式给纱装置，可以连续、均匀、恒定供纱，使各成圈系统的线圈长度趋于一致，给纱张力较均匀，从而提高了织物的纹路清晰度和强力等外观和内在质量，能有效地控制织物的密度、尺寸和单位面积重量。

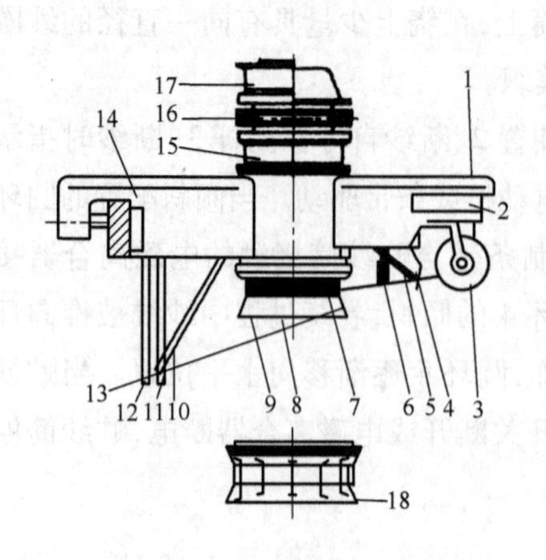

图 6-3　贮存式积极给纱装置

贮存式积极给纱装置是现在最常用的一种积极式给纱装置。图 6-3 所示为其中的一种形式。纱线 1 经过导纱孔 2、张力装置 3、粗节探测自停器 4、断纱自停探杆 5、导纱孔 6，由卷绕贮纱轮 9 的上端 7 卷绕，自下端 8 退绕，再经断纱自停杆 10、支架 11 和 12，最后输出纱线 13。

卷绕贮纱轮 9 的形状是通过对纱线运动的分析而特别设计的。它不是标准的圆柱体，在纱线退绕区呈圆锥形。轮上具有光滑的接触面，不存在会造成飞花集积的任何曲面或边缘，即可自动清纱。卷绕贮纱轮还可将卷绕上去的纱圈向下推移，即自动推纱。轮子的形状保证了纱圈之间的分离，使纱圈松弛，因此降低了输出纱线的张力。

装置的上方有两个传动轮 15 和 17，由冲孔条带驱动卷绕贮纱轮回转。两根条带的速度可以不同，通过切换选用一种速度。给纱装置的输出线速度应根据织物的线圈长度，通过驱动条带的无级变速器来调整。该装置还附有对纱线产生摩擦的杆笼状卷绕贮纱轮 18，可用于小提花等织物的编织。

弹性纱如氨纶裸丝是高弹体，延伸率大于 600%，稍受外力作用便会伸长，如喂纱张力不一，氨纶丝喂入量不等，便会引起布面不平整，因此，弹性纱的给纱必须采用专门的积极式定长给纱装置。图 6-4 所示为一种卧式弹性纱给纱装置。其工作原理是：条带驱动传动轮 1，使两个传动轴 2、3 转动，氨纶纱筒卧放在两个传动轴上（可同时放置两个氨纶纱筒），借助氨纶纱筒本身的重量使其始终与传动轴相接触；传动轴 2、3 依靠摩擦驱动氨纶纱筒以相同的线速度转动，退绕的氨纶丝经过带滑轮的断纱自停装置 4 向编织区输送。这种给纱装置可以尽量减少对氨纶裸丝的拉伸力和摩擦张力，使输纱速度和纱线张力保持一致，送纱量可通过驱动条带的无级变速器来调整。

图 6-4　弹性纱给纱装置

第三节　牵拉卷取机构

根据对织物作用方式的不同，纬编机的牵拉方法一般可以分为以下几种：

（1）利用定幅的梳栉板下挂重锤牵拉织物，如图 6-5 所示。这种方法仅用于普通横机。

(2)通过牵拉辊对织物的夹持以及辊的转动牵拉织物,这种方法用于绝大多数圆纬机和电脑横机等。

(3)利用气流对织物进行牵拉,它主要用于无缝内衣机和袜机。

卷取一般是通过卷布辊的转动使织物卷绕成卷装。绝大多数圆型纬编机装有卷取机构。普通的平型纬编机因主要编织衣片,所以一般不用卷取机构。

一、常用的牵拉与卷取机构

纬编针织机的牵拉卷取机构大多数为辊式。在电脑横机上主要采用双辊式牵拉机构,而大筒径圆纬机一般采用三辊式牵拉机构。

(一)电脑横机的牵拉卷取机构

图6-6为电脑横机的牵拉机构简图。主牵拉辊1由计算机程序控制的电动机驱动。2是带有弹簧的压辊,压辊压紧牵拉辊实现牵拉且没有滑移。织物的牵拉张力与牵拉辊的转速有关,可根据编织所用的纱线、织物密度、幅宽、组织结构与花型等通过编程来设定与调节牵拉张力,也可对织物各个横列设定不同的牵拉力。为了使作用在每一线圈纵行上的牵拉力保持不变,牵拉辊和压辊一般分为许多节,每段压辊一般只有5cm左右,可通过调节各段压辊上弹簧的压缩程度,使牵拉力沿着织物宽度均匀作用。3是一对辅助牵拉辊,它紧靠近针床床口,由程序控制的小电动机驱动,可以松开或压紧。主要用于在特殊结构和成形编织时协助主牵拉辊进行工作,如多次集圈、局部编织、放针等,以起到主牵拉辊所不能达到的牵拉作用。织物从牵拉辊引出后一般是堆存在机器下面的容布斗里。

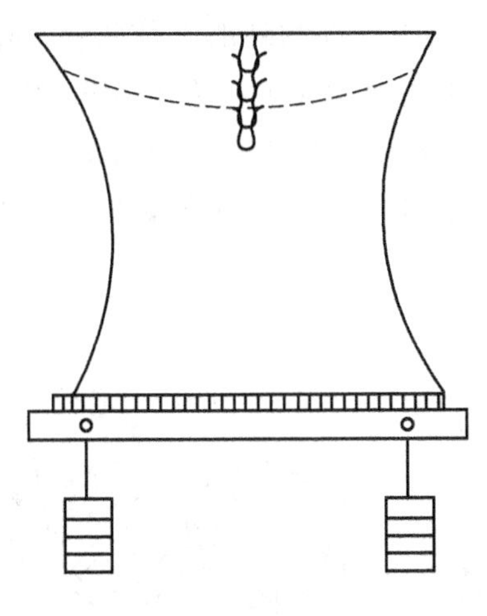

图6-5　梳板重锤式牵拉

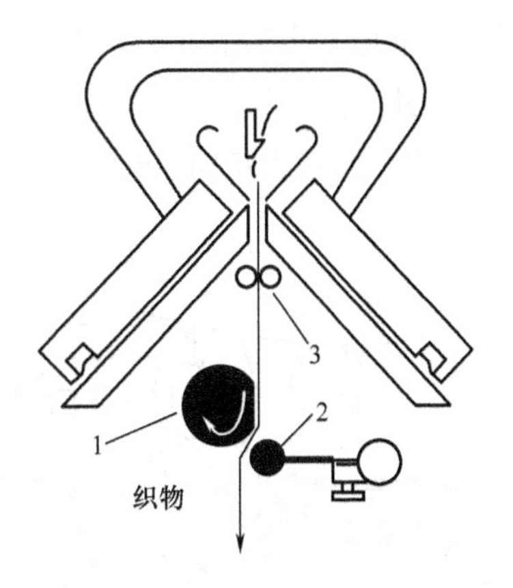

图6-6　电脑横机的牵拉机构

多数电脑横机用来编织成形衣片,不需要卷取机构。也有些生产连续衣坯或附件(如T恤衫的领口等)的电脑横机带有卷取装置。

(二)圆纬机的牵拉卷取机构

圆纬机的牵拉卷取机构有多种形式,根据对牵拉辊驱动方式的不同,一般可以分为三类:第一类是主轴的动力通过一系列传动机件传至牵拉辊，针筒回转一圈，不管编织下来织物的长度是多少，牵拉辊总是转过一定的转角，即牵拉一定量的织物。如偏心拉杆式、齿轮式等属于这一类。这种方式俗称“硬撑”。第二类是主轴的动力通过一系列传动机件传至一根弹簧，只有当弹簧的弹性回复力对牵拉辊产生的转动力矩大于织物对牵拉辊产生的张力矩时，牵拉辊才能转动牵拉织物。如凸轮式、弹簧偏心拉杆式等属于这一类。这种方式俗称“软撑”。第三类是由直流力矩电动机驱动牵拉辊进行牵拉，这是一种性能较好，调整方便的牵拉方式。下面介绍几种比较典型和使用较多的牵拉卷取机构。

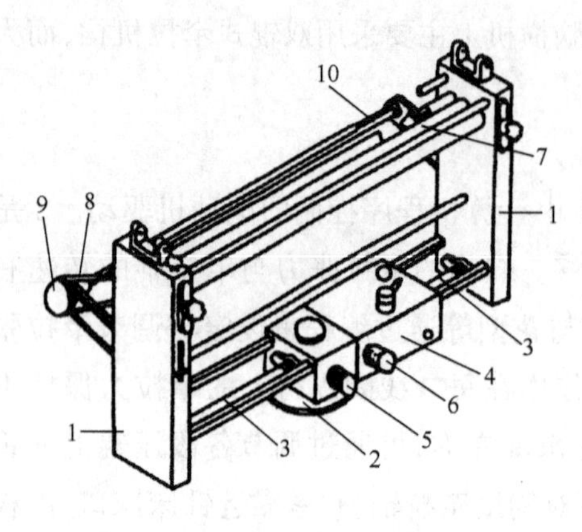

图6－7　齿轮式牵拉卷取机构

1. 齿轮式牵拉卷取机构　图6－7是较多圆纬机上采用的齿轮式牵拉卷取机构图。1为机构的机架，2为固定伞齿轮底座，3为横轴，4为变速齿轮箱，5为变速粗调旋钮，6为变速细调旋钮，7为牵拉辊，8为皮带，9为从动皮带轮，10为卷取辊。

如果需要改变牵拉辊的牵拉速度，可以转动图6－7中的变速粗调旋钮5和变速细调旋钮6来调整齿轮变速箱的传动比，两个旋钮转动刻度的组合共有一百多档牵拉速度，可以大范围、精确地适应各种织物的牵拉要求。这种牵拉机构属于连续式牵拉。

2. 凸轮式牵拉卷取机构　如图6－8(a)所示，装在摆杆3上端的滚子1受弹簧4的作用，沿着分布在机器下台面一周的多头凸轮2运动。当滚子被凸轮下压时，带动摆杆3按箭头A的方向克服弹簧4的拉力绕牵拉辊轴心摆动。摆杆3上的突块3a与摆杆5接触后继续摆动时，作用于摆杆5及它上面的棘爪7，使两者一起按箭头B方向摆动，并使弹簧6张紧。当滚子1沿凸轮2上升时，在弹簧4的拉力作用下，摆杆3顺时针方向摆动，其上的突块3a与摆杆5脱开，当弹簧6的拉力通过5和棘爪7对棘轮8产生的转动力矩大于坯布的张力矩时，弹簧6使摆杆5顺时针摆动，连在摆杆5上的棘爪7就随之撑动

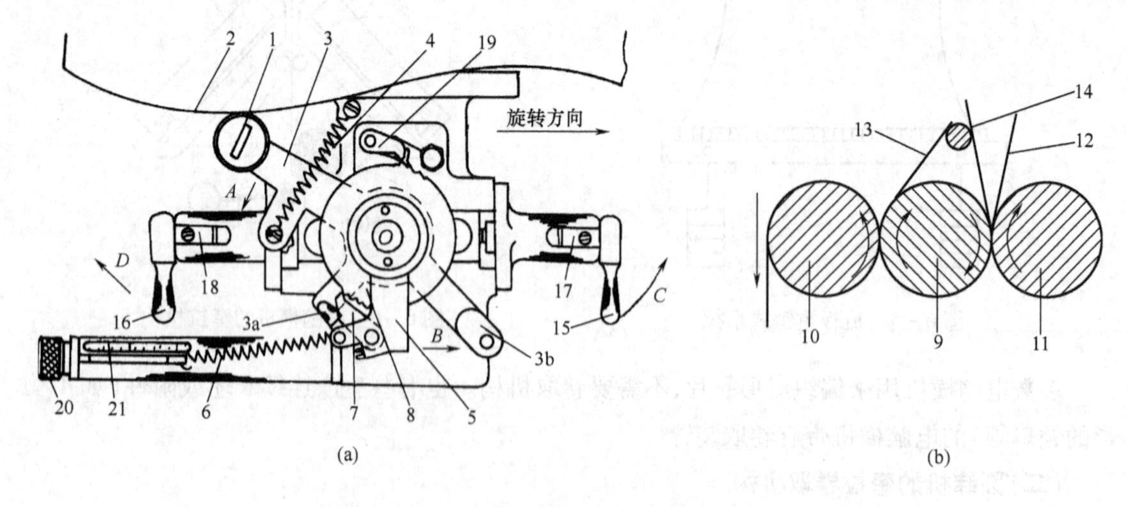

图6－8　凸轮式牵拉机构

棘轮8。由于棘轮8固装在牵拉辊9轴上,棘轮8被撑动,使牵拉辊9转动,见图6-8(b),完成了对织物12的牵拉。织物在牵拉辊9和压辊10与11间的围绕方式,可保证织物平直。在牵拉辊9上方装有安全扩布器13和14,以防止织物全部卷绕在辊9上。压辊10和11与牵拉辊9之间靠压簧压紧,其压紧力的大小可由手柄15和16调节。

弹簧6初始张力的大小,直接影响到织物牵拉力的大小。转动螺母20,可调整弹簧6的初始张力,从而调节牵拉张力,其值可在刻度尺21处读出。

凸轮式牵拉机构由于只有当滚子1沿凸轮2上升时才有可能牵拉,故属于间歇式牵拉,牵拉张力有波动。

3. 直流力矩电动机牵拉卷取机构　直流力矩电动机牵拉卷取机构如图6-9所示。中间牵拉辊2安装在两个轴承架8和9上,并由分开的直流力矩电动机6驱动。电动机转动力矩与电枢电流成正比。因此可通过电子线路控制电枢电流来调节牵拉张力。机上用一个电位器来调节电枢电流,从而可很方便地随时设定与改变牵拉张力,并有一个电位器刻度盘显示牵拉张力大小。这种机构可连续进行牵拉,牵拉张力波动很小。

筒形织物7先被牵拉辊2和压辊1向下牵引,接着绕过卷布辊4,再向上绕过压辊5,最后绕在卷布辊4上。因此在压辊1与5之间的织物被用来摩擦传动卷布辊3。由于三根辊的表面速度相同,卷布辊卷绕的织物长度始终等于牵拉辊和压辊牵引的布长,所以卷绕张力非常均匀,不会随布卷直径而变化,织物的密度从卷绕开始到结束保持不变。

4. 气流式牵拉机构　气流式牵拉机构是利用压缩空气对单件织坯(袜坯、无缝衣坯等)进行牵拉。气流式袜机的牵拉卷取机构如图6-10所示。风机1安装在袜机的下部,使气流在下针筒2与上针筒3(或上针盘)所形成的缝隙之间进入,作用在编织区域,对织物产生向下的牵拉力。然后气流从连接于针筒下的管道通过到储袜筒4,这时由电子装置控制的风门5呈开启状态,因而气流经软管6由风机引出。当一只袜子编织结束时,气流将袜品吸入储袜筒。此时,

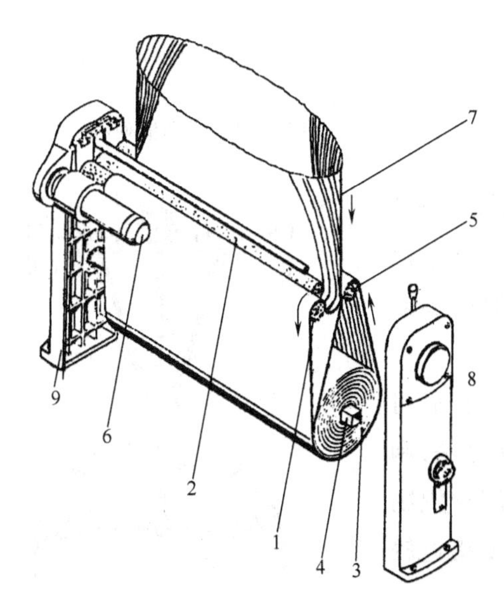

图6-9　直流力矩电动机牵拉卷取机构

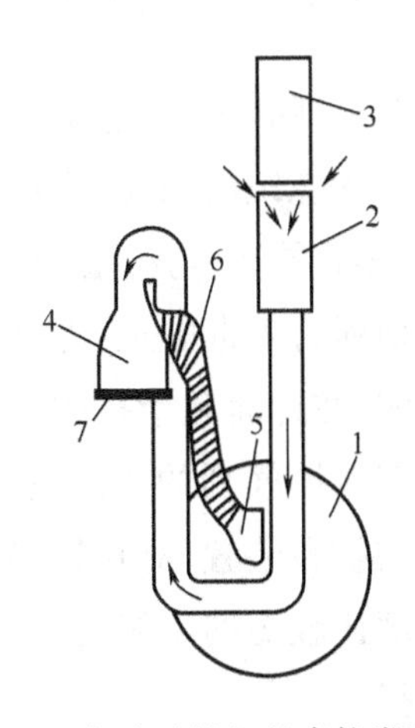

图6-10　气流式袜机的牵拉卷取机构

在电子装置控制下风机关闭，风门5闭合，储袜筒门板7在弹簧作用下打开，袜子下落。

二、牵拉卷取对织物的影响

在平型纬编针织机上，针织物在针床口和牵拉梳板（或牵拉辊）处，由于横向受到制约不能收缩，而在针床口与梳板（或牵拉辊）之间横向收缩较大，见图6－5。因而经过这种牵拉后的针织物从针床口至梳板（或牵拉辊）之间各个线圈纵行长度不等，边缘纵行长度要大于中间纵行，造成了作用在边缘纵行上的牵拉力要小于中间纵行。在编织某些织物时，织幅边缘线圈会因牵拉力不够而退圈困难，影响到正常的成圈过程。为此，普通横机编织时通常在针床口的边缘线圈上加挂小型的钢丝牵拉重锤。在电脑横机上编织全成形衣片时，当放针达一定数量时，由于主牵拉辊距针床较远，使织幅两边牵拉力不够，就要靠辅助牵拉辊的作用来弥补主牵拉辊的不足。

在采用牵拉辊的圆形纬编机上，由成圈机构编织的圆筒形织物，经过一对牵拉辊压扁成双层，再进行牵拉与卷取，如图6－11所示。这样在针筒与牵拉辊之间的针织物呈一复杂的曲面。由于各线圈纵行长度不等，所受的张力不同，造成针织物在圆周方向上的密度不匀，出现了线圈横列呈弓形的弯曲现象。如果将织物沿折边上的线圈纵行剪开展平，呈弓形的线圈横列就如图6－12所示。图中实线表示横列线，$2W$表示剖幅后的织物全幅宽，b表示横列弯曲程度，a表示由多路编织而形成的线圈横列倾斜高度。

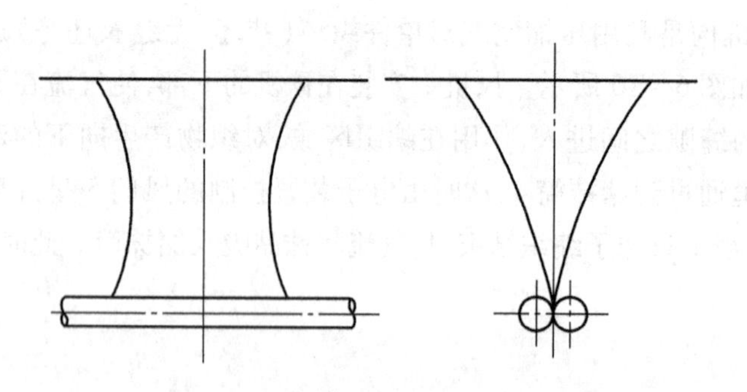

图6－11　针筒至牵拉辊之间织物的形态

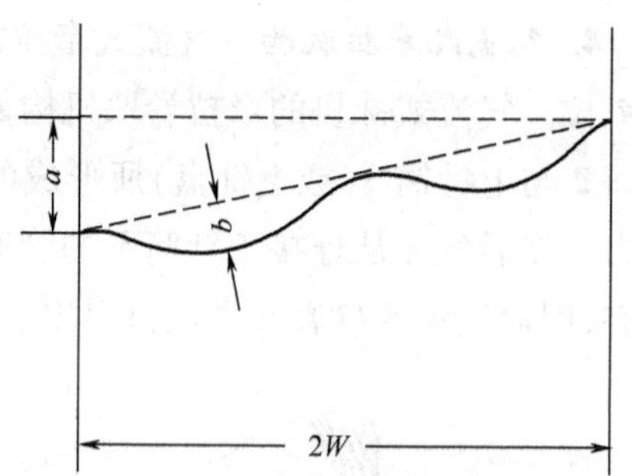

图6－12　线圈横列的弯曲

这种线圈横列的弯曲，造成了针织物的变形，影响产品质量。对于提花织物来说，特别是大花纹时，由于前后衣片缝合处花纹参差不齐，增加了裁剪和缝制的困难。因此必须使横列的弯曲减少到最小。

实验表明，在针筒和牵拉辊之间加装扩布装置后可以明显地改善线圈横列的弯曲现象。其作用原理是，利用特殊形状的扩布装置，对在针筒与牵拉辊之间针织物线圈纵行长度比较短的区域进行扩张，使其长度接近较长的线圈纵行。

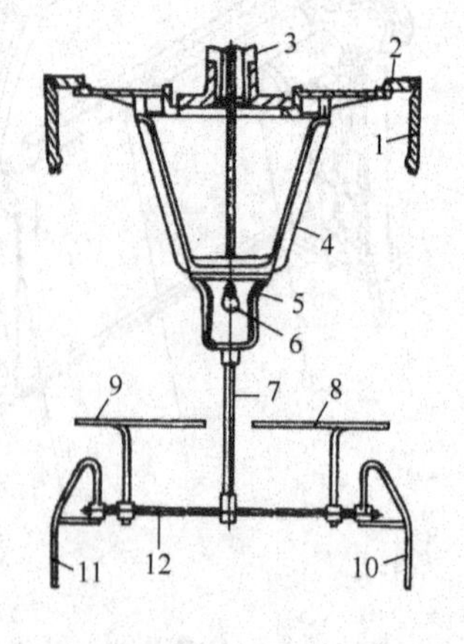

图6－13　扩布装置的结构与安装位置图

图6－13所示为扩布装置的结构及其安装位置。图

中1和2分别表示针筒和针盘。可调节的扩布装置(7～12)悬挂在机架4和5下方的针盘传动轴3之上。灯泡6用来检查织物疵点,圆筒形织物先被扩布圈8和9扩成椭圆形,然后受扩布羊角10和11作用变成扁平形。扩布圈8与9及羊角10与11可以在杆12上水平方向调整,以适应组织结构和机器调整时织物幅宽的要求。

☞ 思考练习题

1. 纬编针织给纱的工艺要求是什么？牵拉与卷取的工艺要求是什么？
2. 纬编针织机的给纱方式分为哪几类？各有何优缺点？
3. 电脑横机、圆纬机、袜机和无缝内衣机的牵拉卷取机构有何不同？
4. 针织线圈横列弯曲的原因是什么？生产中应该如何改善？

第七章　经编机成圈工艺

● 本章知识点 ●

1. 槽针经编机的成圈机件与成圈过程，成圈机件的运动配合与位移曲线。
2. 舌针经编机的成圈机件与成圈过程，成圈机件的运动配合与位移曲线。
3. 钩针经编机的成圈机件与成圈过程，成圈机件的运动配合与位移曲线。
4. 槽针经编机、舌针经编机和钩针经编机的成圈工艺的异同点。

第一节　槽针经编机成圈工艺

一、槽针经编机的成圈机件

槽针经编机(compound needle machine)的成圈机件主要包括槽针、沉降片和导纱针。

1. 槽针　槽针是一种复合针(two - piece needle)，由针身1和针芯2两部分组成，如图7 - 1所示。针身是一根带沟槽的针杆，针芯在针身的沟槽内作相对滑动，与针身配合进行成圈。槽针由于针身和针芯的相对运动，大大缩短了织针的成圈动程，提高了机速，使得其在经编机上广泛采用。

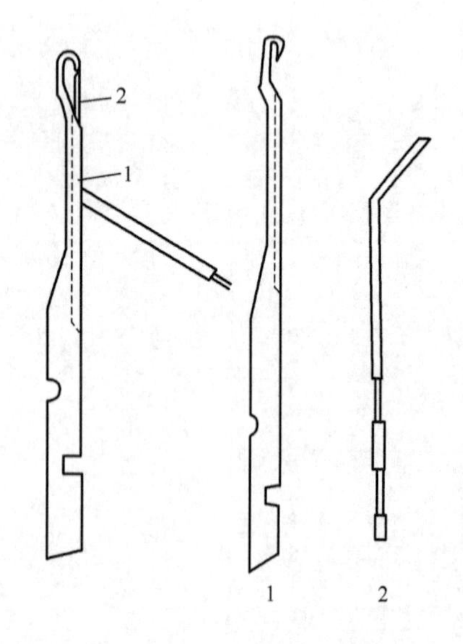

图7 - 1　槽针结构

槽针的针身要求表面平直光滑，槽口处无毛刺和棱角，并具有一定的硬度。槽针的针钩尺寸很小，可以大大简化垫纱运动，针钩处比针杆薄，以保证导纱针摆过时有足够的容纱间隙。针杆处因要铣槽，为保证较大的刚度，厚度较大。在经编机上针身可单根插放在针床的槽板上，也可数枚铸成座片，再将针座安装在针床上。针芯由头部和杆部组成。其头部和杆部间弯曲成一定的角度。针芯头部嵌入槽针针身的槽内，作相对滑动，要求针芯选用材料和制造精度较高以使其具有适当的刚度和较高的精度。针芯一般数枚一组浇铸在合金座片上，针芯应相互平行，其间距要与针身的间距精确一致。

2. 沉降片　槽针经编机上的沉降片随机型而变，若以沉降片片腹形状区分，主要有凸腹和平腹两种类型。某一特利柯脱型经编机上采用的沉降片如图 7 -2 所示,它由片鼻 1、片喉 2 和片腹 3 组成。此沉降片特点是片腹不鼓起而呈平直状。片鼻 1 用以分开经纱并与片喉 2 一起握持旧线圈的延展线,使在退圈时线圈不随织针一起上升;片喉 2 还起到对织物进行牵拉的作用。片腹 3 用来搁置旧线圈,配合织针完成套圈和脱圈动作。另外,与同机号的钩针经编机相比,因为槽针针杆比钩针针杆为厚,所以沉降片的厚度要稍薄一些。沉降片的片鼻、片喉、片腹处应光滑,具有一定的光洁度和硬度。其片头和片尾均浇铸在合金座片上。

3. 导纱针　导纱针(guide)如图 7 -3(a)所示,由薄钢片制成,其头端有孔,用以穿入经纱。沿针床全幅宽平行排列的一排导纱针组成了一把梳栉(guide bar)。在成圈过程中,梳栉上的导纱针引导经纱绕针运动,将经纱垫于针上。导纱针头端较薄,以利于带引纱线通过针间。针杆根部较厚,以保证具有一定的刚性。为了便于安装,通常将导纱针浇铸在合金座片内,如图7 -3(b)所示,座片宽 25. 4mm 或 50. 8mm(1 英寸或 2 英寸)。

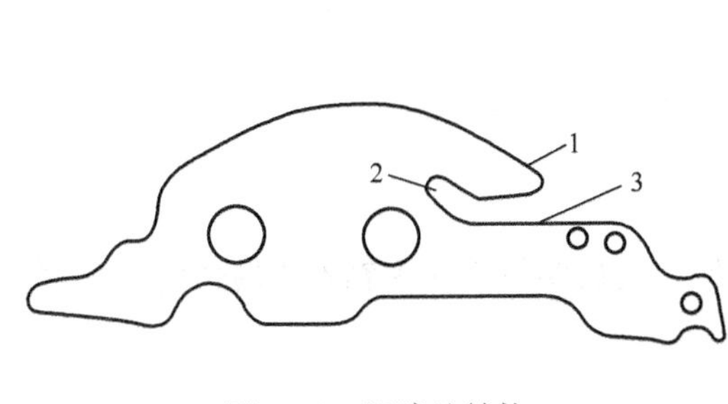

图 7 -2　沉降片结构

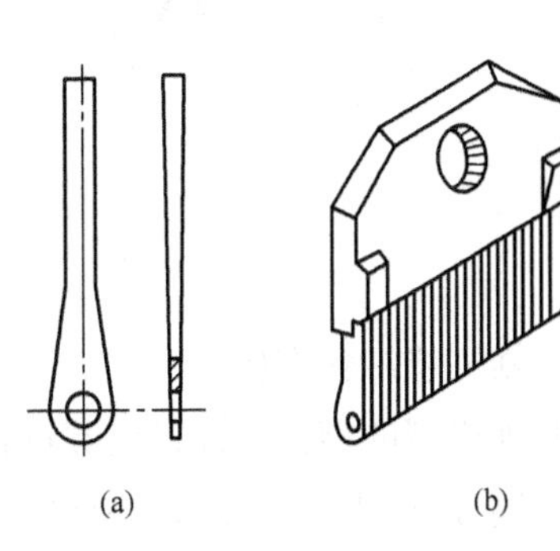

图 7 -3　导纱针与导纱针座片

二、槽针经编机的成圈过程

特利柯脱型槽针经编机的成圈过程如图 7 -4 所示。在上一横列编织结束后即新横列开始编织前,槽针(包括针身和针芯)处于最低位置,沉降片继续向前运动将旧线圈推离针的运动线[图 7 -4(a)]。此后,针身先开始上升[图 7 -4(b)],在针身上升一小段时间后,针芯亦上升,但针身的上升速度较快,所以二者逐渐分开。当针芯头端没入针槽内时,针口开启,之后二者继续同步上升到最高位置,旧线圈退到针杆上[图 7 -4(c)]。此时沉降片用片喉握持旧线圈,导纱针已开始向机后摆动,但在针到达最高位置前,导纱针不宜越过针平面。

针在最高位置静止一段时间,导纱针摆到机后位置,作针前横移,准备垫纱[图 7 -4(d)]。接着导纱针又摆回到机前位置,将经纱垫在开启的针口内,垫纱完毕后,针身先下降[图 7 -4(e)]。接着针芯也下降,但下降速度比针身慢,所以针钩尖与针芯头端相遇,使针口关闭完成闭口和套圈[图 7 -4(f)]。此阶段沉降片快速后退,以免片鼻干扰纱线。然后针身和针芯以相同速度继续向下运动,当针头低于沉降片片腹时,旧线圈由针头上脱下[图 7 -4(g)]。此阶段沉降片在最后位置,导纱针在最前位置不动。之后沉降片向前运动握持刚脱下的旧线圈,并将其向前推离针的运动线,进行牵拉,完成成圈[图 7 -4(a)]。此阶段导纱针在机前作针背横移,

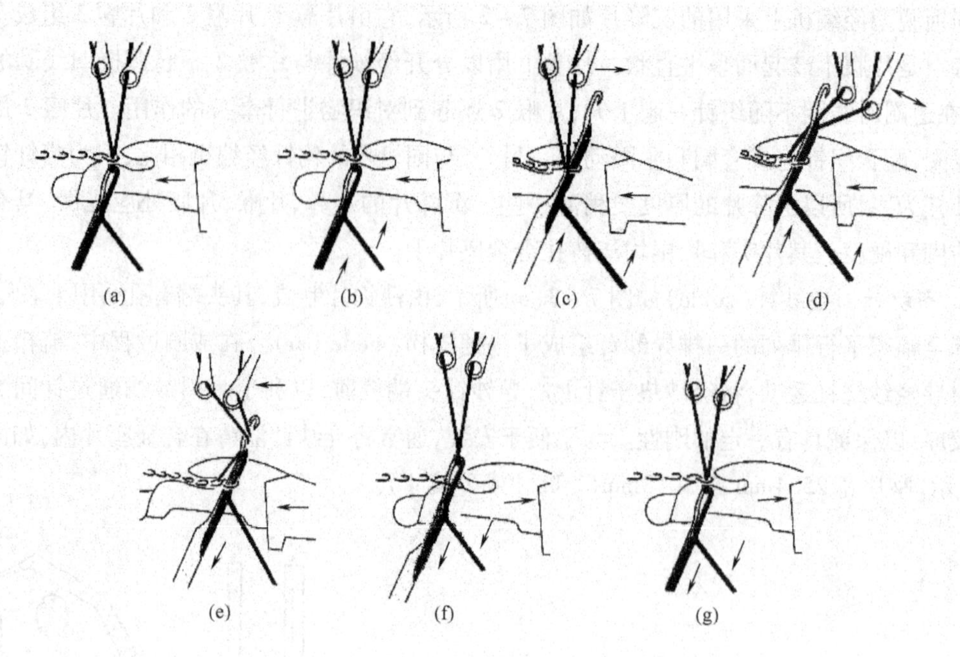

图7-4　特利柯脱型槽针经编机的成圈过程

为下一横列垫纱作准备。

其他机型的槽针经编机成圈过程基本相似，但主要成圈机件在主轴不同转角时的相对位置略有不同，应根据工艺要求和机件尺寸合理确定。

三、槽针经编机成圈机件运动的配合

不同机型各成圈机件的运动配合略有不同。槽针经编机主轴一转，各成圈机件进行一次成圈运动，形成一个线圈横列。由于所有成圈机件均是由主轴通过曲柄（或偏心）连杆机构传动的，所以每一瞬间成圈机件的位置均取决于主轴的转动位置。为了表示出成圈机件的位置与主轴转角之间的关系，选取针在最低位置时的主轴转动位置为0°，将各成圈机件位移与主轴转角之间的关系绘制成位移曲线图，如图7-5所示。图中横坐标为机器的主轴转角，纵坐标为成圈机件的位移量。其中曲线1、曲线2分别为针身和针芯的位移曲线，向上表示织针与针芯上升，

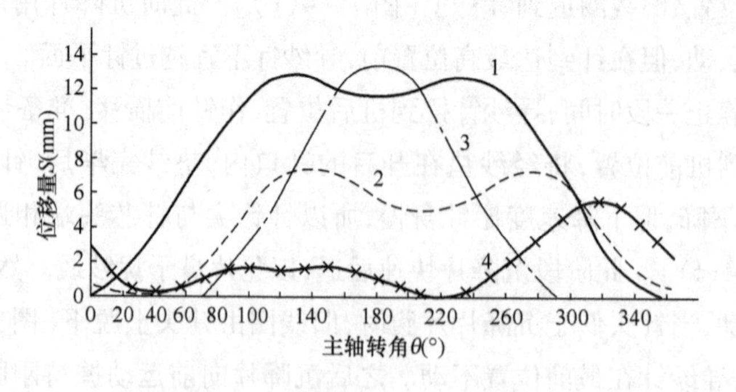

图7-5　特利柯脱型槽针经编机成圈机件位移曲线

向下则表示下降；曲线3为梳栉的位移曲线，向上表示梳栉由机前向机后摆动，向下表示梳栉由机后向机前摆动；曲线4为沉降片位移曲线，向上表示沉降片退至机后，向下表示沉降片向机前运动。

1. 针身和针芯的运动及相互配合 针身和针芯的运动应很好配合，以保证在成圈过程中及时开启和关闭针口。

针身在主轴转角0°开始上升，针芯在50°左右开始上升。为保证针芯不妨碍退圈，在针芯头上升到与旧线圈（沉降片片喉）平齐前，就应全部没入针槽。由于针芯头伸出针槽口约为5mm（此值与机号有关），所以二者的位移曲线应保证当针芯上升1mm时，针身应已上升6mm以上。在针身位移曲线已经确定后，应控制针芯的位移曲线，并保证在以后针身升到最高位置的区间内，针芯头与针头间始终保持5mm左右的距离，以保证针口完全打开。

针身与针芯在最高位置作一阶段停顿，在某些机器上，由于连杆传动机构的结构，针芯的位移曲线在停顿阶段有一波形下降后再上升，这并不影响成圈机件之间的配合。

在针身和针芯的下降过程中，要注意封闭针口的时间以保证套圈的顺利进行。针身先下降，且速度较快，针芯迟下降，且速度慢，以便使针口闭合。为保证套圈可靠，防止旧线圈重新进入针口内，针口闭合时间要求为：当针头部位下降到沉降片片腹平面时，已闭合针口。此后针芯和针身同步下降，进行套圈、脱圈、成圈，两者的位移曲线基本相同。

针身的位移曲线基本是对称的。至于停顿阶段时间的分配要兼顾针和梳栉的运动情况。单就针的运动来分析，当然希望尽可能减小其在最高位置的停顿时间，以增加针身的上升和下降时间，达到运动的平稳性。但在梳栉较多的机器上，由于梳栉摆动动程的增加，就必须尽可能增加针身在最高位置的停顿时间，确保梳栉具有足够的摆动时间，以降低梳栉的摆动速度。在四梳槽针经编机上，针身在最高位置的停顿时间一般为主轴转角130°左右比较合适。随着梳栉数的增加，这一段时间还应适当增加，针身的上升和下降时间各为主轴转角110°～120°为宜。

2. 梳栉的运动及其与槽针的配合 为保证垫纱的顺利进行，槽针在上升到最高位置后应停顿一段时间，以便梳栉进行垫纱。梳栉一般在主轴转角50°左右开始向机后摆动，在180°左右摆到最后位置，进行针前垫纱。再在310°左右摆回到机器的最前位置，摆到最前位置后应基本保持不动。

由于现代经编机上梳栉摆动动程较大，梳栉的摆动一部分是在针身停顿阶段进行，另一部分是与针身的运动交叉进行，但应保证后梳向机后摆到针平面时，针身必须已升到最高位置；后梳向机前回摆过针平面后，针身才开始下降。梳栉的最后位置相应于针身在最高位置停顿期间的中央，因为梳栉摆动曲线一般对称于其最后位置，以保证其摆动平稳和有足够的针前横移时间。

3. 沉降片的运动及其与槽针的配合 在槽针经编机上，沉降片主要起到牵拉和握持旧线圈的作用，其位移曲线必须与槽针的位移曲线很好地配合。当针身由最高位置开始下降时，沉降片应开始后退，使片鼻逐步退离针的运动线，以免干扰新纱线成圈。为此针头下降到沉降片片鼻上平面前，针头离开最低位置的距离6～7mm，这时沉降片已退到最后位置。具体时间与沉降片的尺寸有关。接着沉降片又要向前移动，必须注意在针头低于沉降片片腹以前，片鼻尖不能越过针的运动线。为使沉降片运动动程不致过大，沉降片在最后位置时，其片鼻尖一般在针运动线后方1.8mm左右，所以在针头下降到低于沉降片片腹时（一般为主轴转角345°～350°），沉降片前移量不应超过1.8mm。另外，为保证退圈时旧线圈受到握持，在针头由最低位置上升至与片腹平齐时，沉降片片鼻尖应越过针运动线，伸入针间，并迅速到达最前位置，这相应于主轴转角40°～50°区间。沉降片在最前位置基本停留不动，但也允许略微向后移动，这可略微放松针运动时的旧线圈张力。

第二节　舌针经编机成圈工艺

一、舌针经编机的成圈机件

舌针经编机（latch needle warp knitting machine）的成圈机件主要包括舌针、栅状脱圈板、沉降片、导纱针和防针舌自闭钢丝。

1. 舌针　舌针是舌针经编机的主要成圈机件，其结构如图7－6所示，主要由针钩1、针舌2、针舌销3、针杆4以及针踵5组成。针钩用以勾取纱线，一般较短，但对于某些花边经编机，为满足特殊需要，常采用长针钩。针舌长度对舌针动程有决定性影响，从而影响到经编机的速度。使用短舌针是提高舌针经编机速度的有效措施。由于舌针的垫纱范围较大，故适宜于多梳栉经编机以编织花型复杂的经编织物。针杆及针踵的形状较为多样，起到固定织针的作用。此外，舌针适用于加工短纤纱。舌针浇铸在合金座片上，再将座片固定在机器的针床上。合金座片宽25.4mm或50.8mm（1英寸或2英寸）。

2. 栅状脱圈板　栅状脱圈板是一块沿机器针床全幅宽配置的金属板条，其上端按机号要求铣有筘齿状的沟槽，舌针就在其沟槽内作上下升降运动，进行编织。在针头下降到低于栅状脱圈板的上边缘时，旧线圈被其挡住，从针头上脱下，所以其作用为托住编织好的坯布。在高机号经编机上，通常采用薄钢片铸成座片形式，如图7－7所示，再将座片固定在金属板条上，并在后面装以钢质板条，以形成脱圈边缘和支持住编织好的坯布，薄钢片损坏时，可以将座片更换。栅状脱圈板可上下调节，从而改变其顶面与针头最低位置时的距离，以调节弯纱深度。

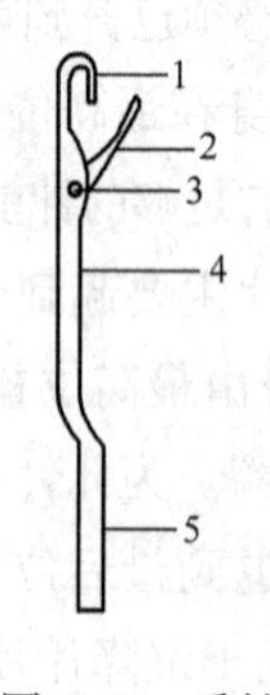

图7－6　舌针

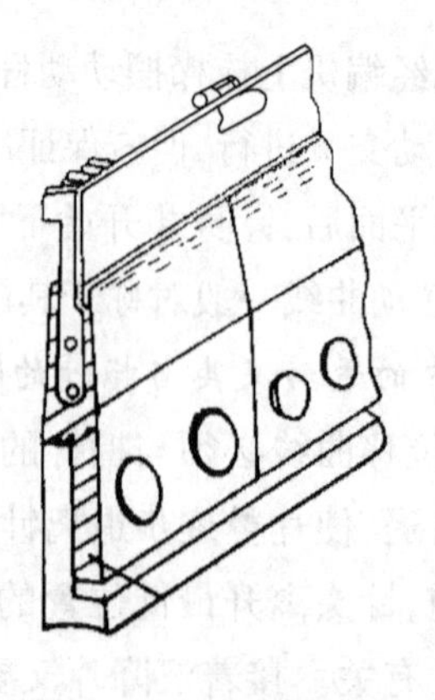

图7－7　栅状脱圈板

3. 沉降片　沉降片由薄钢片制成，其根部按针距浇铸在合金座片内，如图 7-8 所示。沉降片安装在栅状脱圈板的上方位置。当针上升退圈时，沉降片向针间伸出，将旧线圈压住，使其不会随针一起上升。这对于编织细薄坯布，使机器能以较高速度运转，具有积极的作用。低机号机器采用较粗的纱线编织粗厚的坯布时，因为坯布的向下牵拉力较大，靠牵拉力就可起到压布作用，故可不用沉降片。拉舍尔型舌针经编机上采用的沉降片与槽针拉舍尔型经编机所用沉降片相同。

4. 导纱针　舌针经编机上导纱针如图 7-9 所示，有片状(a)和管状(b)两种形式。片状导纱针由薄钢片制成，其头端有孔，用以穿入经纱。其作用与槽针经编机上的导纱针类同。管状导纱针用于编织较粗纱线或有结纱线，多用于渔网生产。

图 7-8　沉降片　　　　图 7-9　导纱针

5. 防针舌自闭钢丝　防针舌自闭钢丝沿针床全幅宽横贯固定在机架上，使其位于针舌前方离针床一定距离处，或装在沉降片支架上与沉降片座一起摆动。当针上升针舌打开后，由它拦住开启的针舌，防止针舌自动关闭而造成漏针现象。

二、舌针经编机的成圈过程

舌针经编机成圈过程如图 7-10 所示。

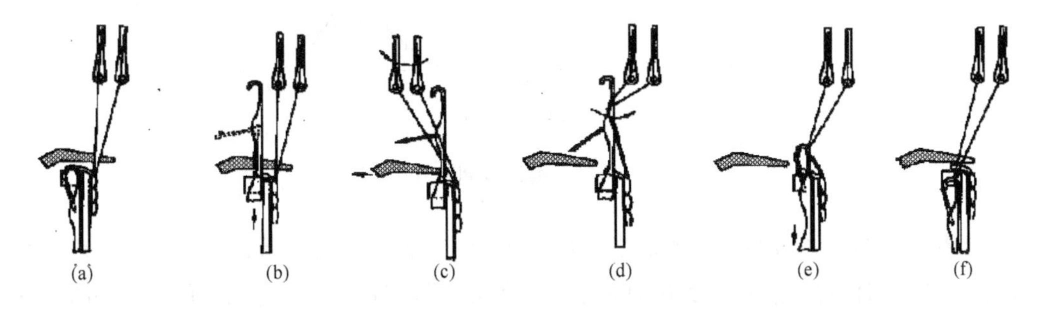

图 7-10　舌针经编机成圈过程

在上一成圈过程结束时，舌针处于最低位置，准备开始新的成圈循环，见图 7-10(f)。成圈过程开始时，舌针上升进行退圈，沉降片向机前压住坯布使其不随织针一起上升。导纱针处于针后(机前)位置，见图 7-10(a)，继续进行针背横移。

针上升到最高位置，旧线圈滑到针杆上。由于安装在沉降片上方的防针舌自闭钢丝的作用，针舌不会自动关闭，见图 7-10(b)。

梳栉带动导纱针向针前(机后)摆动，将经纱从针间带过，直到最后位置，见图 7-10(c)，此时，导纱针在机后进行针前横移，一般移过一个针距，在编织衬纬组织时，衬纬梳栉不作针前横移。此时沉降片向机后退出。然后梳栉摆回针后，导纱针将经纱垫绕在所对应的针上，见图7－10(d)。

在完成垫纱后，舌针开始下降，如图7－10(e)所示。新垫上的纱线处于针钩内。沉降片到最后位置后又开始向前移动。

舌针继续向下运动，将针钩中的新纱线拉过旧线圈。由于旧线圈为栅状脱圈板所支持，所以旧线圈脱落到新纱线上。在针头下降到低于栅状脱圈板的上边缘后，沉降片前移到栅状脱圈板上方，将经纱分开，如图7－10(f)所示，此时导纱针作针后横移。

当针下降到最低位置时，新线圈通过旧线圈后形成一定的形状和大小，完成成圈。与此同时，坯布受牵拉机构的作用将新线圈拉向针背。

三、舌针经编机成圈机件的运动配合

舌针经编机成圈位移曲线同样随机型的变化而有所不同。普通双梳舌针经编机的成圈机件位移曲线如图7－11所示。图中曲线1为舌针的升降运动，向上表示织针的上升，向下表示织针的下降；曲线2为梳栉的前后运动，向上表示梳栉由机前向机后摆动，向下表示梳栉由机后向机前摆动；曲线3为沉降片的前后运动，向上表示退至机后，向下表示挺进机前。

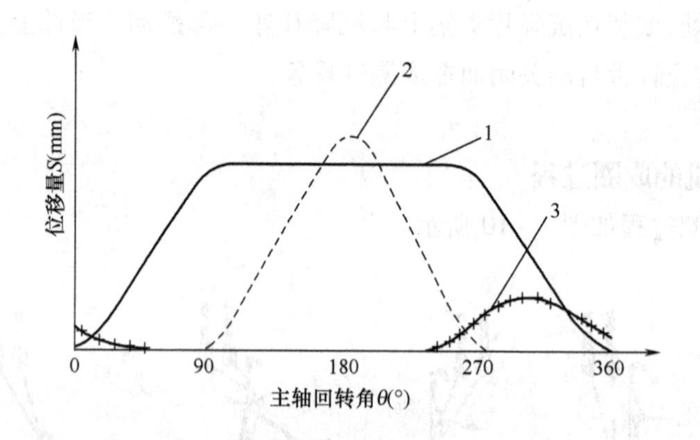

图7－11　舌针经编机成圈机件位移曲线

1. 舌针的运动及其与导纱针的配合　从图7－11中曲线1可以看出，舌针从0°开始上升，至90°上升到最高位置，在90°～270°期间，舌针在最高位置静止不动，此期间供梳栉进行针前垫纱。织针自270°开始下降，直至360°下降到最低位置，完成套圈、脱圈和成圈。

梳栉(导纱针)从90°开始向机后摆动，摆动到180°达到机器的最后位置，由180°开始向机前摆动，到270°时摆到机器的最前方。

从位移曲线1和曲线2中可以看出，导纱针的前后摆动是在针床停顿在最高位置时进行的，即导纱针不能过早摆动，应等织针上升到最高位置时再开始向机后摆动，织针也不能过早地下降，应等导纱针摆到机前位置再开始下降，从而保证垫纱可靠。舌针的升降和梳栉的前后摆动相互错开，分别占用了主轴转角的180°时间。这种时间配合对于垫纱过程的顺利进行是有利的，其缺点是二者的静止时间较长，用于运动的时间较短，不利于机速的提高。

2. 沉降片的运动及其与舌针的配合　图 7－11 中沉降片曲线 3 从主轴转角 20°～220°处于静止状态，在机前握持织物。从 220°起后退逐渐让出位置，以便针下降时钩取纱线，而不妨碍新纱线的运动。310°时到达最后位置，接着又向前运动，为下一成圈过程压住坯布作准备，20°时沉降片到最前位置。

舌针位移曲线与沉降片的配合较为简单。织针上升退圈时，沉降片前移，沉降片下平面压住旧线圈不使其随针一起上升；导纱针向机前回摆时，沉降片后退；针头下降到低于栅状脱圈板上平面时，沉降片前移到栅状脱圈板上方。

第三节　钩针经编机成圈工艺

一、钩针经编机的成圈机件

钩针经编机(bearded needle warp knitting machine)的成圈机件主要包括钩针、沉降片、压板和导纱针。

1. 钩针　钩针的形状如图 7－12 所示，它由针头 1、针钩 2、针杆 3、针尖槽 4 和针踵 5 组成。在安装时，针杆 3 嵌在针槽板的槽内，而针踵 5 则插在针槽板的孔内，作为定位之用。为了形成针尖槽 4，钩针针尖槽处的宽度比针头处宽。因此在针的不同部段，针间的间隙是不同的，当导纱针带着经纱通过针间间隙时，要注意此因素。钩针的形状和尺寸直接影响机器的运转速度，钩针长度决定了织针的动程，从而决定了机器的运转速度。针杆常做成矩形截面，以增大其刚度，从而减小针杆的弯曲变形，针踵的断面为圆形，针槽板上的针槽和孔的尺寸必须与针杆和针踵的断面尺寸相适应。

2. 沉降片　沉降片由薄钢片制成，用来握持和移动旧线圈，配合钩针完成成圈过程，其形状如图 7－13 所示。它由片鼻 1、片喉 2 和片腹 3 组成。片腹 3 用来抬起旧线圈，使旧线圈套到被压的针钩上。片喉 2 到片腹最高点的水平距离对沉降片的动程有决定性影响。为便于安装，沉降片根部按机号要求的隔距，用含锡合金浇铸在一定宽度的座片内。座片宽度为 25.4mm(1 英寸)或 30mm。为了减轻机器重量，可用轻质高强塑料材料如酚醛族塑料作为座片，其机械性能很好。

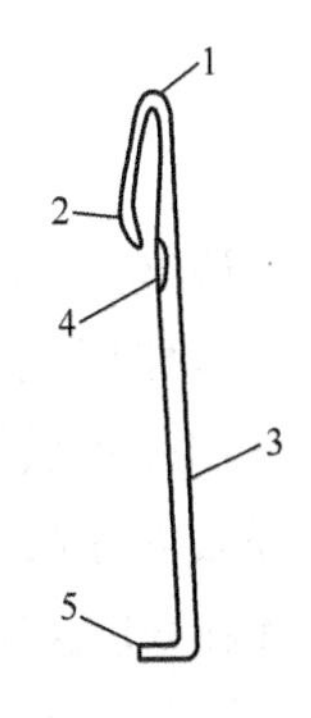

图 7－12　钩针结构

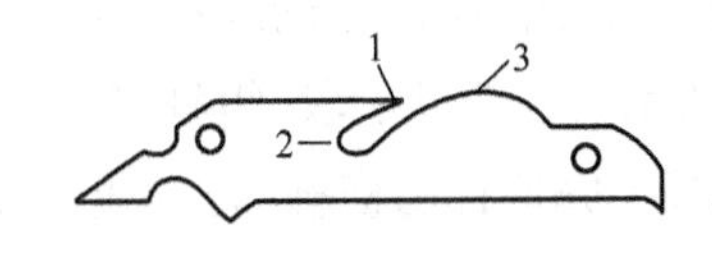

图 7－13　沉降片

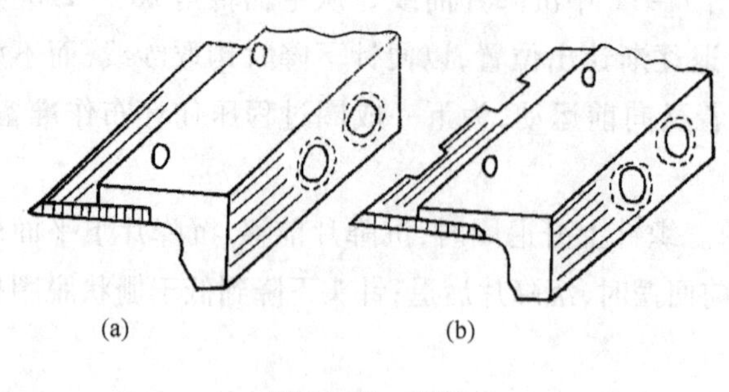

图 7－14　压板

3. 压板　压板如图 7－14 所示，一种为普通压板，如图中(a)所示；一种为花压板，如图中(b)所示。压板用来将针尖压入针尖槽内，使针口封闭，以便隔开旧线圈和新纱线。普通压板工作时，对所有针进行压针，花压板的工作面按花纹要求配置凹口，带有一定规律的切口可有选择地进行压针。花压板常与普通压板结合使用。压针时为了使压板与针钩接触密切，压板前面的倾角通常为 52°～55°。

4. 导纱针　钩针经编机上采用的导纱针与槽针经编机的相同。

二、钩针经编机的成圈过程

钩针经编机成圈过程如图 7－15 所示。

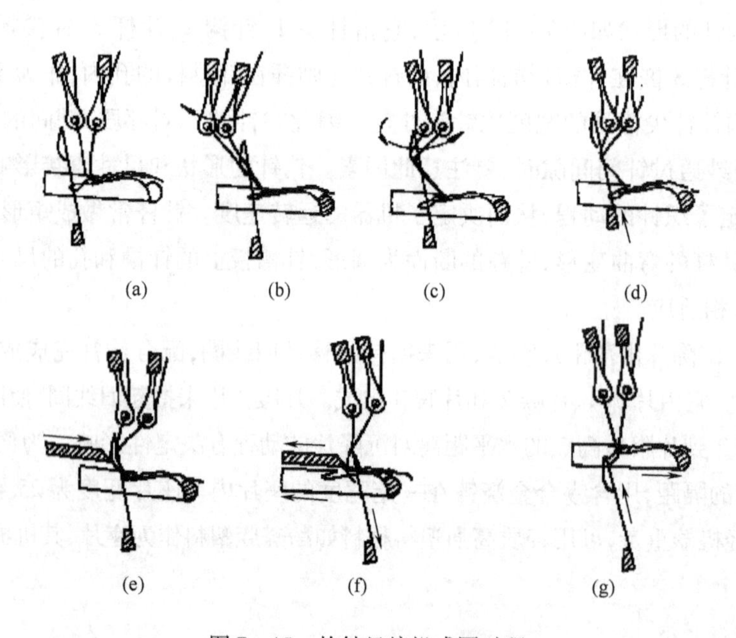

图 7－15　钩针经编机成圈过程

首先是退圈阶段。上一线圈形成后，织针处于最低位置，见图 7－15(g)。主轴从 0°开始转动，织针上升至第一高度，针头与导纱针孔上边平齐，沉降片的片鼻压住旧线圈，见图 7－15(a)。导纱针开始向机后运动准备给织针垫纱，压板继续后退，以便让出位置供织针垫纱，如图 7－15(b)所示。在垫纱阶段，织针首先在主轴转动到 100°～180°之间，停在第一高度，导纱针摆到针前，130°完成针前横移(将纱线垫在针钩上)；沉降片不动；压板在 80°退到最后停止。如图 7－15(c)所示。之后，织针继续上升(180°～225°)到第二高度，垫在针上的新纱线落到针杆上；沉降片在 210°～240°稍向前运动，压板在 80°～180°停止，180°起向机前运动，导纱针在机前停止。见图7-15(d)。在压针阶段,即压板闭合针口阶段,织针下降,在235°新纱线进入针钩;压板继续向机前运动,织针先停顿后缓慢下降,导纱针不动,沉降片停止不动。见图7-15(e)。套圈脱圈阶段,沉降片在主轴转动的240°~360°之间后退,把旧线圈托起。压板后退,为脱圈创造条件,织针在310°时下降。导纱针一直停在机前,如图7-15(f)所示。成圈及牵拉阶段,织针继续下降到最低点,沉降片向机前运动,导纱针在机前完成针背横移。压板继续后退。同时沉降片用片喉握持织物,牵拉机构使织物避免织针在下一个横列退圈时重新套入,同时调节形成线圈大小,从而调节织物密度。

三、钩针经编机成圈机件的运动配合

相同类型钩针经编机成圈机件的位移曲线不尽相同。图7-16为一种钩针经编机的成圈运动位移曲线。图中1为钩针位移曲线,向上表示织针上升,向下表示织针下降;2为梳栉位移曲线,向上表示梳栉由机前向机后摆动,向下表示梳栉由机后向机前摆动;3为沉降片位移曲线,向上表示退至机后,向下表示移至机前;4为压板位移曲线,向上表示压板向机后运动,向下表示压板向机前运动。

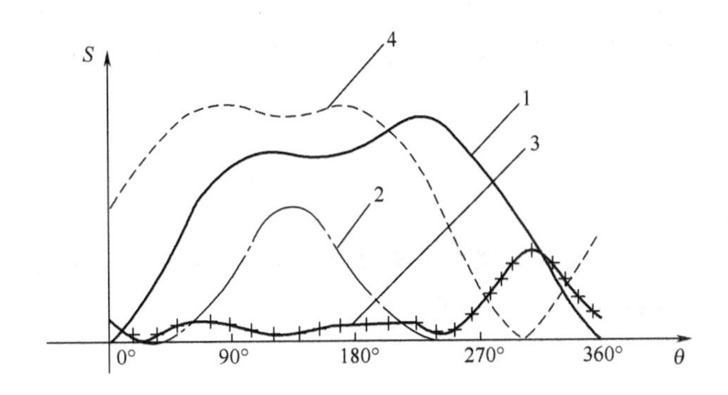

图7-16　钩针经编机成圈机件位移曲线

从图7-16可以看出,由于钩针成圈过程中需要压板,所以其位移曲线较为复杂,主要配合关系如下:

1. 钩针与导纱针的配合　从钩针经编机成圈机件的位移曲线可以看出,钩针上升到第一高度后要作一时期的停顿,以供梳栉进行针前垫纱;之后织针上升至第二高度,使新垫上的纱线滑落到针杆上。钩针出现二次上升,这样不仅减少了织针运动的时间,增加了机器惯性力,不利于提高机速,同时,传动机构也变得复杂化。然而,钩针经编机上织针的二次上升是十分必要的,这是因为织针和导纱针头端部位比较薄,而杆部较厚,故织针在第一高度位置时导纱针插针位置浅,容纱间隙较大,利于导纱针在针间摆动,避免针头挂住由导纱针孔引自经轴的纱线,以保证垫纱的正确和质量。

在现代高速经编机上,为提高机速,应尽量缩短针床在第一高度的停顿时间。为此,一方面在针床尚未升到第一高度时,梳栉就开始向机后摆动,当最后面的梳栉摆到针平面时,钩针已上升到第一高度,以使经纱能按垫纱要求处于规定的针间。但是梳栉向机后摆动亦不能开始得太早,否则织针尚未升到第一高度,导纱针就已摆过针平面,上升的织针将穿过后梳,甚至穿过前梳所带经纱片而刺擦经纱或使经纱不能按垫纱要求处于规定的针隙中;另一方面,在梳栉还没有完全回到机前时,织针就开始第二次上升,这时垫上的经纱较易滑到针杆上,织针的第二次上升的位移可较小。但织针的第二次升高亦不可开始过早,因为导纱针未摆到针背后时织针就上升,会使导纱针插入针间间隙的深度增大。

2. 钩针与压板的配合 压针对成圈质量和机器的正常运转影响很大。压针不足,易造成花针疵点;压针过甚,则机器运转负荷加重,并增加织针和压板的磨损。压针最足时,压针的作用点应在针鼻处,过高、过低都会影响成圈质量和机器正常运转。压板离开钩针的时间必须和套圈很好地配合,当旧线圈上移到接近压板压住的针鼻部位时,压板才可释压。

当压板前移到针钩处并使针口完全关闭时,钩针应放慢其下降速度,以降低压板与针钩间的摩擦力,减少磨损。此时沉降片处于后移阶段,鼓起的片腹将旧线圈上抬,使旧线圈套到被压住的针钩上,旧线圈抬起的高度应使旧线圈既正确地套上针钩,又不致触及压板而受到损伤。

3. 钩针与沉降片的配合 钩针开始上升退圈时,沉降片运动至最前位置,由片喉将旧线圈推离织针的运动线,并由片鼻控制新线圈不随针上升。稍后沉降片后退稍放松线圈,利于线圈通过较粗的针槽部位,减少线圈受到的张力和摩擦力,之后沉降片基本不动。织针开始下降时,沉降片迅速后退,由片腹将旧线圈抬起,帮助进行套圈。此后沉降片向前运动,对旧线圈进行牵拉。

☞思考练习题

1. 简述槽针复合针的结构,其成圈原理与舌针和钩针相比有什么优势。
2. 沉降片在钩针经编机成圈过程中的作用是什么?
3. 舌针经编机中的防针舌自闭钢丝的作用是什么?
4. 钩针经编机成圈过程中如何理解织针的二次上升。

第八章 经编导纱梳栉横移机构

本章知识点

1. 经编导纱梳栉横移机构的主要工艺要求。
2. 机械式梳栉横移机构的几种形式与工作原理,链块的种类、规格和排列方法。
3. 电子式梳栉横移机构的几种形式与工作原理。

第一节 梳栉横移的工艺要求

经编导纱梳栉横移机构是形成织物组织及花形的核心机构。在成圈过程中,导纱梳栉为了完成垫纱,除了在针间前后摆动外,还要在针前和针背沿针床进行横移垫纱。梳栉横移(guide bar shogging)运动决定着各把梳栉的经纱所形成的线圈在织物中分布的规律,从而形成不同组织结构与花纹,因此导纱梳栉横移机构又称花纹机构。

梳栉横移机构的功能是使梳栉进行横向移动,根据不同的花纹要求,它能对一把或数把梳栉起作用,并与梳栉摆动相配合进行垫纱。

梳栉的横移必须满足下列工艺要求:

(1)横移量应是针距的整数倍。根据经编机成圈原理,导纱梳栉需要在针前和针背按织物组织结构进行横移,因此在主轴一转中,梳栉横移机构控制梳栉进行一定针距的横移。横移的距离必须是针距的整数倍,以保证横移后导纱针同样位于两织针之间,不影响梳栉的针间摆动。导纱梳栉针前横移一般为1针距,也可为2针距(重经组织),或为0针距(缺垫组织和衬纬组织)。而针背横移可以是0针距、1针距、2针距或者更多。

(2)横移必须与摆动密切配合。由于梳栉根据成圈过程进行摆动与横移,所以梳栉的横移必须与摆动密切配合。当导纱针摆动至针平面时,梳栉不能进行横移,否则将发生撞针。

(3)梳栉横移运动须平稳可靠。在编织过程中,梳栉移动时间极为短促,故应保证梳栉横移平稳,速度无急剧变化,加速度小,无冲击。随着经编机速度的提高,对梳栉横移机构的要求愈来愈高,由直线链块变成曲线链块,现在普遍使用花盘凸轮。

(4)梳栉横移机构必须与经编机的用途相适应。为了使经编机能达到最高的编织速度和最好的花纹效果,一些制造商根据经编机的不同用途而设计了专用的梳栉横移机构。例如:特利柯脱型经编机采用N型,多梳经编机采用EH型,贾卡经编机采用NE型横移机构等。

(5)满足快速设计和变换花型的要求。为了缩短花形设计和上机时间,快速变换市场所需品种,传统使用的机械式梳栉横移机构难以满足上述要求。以采用链块横移机构的多梳经编机为例,随着导纱梳栉增加和花形完全组织的扩展,链块总数甚至数以万计,重达数吨,调换链块链条需要动用起重设备,翻改一个花型要停机数周。用电子导纱梳栉横移机构取代链块机构就能克服上述弊端,不仅变换品种方便快捷,而且所需费用也可以降低,因而电子导纱梳栉横移机构在现代经编机中得到日益广泛的使用。

第二节 机械式梳栉横移机构

梳栉横移机构可分为机械式和电子式。机械式梳栉横移机构有直接式和间接式两种。直接式即两块花纹链块的差值等于梳栉的横移距离;间接式通过横移杠杆(摆臂)进行间接控制,两块花纹链块的差值等于1/2或1/4的梳栉横移距离。根据花纹滚筒的数目可分为单滚筒和双滚筒。

一、单滚筒链块式梳栉横移机构

1. 机构结构简介 某种单滚筒N型链块式梳栉横移机构如图8-1所示。主轴通过一对传动轮传动蜗杆和蜗轮,再由蜗轮轴传动花纹滚筒5,花纹滚筒上有链条轨道4,当装上链条的花纹滚筒回转时,不同高度的链块使紧贴其表面的滑块3获得一定的水平运动,并通过推杆2控制梳栉1进行针前、针背的横移运动。A和B是变换齿轮,改变其齿数比,就能改变主轴与花纹滚筒的传动比,获得不同的行程。

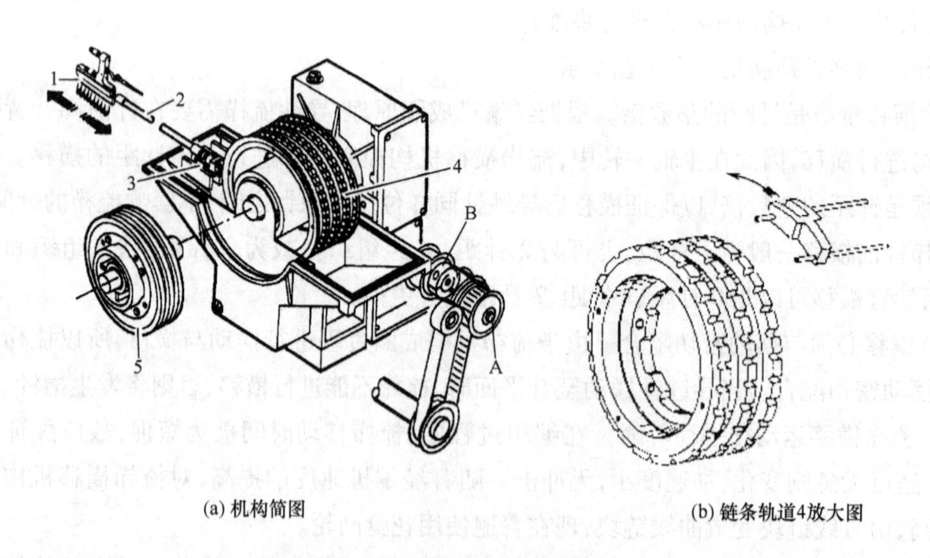

(a) 机构简图　　(b) 链条轨道4放大图

图8-1 单滚筒N型横移机构

花纹滚筒上的花纹链条如图8-2所示,图中1为链块,2为销子。根据花纹需要选择链块，并由销子将其首尾相连形成包覆在花纹滚筒轨道上的花纹链条，在花纹滚筒外层形成一条由链块表面构成的工作曲线。每一条花纹链条可以单独控制一把梳栉的横移运动，由于链块是按照花纹组织需要选择排列的，且可重复排列和使用，因此该机构改换品种较方便，并可生产完全组织较大的织物。

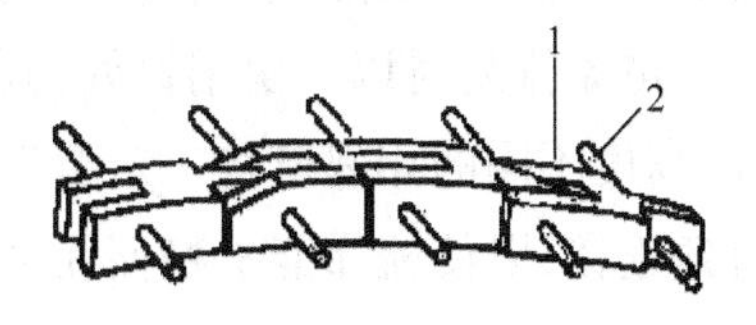

图8－2　花纹链条

2. 花纹链块　形成链条的普通花纹链块的形状如图8－3所示，每一链块形状呈品字形，双头一侧为链块的前面，单头一侧为链块的后面。一般按其斜面的多少和位置不同分成四种，分别为(a)平节链块（无斜面，又称a型链块）、(b)上升链块（前面有斜面，又称B、b或Bb型链块）、(c)下降链块（后面有斜面，又称C、c或Cc型链块）、(d)上升下降链块（前后均有斜面，又称D、d或Dd型链块）。

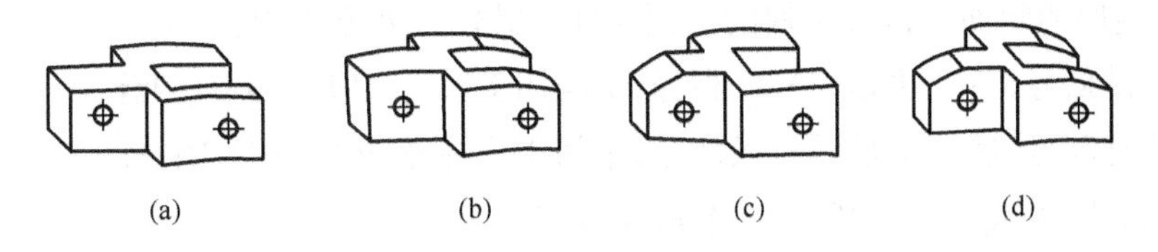

图8－3　普通链块形状

链块具有一定的高度，每种链块因其高度不同依次编号为0，1，2，3…0号链块最低，均为a型链块，其高度为基本高度，通常取10mm，每升高一号，则链块高度增加值为该经编机的一个针距。以机号为E28为例，1号链块高度为(10＋0.907)mm，2号链块高度为(10＋2×0.907)mm，依次类推，链块号数越大，其高度越高，同号链块高度一致。当邻号的两块链块连接时，可使梳栉发生一针距的横移量。这类链块称为N型链块或普通链块。若要发生更大的横移量，则可用相应编号的a型链块改磨，改磨后这些链块倒角边长一般会增加，所以相应横移时间也增加，横移起止点也会移动。磨链块时应根据经编机的类型及链条排列规律确定改磨的斜面。

为了适应不同机型的要求，还有其他形式的链块。如E型链块，或称加长链块，这种链块编号为0，2，4，6…相邻编号的两链块可以发生两针距的横移量，链条轨道一周有16块链块，通常用于低机号的经编机或多梳花边机。由于普通链块的斜面呈直线且比较短，所以难以满足高速运转或编织针背横移大的花纹的要求。对于这种情况，一些经编机上采用曲线链块，这种链块的工作面为曲面，它综合了凸轮平滑廓线与链条灵活易变的优点，使导纱梳栉能在高速条件下平稳而无振动横移，因此能适应高速和较大横移量花形的编织。在磨铣曲线链块时需要根据织物组织结构的需要，将编织每一横列通常所需的三块链块编成一组，成组磨铣，这样能确保三块链块表面曲线连续而不致中断。在排链块时，曲线链块只能成组使用（三块为一组），同一组三块链块依次按顺序1，2，3标记，将每组链块放置在一起，这样就能确保梳栉横移运动平稳。曲线链块不能由用户自己磨制，链块只能分段替换。

3. 链条的排列　按照花纹组织要求，选取具有不同高度、不同形式的链块连接成链条。排列链条时，将前一链块的单头插入后一链块的双头内，并通过销子连接成花纹链条，再嵌入滚筒的链块轨道，便装配成了花纹滚筒。链块之间的高度差等于梳栉横移距离的大小。

链条排列时以一块销钉处为起始位置，顺着链条的回转方向，检查无误后用销钉连接。另外，高度不同的相邻链块一定要选择带有斜面的链块相接，链条中不能有两个斜面交叉连接或直角连接，以使梳栉能平稳而无冲击地运动，如图 8－4 所示，图中(a)正确，图中(b)错误。

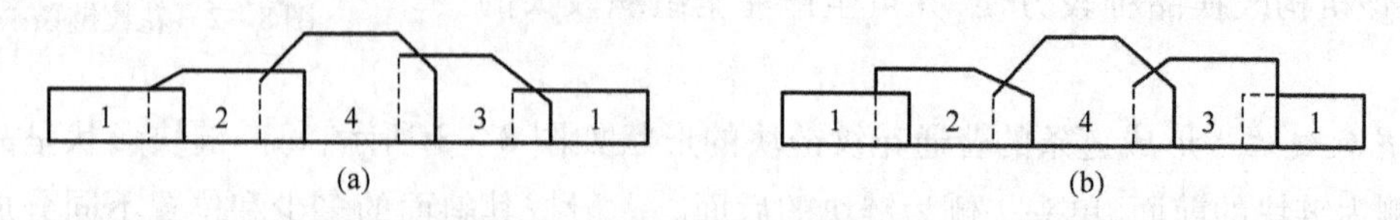

图 8－4　链块排列

排列链条时一般按照以下原则：

(1)每一块链块应双头在前，单头在后(保证运动平稳无冲击)。

(2)高号链块的斜面与低号链块的平面相邻。具体排列方式为：

①前一块是低号，后一块是同号或高号，中间用上升链 b(B 或 Bb)型链；

②前一块是高号，后一块是同号或低号，中间用下降链 c(C 或 Cc)型链；

③前后均为同号或高号，中间用平节链 a 型链；

④前后均为低号，中间用 d(D 或 Dd)上升下降型链块。

4. 行程数　行程数为主轴每转一转，梳栉横移机构所走过的链块数。采用两块链块完成一个循环，叫作两行程式，大多数舌针经编机(花边机)采用两行程式。显然在两行程式经编机中，如果采用的链块规格一致，则针前与针背横移时间是相等的，但针前横移一般为一针距，而针背横移的针距数往往较多，较大的针背横移通常会引起梳栉的剧烈振动，且影响垫纱的准确性，对提高速度不利。如果针背横移分两次完成，即由两块链块完成针背横移，这就有利于降低梳栉针背横移的速度。这种编织一个横列采用三块链块的方式称为三行程式。高速特利柯型及拉舍尔型经编机常用三行程，双针床经编机还常采用四行程，即针背横移由三块链块来完成。

5. 三行程链条排列方法　在三行程中，针背横移量要分两次完成，此时应尽量使两次针背横移量平均，以保证横移的稳定和准确。以下例进行介绍。

例如在槽针经编机上编织组织记录为 1—0/2—3//，排列其三行程链条。

(1)首先将组织记录变换为三行程，则 1—0/2—3//应被变为 1—0—1/2—3—2//，这里从 0 到 2 的针背横移被分成了两步进行，先从 0 到 1(0—1)，再从 1 到 2(1/2)；从 3 到 1 的针背横移也被分成了先从 3 到 2(3—2)，再从 2 到 1(2//1)；

(2)根据上述三行程组织记录确定链块号数为：1，0，1，2，3，2；

(3)根据前后链块号数确定链块型号为：1c，0，1b，2b，3d，2c；

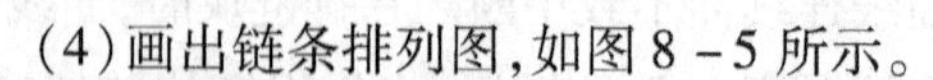

(4)画出链条排列图，如图 8－5 所示。

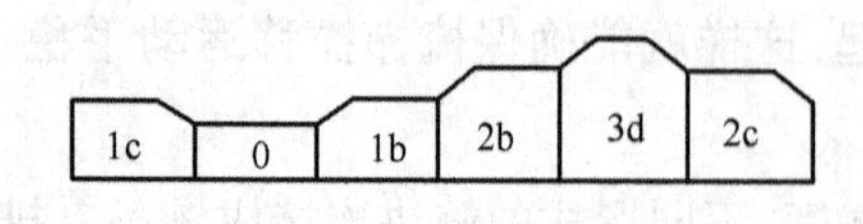

图 8－5　三行程链条排列图

6. 梳栉横移的工艺分析

(1)梳栉横移区域分析。要求横移机构的横移动作应与摆动密切配合，横移时导纱针不能在织针的侧向区域即针平面内进行。经编机通常有两把以上的梳栉进行工作。图 8－6 以四把梳栉为例，分析其横移区域。图中所示 W 为针的侧向区域，即开始于梳栉 GB4 左边缘摆动至织针针背时，直至 GB1 右边缘摆离针钩为止。这一区域内梳栉不允许有横移运动。

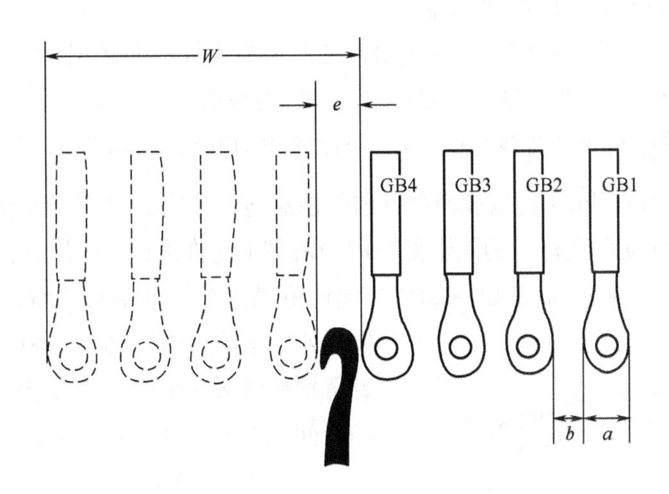

图 8－6　针与导纱针的相对位置

区域宽 W 可用下式确定：

$$W = na + (n-1)b + e$$

式中：a——导纱针下端最大宽度，mm；

b——相邻两梳栉间的间距，mm；

e——针钩头端宽度，mm；

n——导纱梳栉数，图 8－6 中为 4 把梳栉，即 $n=4$。

梳栉摆过上述区域 W 所需的时间随各类型经编机而变化，主要取决于梳栉的摆动规律。根据图 8－7 所示可知，梳栉从针背最后位置摆到针前最前位置时，导纱针摆幅 D 为：

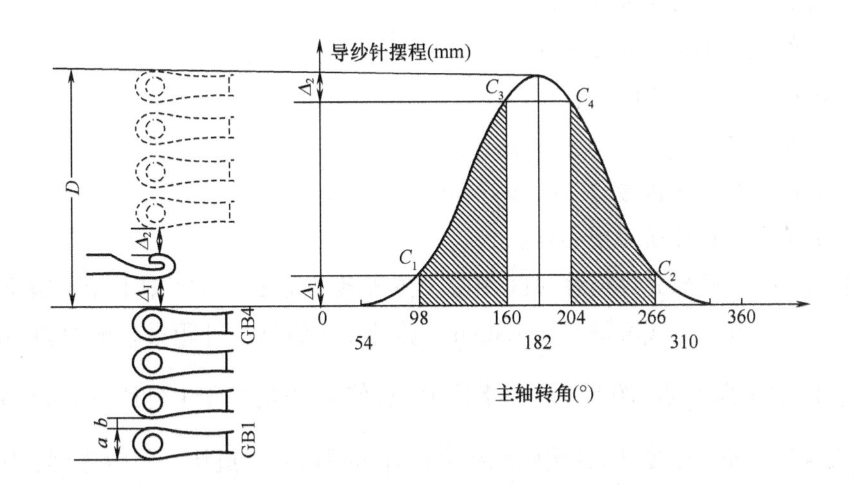

图 8－7　梳栉横移与摆动曲线关系图

$$D = W + \Delta_1 + \Delta_2 = na + (n-1)b + e + \Delta_1 + \Delta_2$$

式中：Δ_1——GB4 左边缘离针背距离；

Δ_2——GB1 右边缘离针钩前端距离。

梳栉在针后最后位置向针前摆动距离 Δ_1，进入上述织针侧向区域，继续向前摆过区域 W，此范围不允许有横移动作，当继续向前摆动 Δ_2 距离，则到达针前最前位置。以梳栉在针后最后位置时，GB4 左边缘平行于针背线为横坐标，作梳栉摆动曲线图，如图 8－7 所示。由横轴向上量取 Δ_1 可以得到平行直线 $\widehat{C_1C_2}$，从梳栉在针前最前点向下量取 Δ_2 作平行于横轴的直线 $\widehat{C_3C_4}$，两条水平直线与梳栉摆动曲线构成的阴影部分即为梳栉不允许横移的区域，对应的主轴转角分别为 98°～60°与 204°～266°。而 160°～204°为允许梳栉进行针前横移区域，对应的主轴转角范围为 44°；转角范围 266°～360°、0°～98°则为允许针背横移区域。由图可知，梳栉可以进行针背横移的时间比针前横移时间要多。

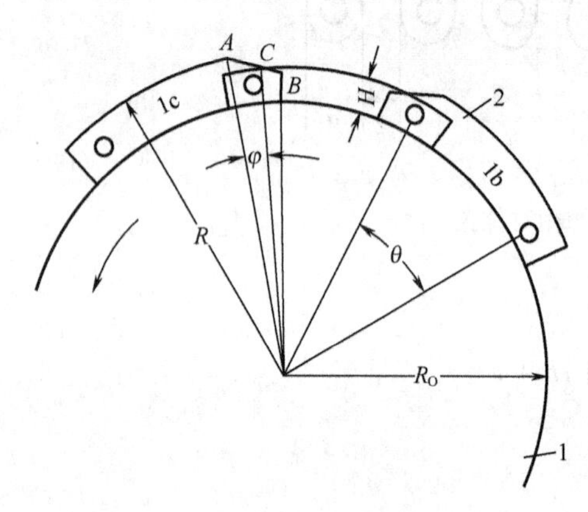

图 8－8　链块与花纹滚筒配置

（2）链块工作斜面分析。如图 8－8 所示，对于普通三行程链块花纹横移机构，每块链块所对应的花纹滚筒圆心角 $\theta = 360°/48 = 7.5°$，相应于主轴转角为 7.5°×16 = 120°，即花纹滚筒转过三块链块，主轴回转 360°，这时完成一个成圈过程。由图8－8 可知，链块斜面 AB 中，只有 AC 段使导纱梳栉产生横移。斜面的长度可通过梳栉允许横移时间等参数进行计算：

$$S_m = 2\pi R \cdot \varphi_m / 360 = 2\pi (R_0 + H + nT) \cdot \varphi_m / 360$$

式中：S_m——允许斜面工作长度，mm；

R——花板工作表面半径，mm；

R_0——花纹滚筒半径，147.5 mm；

H——0 号链块高度，10 mm；

n——链块号数；

T——针距，对于 28 机号，T 为 0.907 mm；

φ_m——允许斜面长度所对中心角。

由上述分析可知，梳栉允许横移时间相应于主轴转角范围为 44°，相应花纹滚筒允许转角 $\varphi_m = 44/16 = 2.75°$，代入上式可得 $S_m = 7.6$mm。按此要求设计一针距横移链块斜面时，只需在 a 型链块右（或左）上角 O 点（图 8－9）向下取 $\widehat{B}$ 点，使 $\widehat{OB}$ 长度等于 1 针距；向水平方向量取 $\widehat{A}$ 点，使 $\widehat{OA} = S_m = 7.6$ mm，连接 $\widehat{AB}$，并按照此线磨铣即可得所需的链块。但考虑到实际上相邻两块链块在连接时并非在 B 点，而是在平行于 $\widehat{AB}$ 的 $\widehat{A'B'}$ 上的 $\widehat{C}$ 点处（过 B 点作与 $\widehat{OA}$ 平行线并交于

$\widehat{A'B'}$得 $\hat{C}$ 点)，那么$\widehat{A'C}$也能满足当链块运行 7.6 mm(对应于主轴转角范围为 44°)时，梳栉横移一个针距的工艺要求。这就是链块工作斜面的确定方法。值得注意的是$\widehat{A'B'}$处于不同位置时，横移起止点也会随着变化，那么花纹滚筒也需相应调整。

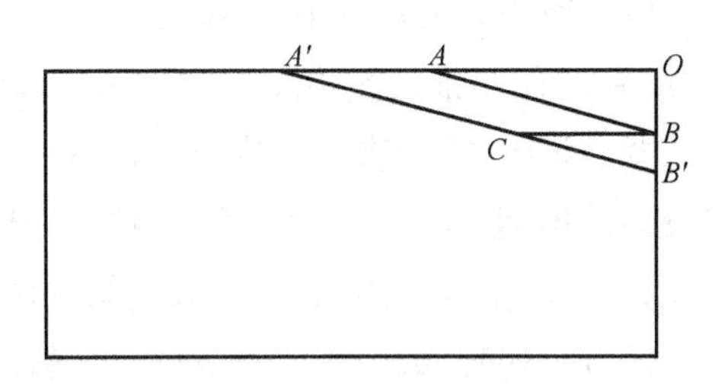

图 8-9　链块工作斜面

为了横移的安全可靠，在设计链块斜面时，其实际工作长度往往小于允许的长度。以下例说明。实测 E28 的槽针经编机，链块斜面长度为 9 mm，高度差为 1.25mm，因此，链块的实际工作斜面长度 a 应为：

$$a = 9 \times 0.907/1.25 = 6.5(\text{mm})$$

对应花纹滚筒转角为：

$$\varphi = 360° \times a/2\pi R = 2.35°$$

此时的主轴转角为：

$$\theta = 2.35° \times 16 = 38°，小于 44°。$$

这说明实际上梳栉的横移是安全可靠的。

当主轴转速为 2000 r/min 时，梳栉横移时间 $t = 60 \times \theta/n \times 360 = 0.003$ s。可见梳栉横移时间十分短促。故当针背横移的针距数较大时，合理分配两次横移针距数，有利于减少速度急剧变化而引起的运动冲击。

(3)针背横移时间的分配。根据图 8-7 梳栉摆动曲线可知，梳栉在主轴 182°即摆至针前最前位置时，针前横移正好进行到一半。在三行程横移机构中，三次横移的中心位置相应于主轴转角依次是：182°、302°、62°。理论上导纱针针前允许横移角度范围为 44°，而实际横移时间为 38°。如果针后两次横移均为一个针距，则三次横移时间分别为 163°～201°、283°～321°、43°～81°。根据槽针机的成圈过程可知，两次横移均产生于导纱针处于针后停顿或织针开始上升阶段，不像钩针经编机存在沉降片尖刺伤经纱等问题，但在编织针背横移量较大的组织织物时，针后两次横移量也不是任意分配的，必须根据两次横移的特点加以确定。

当编织针背横移量较大的组织花纹时，如 1—2/8—9//，控制针后横移的相邻两块链块高度相差很大，如图 8-10(a)表示链块由低号向高号排列时的情况，此时如按一般原则磨铣链块斜面，则其斜面 AB 倾角较大，机器高速运转所产生的冲击很大。为了使针后横移运动平稳，一

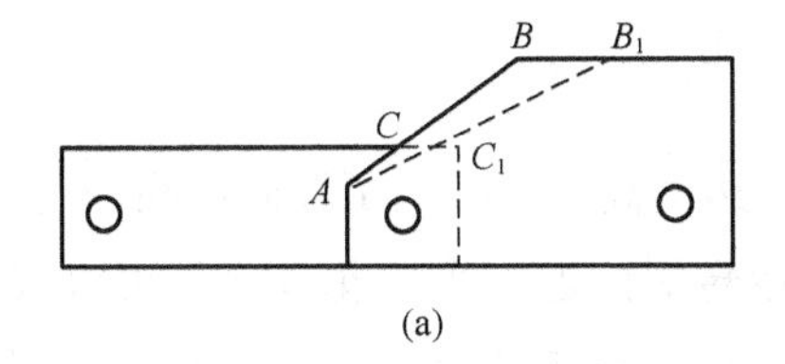

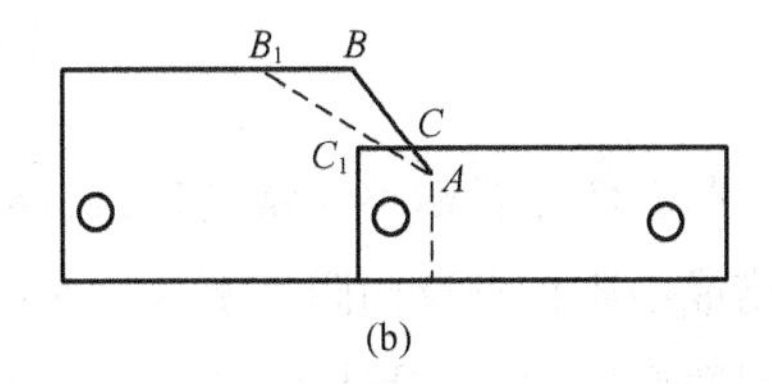

图 8-10　链块上升及下降斜面工作图

般将倒角减小为 AB_1，实际横移工作线由 BC 变为 B_1C_1，横移时间向后推迟，开始点由 C 推迟至 C_1，结束点有 B 推迟至 B_1，且 $BC < B_1C_1$，即横移时间有所增加。根据梳栉横移的分析可知，两次针背横移中，第一次针背横移（在 283° ~321°区域内）结束后仍有较大孔隙，允许横移结束点有较多的推迟；第二次针背横移（43° ~81°区域内）结束后离横移禁区则较近，不宜过多推迟。因此，当链块由低号向高号排列时，第一次针背横移应大于第二次针背横移；反之，当链块由高号向低号排列时，如图 8 - 10（b）所示，斜面工作线由 BC 变为 B_1C_1，横移时间提前，则较大的横移量放在第二次更为合适。这样才能既保证横移安全又能充分利用可作针背横移的时间。

在钩针机上，由于第一次针背横移正处于带纱阶段，沉降片正在向机前推出，如果这时针背横移量较大，则导纱针上横向引出的经纱与水平线夹角较小，很容易与正在向机前运动的沉降片片鼻相遇，导致碰擦而使经纱起毛或断头。因此，在钩针机上两次针背横移量的分配规律一般是：编织开口线圈时第一次针背横移不能超过一个针距，编织闭口线圈时不能超过两个针距，而较多的横移针距放在第二次针背横移中，这时经纱已处在沉降片上方，故较为安全。

二、单滚筒凸轮式梳栉横移机构

经编机上梳栉的横移，除了采用花纹链条外，也可用花盘凸轮来实现，这在现代高速经编机上已得到广泛应用。如果花盘上的线圈横列数可以被花型循环所整除，就可以使用花盘凸轮。如图 8 - 11（a）所示，花盘凸轮像曲线链块一样，具有曲线表面，这使得横移运动非常精确。图 8 - 11（b）为花盘凸轮正面形状及各标记信息，其中箭头标注方向为运转方向；$E28$ 为适用机器的机号；1—0—0/4—5—5//为所编织织物的三行程组织记录；$M16$ 代表花盘凸轮一转，主轴转 16 转，即 M 数等。

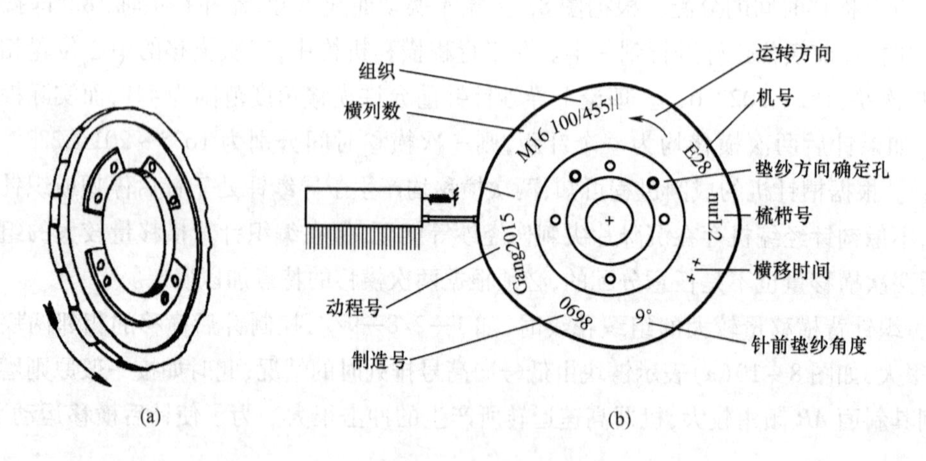

图 8 - 11　花盘凸轮

花盘凸轮使梳栉横移非常精确，机器运行平稳，且速度高。它减少了存储空间，不会出现如链块装错或杂质在槽道内阻塞链块而影响机器正常运转等问题。采用花盘凸轮可以很方便地进行行程数变换，并能设计出 10，12，14，16，18，20，22 和 24 横列完全组织的花纹。二行程的花盘凸轮只用于拉舍尔型经编机。花纹循环的变换只要换一下齿轮 A、齿轮 B（类似于图 8 - 11

所示)和齿形带长就可以了,通过这种方法改变主轴与花纹滚筒之间的传动比。这种机构主要应用于特利柯脱型经编机和高速拉舍尔型经编机。

三、双滚筒型梳栉横移机构

双滚筒型梳栉横移机构如图 8-12 所示,它也被称为 NE 型梳栉横移机构。其中 N 型花纹滚筒 3 用于成圈梳栉,E 型花纹滚筒 4 用于衬纬梳栉,N 型和 E 型滚筒的轴处于同一位置。花纹滚筒上的链块高低变化推动滑块 2 及梳栉推杆 1,从而使梳栉进行横移。图 8-12 中 8 为机器主轴,通过(齿轮 A)7 与(齿轮 B)6 以及蜗轮 5 来调节主轴与花纹滚筒的传动比。图 8-12 中 9 为机器挡板。

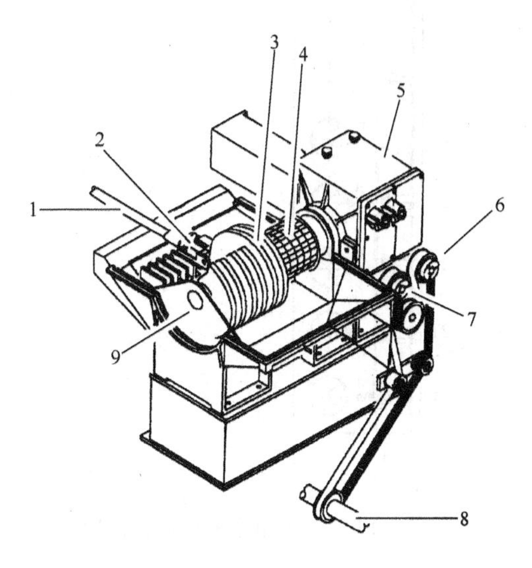

图 8-12　NE 型梳栉横移机构

NE 型横移机构的 N 型花纹滚筒采用 8 或 12 行程(即编织一个横列梳栉需横移 8 或 12 次),这样花盘凸轮(凸轮廓线相当于 48 块链块)转一转,可编织 6 或 4 个横列。E 型花纹滚筒采用 2 或 4 行程,用普通或曲线链块控制。该机构主要用于贾卡经编机。

第三节　电子式梳栉横移机构

由于机械式横移机构在花纹设计和变换品种等方面有很大的局限性,因此在现代经编机上普遍采用由计算机控制的电子梳栉横移机构。电子式梳栉横移机构的花型设计范围广,花纹变换时间短,生产灵活性强,操作简便,主要有两部分组成,即花纹准备系统和机器控制系统。花纹准备系统是在计算机上完成花纹设计,并将之转化成为数据文件,以机器可读的格式存储于外存储设备,编织时只需将外存储器插入经编机的驱动器即可调用其中的花型文件。机器控制系统则能通过花纹信息产生的电信号,将花纹信息转化成控制各梳栉横移运动的动作,是电子式梳栉横移机构的关键部分,其接口执行方式多样。下面介绍几种典型的电子式梳栉横移机构及其工作原理。

一、SU 电子梳栉横移机构

SU 电子梳栉横移机构由电脑控制器、电磁执行元件和机械转换装置组成。其中机械转换装置如图 8-13 所示,由一系列偏心轮 1 和斜面滑块 2 组成。通常含有 6~7 个偏心轮,对于六个偏心轮组成的横移机构,斜面滑块则为七段。每段滑块的上下两个端面(最上和最下滑块只

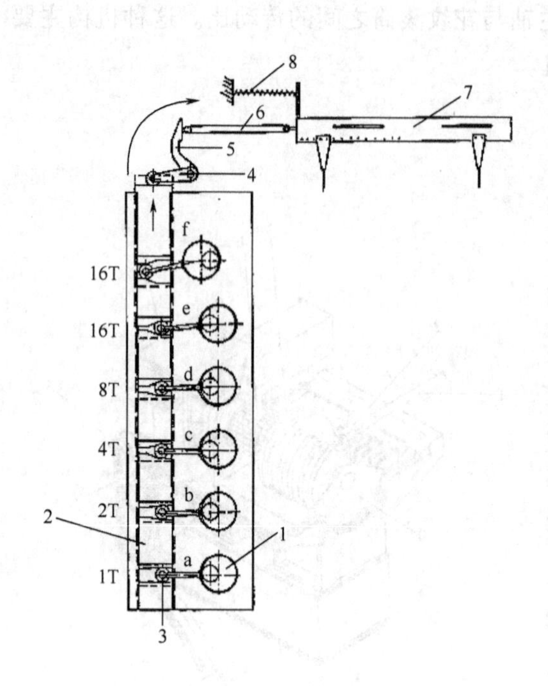

图 8-13　SU 型电子梳栉横移机构

有一个端面)呈斜面,相邻的两滑块之间被偏心套的头端转子3隔开,形成了不等距的间隙。当电脑控制器未收到梳栉横移信息时,在电磁执行元件的作用下,偏心转向右端,偏心套转子也右移,被转子隔开的滑块在弹簧作用下合拢。反之,当电脑控制器收到梳栉横移信息时,在电磁执行元件的作用下,偏心转向左端,偏心套转子也左移,被转子隔开的滑块在转子的作用下扩开。滑块上方与一水平摆杆4相连,并通过直杆5作用于梳栉推杆6。由图8-13可知,滑块扩开使梳栉7右移,反之滑块在弹簧8作用下合拢,使梳栉7左移。

在每个滚子处两个滑块端面的坡度是不同的,因而两滑块之间的间隙不仅太小而且也不同,但它们都是针距的整倍数。各个偏心轮所对应的间隙如表8-1所示:

表 8-1　SU 型横移机构偏心与横移针距对应关系

对应的偏心轮编号	a	b	c	d	e	f
间隙相差针距数	1	2	4	8	16	16

根据花型准备系统的梳栉横移信息,在电脑控制器和电磁执行元件作用下,可使偏心按一定顺序组合向左运动,它们所产生移距累加便可得到各种针距数的横移。由于滑块斜面均按简谐运动曲线设计,使转子运动平稳可靠,每一横列梳栉最多可达16个针距横移,比花板传动更为优越,上述不同移距的组合可以累计产生达47个针距的梳横移栉。

SU 电子梳栉横移机构具有变换花型迅速、停台时间少,机器效率高;免除链块加工、装配、拆卸以及拣选、清洁等工作;节约链块制作存贮费用,降低固定资本费用、能生产较经济的小批量多品种产品,与花纹准备系统接口,有利于高效、准确的花型设计等特点,一般用于多梳拉舍尔经编机。但同时由于机速不高(最大转速只能达到450rpm)、横移距离不够大以及运行噪音较大等方面制约了SU电子梳栉横移机构的进一步应用。

二、EL 电子梳栉横移机构

EL(又称直线型)电子梳栉横移机构如图8-14所示,工作原理如同直线型电动机。它不是通过主轴驱动器运行,而是应用伺服电动机驱动器直线运动,以实现数据的传输,它可以直接驱动导杆。直线电动机的控制很有效果,尤其是在持续、快速的花型的转变上。该机构主要包括一个主轴,其内部为铁质内核,外面环绕线圈。在通电流时,线圈会产生一个磁场,使铁质内核产生线性运动,从而把横移运动直接传输到导纱梳栉。横移运动是以梳栉的运动曲线为基础的,由计算机计算出横移距离,指令直线电动机横移。在经编机主轴上有一个接近开关,可看作一主轴角度编码器,采集主轴现在所处的角度位置,传给主控计算机,计算机可根据此信息确定横移的时间,实现了横移机构与经编机主轴的同步,主轴、成圈机件和横移机构始终协调工作。

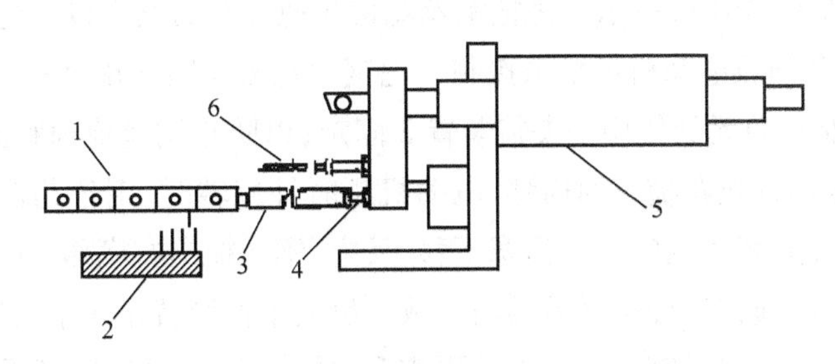

图 8-14 EL 电子梳栉横移机构

1—梳栉 2—针床 3—推杆 4—球形螺杆 5—直线电机 6—导纱梳弹簧

EL 型经编机的横移机构适应机器的运行速度大大提高,具有更大的横移针距。例如某一机号为 *E*28 的 EL 电子梳栉横移机构经编机,累计最大横移距离为 50mm,运动稳定可靠。EL 电子梳栉横移机构一般用于 4 梳和 5 梳的特利科经编机,也可用于双针床拉舍尔型经编机。

三、ELS 电子梳栉横移机构

ELS 电子梳栉横移机构采用的是液压传动元件,如图 8-15 所示。电液伺服控制系统由指令元件、检测元件、比较元件、伺服放大器、电液伺服阀、液压执行元件等组成。所设计花型通过计算机及机器输入键盘 1 输入终端工控微机 2,每把导纱梳栉的传动轴都装有一个步进电动机和液压阀 3,该电动机根据接收到的控制信号分别开启和关闭相应的液压控制阀,该阀门通过测量装置 4 控制进入液压油缸 5 的油流量,从而使液压元件驱动导纱梳栉 6 进行精确地横移。具体横移机构原理如下:作为指令元件的工控微机按花型要求发出指令,通过伺服放大器的信号放大,驱动直线电动机控制电液伺服阀,直线电动机根据控制信号分别开启、关闭相应的电液伺服阀,电液伺服阀控制进入液压油缸 5(即液压执行元件)的油流量,从而使液压油缸 5 的活塞杆运动,再通过连杆驱动梳栉横向移动。其中 4 为测量系统,它用于连续地测量梳栉的位置,反馈给工控微机 2,工控微机比较这个反馈信号是否达到横移要求,如存在偏差继续驱动,直到执行元件达到指令要求。这样构成了一个闭环系统,保证了梳栉 6 横移的高精确性和可靠性。液压油缸具有双重工作效应,即梳栉的往复运动由相应的油压控制,不使用回复弹簧作为调节元件,机器结构更为紧凑。

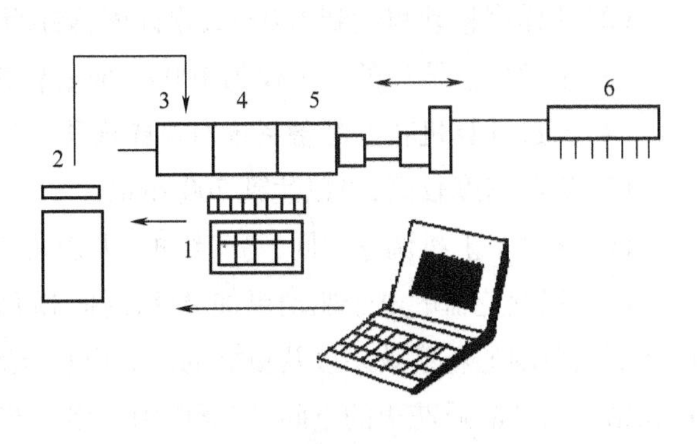

图 8-15 ELS 电子梳栉横移机构

由于 ELS 型电子梳栉横移机构使得花

型设计和开发变得容易,具有花型准备系统和较高的存储容量,使其花型扩展空间大大增加。

四、钢丝花梳横移机构

钢丝花梳是近十年来最为先进的一种电子梳栉横移机构,主要应用于多梳花边机。钢丝花梳横移机构简图如图 8－16(a)所示。每把钢丝花梳 3 通过金属丝 6 以及电子驱动单元 5 与伺服电动机 1 相连,每台伺服电动机可单独控制一把钢丝花梳。钢丝花梳另一端与反向平衡装置 4 连接,在靠近伺服驱动单元处使用一夹持装置 2 固定,以防止钢丝梳横移路径的偏移,伺服电动机的正反向旋转推动钢丝花梳来回横移,电动机顺时针旋转时,钢丝花梳经过夹持装置 2 向左横移;同时反向平衡装置 4 内的气压活塞下移,反之,钢丝梳向右横移,气压活塞上移,反向平衡装置 4 保证钢丝梳在横移过程中张力均匀一致。反向平衡装置是一个气压装置,相当于气压弹簧,与一般的弹簧相比,它对钢丝梳的作用更缓和,梳栉横移平稳、速度无急剧变化,无冲击。能保证钢丝精确的张力,且不会引起系统内的摩擦。如图中标注钢丝花梳最大横移量可达 180mm。钢丝花梳导纱系统见图 8－16(b),由细金属丝 6 和花梳导纱针 7 组成,导纱针 7 黏附在细钢丝梳上,且可以更换,钢丝花梳的金属丝 6 安装在导纱支架 8 的凹槽内。

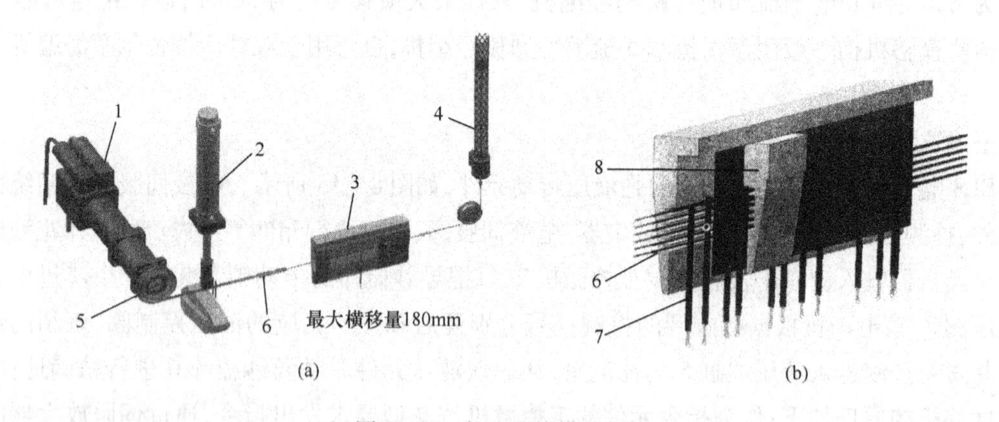

图 8－16　钢丝花梳横移机构

新型钢丝花梳的特点主要有:

(1)结构紧凑,占用空间少,利于配置更多花纹梳栉;

(2)梳栉横移动程达到 180mm,累计横移针距数为 170 针,扩大了花型范围;

(3)钢丝导纱梳栉的质量仅为 100~350g,较普通梳栉大大减轻,从而减少了横移惯量;

(4)通过计算机花型准备系统对梳栉横移运动进行自由程序设计,导纱针定位精确;

(5)机器速度较高,可以达到 700 rpm;

(6)减少了上机调整时间,易于维护,生产效率大大提高。

由于钢丝花梳的电子驱动更加灵活便捷,横移距离大大增加,使得机器拥有更高的运转速度和更大范围的花型效果以及更好的产品质量,给设计师和生产厂商提供了开发更具魅力的外观和结构的高品质花边的空间,广泛应用于多梳花边机。

思考练习题

1. 简述经编导纱梳栉横移的工艺要求。

2. 链块式经编导纱梳栉横移机构和凸轮式经编导纱梳栉横移机构各有哪些优缺点？

3. 某经编织物的垫纱数码如下，试排列三行程的链条。

(1)1—0,1—2,2—3,2—1//

(2)1—0,4—5//

4. 简述经编机钢丝花梳横移机构的优点。

第九章　经编花色组织

本章知识点

1. 双梳栉满穿经编织物的种类，各自的结构特点和基本性能以及编织方法。少梳栉空穿网眼经编织物的类型，形成网眼的原则和规律。双梳空穿网眼织物的工艺设计方法。
2. 缺垫经编组织的结构特点、基本性能、形成的花色效应以及编织方法。
3. 部分衬纬经编组织的结构特点、类型和编织工艺；全幅衬纬经编组织的结构和特性，衬纬方式与衬纬编织过程。
4. 缺压集圈经编组织和缺压提花经编织物的结构特点与编织方法。
5. 压纱经编组织的结构特点、形成的花色效应以及编织方法。
6. 形成经编毛圈织物的几种方法；毛圈沉降片法的编织原理，经编毛巾织物采用的机件和装置以及编织方法，双针床经编毛圈织物的编织原理。
7. 贾卡经编织物的结构特点；纹板式贾卡提花装置的结构和基本工作原理，如何在织物中形成网孔区域、半密实区域和密实区域，贾卡花纹意匠图和纹板的制备方法。压电式贾卡导纱装置的工作原理和优点。
8. 多梳栉经编织物常用的地组织类型，形成花纹的原理。与普通的拉舍尔型经编机相比，多梳栉拉舍尔型经编机的特点；多梳栉花边织物的工艺设计步骤与方法。
9. 双针床经编机的成圈过程。双针床经编组织的表示方法，以及与单针床经编组织表示方法的区别；双针床单梳组织形成整片经编织物的条件，双针床双梳经编组织能形成的结构与效应；双针床圆筒形经编织物、经编间隔织物等的编织工艺。
10. 双轴向、多轴向经编织物的结构特点、编织原理、主要性能和应用。

第一节　少梳栉经编组织

虽然单梳栉经编组织（除经编链组织外）可以形成织物，但因织物稀薄、强度低、线圈歪斜、稳定性差等原因而较少使用。实际生产中一般采用多把梳栉进行编织，其中常见的是利用2～

4 把梳栉(通常称为少梳栉)进行设计和编织的经编织物。

经编机上通常装有两把或两把以上的梳栉,为便于工艺设计,这些梳栉需按一定的顺序进行编号。若经编机上有两把梳栉,可以用 F 和 B 分别表示前后梳栉;若有三把梳栉,则可以用 F、M、B 分别表示前、中、后梳栉。若经编机上装有多于三把梳栉,则由机前向机后,依次标记为 GB1、GB2、GB3…。

一、满穿双梳栉经编织物

双梳经编组织通常以两把梳栉所织制的组织来命名。若两把梳栉编织相同的组织,且做对称垫纱运动,则称之为“双经 ×”。如双经平、双经绒等。若两把梳栉编织不同的组织,则一般将后梳组织的名称放在前面,前梳组织的名称放在后面。如:后梳织经平组织,前梳织经绒组织,称为经平绒。若两梳均为较复杂的组织,则要分别给出其垫纱运动图或垫纱数码。近些年来有人将双梳经编组织也以两把梳栉所织组织命名,但将前梳的组织名称放在前面,后梳的放在后面,中间用“/”相连。如前梳作经绒组织,后梳作经平组织,称为经绒/平组织,或经绒/经平组织。如二梳均作较复杂的组织,则要分别给出其垫纱运动图或垫纱数码。

在基本满穿双梳组织中,每个线圈均由两根纱线组成,加上延展线,形成四层结构:从织物的工艺正面向工艺反面依次为:前梳圈干、后梳圈干、后梳延展线和前梳延展线。也就是说前梳纱线显露在织物的工艺正反两面。在实际环境下,纱线在织物正反两面的显露状况除与其穿纱梳栉的位置有关外还与其细度、两梳送经比、针背横移针距、垫纱位置、线圈形式等有关。通常情况下,纱线粗、送经量大、针背横移量小、垫纱位置低、采用开口线圈,则易显露在织物的工艺正面。

(一)素色满穿双梳经编织物结构及特性

1. 双经平组织 双经平组织(two bar tricot stitch)是最简单的双梳组织,是由两把梳栉做反向经平垫纱运动编织完成的。其线圈图和垫纱运动图如图 9-1(a)、(b)所示。两把梳栉的延展线在相邻两纵行之间相互交叉,平衡对称,正面显现完全直立的线圈纵行。但若有线圈断裂,该纵行会发生纵向脱散,致使织物左右分开,故该组织通常不单独使用。

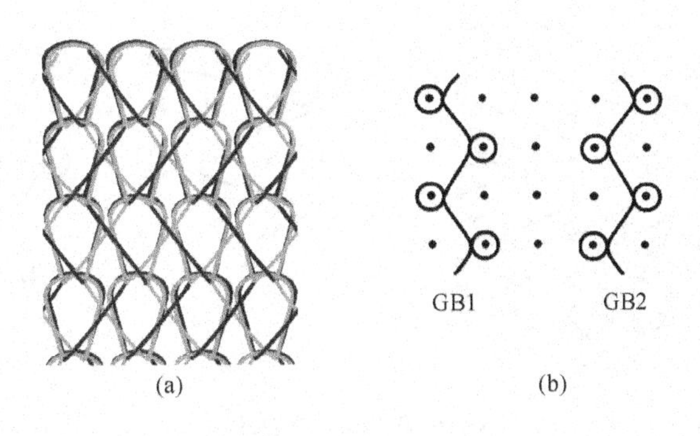

(a) (b)

图 9-1 双经平组织

2. 经平绒组织 后梳进行经平垫纱运动,前梳进行经绒垫纱运动所形成的双梳经编组织称为经平绒组织(locknit stitch),其线圈图和垫纱运动图如图9－2所示。前梳延展线跨越两个纵行,后梳延展线跨越一个纵行,当某一线圈断裂时,织物结构仍然由前梳延展线连接在一起,避免发生像双经平组织那样织物左右分离的现象。经平绒组织中,前梳较长的延展线覆盖于织物的工艺反面,使得织物手感光滑、柔软,具有良好的延伸性和悬垂性。

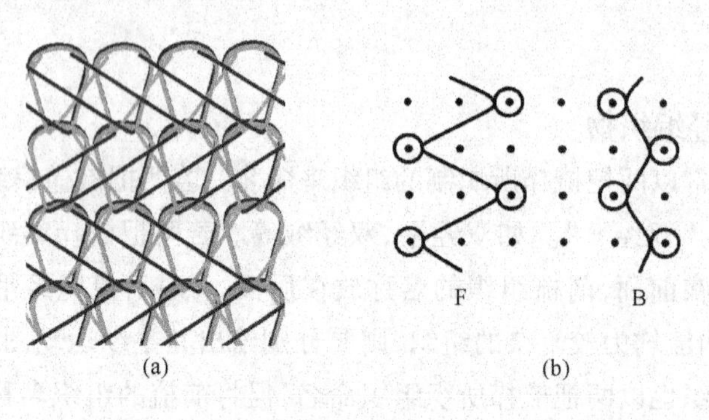

图9－2　经平绒组织

当经平绒织物的前后梳栉反向垫纱(前梳为1—0/2—3//,后梳为1—2/1—0//)时,织物结构较为稳定(图9－2);而当两把梳栉同向垫纱时(前梳为1—0/2—3//,后梳为1—0/1—2//),则线圈产生歪斜。经平绒织物下机后,会发生横向收缩,收缩率与编织条件、纱线性质等有关。

经平绒织物应用很广,常用作女性内衣、弹性织物、仿麂皮绒织物等。

3. 经平斜组织　后梳进行经平垫纱运动,前梳进行经斜垫纱运动所形成的双梳经编组织称为经平斜组织(satin stitch),其线圈图和垫纱运动图如图9－3所示。织物中前梳延展线长且较为平直,紧密地排列在织物的工艺反面,使织物厚度增加,并具有良好的光泽。经平斜组织多用于做起绒织物,前梳延展线越长,织物越厚实,越有利于拉毛起绒,但织物的抗起毛起球性随之变差。当前后两把梳栉反向垫纱时,织物正面线圈较为直立,织物结构稳定性较好。而当两把梳栉同向垫纱时,线圈会产生歪斜,但这种安排有利于起绒。在起绒过程中,织物横向将有相当大的收缩,由机上宽度到整理宽度的总收缩率可达40%以上。

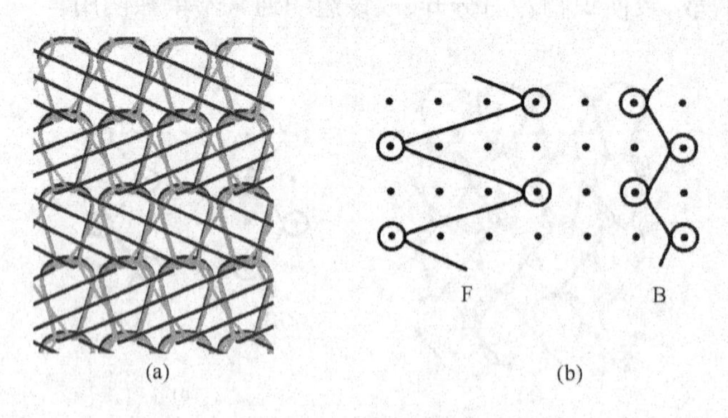

图9－3　经平斜组织

4. 经绒平组织　后梳进行经绒垫纱运动,前梳进行经平垫纱运动所形成的双梳经编组织称为经绒平组织(reverse locknit stitch),其线圈图和垫纱运动图见图9－4。

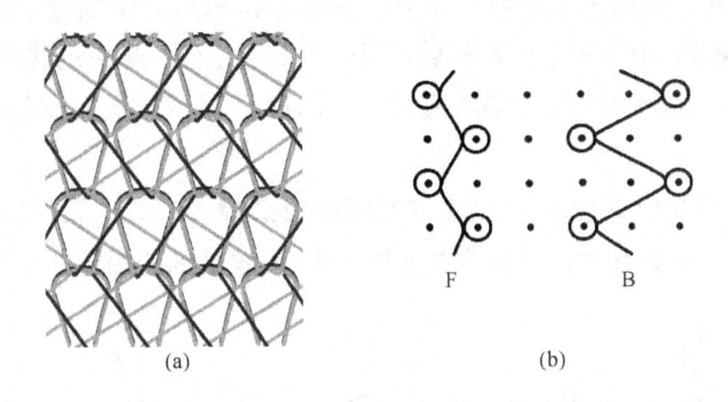

(a) (b)

图9-4 经绒平组织

在经绒平组织中,后梳较长的延展线被前梳的短延展线绑缚。与经平绒织物相比,经绒平织物结构较为稳定,抗起毛起球性能较好,但手感较硬。

5. 经斜平组织 后梳进行经斜垫纱运动,前梳进行经平垫纱运动所形成的双梳经编组织称为经斜平组织(sharkskin stitch),其线圈图和垫纱运动图如图9-5所示。该类织物结构稳定,厚实挺括,抗起毛起球性能好,但手感较差,常用于做印花织物。

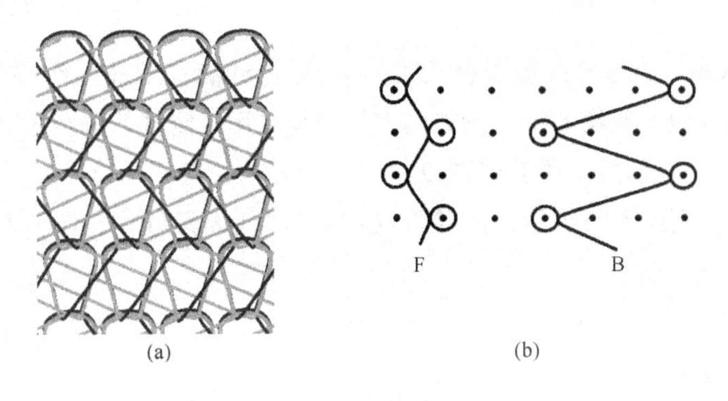

(a) (b)

图9-5 经斜平组织

6. 经斜编链组织 后梳进行经斜垫纱运动,前梳进行编链垫纱运动所形成的双梳经编组织称为经斜编链组织(queenscord stitch),其线圈图和垫纱运动图见图9-6。该类织物由于前梳采用编链组织使得该织物纵横向稳定性极好,纵向尺寸收缩率为1%~6%。随着后梳延展线的增长,该类织物克重会增大,横向尺寸稳定性也会得到改善。

(二)色纱满穿双梳组织结构及特性

将一把或两把梳栉按照一定的排列规律穿上色纱,编织而成满穿双梳经编组织称为色纱满穿双梳经编组织。依据色纱穿纱根数和顺序等的不同,可以得到各种彩色花纹的经编织物。

1. 彩色纵条纹织物 通常后梳栉穿一种颜色的经纱,前梳栉按照一定顺序穿两种或两种以上的色纱,可以在织物上形成彩色纵条纹效果。纵条纹的宽度取决于前梳色纱穿经完全组织,纵条纹的曲折情况则取决于前梳的垫纱运动。如:前梳以黑、白二色经纱按5黑5白的规律穿经,做编链垫纱运动;后梳满穿白色经纱,做经斜垫纱运动,这样就能在白色底布上形成宽度为5个线圈纵行的黑色纵条纹。在这里由于前梳采用的是编链组织，因此纵条纹竖直而清晰。如果将前梳组织由编链改为经平，同样可以得到上述规律的纵条纹，但由于前梳栉上的纱线交替地在相邻两枚织针上垫纱成圈，造成延展线曲折，从而使得纵条纹的边缘不太清晰。

图9－7所示的双梳经缎组织，前梳F穿经规律为：2黑、24红、2黑、12白、4黑、12白；后梳B穿经为全白，所得织物为红和白色的宽曲折纵条中，配置着细的黑色曲折纵条。

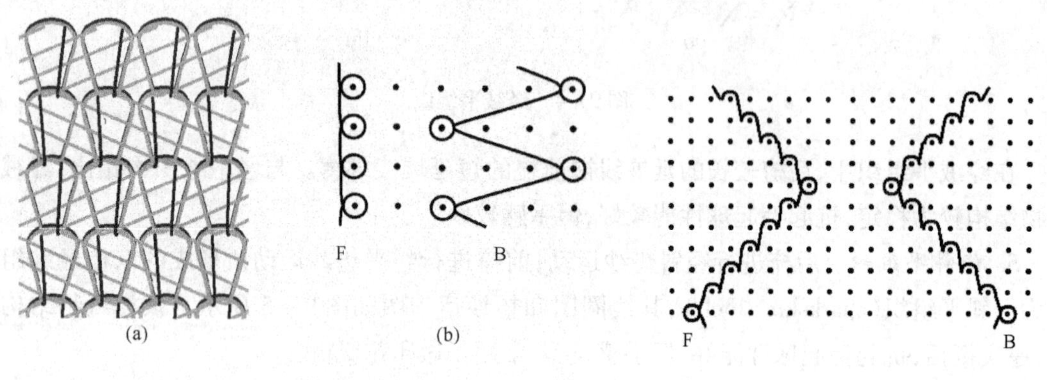

图9－6　经斜编链组织　　　　图9－7　彩色纵条纹织物

2. 对称花纹织物　除了可以形成纵条纹外，利用色纱满穿双梳组织中色纱穿纱和垫纱规律的变化还可形成其他的花纹效果。例如两把梳栉均采用一定规律的色纱穿经，并采用适当的对纱做对称垫纱运动，可形成对称几何花纹。

图9－8为由16列经缎组织形成的菱形花纹。“I”代表黑纱，“＋”代表白纱，完全组织的穿经和对纱情况如下。

B：I I I I I I I I ＋ ＋ ＋ ＋ ＋ ＋ ＋ ＋；

F：＋ I I I I I I I I ＋ ＋ ＋ ＋ ＋ ＋ ＋。

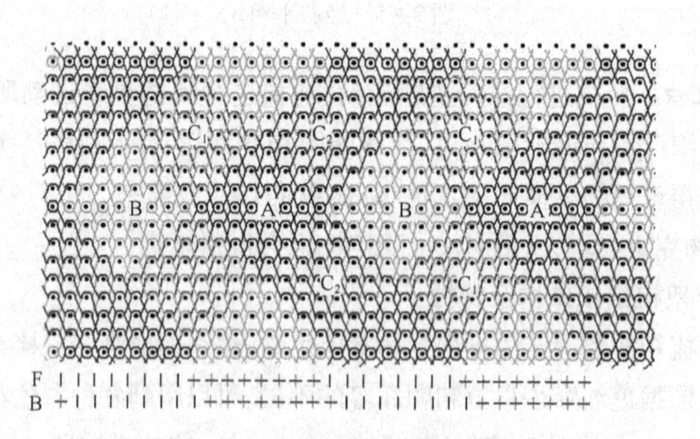

图9－8　对称花纹织物

在图9－8中区域A及区域B为两梳同色纱的线圈重叠处，分别形成黑色菱形块和白色菱形块；而区域C_1、C_2则是由黑白两色纱共同构成的，通常呈现混色效应。

如果两把梳栉采用不对称的垫纱运动，则会形成不对称的花纹。

二、空穿双梳栉经编织物及特性

在工作幅宽范围内，一把或二把梳栉的部分导纱针不穿经纱的双梳经编织物称为空穿（部分穿经）双梳经编织物。由于空穿梳栉中部分导纱针未穿经纱，可使空穿双梳经编织物中的某些地方出现中断的线圈横列，此处线圈纵行间无延展线联系，而在织物表面一些特殊效应，如孔眼、凹凸效应等。这类织物通常具有良好的透光性、透气性，适于制作头巾、夏季衣料、女用内衣、服装衬里、网袋、蚊帐、装饰织物、鞋面料等。

（一）一把梳栉空穿的双梳经编织物

将一把梳栉空穿，可在织物上形成凹凸和孔眼。在实际生产中，通常采用后梳满穿，前梳部分穿经。

图9－9为利用前梳空穿获得织物表面凹凸纵条效应的例子。该织物中，后梳满穿做经绒垫纱运动，前梳两穿一空做经平垫纱运动。由线圈结构图可以看到，每相邻的两根前梳纱线将相邻的三个线圈纵行拉在一起（图9－9中纵行1、2、3，4、5、6及7、8、9）。由于空穿处前梳纱线联系中断，所以在纵行3、4及6、7之间分开，产生空隙。

从上例可以看出，织物中凸条宽度和凸条空隙宽度取决于做经平垫纱运动的梳栉的穿经完全组织。根据这个原则，可以进行凹凸织物效应的设计。

在设计时要注意：一般在凸条间空穿不超过两根纱线，因为织物在该处为单梳结构，易于脱散。另外若在形成凸条的梳栉上穿较粗的经纱，会增强凹凸效应。

对于双梳经编织物，当其中一把梳栉空穿时，还可利用单梳线圈的歪斜来形成孔眼，配以适当的垫纱运动，可以得到分布规律复杂的孔眼。图9－10为前梳满穿做经平垫纱运动，后梳二穿一空做经绒和经斜相结合的垫纱运动的例子。在缺少后梳延展线的地方，纵行将偏开，形成孔眼。

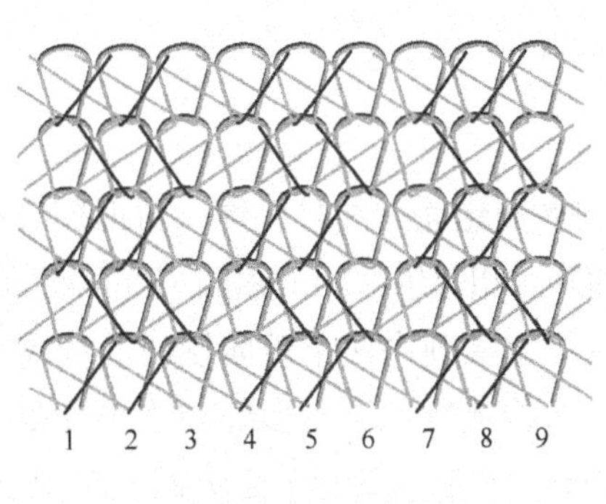

图9－9　凹凸纵条织物

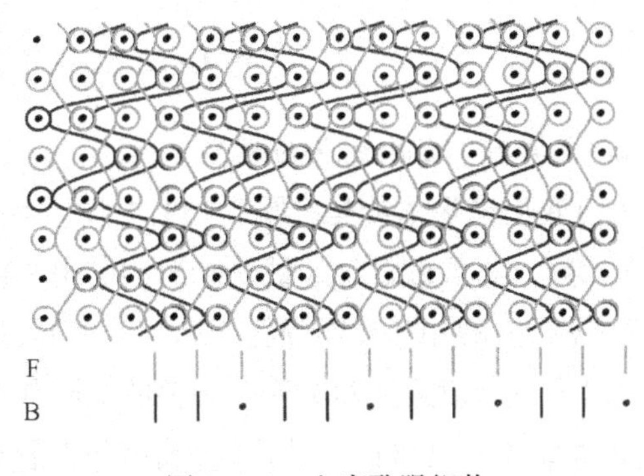

图9－10　空穿孔眼织物

（二）两把梳栉空穿的双梳经编织物

对于双梳经编织物，当两把梳栉均为空穿并遵循一定的垫纱运动规律时，部分相邻纵行的线圈横列会出现中断，形成一定大小、一定形状及分布规律的孔眼。

1. 空穿网眼经编织物的形成规律　当采用两把空穿梳栉形成网眼织物时,有如下规律:

(1)在每一编织横列中,编织幅宽内的每一枚织针的针前必须至少垫到一根纱线,以保证线圈不会脱落,编织能连续进行。否则将造成漏针,无法进行正常的编织[图9-11(a)]。但是,所垫纱线不必来自同一把梳栉。

(2)只有使相邻纵行在部分横列联系中断才能形成网眼,但纵行间的中断不能无限延续,否则将无法形成整片织物[图9-11(b)]。

(3)织物中,无延展线相连的纵行将分开形成网眼,而有延展线横跨的纵行将聚拢起来形成网眼的边柱。

(4)如两把梳栉穿纱规律相同,并做对称垫纱运动(即两把梳栉垫纱横移针距数相同、而运动方向相反),则可形成对称网眼织物。

(5)对称网眼织物中,相邻网眼间的纵行数与一把梳栉的连续穿经数及空穿数的和相对应。若孔眼之间有三个纵行,则梳栉穿经为二穿一空;若孔眼间有四个纵行,则梳栉穿经可为二穿二空或三穿一空。

(6)一般在连续穿经数与空穿数依次相等时,至少有一把梳栉的垫纱范围要大于连续穿经数与空穿数的和[图9-11(c)和(d)]。

(7)某些空穿织物中,有些线圈是由双纱构成的,有些线圈是由单纱构成的,由此可形成大小和倾斜程度不同的线圈,将它们适当分布,将增加网孔织物的设计效果。

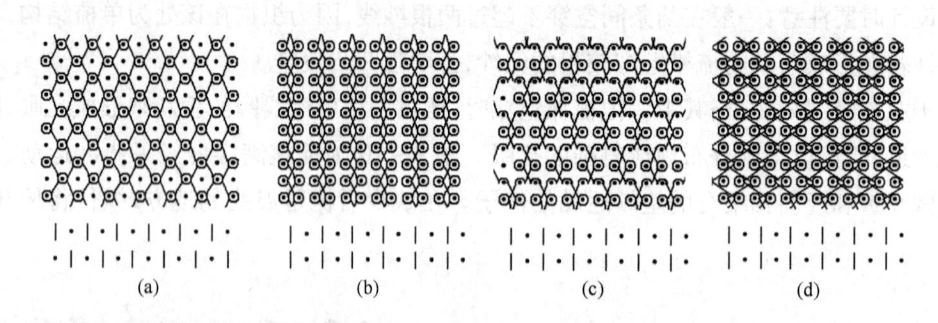

图9-11　两梳部分穿经形成网眼的规律

2. 空穿网眼经编织物的类型

(1)变化经平垫纱类。图9-11中(d)为一种双梳空穿变化经平网眼织物。两把梳栉穿经均为一穿一空,且做对称经绒垫纱运动。由于在转向线圈处,相邻纵行间的线圈相互间无联系,而同一纵行内的相邻线圈倾斜方向又不相同,这样,就以一个横列内两个反向倾斜的线圈作为两边,以下一个横列另两个反向倾斜的线圈作为另外两边,构成近似于菱形的四边小孔眼。如果要加大织物中孔眼的尺寸,可将编链与变化经平相结合。图9-12所示为大网孔织物,GB1和GB2分别代表两把梳栉。由此可知,利用连续几个横列的编链可构成网孔的边柱,增加编链垫纱运动的横列数可增大网孔尺寸,变化经平则用于封闭网孔。

(2)经缎、变化经缎垫纱类。在实际生产中,常以经缎或变化经缎的垫纱方式结合部分穿经形成孔眼织物。图9-13中,两把梳栉均一穿一空穿经,且做对称的四列经缎垫纱,该结构中

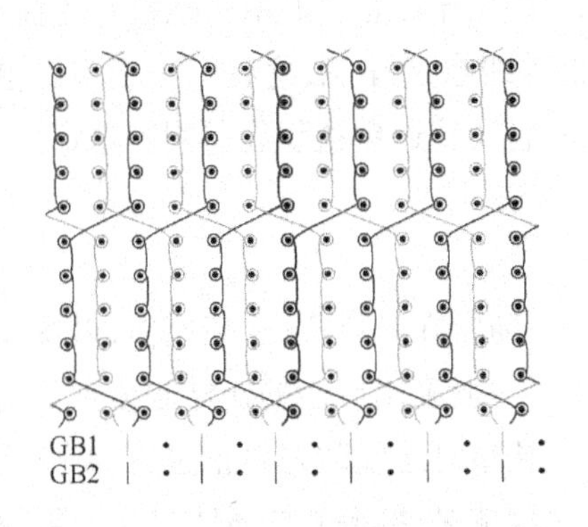

图 9－12　两梳空穿大网孔织物

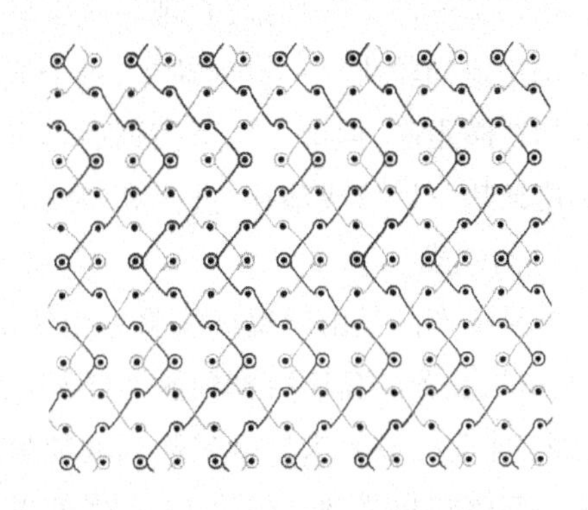
图 9－13　经缎垫纱部分穿经网孔织物

所有线圈均为单纱线圈，线圈受力不均衡，而产生歪斜，形成菱形网孔。

如将经缎垫纱与经平垫纱相结合，可用一穿一空的两把梳栉得到网孔尺寸较大的织物结构，常用作蚊帐类织物。该织物线圈结构如图 9－14 所示，若增加连续的经平横列数，则可扩大孔眼尺寸。

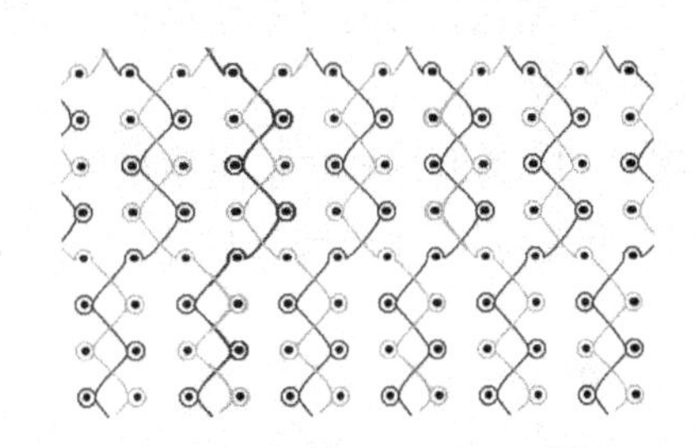
图 9－14　经缎与经平垫纱部分穿经网孔织物

除一穿一空的穿经方式外，经缎类双梳空穿组织通常还有二穿二空、三穿一空、五穿一空等方式。这时常需采用部分变化经缎垫纱运动，以确保每一横列的每枚织针均有纱线垫纱成圈。

3. 双梳空穿网眼织物的设计步骤一般包括如下几步：

(1)画意匠图。根据完全组织的宽度和高度，在意匠图纸上画出完全组织的区间。

(2)标注孔眼的位置及大小。在意匠图纸上，用粗竖线标注孔眼的位置及大小，如果相邻纵行无延展线的横列数多，则形成柱形孔眼；横列数少，则为小孔眼。

(3)画梳栉穿经图。在有孔眼处不穿经纱，其余位置均穿经纱。通常两把梳栉采用相同的穿经安排。如两把梳栉穿经不同，通常第二把梳栉主要是起填补纱线的作用。

(4)画垫纱运动图。在穿经图和意匠图的基础上，用色笔画出两把梳栉的垫纱运动图。一般将两把梳栉的延展线反向设计，并且延展线不通过具有孔眼的地方(即意匠图上粗竖线的地方)。

(5)画满穿处的两把梳栉垫纱运动图。

(6)写出两把梳栉的垫纱数码记录。

第二节　缺垫经编组织

一、缺垫经编织物结构及特性

部分梳栉在一些横列处不参加编织的经编组织称为缺垫组织(miss－lapping stitch)。图 9－15所示为一缺垫经编组织，前梳纱在连续两个横列中缺垫，而满穿的后梳则做经平垫纱运动。在缺垫的两个横列处,表现为倾斜状态的单梳线圈。当然也可采用两把梳栉轮流缺垫。编织时每把梳栉轮流隔一横列缺垫,每个线圈只有一根纱线参加编织,这种织物表现出单梳结构特有的线圈歪斜,但由于每个横列后均有缺垫纱段,故它比普通单梳织物坚固和稳定。

利用缺垫可以形成褶裥、方格和斜纹等花色效应。

(一)褶裥类

褶裥经编产品是由缺垫纱线将地组织抽紧而形成的,通常在带有3~4把梳栉,以及双速送经、双速牵拉装置的高速特利柯脱型经编机上进行编织。一般采用后面的梳栉连续正常编织形成地组织,而前梳按要求进行多横列的缺垫编织,并且在缺垫时送经装置停止送经、牵拉装置停止牵拉。前梳缺垫范围一般达12个横列以上,缺垫横列数越多,褶裥效应越明显。如果缺垫梳栉满穿时,褶裥将覆盖整个坯布幅宽。

褶裥经编织物有时可利用前梳带空穿,形成花色褶裥;也可在后梳织入弹性纱线,编织弹性褶裥经编织物。

图9-16为利用缺垫形成褶裥的过程。图9-17为一种三梳褶裥织物。该织物在前梳缺垫的12个横列处,前梳满穿时,由中、后梳编织的织物形成整幅宽度的褶裥。

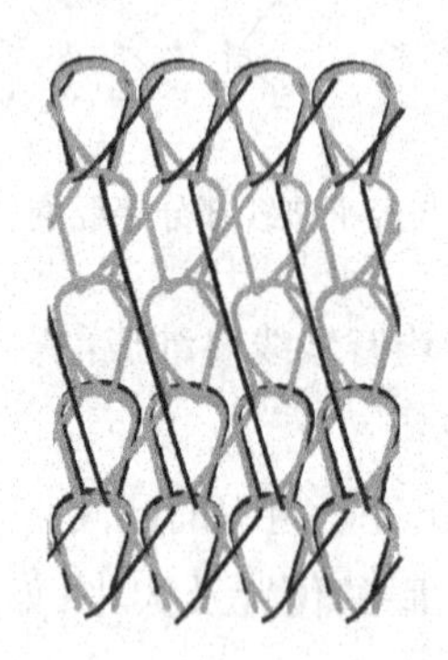

图9-15　缺垫经编组织

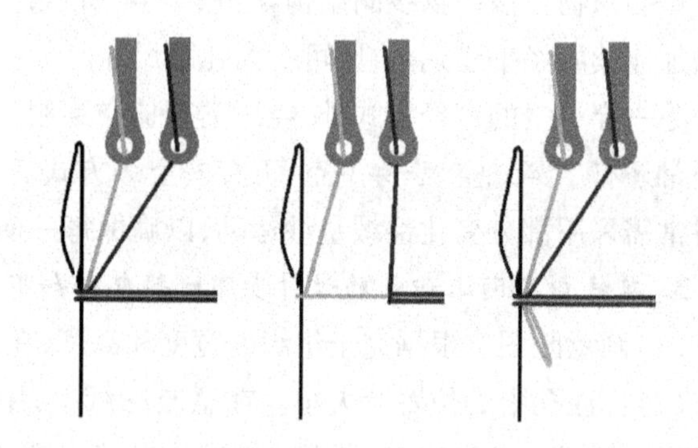

图9-16　褶裥的形成过程

若将缺垫与空穿相结合,可产生较为复杂的褶裥效应。

(二)方格类

利用缺垫与色纱穿经可以形成方格效应的织物。图9-18为一种方格织物,其后梳满穿白色经纱,前梳穿经循环单元为5根色纱1根白纱,前梳编织十个横列后缺垫两个横列。前10个横列,前梳纱覆盖在织物工艺正面,织物上表现为一纵行宽的白色纵条与五纵行宽的有色纵条相间;在第11和12横列处,前梳缺垫,后梳的白色纱线形成的线圈露在织物工艺正面,而前梳纱浮在织物反面,于是在有色地布上形成白色方格。

(三)斜纹类

采用缺垫经编组织可在织物表面形成向左或向右的斜纹效应。图9-19所示为两种形成斜纹效应的方法,其中灰色区域表示形成斜纹的地方。图中(a)前梳(GB1)穿经为二"I"色,二"O"色,后梳(GB2)满穿较细的单丝,与前梳反向垫纱,以使织物稳定。该方法的缺点是织物反面有长延展线,在织物表面形成凸条物外观。

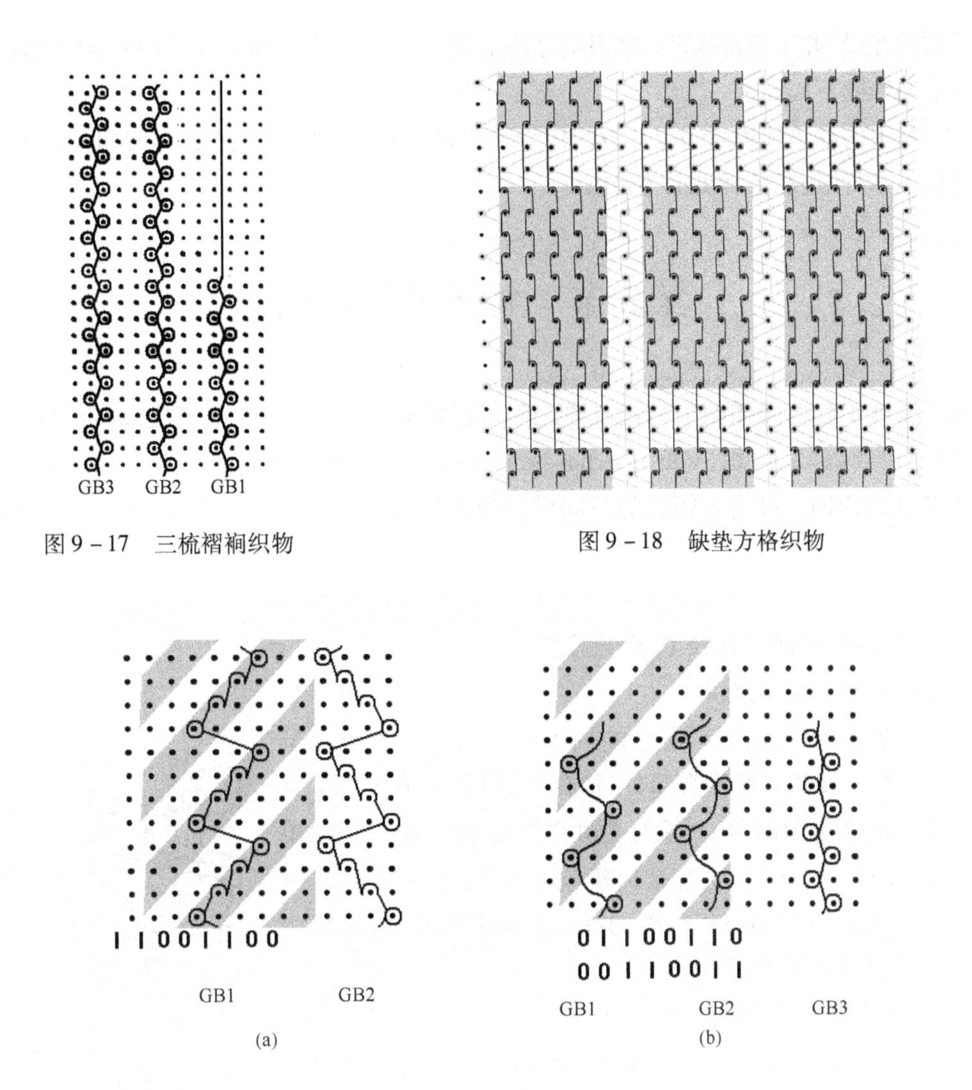

图 9－17 三梳褶裥织物

图 9－18 缺垫方格织物

图 9－19 缺垫斜纹织物

图 9－19 中(b)为一种三梳缺垫组织，前梳(GB1)和中梳(GB2)的穿经均为二“I”色，二“O”色。前梳在奇数横列编织，偶数横列缺垫；中梳则在偶数横列编织，奇数横列缺垫；由做经平垫纱运动的后梳(GB3)构成底布，这样编织出的斜纹有光洁的反面。另外还可对图中(b)进行变化，使中梳形成与前梳反向的长延展线，前梳和后梳的垫纱运动与图中(b)仍完全相同，这样可使织物更加紧密。

在设计斜纹之类的非对称花纹时需注意，因为从织物正面看时纹路是反过来的，所以织物意匠图要反过来设计。

二、缺垫经编组织的编织工艺要点

在编织缺垫经编组织时，缺垫横列与编织横列所需的经纱量是不同的，这就产生了送经量的控制问题。当连续缺垫横列数较少时，可勉强采用定线速送经机构，但要将喂给量调整为每横列平均送经量，并采用特殊设计的具有较强补偿能力的张力杆弹簧片，以补偿编织横列或缺垫横列对经纱的不同需求。

当织物中的缺垫片段与编织片段的用纱量差异较大时，则需采用双速送经机构或电子送经（EBC）机构，以使送经量满足工艺要求。

第三节　衬纬经编组织

在经编针织物的线圈圈干与延展线之间，周期地垫入一根或几根不成圈的纱线，这种织物组织称为衬纬经编组织（weft insertion warp knitting stitch），不成圈的纱线一般称为纬纱。衬纬经编组织依据纬纱衬入幅度的不同可分为部分衬纬和全幅衬纬（full width weft insertion）两种。

一、部分衬纬经编组织及其编织工艺

（一）部分衬纬经编组织

利用一把或几把不作针前垫纱的衬纬梳栉，在针背敷设几个针距长的纬向纱段的组织称为部分衬纬经编组织。图9－20为一典型的部分衬纬经编组织。该组织由两把梳栉形成，一把梳栉织开口编链，形成地组织。另一把梳栉采用三针距衬纬。从图中可以看到，衬纬纱线被地组织线圈的圈干和延展线夹住，衬纬纱转向处，挂在上下两横列的延展线上。

由于衬纬纱不垫入针钩参加编织，因而扩大了可加工纱线的范围。可使用较粗的或一些花式纱作为纬纱以形成特殊的织物效应。还可通过衬纬梳栉横移针距的变化，形成各种花纹效应。此外，若衬入延伸性较小的纬纱，还可改善织物的尺寸稳定性。

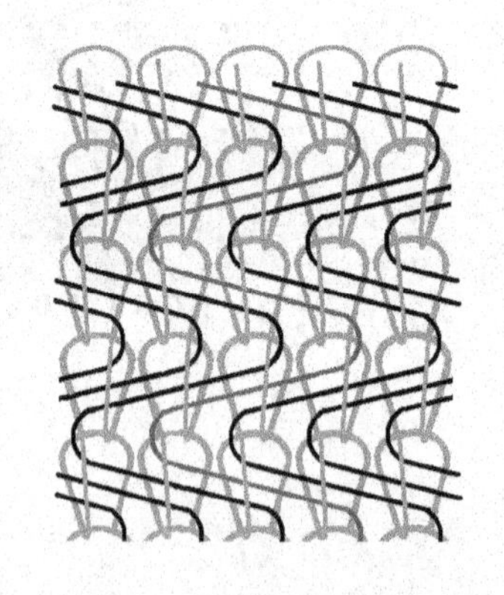

图9－20　部分衬纬经编组织

1. 部分衬纬经编组织的结构特点：

（1）衬纬梳栉前至少要有一把成圈梳栉（如为双梳衬纬组织，衬纬纱必须穿在后梳上）。

（2）若衬纬梳栉针前、针背都不横移，则纱线自由地处在织物的工艺正面，沿经向浮于两纵行之间[图9－21（a）]。

（3）若衬纬和编织梳栉针背垫纱同针距、同方向，则衬纬纱将避开（或称躲避）编织梳栉的针背垫纱，不受线圈延展线夹持，而浮在织物的工艺反面[图9－21（b）]。

（4）当地组织为经平时，若衬纬和编织梳栉针背垫纱方向相反，则衬纬纱将被比其针背横移针距数多一的两根编织纱所夹持[图9－21（c）]；若衬纬和编织梳栉针背垫纱方向相同，则衬纬纱将被比其针背横移针距数少一的编织纱所夹持[图9－21（d）]。

（5）如果只有两把梳栉，一把编织成圈，一把衬纬，此时，若后梳只做缺垫，纬纱将从织物工艺正面纵行间脱离织物；若后梳只做躲避，则衬纬纱将从织物工艺反面脱离。但是，如果有其他

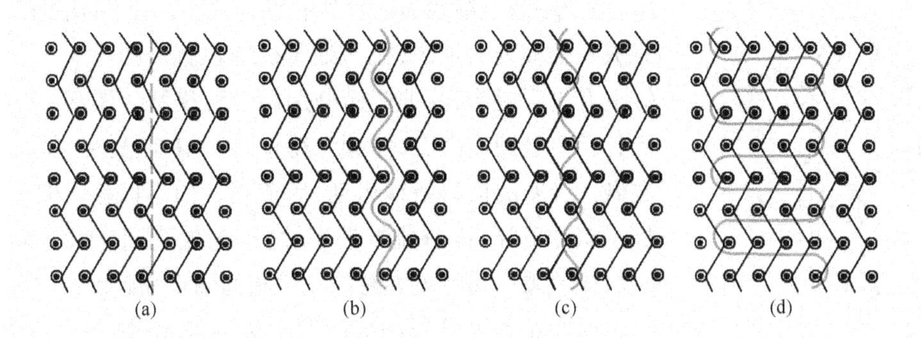

图 9－21　部分衬纬经编组织的结构特点

衬纬梳栉，通过适当安排它们的纱线位置和垫纱运动可改变这种状况。

(6)若织物中有两组纬纱，靠近机前梳栉上的衬纬纱将呈现在靠近织物工艺反面的地方。

2. 部分衬纬经编织物的类型及应用

(1)起花和起绒衬纬经编织物。起花衬纬经编织物通常利用较粗的衬纬纱在经编地组织上构成花纹。而起绒衬纬经编织物中所用的纬纱是一种较粗的起绒纱，凸出于织物工艺反面，经拉毛起绒后即可形成绒面，见图 9－22。在进行产品设计时，一般衬纬纱与地组织纱采用同向针背垫纱，以减少衬纬纱与地组织的交织点，有利于起绒。

(2)网孔衬纬经编织物。将部分衬纬与地组织相配合，可得到具有网孔结构的经编织物。图 9－23 为一种简单网孔衬纬经编织物。衬纬纱与编链构成方格网孔，衬纬纱不仅在横向起着连接作用，而且对纵向的编链也起着加固的作用。同一横列两把衬纬梳栉在针背进行反向垫纱，加固织物结构。另外，还可通过设计得到六角形的网孔织物。

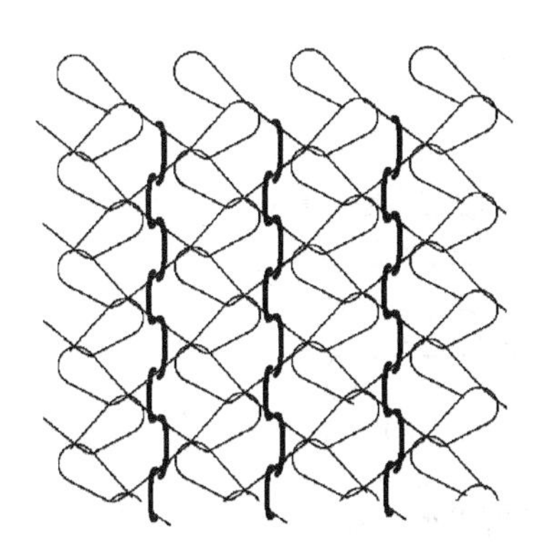

图 9－22　起绒衬纬经编织物

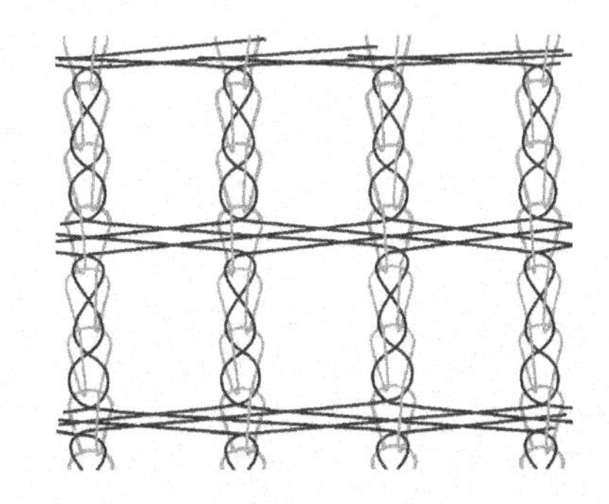

图 9－23　方格网孔衬纬经编织物

网孔衬纬经编织物常用来制作渔网，原料常用 240～10000dtex 的锦纶 6 或锦纶 66 长丝，采用 4～8 梳经编网孔组织。图 9－24 显示的是一种常用的四梳渔网组织，所有梳栉均为 1 隔 1 穿经，衬纬纱横移一针距处加固孔边区，横移两针距处加固连接区。

(二)部分衬纬经编组织的编织工艺

图 9－25 显示了部分衬纬的形成过程。图中前梳满穿白色纱线做经平垫纱运动形成地组

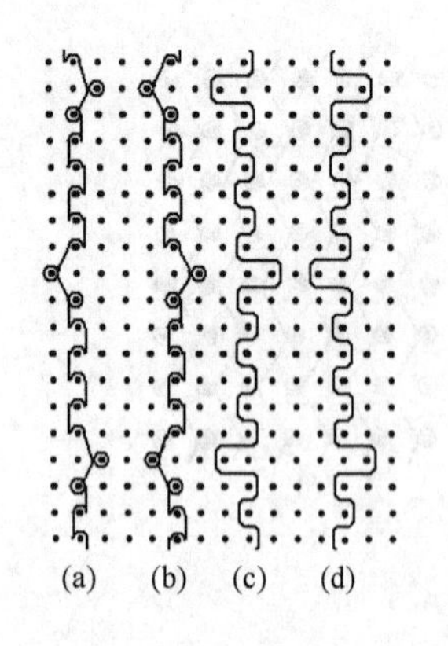

图 9－24　衬纬经编渔网织物

织，后梳穿黑色纱线做四针距衬纬。图 9－25（a）表示织针刚刚完成一个横列的编织，梳栉处于机前位置。图 9－25（b）显示织针上升进行退圈，两把梳栉分别做针背横移。图 9－25（c）表示织针已上升到最高点，停顿等待垫纱。梳栉已摆至针前，前梳向左做一针距的横移垫纱运动，后梳则针前不横移。图 9－25（d）显示织针下降，将前梳纱带下，之后完成套圈、脱圈和成圈。此时后梳的黑色纬纱被夹在前梳线圈的圈干和延展线之间。

衬纬梳栉的垫纱运动图的表示方法如图 9－26 所示。图 9－26（a）表示衬纬梳栉的一枚导纱针由机前摆向机后（即针前），但未做针前横移，接着仍从同一针隙中摆回到机前。在织第二横列时，该导纱针已做四针距的针背横移，在针隙 4 处做前后摆动。随后各横列的运动依此类推。图 9－26（b）表示针背垫纱和以后运动路线的情况。目前大多采用图 9－26（c）的方法来表示。

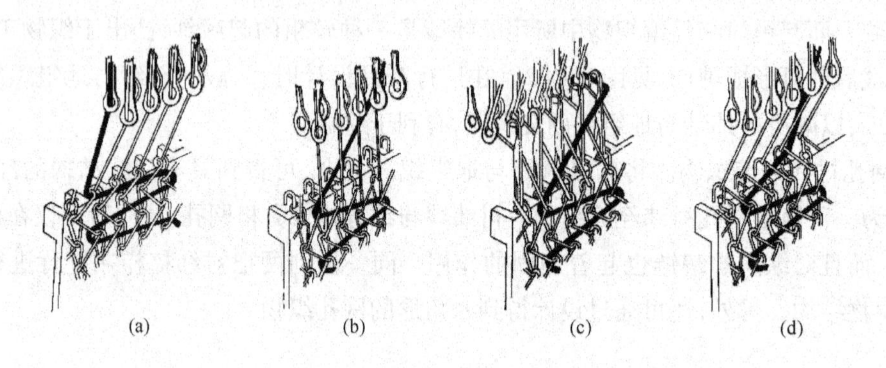

图 9－25　部分衬纬的形成过程

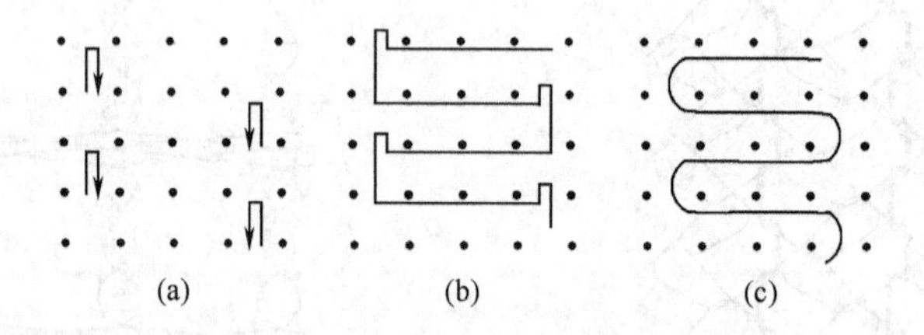

图 9－26　衬纬梳栉的垫纱运动图的表示方法

二、全幅衬纬经编组织及其编织工艺

（一）全幅衬纬经编组织

将长度等于坯布幅宽的纬纱夹在线圈主干和延展线之间的经编组织称为全幅衬纬经编组织，如图 9－27 所示。

经编组织中衬入全幅纬纱，可赋予织物某些特殊性质和效应。如果采用的纬纱延伸性很小,则这种全幅衬纬织物的尺寸稳定性极好,与机织物接近;如果衬入的纬纱为弹性纱线,则可增加经编织物的横向弹性。衬入全幅衬纬纱还可改善经编织物的覆盖性和通透性,减少织物的蓬松感。当采用有色纬纱并进行选择衬纬时,可形成清晰、分明的横向条纹。另外,还可使用较粗或质量较差的纱线作为纬纱,以降低成本;亦可使用竹节纱、结子纱、雪尼尔纱等花式纱线作为纬纱,以获得特殊的织物外观效应。全幅衬纬经编织物适用于制作窗帘、床罩及其他室内装饰品,亦可用作器材用布、包装用布等。

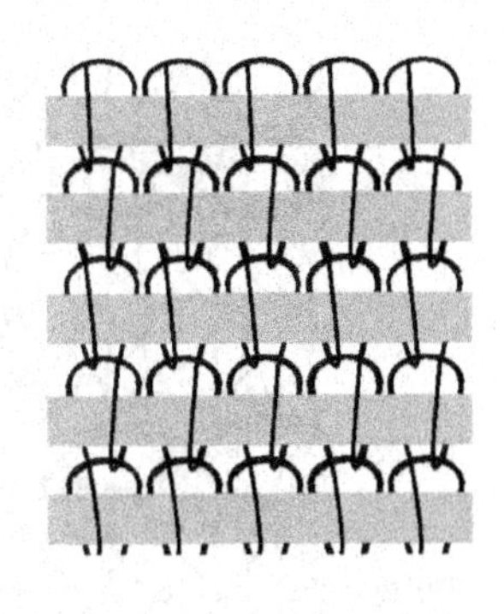

图 9－27　全幅衬纬经编组织

(二)全幅衬纬经编组织的编织工艺

全幅衬纬经编机类型很多,成圈机构与一般经编机相似,机上配备全幅衬纬装置。衬纬方式一般分为多头铺纬(又称复式衬纬)和单头衬纬两种。多头铺纬是将多根纬纱铺覆在输纬链带上,纬纱织入织物后多余的纱段被剪断。这种方式的优点是便于采用多色或多种原料衬纬以形成各种横条纹;并且由于多根纬纱同时铺放,减缓了纬纱的退绕速度,利于使用强度不高的纱线;缺点是纬纱剪断后织物有毛边且纬纱损耗较大,另外由于纬纱筒子数较多,纱架占地面积较大。采用单头衬纬时,纬纱在布边转折后,再衬入织物,因此能形成光边,不会造成纬纱的浪费,且占地面积小,一般适用于较低机速和较窄门幅的机器。

在进行全幅衬纬织物设计时,要特别注意纬纱的滑动问题。全幅衬纬经编织物的防滑性与纱线原料的性质、地组织的组织结构、线圈形式及后整理工艺等有关。

第四节　缺压经编组织

经编织物中部分线圈不在一个横列中立即脱下,而是隔一个或几个横列才脱下,这种组织称为缺压经编组织(miss－press stitch)。缺压经编组织通常在钩针经编机上编织。一般分为缺压集圈和缺压提花两类。

一、缺压集圈经编织物与编织工艺

在编织某些横列时,全部或部分织针垫到纱线后不闭口(不压针),这种组织称为缺压集圈经编组织。缺压集圈可形成纵条、斜纹、凹凸等外观效应。

图 9－28 为一种缺压集圈经编组织。编织时,有些地方连续 4 次不压针,由 2 根纱线同时绕 4 圈,共有 8 个圈在坯布表面形成突起小结。另外,也可在织物中一个横列压针,一个横列不压针,交替进行。每个线圈纵行处于正面的线圈均是由同一根纱线形成的。使用此方法可以在坯布表面形成边界清楚的纵条条纹。若在同一枚针上连续多次集圈,多根缠绕的圈弧会在织物表面形成突起的小结状外观。

使用钩针经编机编织缺压集圈经编织物时一般需用两种压板,一种为平压板,一种为花压板。花压板上根据花型需要开有槽口,在压针时有槽口的地方没有压针,形成集圈,而没有槽口

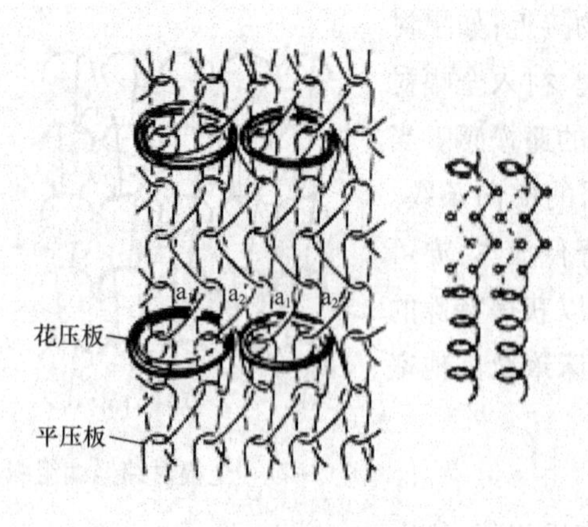

图9－28　缺压集圈经编组织

而凸出部分对应的织针正常压针、套圈编织成圈。花压板除了前后压针运动外，还可进行横向移动，以在不同的针上形成集圈。当花压板起压针作用时，平压板退出工作；而当花压板退出工作时，平压板工作。

二、缺压提花经编织物与编织工艺

某些织针在几个横列的编织过程中，既不垫纱，也不闭口（不压针），形成拉长线圈的织物外观，这种经编组织称为缺压提花经编组织。

编织提花缺压经编织物时，通常采用花压板，且梳栉不完全穿经。花压板的凸出部分须正对每一横列中垫到纱的织针，以保证不会形成悬弧；而花压板的槽口部分则必须正对每一横列中垫不到纱的织针，以保证不会造成线圈脱落。因此花压板需做横移运动，并保证其凸出部分始终正对能垫到纱线的织针。

图9－29为一种缺压提花经编组织。该组织为部分穿经单梳栉提花经编结构，穿经完全组织为三穿三空，花压板为三凸三凹。

梳栉垫纱运动为：1—0/1—2/2—3/3—4/4—5/4—3/3—2/2—1//。

花压板的横移花板链条为：0—0/1—1/2—2/3—3/4—4/3—3/2—2/1—1//。

从图9－29可以看出，各纵行的线圈数不同。如在每个完全组织中纵行a只有两个线圈，纵行b和f有三个线圈，纵行c和e有五个线圈，而纵行d则有六个线圈。

实际织物上拉长线圈不会拉得这么长，而是由拉长线圈将上下曲折边连接叠加在一起，呈贝壳提花组织。进行该类织物设计时要注意：导纱梳栉的连续横移量应大于一穿经完全组织中的空穿数，否则某些针上垫不到纱，不能形成整幅坯布，只能织出狭条。

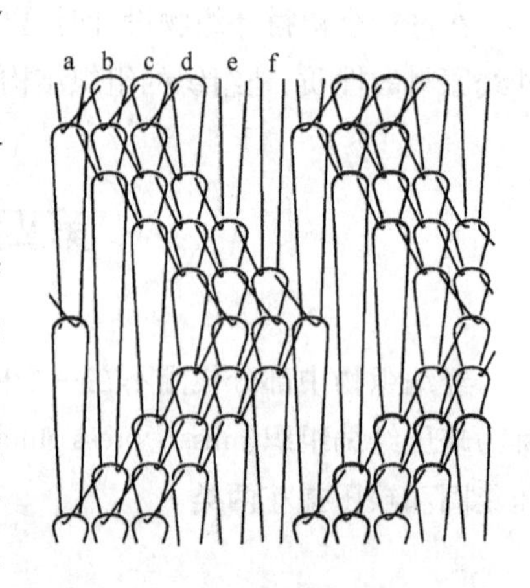

图9－29　缺压提花经编组织

第五节　压纱经编组织

一、压纱经编织物及特性

有纱线绕在线圈基部的经编组织称为压纱经编组织（fall plate stitch）。图9－30所示为一种压纱经编织物，一些纱线（称为压纱纱线或衬垫纱）不编织成圈，只是呈圈状缠绕在地组织线圈的基部，其他部分处于地组织纱线的上方，即处于织物的工艺反面，从而使织物获得三维立体花纹。

压纱经编组织有多种类型,其中应用较多的为绣纹压纱经编织物。在编织绣纹压纱经编织物时,利用压纱纱线在地组织上形成一定形状的凸出花纹。由于压纱纱线不被针钩编织,因而可以使用花色纱或粗纱线。压纱梳栉可以满穿或空穿,还可运用开口或闭口垫纱运动,形成多种花纹。

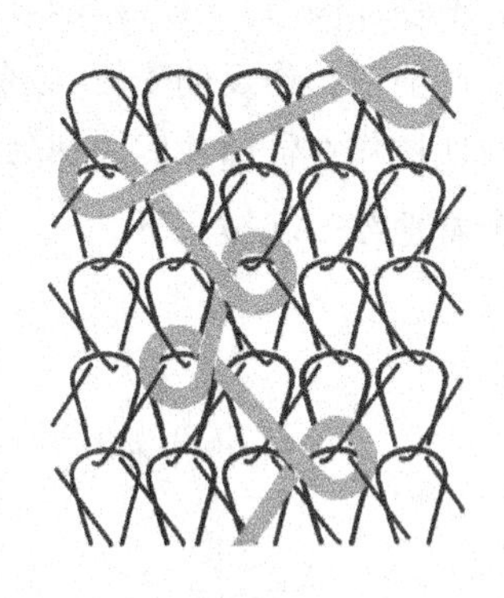

图9－30　压纱经编织物

图9－31为以编链为地组织的压纱经编织物,前梳栉与地梳栉的针前垫纱方向不同,前梳纱在坯布中的线圈结构也不同。前梳纱与地梳纱同向垫纱时的线圈结构形态如图9－31(a)和(c)所示;反向垫纱时的线圈结构形态如图9－31(b)、(d)所示,这种结构有时也叫作“8”字形组织。另外,当同向针前垫纱的前梳纱被压纱板下压移至针杆时,滞留在针杆上的地组织纱线会受到意外的张力,引起线圈歪斜。因此采用同向针前垫纱编织时,先由前梳栉进行针前垫纱,接着压纱板下压,然后地组织进行针前垫纱。此外,为了防止线圈歪斜,还可将前梳纱的张力调节得小些,地梳纱的张力调节得大些。

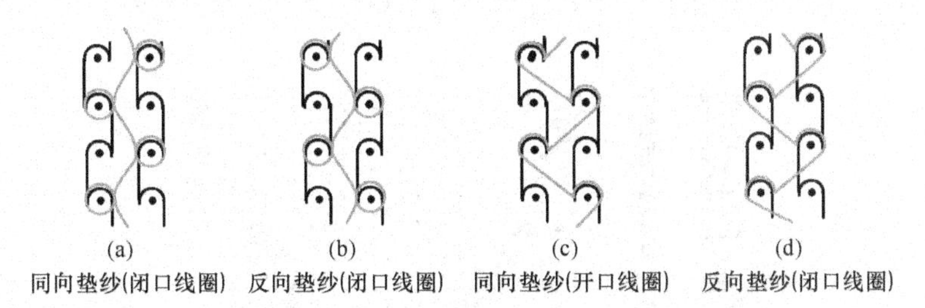

图9－31　以编链为地组织的压纱经编织物

在实际生产中,有时也以经平组织为地组织,辅以开口、闭口的线圈结构,以及同向、反向的垫纱变化,产生多种变化组合。

一般来讲,反向垫纱的组织较容易编织,而且使用也最为广泛。由于这种方法形成的线圈呈“8”字形,因此它适用于运动衣等领域。

压纱机构也常常安装在多梳花边机和贾卡经编机上,以生产出具有浮雕效应的织物。此外,压纱经编织物还有缠接压纱和经纬交织等结构。

二、压纱经编织物的编织工艺

压纱织物是在带有压纱(板)机构的经编机上编织的。压纱板是一个与机器门幅等宽的金属薄片,位于地组织梳栉之前,压纱梳栉之后。压纱板不仅能与导纱梳栉一起前后摆动,而且能作上下垂直运动。

形成压纱经编织物的过程如图9－32所示。当压纱板位于上方时[图9－32(a)],梳栉与压纱板一起,摆过织针,作针前垫纱运动[图9－32(b)]。当前梳(压纱梳)栉完成针前垫纱摆回至机前[图9－32(c)],压纱板下降,将刚垫上的压纱纱线压至针杆上[图9－32(d)]。在随后地纱成圈时,压纱纱线与旧线圈一起由针头上脱下[图 9-32(e)]。通常压纱梳栉和地梳栉的针前横移作反向安排,以免压纱纱线在移到针舌下方时将地纱一起带下。否则如果压纱梳栉与地梳栉在针前作同向垫纱,则压纱纱线就会和地梳纱平行地垫在织针上,并在压纱板下压时,带着地纱一起被压下。

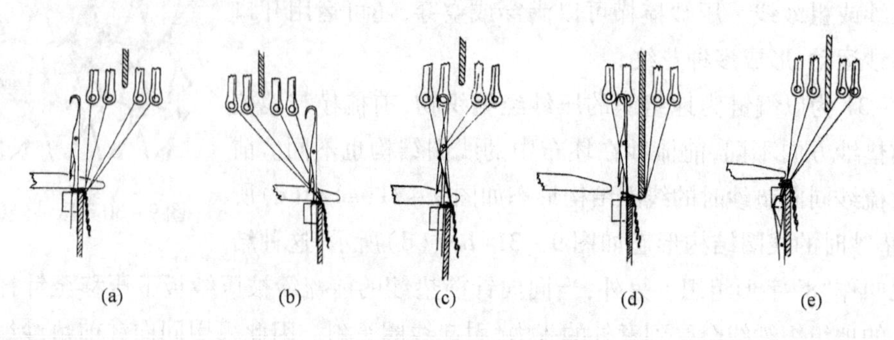

图 9-32　压纱经编织物的编织

图 9-33 为一具有凸出菱形绣纹图案效果的压纱经编织物垫纱运动图,其穿经完全组织为:GB4(B):满穿;GB3:满穿;GB2:空 6,穿 2,空 18;GB1(F):穿 2,空 24。

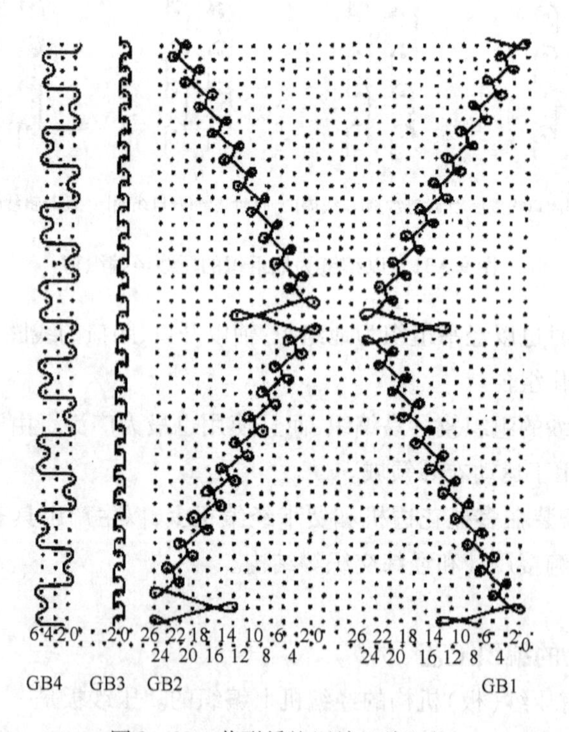

图 9-33　菱形绣纹压纱经编组织

梳栉 GB3 和 GB4 形成小方网孔地组织。两把压纱梳栉 GB1 和 GB2 均为部分穿经,作相反的垫纱运动。它们在底布表面上形成凸出的菱形花纹,在菱形角处有长延展线形成的结状凸纹。可以看出,GB4 的完全组织为 6 横列,而 GB1 和 GB2 的完全组织为 46 横列。

第六节　毛圈经编组织

一面或两面具有拉长毛圈线圈结构的经编织物称为毛圈经编组织(warp - knitted plush/pile loop stitch)。经编毛圈织物由于具有柔软、手感丰满、吸湿性好等特点,被广泛用作服装、浴巾或装饰用品。

一、毛圈经编织物的编织方法

通常可利用经编组织的变化和特殊化学整理来生产毛圈经编织物。常用的编织方法有脱圈法和超喂法,化学方法有烂花法。

1. 脱圈法　脱圈法是在一隔一的针上形成底布,毛圈梳栉在邻针上间歇地成圈,待脱散后形成毛圈。如图 9 - 34 所示。其垫纱数码和穿经如下,其中 GB1 为地纱梳栉,GB2 为毛圈纱梳栉:

GB1:2—3—2/1—0—1//　|·|·|·;

GB2:2—1—1/1—0—1//　·|·|·|。

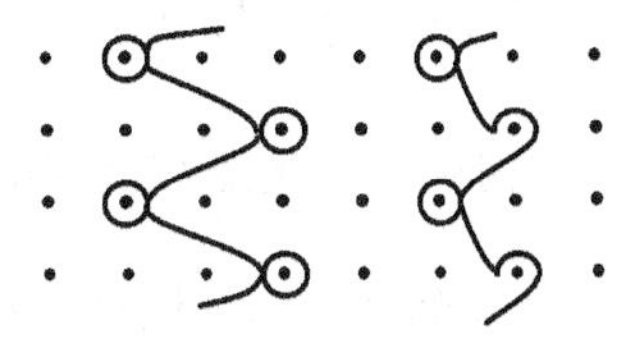

图 9 - 34　脱圈法形成毛圈

2. 超喂法　一般采用加大毛圈梳栉送经量,使线圈松弛来形成毛圈。这种织物虽然毛圈不明显,但是手感柔软。

3. 烂花法　采用适当的纤维组合,在三、四梳栉经编机上生产出的平纹织物,下机经烂花工艺整理后,使某些纤维溶解,某些毛圈竖直成为毛圈。

采用上述方法得到的单面或双面毛圈织物虽可获得一定高度的毛圈效应,但毛圈密度和高度难以调节,有时不能满足设计要求。因此,当对织物的毛圈高度、丰满度和均匀性等有较高要求时,需使用毛圈沉降片法或专门的经编毛巾生产技术。

二、毛圈沉降片法编织原理

采用这种技术可以用双梳或三梳编织出质量很好的毛圈织物,而且机器具有很高的速度。图 9 - 35 为毛圈编织法的成圈机件配置,所示的是双梳毛圈织物的编织原理。通常毛圈沉降片 4 位于原来沉降片 3(已去除了片鼻,这样毛圈沉降片也可装得尽量低一些,以使导纱针摆入织针针间时仍有较多的空间)平台上方 5mm。编织时,毛圈沉降片 4 由梳栉横移机构进行控制不作前后摆动,只作和地纱梳栉 GB1 同方向同距离的横移运动。梳栉 GB2 用来形成毛圈,GB1 织地组织。复合针 1、针芯 2、沉降片 3 的成圈运动和普通复合针经编机一样。

毛圈型特利柯脱型经编机的成圈运动过程与普通特利柯脱型经编机完全相同。通常在普通的 4 ~ 5 梳特利柯脱型经编机上,可拆去后梳,由此产生的空间可配置毛圈沉降片装置。

图 9 - 36(a)所示为用两把梳栉编织毛圈织物时的一例,双梳均满穿。由于毛圈沉降片和地纱梳栉在针背垫纱时作同方向同距离的横移运动,以致毛圈沉降片对 GB1 的垫纱运动不起

作用,即GB1的经纱不可能垫在毛圈沉降片上。但是,由于毛圈纱梳栉GB2的垫纱运动是开口编链,所以线圈的延展线就挂于毛圈沉降片上,形成了毛圈。

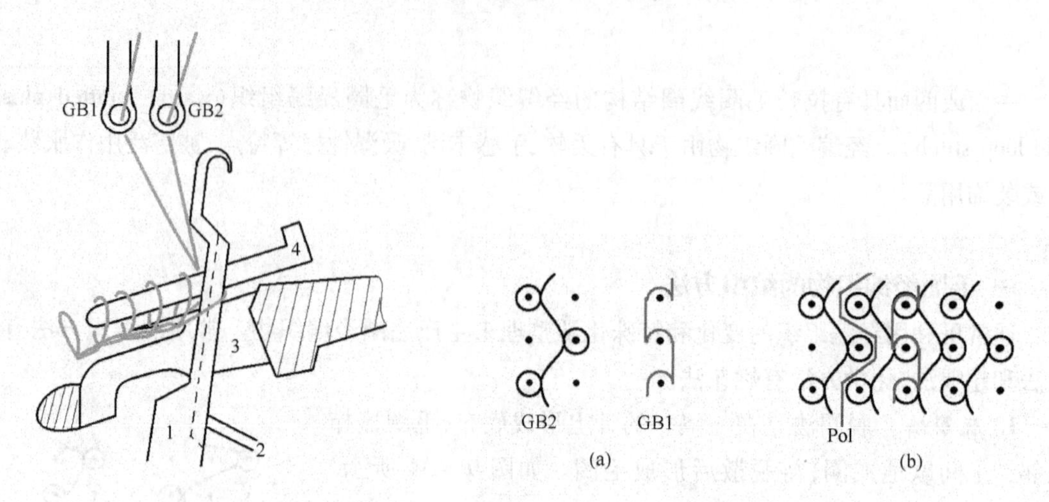

图9-35　毛圈成圈机件配置图

图9-36　毛圈沉降片法编织毛圈的原理

毛圈沉降片床的横移由花纹滚筒上的花纹链条控制。机器的编织程序与普通复合针的特利柯脱型经编机一样。通常,在普通的四梳栉或五梳栉特利柯脱型经编机上拆去后梳,留出空间安装毛圈沉降片装置。

编织地组织和毛圈需要两个不同的垫纱运动,但地纱梳栉运动必须与毛圈沉降片床的横移运动相一致,即两者的横移要同方向、同针距。因为地纱始终处于两片毛圈沉降片之间,不会在位于毛圈沉降片上方,所以其针背横移不会形成毛圈,且毛圈沉降片仅允许在针背横移期间横移。

图9-37(a)为一种简单的地组织,其中短竖线代表某一毛圈沉降片在每一横列的位置。该毛圈织物除了可用两把满穿梳栉编织外,也可用三把梳栉编织。另外,毛圈沉降片的横移运动也可进行变化。图9-37(b)为另一种地组织。GB3跟随沉降片床的横移运动。地梳栉GB4在偶数横列,将纱线垫于相同织针上,此时虽有针前横移,但与毛圈沉降片的横移运动一致,故不会形成毛圈。地梳栉GB4在奇数横列期间被毛圈沉降片横推偏斜,但由于奇数横列时GB4不产生针前垫纱,故其纱线虽横越在毛圈沉降片上方,却不会形成毛圈。由于增加了一把织编链的地梳,从而使其地组织更稳定。

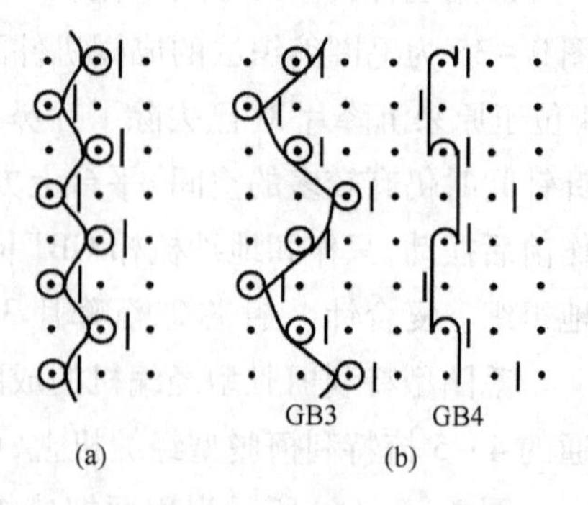

图9-37　圈织物地组织垫纱图

三、经编毛巾织物的编织原理

经编毛巾织物毛圈和底布的编织与经编毛圈织物不同。它采用脱圈法形成毛圈。

经编毛巾织物的底布采用两把梳栉编织,另两把梳栉分别编织正面和反面毛圈。因为采用脱圈法形成毛圈,所以无论编织底布，还是编织毛圈都是采用1穿1空的穿纱方式，以使编织毛圈梳栉的纱线在第一横列垫到编织底布的织针上，在第二横列垫到不编织的空针上，待第三横列成圈时脱落下来形成毛圈。

经编毛巾织物的底布通常采用编链和衬纬组织。为能形成毛圈，底布须留有空针，故采用1穿1空的穿纱方式。如图9－38所示。

其垫纱数码和穿经如下：

GB2:0—1/1—0//，1空1穿；

GB3:5—5/0—0//，1穿1空。

图9－38中的偶数针2、4…为空针，以便形成毛圈；奇数针1、3…为编织针，编织底布。

经编毛巾织物可分为单面毛巾和双面毛巾两类。

单面毛巾用三把梳栉编织，前梳编织毛圈（图9－38中GB3），中、后梳编织底布。组织采用横移奇数针距的经平组织，如0—1/2—1//（或1—0/3—4//、1—0/5—6//，参见图9－38中GB2、GB2′和GB2″）。这样织物中垫在第二横列偶数空针上的线圈脱下后形成毛圈，而垫在第一横列奇数针上的线圈则织入底布。

双面毛巾用四把梳栉编织，可在上述已形成的单面毛巾基础上，再增加一把后梳编织另一面的毛巾。因为后梳所垫纱线的延展线被其他梳栉纱线压住，脱圈后不能形成毛圈，所以不能像前梳那样采用横移奇数针距的经平组织。

为了形成双面毛圈，通常后梳采用将纱线垫在空针上的衬纬组织。在图9－39所示的双面毛巾组织中，GB4在奇数横列上的线圈，脱圈后就能形成毛圈。

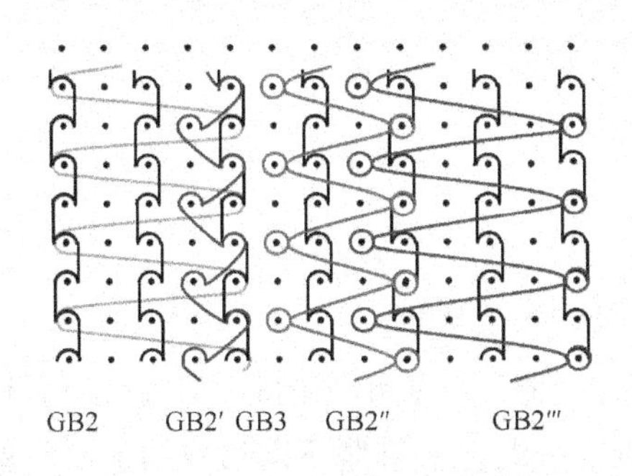

图9－38　经编毛巾织物的底布垫纱图

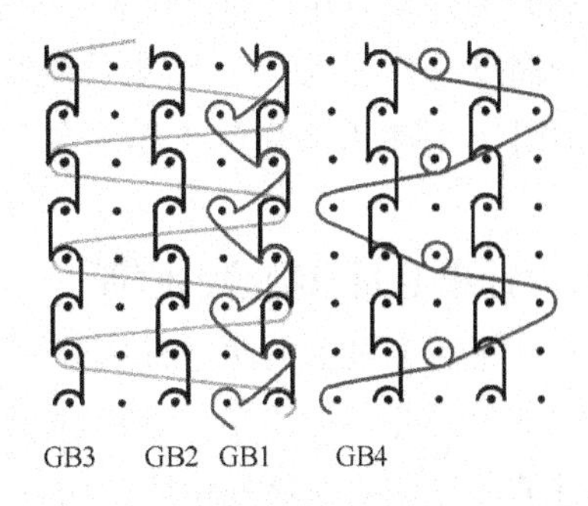

图9－39　双面毛巾织物垫纱图

由于采用脱圈法形成的毛圈存在毛圈尺寸较小且不均匀等缺点，为使产品达到要求，在实际生产中，常通过在经编机上安装一些特殊机件的方法来弥补和克服这些缺点。

1. 满头针　由于在编织时只有奇数针编织成圈，偶数针上所垫纱线脱下后成为毛圈，用这种方法得到的毛巾织物正面毛圈比反面毛圈短。为克服这个缺陷，可在毛巾经编机上将满头针与普通槽针一隔一地安装在针床上。图9－40（a）所示的满头针的脱圈深度比普通槽针大［图9－40（b）］，加大正面毛圈的长度，从而生产出两面毛圈长度近似的织物。

采用满头针编织两面均不带毛圈的毛巾边时，后梳在编织不带毛圈的部位时不形成毛圈，此部位送经量与毛圈处不同，故需采用双速送经机构。

2. 偏置沉降片 普通经编机上的沉降片是按照针距均匀配置的，如图 9－41(a)所示。而在毛巾经编机上采用偏置沉降片，即不按针距大小均匀分布，其间隔一个大于针距，一个小于针距，但相邻两个之和等于两个针距，如图 9－41(b)所示。这样可增大毛圈的高度。

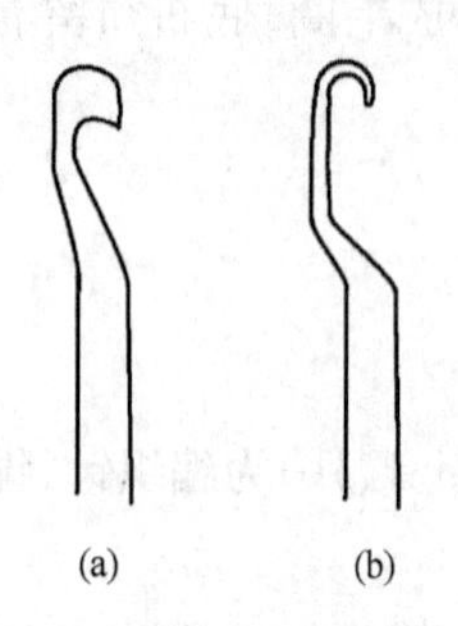

图 9－40 满头针与普通槽针

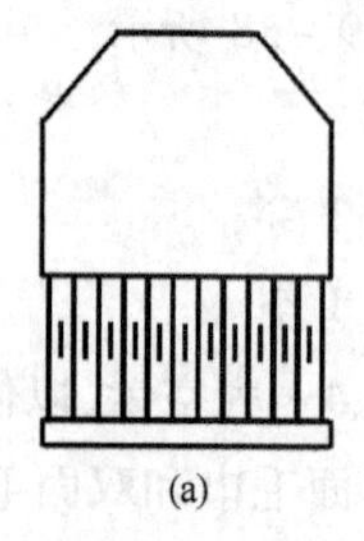

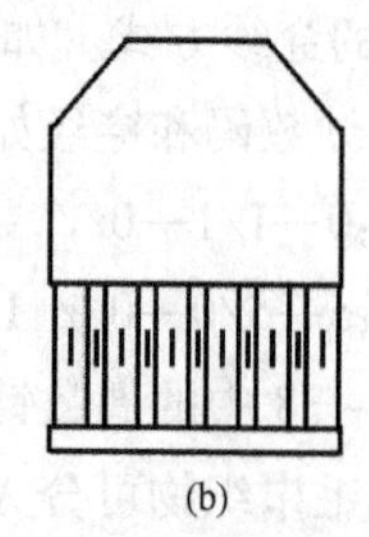

图 9－41 普通沉降片与偏置沉降片

3. 刷毛圈装置 在编织双面毛巾时，后梳和前梳所形成的毛圈在编织后都处于织物的正面，要用专门的刷毛机构把前梳形成的毛圈刷到反面。为了使毛巾织物的毛圈均匀，一般在机器牵拉辊和卷布辊之间安装了两对刷毛辊 1 和 2，如图 9－42 所示。织成的毛巾织物从牵拉辊 4 出来后，经过导布辊 3 进入刷毛装置，刷毛辊(刷毛辊的表面包有硬质尼龙毛刷，其表面线速度略快于坯布的运行速度)1 和 2 分别刷织物正面和反面的毛圈，这样得到的毛巾织物两面毛圈高度一致且均匀。经刷毛辊处理后的坯布卷成布卷 5，图中 6 是工人操作的工作平台。

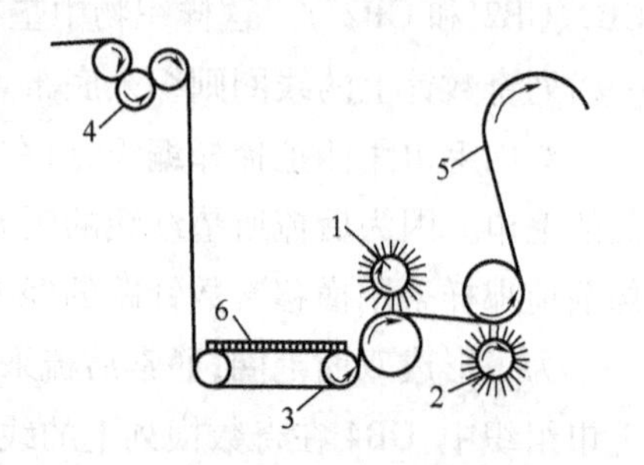

图 9－42 刷毛圈装置

四、双针床毛圈织物编织原理

在双针床经编机上的两个针床分别安装普通舌针和无头舌针。

编织至少需要两把梳栉，一般后梳穿地纱，前梳穿毛圈纱。编织开始时，带舌针的后针床和带无头针的前针床均在最低位置。舌针钩住刚形成的线圈，无头针脱下刚形成的毛圈。然后前针床带动无头针上升至最高位置，梳栉向机前摆动，从无头针旁通过。到最前位置时，前梳(毛圈纱梳栉)横移一针距，而后梳(地纱梳栉)不做针前横移动作。接着梳栉摆回机后，毛纱垫到无头针上。在舌针上升时，梳栉再次向机前摆动，让出位置。此时前梳作针背横移，导纱针移到需垫纱的织针的间隙。在舌针升到最高位置后，两把梳栉一起向机后摆动，通过舌针旁边，再一起横移一针距，摆回到机前，使地纱和毛圈一起垫到舌针上。接着后针床舌针下降，进行脱圈和成圈，毛圈纱和地纱一起编织在地布内，毛圈纱被无头针带住的部分形成了毛圈。

此种方法形成的毛圈长度由前后针床的隔距决定，可以通过调整隔距大小来改变毛圈的长度。

第七节　贾卡经编组织

由贾卡提花装置控制拉舍尔型经编机上部分衬纬纱线（或压纱纱线、成圈纱线等）的垫纱横移针距数，以在织物表面形成厚、薄、网孔等花纹图案效果的经编织物结构称为贾卡提花经编组织，简称贾卡经编组织（jacquard warp knitted stitch）。

贾卡提花装置可使每根贾卡导纱针在一定范围内做独立垫纱运动，故编织的花纹图案的尺寸不受限制。

贾卡经编织物主要用作窗帘、台布、床罩等各种室内装饰与生活用织物，也有用作妇女的内衣、胸衣、披肩等带装饰性花纹的服饰物品。

因为贾卡提花装置控制的同一把梳栉中各根经纱垫纱运动规律不一，所以编织时每根经纱的耗纱量不同，因此生产中常需用消极供纱。另外贾卡经编机的占地面积较大，经纱行程较长，张力难以控制，机速较低。

一、贾卡经编组织的分类

（一）贾卡经编组织提花原理分类

贾卡经编织物根据其提花原理不同，可以分为四种不同类型的织物：

1. 衬纬型贾卡经编织物　利用衬纬提花原理编织生产。生产这类织物的经编机称为衬纬型贾卡拉舍尔型经编机。

2. 成圈型贾卡经编织物　利用成圈提花原理编织生产。生产这类织物的经编机称为成圈型贾卡经编机，又称为拉舍尔簇尼克（Rascheltronic）。

3. 压纱型贾卡经编织物　利用压纱提花原理编织生产。生产这类织物的经编机称为压纱型贾卡经编机。

4. 浮纹型贾卡经编织物　利用浮纹提花原理编织生产，机器上带有单纱选择装置。生产这类织物的经编机称为浮纹型贾卡经编机，又称为克里拍簇尼克（Cliptronic）经编机。

（二）贾卡经编产品应用

按照贾卡经编产品应用领域的不同，可将其分为三类：

1. 室内装饰织物　贾卡提花经编针织物的特点是易于生产宽及全幅的整体花型，网眼、薄、厚组织按花纹需要配置，具有一定层次，可制成透明，半透明或遮光窗帘帷幕等室内装饰用织物。

2. 贾卡时装面料　部分贾卡经编机（如 RSJ 系列，RJWB 系列等）可以生产密实的或网眼类的弹力内衣面料，或具有独特花纹效果的经编时装面料。

3. 贾卡花边　贾卡花边可以是弹性的，也可以是非弹性的；可以带花环，也可以不带花环。花纹精致，具有立体效应，并且底布结构清晰，克重轻，成本低，在高档妇女内衣领域应用广泛。

二、经编贾卡起花的基本原理

目前,最普通的贾卡经编机的梳栉设计成 4—4/0—0 的横移运动。因此,如在编织期间所有移位针都处高位,则贾卡导纱针都与贾卡梳栉的运动一致,即都按侧向花纹凸盘的控制运动,作 4—4/0—0 运动。它们的针背垫纱状况如图 9-43(a)所示。而当贾卡梳栉右移时,如某枚移位针处于低位,则由于控制移位针床的花盘设计成在此时使移位针床比贾卡梳栉向右少走一个针距,因此使该低位移位针左侧相邻的贾卡导纱针[图 9-43(b)中的 x]向左移动,阻挡纱线向右垫纱,缩减了一个针距。需要注意的是:该导纱针的根部与其他不发生偏移的导纱针一样,处于花纹凸盘控制的规定位置。但该导纱针的带纱端却因偏移而处于左邻的贾卡导纱针[图 9-43(b)中的 y]所处的针隙中。而当贾卡梳栉向左作两针距针背横移时,由于移位针床的花盘设计在此时使移位针床比贾卡梳栉向左移一个针距,所以如某根移位针处于低位,则就使其左邻侧相邻的贾卡导纱针向左偏移[图 9-43(c)中的 x],即其垫纱长度向左多移了一个针距。偏移导纱针的带纱端处于左侧贾卡导纱针[图 9-43(c)中的 y]的同一织针针隙中。

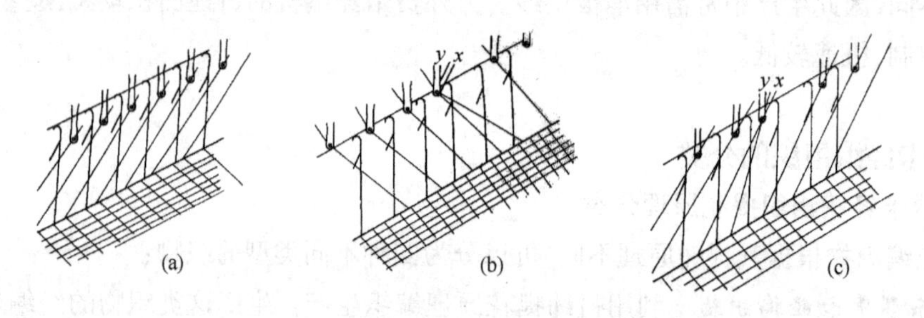

图 9-43　导纱针与移位针的运动

为了便于移位针对贾卡导纱针的控制及设计、绘制贾卡花纹意匠图,在移位针床和贾卡梳栉的花纹凸盘的相互工作配置上,通常要使各移位针与其左侧的贾卡导纱针起偏移作用,使两者建立起一一对应的关系。因此,虽然配置在一起的移位针床和贾卡梳栉分别在各自花纹凸盘控制下进行独立的横移运动,但移位针床的横移运动必须与贾卡梳栉的横移运动相适应。否则花纹意匠图的设计和纹板冲孔就难以进行。

在贾卡梳栉进行 4—4/0—0 衬纬垫纱运动时,为使贾卡花纱织入织物,至少要在该梳栉的前方配置一把成圈编织的地梳栉,通常为织编链的梳栉,从而形成如图 9-44 所示的衬纬编链双梳织物。

图 9-44(a)表示的是每横列中移位针都处于高位的情况,其对应的贾卡导纱针按贾卡梳栉的 2 针距衬纬运动进行垫纱,得到 2 针距衬纬—编链组织。在该组织相邻的两地纱编链空隙中,每两个横列覆盖两根贾卡衬纬纱,构成半密实区域(或称稀薄组织)。

图 9-44(b)为移位针在贾卡梳栉右移横列(称为"A"横列)中处低位的情况,随后的左移横列(称为"B"横列)中处于高位,即在右移的 A 横列中阻挡减少一个贾卡导纱针针距,形成 1 针距衬纬—编链组织。在该组织中,贾卡花纱只绕在地纱编链上,各横列没有衬纬纱覆盖,即相邻的两地纱编链空隙没有覆盖贾卡花纱,构成网孔区域(或称网孔组织)。

图 9－44(c)为移位针在 A 横列时处高位,B 横列时处低位的情况,即在左移的横列中推延一个导纱针距,从而形成了 3 针距衬纬—编链组织。在该组织相邻的两地纱编链空隙中,每两个横列覆盖四根贾卡衬纬纱,构成密实区域(或称密实组织)。

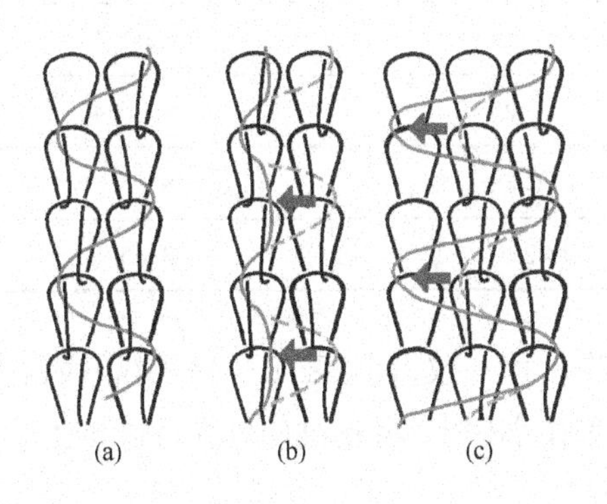

图 9－44　衬纬编链双梳织物及其起花

三、贾卡花纹意匠图的设计

贾卡花纹意匠图是在小方格纸中,根据织物组织结构的不同用三种颜色涂覆相应的小方格。通常密实组织涂红色,稀薄组织涂绿色,网孔组织涂白色(或不涂色),如表 9－1 所示。

表 9－1　贾卡组织、移位针、控制纹板和意匠图之间关系

序号	制备关系		织物组织		
1	贾卡导纱针编织的组织		密实组织(三针距衬纬编链)	稀薄组织(二针距衬纬编链)	网孔组织(一针距衬纬编链)
2	移位针状况	A 横列	H(在高位置)	H(在高位置)	L(在低位置)
		B 横列	L(在低位置)	H(在高位置)	H(在高位置)
3	纹板上的孔位	A 横列	有孔	有孔	无孔
		B 横列	无孔	有孔	有孔
4	花纹意匠格子中色标		红色	绿色	白色

意匠图中涂有颜色的每个格子代表两相邻纵行之间,A、B 两个横列的贾卡花纹的组织状况。在编织贾卡织物时,若以花纹轮廓线为上述三种组织的界线时,在相应的纹板控制下,就能编织出所需要的各种花纹的织物。

贾卡花纹意匠图的设计步骤如下:

1. 绘出花纹小样　工艺美术设计人员通常以成品的实际尺寸或缩小的尺寸绘出所要求的花纹。

2. 选择意匠纸　要求图中格子的纵边长与横边长的比例与成品织物的纵、横密度比例一致。表 9－2 为常用规格的格子意匠纸。

表 9-2 常用规格的格子意匠纸

意匠纸规格	纵边长:横边长	转过90°使用	纵边长:横边长
8×8	1:1	8×8	1:1
8×9	1:1.13	8×7.1	1:0.88
8×10	1:1.25	8×6.4	1:0.8
8×11	1:1.38	8×5.8	1:0.73
8×12	1:1.5	8×5.3	1:0.66

如果花纹小样与成品织物尺寸一致,且意匠纸的格子纵、横密度也与成品织物的密度相同,则可将透明的格子意匠纸覆盖在小样上,将花纹勾画在意匠纸上。否则可采用以下三种方法进行意匠图绘制。

(1)利用光学投影设备将画在透明纸上的小样(经比例变化后)投射到格子意匠纸上,使投影花纹的大小符合设计要求的格子数(即纵行和横列数)。然后将花纹勾画在意匠纸上。

(2)利用缩放仪将花纹转移到意匠纸上。

(3)用画方框法将花纹转移到意匠纸上。

3. 涂色 按花纹组织或色泽的不同,用规定的色彩对相应区域进行涂色,从而获得贾卡花纹意匠图。

四、电子控制贾卡装置

图 9-45 为一种电子控制贾卡装置的工作原理图。其中与通丝 4 上端连接的机件含有永久磁铁 2。当通丝和移位针的基本位置为高位时,每编织一个横列升降杆 3 上下运动一次。在上升时,将所有的通丝连接件提到最高位置,由于永久磁铁吸住在电磁铁 1 上,通丝和移位针 5 就保持在高位。但当接收到电信号,即电磁铁为一个相反磁场时,永久磁铁就释放它与电磁铁的吸合,使与通丝联接的移位针下落到低位,从而偏移相对应的贾卡导纱针。图中 a 为无信号,移位针在高位,贾卡导纱针没有偏移。b 为有信号,移位针下落到低位,贾卡导纱针被偏移。

每个电磁铁控制一根通丝和一根移位针。因此电磁铁数与移位针数、贾卡导纱针数、织针数相同。电子贾卡装置所能编织的织物完全花纹的尺寸大小取决于对其进行控制的电脑存贮器的容量。

近些年,压电式(Piezo)贾卡装置使用得越来越多。这种装置彻底改变了贾卡装置需要通丝、移位针等繁杂部件的特点,大大地简化了花型机构,提高了机速。压电式贾卡导纱装置的主要元件如图 9-46 所示,包括压电陶瓷片 1,梳栉握持端 2 和可替换的贾卡导纱针 3。贾卡导纱针在其左右两面都有定位块,以保证精确的隔距。

贾卡导纱元件的两面各贴有压电陶瓷片,它们之间有隔离层。当压电陶瓷加上电压信号后,会弯曲变形。为了传递电压信号,通常采用具有很好弹性和传导性的电极。在工作时通过开关切换，在压电贾卡导纱元件的两侧交替加上电压信号，令压电陶瓷变形，使得导纱针向左或向右偏移。

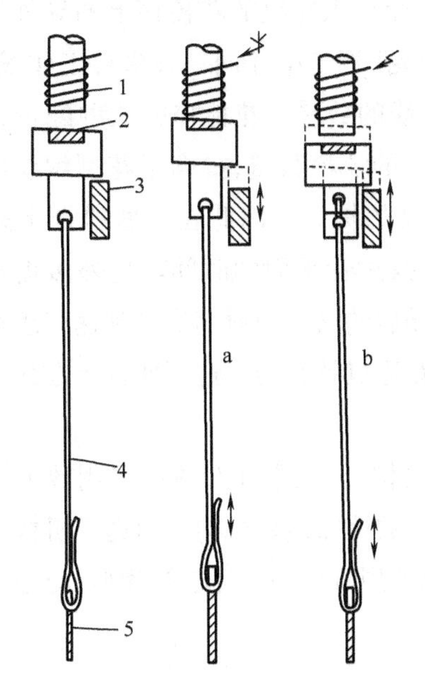

图 9-45　电子控制的贾卡装置

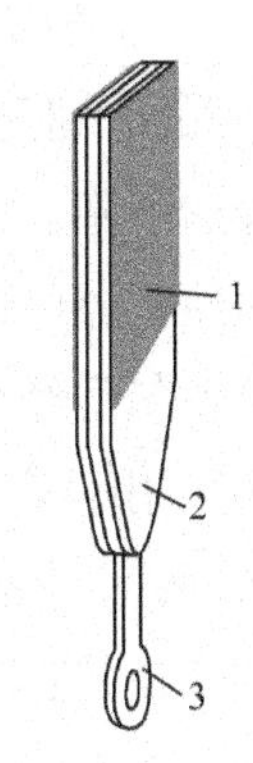

图 9-46　压电式贾卡导纱元件

第八节　多梳栉经编组织

在网孔地组织的基础上采用多梳栉衬纬、压纱衬垫、绣纹等纱线形成装饰性极强的经编织物结构，称为多梳栉经编组织（multi-bar warp knitted stitch）。

多梳栉经编织物有满花织物和条型花边两种。满花织物主要用于妇女内外衣、文胸、紧身衣等服用面料，以及窗帘、台布等装饰产品。条型花边主要作为服装辅料使用。

一、多梳栉经编产品的分类

多梳栉经编织物根据用途来分主要有多梳栉网眼窗帘织物、多梳栉服装网眼织物、多梳栉花边饰带等。而按照生产多梳栉织物的多梳栉经编机类型，又可分为以下几类：

（1）衬纬型多梳栉经编织物。

（2）成圈型多梳栉经编织物。

（3）压纱型多梳栉经编织物。

（4）康脱莱特多梳栉经编织物（Contourette）。

（5）贾卡簇尼克多梳栉经编织物（Jacquardtronic）。

（6）特克斯簇尼克多梳栉经编织物（Textronic）。

二、多梳栉拉舍尔型经编机的结构特点

多梳栉拉舍尔型经编机的基本结构与普通的拉舍尔型类经编机相同,但具有较多的梳栉。这些梳栉上的导纱针与普通经编机上的导纱针相同。而编织花纹的花梳栉上的导纱针则采用专用的花梳栉导纱针,部分梳栉上的花梳导纱针的导纱孔端集中在同一条横移工作线上,同时进行针间摆动,以减少花梳栉的摆动程度及横移工作线的数量。花梳栉的这种配置方式称为"集聚"。采用"集聚"方式大大增加了拉舍尔型经编机的梳栉数量,提高了花型编织能力。但梳栉数量的增加,增大了梳栉摆动量,影响了机器速度的提高。因此在一些机器上采用针床"逆向摆动",即通过针与梳栉的相对运动来缩短梳栉摆过针平面的时间。另外多梳栉拉舍尔型经编机成圈机件间的时间配合也有所变化,当地梳栉后的第一把衬纬梳栉到达与织针平面平齐的位置时,针床开始下降。此时间配合是拉舍尔型花边机特有的。这可使针床在最高位置的停留时间减少,从而使机器的速度提高。

另外,多梳栉拉舍尔型经编机除采用一般的横移机构外,还常在花梳栉采用放大推程杠杆式横移机构,有些还采用电子梳栉横移机构或其他新型的梳栉横移机构。而送经机构分为地经轴送经和花经轴送经两部。地经轴的送经机构与其他类型机种的送经机构相似;花经轴的送经则采用条带制动消极送经装置。

三、多梳栉经编织物的基本工艺设计

(一)基本工艺参数的确定

多梳栉花型基本的工艺参数包括花高、花宽、横密和纵密等。

1. 织物花高、花宽的分析 进行织物设计的第一步是要确定织物花型的花宽和花高。在进行仿样设计时,分析花高、花宽要先选定一个完全组织,然后沿织物的一个纵行数出线圈的个数,即为花高;沿织物横向数出地组织的纵行数,即为花宽。

对于大针距的衬纬织物,一般从工艺反面进行分析,以衬纬一侧的横移次数的二倍作为花高。

2. 织物横密、纵密的分析 织物的纵密和横密一般以单位长度(一般为1cm或1英寸)内所具有的线圈横列数(单位为cpc或cpi)和单位长度(一般为1cm或1英寸)内的线圈纵行数(单位为wpc或wpi)来表示。

经编织物的机上密度与成品密度不同,一般可通过下面的公式进行换算。

$$机上纵密 = 成品纵密 \times 纵向缩率$$

$$机上横密 = 成品横密 \times 横向缩率$$

(二)机型的确定

设计时要先统计出一个花型循环内有多少根花梳栉纱线(一般先数最外层的压纱纱线根数,再数衬纬纱线根数),然后根据花梳栉纱线数确定要采用的机器型号。

对于一些有特殊花型效果要求的设计,例如特克斯簇尼克花边织物的设计,要清楚这类机器带有贾卡装置和压纱板装置,这样才能生产出不仅具有变化的地组织,而且具有立体浮纹效

果的织物。因此在设计该类型织物时首先从整体上对织物进行观察，判断它是否为特克斯簇尼克多梳栉织物。观察织物的最外层是否具有较长的延展线，且仅在两端与地组织不通过成圈相连接，使织物表面呈现凹凸效应；观察织物的地组织是否是变化的，是否有大小不同、厚薄不同的网眼结构。如果两种组织同时具有，则说明该织物为特克斯簇尼克多梳栉织物。然后再确定生产该织物的具体机型。

（三）地组织的设计

多梳栉经编织物的地组织一般为四角形网眼或六角网眼结构。

多梳栉拉舍尔窗帘织物多采用四角网眼地组织，它们通常用两把或三把地梳栉编织，前梳栉编织编链，第二、三把梳栉编织衬纬。图9－47为常见的四角网眼地组织的垫纱图。在窗帘网眼织物中，地组织是一种格子网眼。每一网眼由两相邻纵行和三个横列的间距组成。设计时，在意匠纸上要将网眼放大。网眼的具体形态取决于最终成品网眼织物中横列与纵行的比例。如果一个网眼的完全组织横列数正好三倍于纵行数，即横列与纵行的比例为3∶1，则将得到一个正方形网眼。如果比例小于3∶1，网眼的纵向尺寸小于横向尺寸。如果比例大于3∶1，孔眼的纵向尺寸将大于横向尺寸。

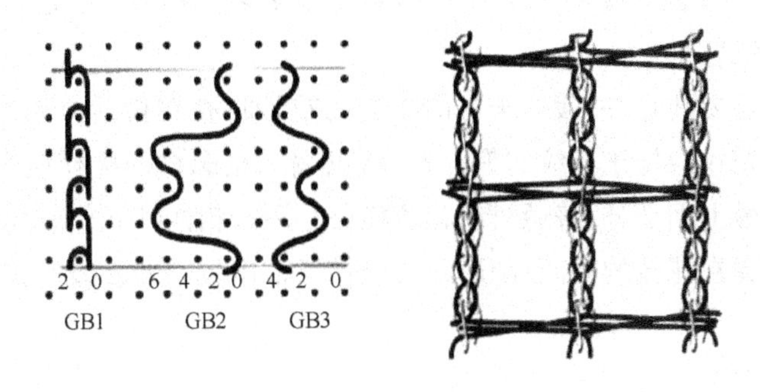

图9－47　常见四角网眼地组织

花边类织物的地组织通常采用六角网眼，其线圈结构和垫纱运动分别如图9－48所示。满穿的前梳栉先织3个横列编链，然后移到相邻的织针再继续编织3个横列编链，然后返回原来织针处。第1、2编链横列为开口线圈，第3横列为闭口线圈。第2把梳栉也是满穿的，作局部衬纬垫纱。沿上述编链作一针距衬纬。三个横列后，与前梳栉一起移到相同的相邻纵行上，继

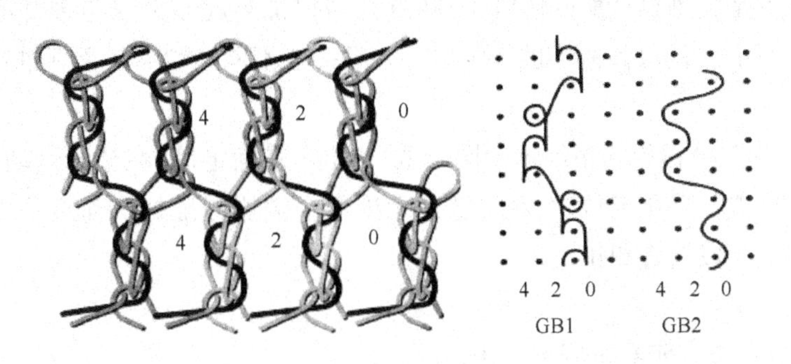

图9－48　常见的六角形网眼地组织

续在三横列上作一针距衬纬,然后同时返回到起始纵行上。地组织网眼是利用线圈结构的倾斜形成的,并利用相对机号较细的纱线以提高网眼的通透性。六角网眼的实际形状的取决于横列与纵行的比例。由三个横列和一个纵行间隙所形成的孔眼,在采用3:1比例时形成正六角形孔眼。这些织物通常在机号为 $E18$ 和 $E24$ 的机器上编织,并以与机号相同的每英寸纵行数(横密)对织物进行后整理。

(四)梳栉的分配

梳栉分配是设计多梳织物的关键之一,应遵循下列原则:

(1)每一条横移线的导纱梳栉一般分配在花纹循环的整个宽度,花梳栉呈交错配置。

(2)同一条横移线上各把梳栉上的导纱针不能移到同一织针针隙处。否则导纱针在摆过针隙时会相碰或相擦导致磨损。

(3)同一条横移线上的各把梳栉编织的花型部分不能横越另一把梳栉编织的花型部分。否则在编织时,横越的导纱针到达横越的那一横列会与被横越的梳栉的导纱针相撞。

(4)一条横移线上两把不相邻的梳栉在同一横列垫纱时,一般这两把花梳栉导纱针横移最小距离为2针距,两把相邻花梳栉导纱针横移最小距离可查表。

(5)梳栉分配时还要注意在同一个针上不要垫纱太多,最好不要超过4根纱,否则可能造成断纱,因为编链纱线较细。

另外,在设计时还要注意:一般位于机前方向的花纱将叠在机后方向花纱的上方。为使花纹图案突出,轮廓线花纹应处于花纹的最上方,所以编织轮廓线的梳栉应配置在其他导纱梳栉的前面,形成花纹的最上面部分;普通衬纬花梳栉可采用较粗的纱线作较大的针背横移,形成普通花纹,这些梳栉配置在花梳的中间;阴影花纹梳栉可采用较细的纱线作较小的针背垫纱,配置在花梳栉的后面。

(五)穿经图的确定

1. 起始横列法 花型完全组织循环内的所有花梳栉导纱针横向位置都依据垫纱运动图上的第一个编织横列来定位。一般将其直接画在垫纱运动图的下面,标出各把梳栉中经纱的位置。在穿经图的右侧应标出各梳栉相应所采用的纱线种类和规格。在机械控制的多梳栉经编机中,一般使用起始横列法。必须注意,在对梳栉穿纱上机后,应使第一块链块与推杆的从动滚子相接触时,各梳栉中的纱线位置按穿经图所示的位置排列。

该方法的优点是花型设计所受限制少;缺点是需保证当起始链块与推杆滚子相接触时,才能按照穿经图上所示位置对各梳栉进行定位。并且一般不同穿纱需要重新进行,花型变换上机时间较长。

2. 零位法 各花梳栉依据垫纱运动图上的"零位"来确定,即在垫纱运动图上标明梳栉横移运动的最右端位置。采用零位法,花纹链条无论哪个链块与推杆从动滚子相接触,各梳栉的穿纱排列位置都可予以检查纠正。

其有关原理如下:

(1)此方式应在全厂所有机器上应用。

(2)所有机器的全部梳栉必须调节到当0号链块与推杆滚子相接触时,各梳栉的边缘导纱针应处于机器边缘的织针针隙处。

(3)一旦调整到上述的状态,各梳栉的侧向位置再也不予变动,否则穿经位置就会错乱。在任何一把梳栉上随后所能做的变动,仅是微量的侧向调整,以补偿由温度所引起的变化。

(4)在花纹意匠图上找到每一把梳栉离花纹滚筒的最远位置,这样就确定了它的穿经点,在穿经图上标出此点位置,每把梳栉中纱线的支数和类型表示在穿经图的左侧,但不必标记出推杆滚子所接触的链块号数,因为以这种方式确定的穿纱位置在任何一个横列上,均能校核滚子所接触的链块号数。

采用零位穿经法可以设计系列花型,在变换花纹时仅需调换花纹链条,而无需对导纱针重新穿纱,如果是电脑控制的多梳经编机,只要几分钟就可以完成花型的变换。

(六)花梳栉垫纱运动的描绘

在描绘花梳栉垫纱运动时,一般要遵循下列的原则。

(1)在确定第一把梳栉的起始横列后,其他梳栉的起始横列都要与它在同一横列上,若纱线牵扯厉害而难以确定时,可先从两把梳栉交叉的地方画起。

(2)两把梳栉交织时,为了防止有破洞或者交叉处太明显,对于衬纬花梳栉必须在同一根针上垫纱,对于压纱花梳栉要有两针的重叠。

(3)花纹与花纹之间的过渡线,一般都采用浮线形式,特别是压纱梳栉花纹,如果都走单针衬纬的话,布面容易起皱。浮线所跨的横列数比较难以确定,可通过对比旁边花梳栉或地组织线圈的方法来定。

(4)在同一个横列上,装置在同一条集聚线上的各把梳栉的导纱针不允许横移到同一织针针隙,这样容易发生撞针,故不相邻两导纱梳栉之间的最小距离不应小于两针距。

(5)为了减少由于集聚所产生的各种问题,花梳栉在衬纬时,通常在同一横列中以相同的方向推动同一集聚线上的各把梳栉,如果两把梳栉需要反向横移,则应当将它们配置在不同的集聚线上。通常一个织物花型中,所有的压纱梳栉要同向垫纱,所有的衬纬花梳栉同向垫纱,压纱梳栉和衬纬梳栉在同一横列的针背垫纱方向可相同也可相反,这可根据实际需要。

(6)压纱花梳栉垫纱运动的描绘,首先需要注意的是:要求压纱纱线必须与地梳栉作反向针前垫纱,否则,压纱纱线会与地梳纱线平行地垫在织针上,在压纱板将前面压纱梳栉的纱线压下时,地梳栉纱线会被一起带下而引起漏针。其次就是在描绘时要注意压纱梳栉的起针方向。

(7)应该了解所有花梳栉允许横移的范围,采用机械式横移机构的机型,其花梳栉的一次最大横移量为13针,累积横移量不超过50针;采用电子横移机构的机型一次最大横移量为16针,累积最大横移量为47针。

(七)原料的分析与选择

1. 原料选择对工艺编织的影响 在进行原料选择时注意以下几个方面:

(1)地梳栉一般采用较细的原料,使得底网更薄,透明度更高。

(2)地梳栉一般采用强度较高的原料,因为其他花梳栉的纱线衬在其中或缠绕在上面,强度低了会断裂。

(3)轮廓花纹梳栉作较小的针背横移,形成花纹最上面的部分,以使花纹清晰、图案突出,花边外观更吸引人，一般采用较粗的股线。

(4)普通花纹梳栉采用较粗的纱线作较大的针背横移，这些梳栉配置在花梳栉的中间。

(5)阴影花纹梳栉采用较细的纱线也作较小的针背垫纱，配置在花梳栉的后部。

2. 原料的选择对拉舍尔花边服用性能的影响　在生产拉舍尔花边时，应该选择合适的生产原料，使拉舍尔花边的服用性能舒适度达到最佳。

用于生产花边的原料有很多种，天然纤维棉、再生纤维粘胶丝、氨纶、锦纶、涤纶等化纤原料在拉舍尔花边生产中的应用都很广泛。

3. 原料的选择对拉舍尔花边外观效应的影响　在以下几个方面：

(1)原料选择影响花边的视觉效应；

(2)原料选择影响花边的触觉效应；

(3)不同原料搭配影响花边的外观效应。

(八)织物仿真

以上设计完成之后，可通过多梳栉花边设计软件查看织物的仿真效果，并与织物实物相对照，看其分析设计是否准确。在描绘完多梳栉的垫纱轨迹并分析出原料后，通过设置仿真参数，即纱线粗细和纱线张力，来调整织物的仿真效果图，以使织物达到最真实的仿真效果。

(九)数据输出

所有工艺设计完成后，需将工艺单打印输出，以备生产使用。其中工艺单主要包括链块表、穿经图和链块统计表等数据。

第九节　双针床经编组织

具有两个平行排列针床的经编机称为双针床经编机，而在该类机器上生产的经编组织织物，称为双针床经编织物(double - needle - bar warp knitted fabric)。

在双针床经编机上可以编织除可以编织双面经编组织的普通织物外，还可编织出网孔织物、毛绒织物、间隔织物、筒型织物等经编组织，这些织物在装饰和产业方面应用较多。

一、双针床经编组织表示方法

表示双针床经编组织的意匠纸通常有三种，如图9－49所示。图中(a)用“·”表示前针床上各织针针头，用“×”表示后针床上各织针针头；其余的含意与单针床组织的点纹意匠纸(点纸)相同。图中(b)都用黑点表示针头，辅以标注在横行旁边的字母“F”和“B”，以分别表示前、后针床的织针针头。图中(c)以两个间距较小的横行表示在同一编织循环中的前、后针床的织针针头。另外，也有使用不同直径大小的圆点(黑色或其他颜色)来表示前后针床的针头[如图中(d)]。

在这些意匠纸上描绘的垫纱运动图与双针床组织的实际状态有较大差异。其主要原因是：

(1)代表前、后针床针头的各横行黑点都是上方代表针钩侧，下方代表针背侧。也就是说：

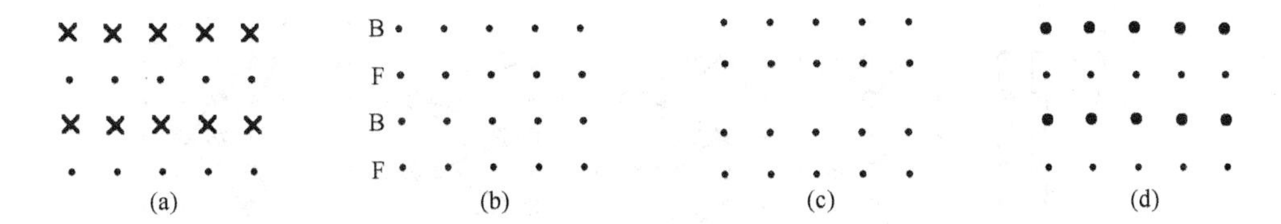

图 9－49　双针床经编组织的意匠图

前针床的针钩对着后针床的针背，这与两个针床的织针针钩都是向外的排列的实际情况不符。

（2）在双针床经编机的一个编织循环中，前后针床虽非同时编织，但前后针床所编织的线圈横列处于同一水平位置。而在上述意匠纸中，同一编织循环前后针床的垫纱运动是分上下两排画的。

因此，在分析这种垫纱运动图时，要注意这些差异，以避免产生误解。如图 9－50 中的三个垫纱运动图如果按单针床组织的概念理解，可以看作是编链、经平和经绒，图中（a）织出的是一条条编链柱，而（b）、（c）可构成相互联贯的简单织物。但在双针床拉舍尔型经编机上，前针床织针编织的圈干仅与前针床编织的下一横列的圈干相串套；后针床线圈串套的情况也一样。

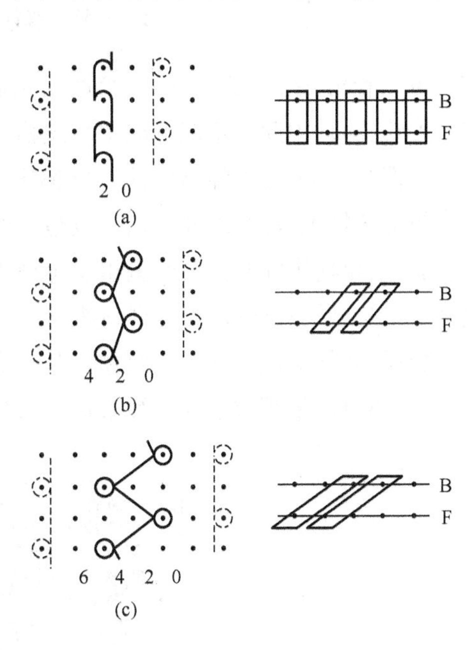

图 9－50　双针床经编组织垫纱运动图

为了明确这些组织的结构，在每个垫纱运动图的右边，描绘了梳栉导纱点的运动轨迹俯视图。从各导纱点轨迹图可看到：各导纱针始终将每根纱线垫在前、后针床的相同织针上；各纱线之间没有相互串套关系。这样织出的是一条条各不相连的双面编链组织。这三个组织图在双针床中基本上是属于同一种组织。它们之间的差异仅是：共同参加编织的前后两枚织针是前后对齐的，还是左右错开一、二个针距，即它们的延展线是短还是长。这也说明双针床经编组织的延展线并不像单针床的那样与圈干在同一平面内。双针床经编组织的延展线与前后针床上的圈干平面呈近似 90°的夹角，所以是三维立体结构。

二、双针床经编基本织物

1. 双针床经编单梳织物　与单梳在单针床经编机上形成单梳经编组织相似，一把梳栉也能在双针床经编机上形成最简单的双针床经编组织。但在设计时，梳栉的垫纱应遵循一定的规律。否则不能形成整片的织物。图 9－51 所示为使用一把满穿梳栉的情况。图中（a）梳栉进行编链式垫纱，图中（b）梳栉进行经平式垫纱，图中（c）梳栉进行经绒式垫纱，图中（d）梳栉进行经斜式垫纱，图中（e）梳栉进行经缎式垫纱。

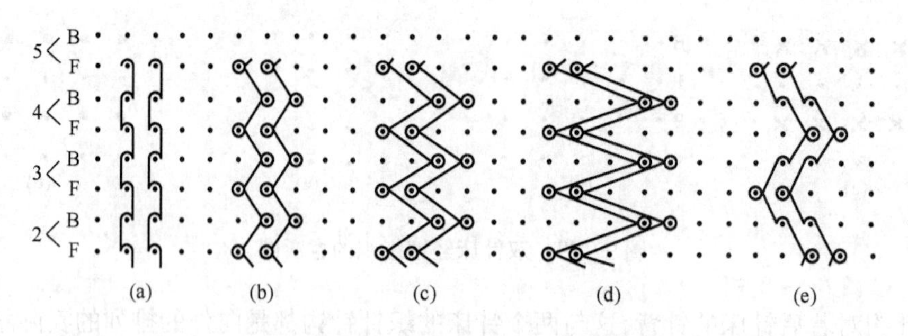

图 9－51　双针床单梳经编组织垫纱运动图

可以看出，图 9－51（a）～（d）两根相邻纱线形成的线圈之间没有串套，相邻的纵行间也没有延展线连接，因此均不能形成整片织物。

而图 9－51（e）中经纱在前针床编织时分别在第 1、3 两枚织针上垫纱成圈，在后针床编织时在第 2 枚针上成圈，因此可以形成整片经编织物。

总之，单梳满穿双针床经编组织每根纱在前、后针床各一枚针上垫纱，即类似编链、经平、变化经平式垫纱，不能形成整片经编织物。只有当梳栉的每根纱线至少在一个针床的两枚织针上垫纱成圈，才能形成整片经编织物。单梳满穿双针床经编组织除经缎式垫纱能编织成整片经编织物外，还可以采用重复式垫纱来形成整片经编织物，如图 9－52 所示。

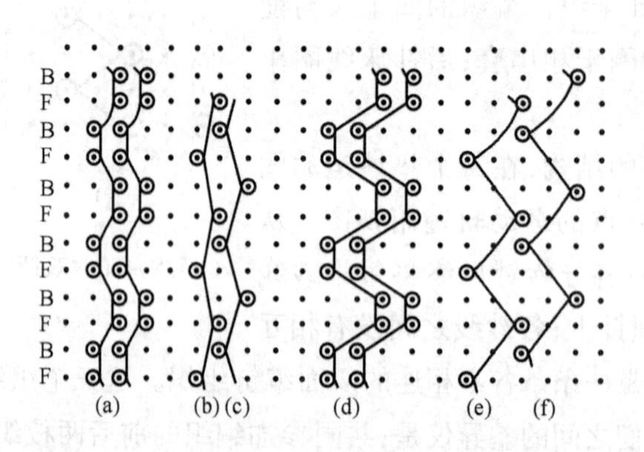

图 9－52　双针床单梳重复式垫纱运动图

图 9－52 中每横列在前、后针床相对的各一枚针上垫纱，两针床的组织记录是相同的，故称为重复式垫纱。这样，尽管采用经平或变化经平垫纱，也能保证每根纱线在两个针床的各自 2 枚针上垫纱成圈，因而可以形成整片经编织物。

2. 双针床双梳经编织物　双针床双梳经编组织可以采用满穿与空穿，满针床针与抽针，还可以采用梳栉垫纱运动的变化，以得到丰富的花式效应。

利用满穿双梳在双针床经编机上能形成类似纬编双面组织的经编组织。例如可以双梳均采用类似经平式垫纱（在单梳中不可以形成织物）来形成类似纬编罗纹组织的经编组织，如图 9－53所示。图中（a）表示后梳的垫纱运动图，（b）表示前梳的垫纱运动图。

如果双梳当中的每一把梳栉只在一个针床上垫纱成圈，会出现下列两种情况：

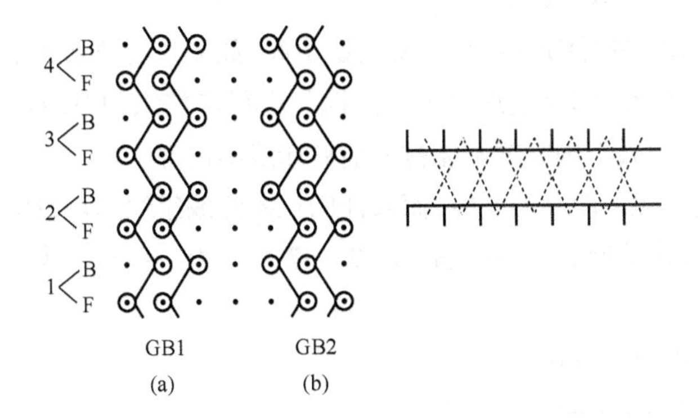

图 9－53　双针床双梳经编罗纹组织

前梳 GB1 只在后针床垫纱成圈，而后梳 GB2 只在前针床上垫纱成圈，如图 9－54 所示。其组织记录为：

GB2：2—0，2—2/2—4，2—2//；

GB1：2—2，2—4/2—2，2—0//。

可以看出，如果两把梳栉分别采用不同性质、不同种类、不同粗细、不同颜色的纱线，在前、后针床可形成不同外观和性能的线圈，可得到结构上类似于纬编两面派或丝盖棉的经编织物。

如果前梳纱 GB1 只在前针床垫纱成圈，后梳纱 GB2 只在后针床垫纱成圈，则如图 9－55 所示。此时两把梳栉的组织记录为：

GB1：2—0，2—2/2—4，2—2//；

GB2：2—2，2—0/2—2，2—4//。

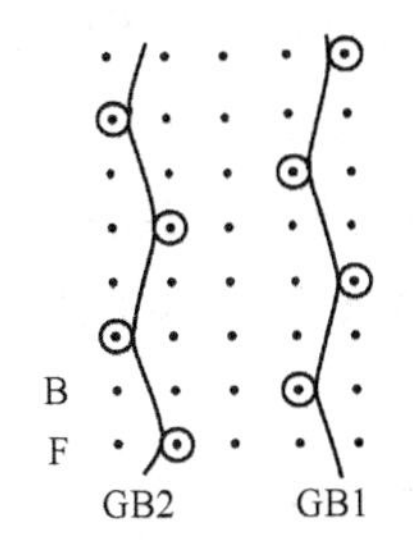

图 9－54　双针床双面经编织物

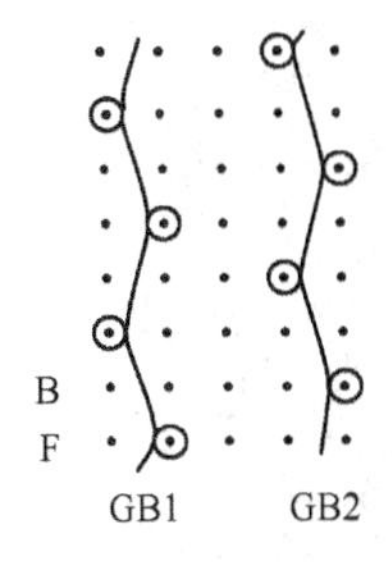

图 9－55　双针床双层经编织物

两把梳栉分别在各自靠近的针床上垫纱成圈，互相无任何牵连，各自均形成单针床单梳织物，二层织物之间无任何联系。但对于某些横列而言，此种垫纱可以编织“双层经编”织物。这些横列作为一个完全组织的其中一部分，而具有特殊的外观与结构。

还有一种部分衬纬的双针床双梳经编织物，如图 9－56 所示。两把梳栉中一把梳栉（如前梳 GB1）的纱线在两个针床上均垫纱成圈，而另一把梳栉（如后梳 GB2）进行部分衬纬运动，即后梳为三针衬纬。此时，双梳的经编组织记录为：

GB1：4—6，4—4/2—0，2—4//；

GB2:0—0,6—6/6—6,0—0//。

该织物中,梳栉GB2的衬纬纱被夹持在织物中间,如采用高强度纱,可增强织物物理机械性能;而如采用高弹性纱线,则可增加织物的弹性。进行该类织物时应注意不能安排梳栉GB2的衬纬纱在前针床上衬纬,否则纱线不能衬入前针床线圈内部。

双针床单梳经编组织一般不能空穿,而双针床双梳经编组织则可以空穿。空穿时既能形成网眼经编织物,也能形成非网眼经编织物。图9-57所示为一种双针床双梳空穿非网眼经编织物,其组织记录如下:

GB2:4—6,2—0/4—6,2—0//;

GB1:2—0,4—6/2—0,4—6//。

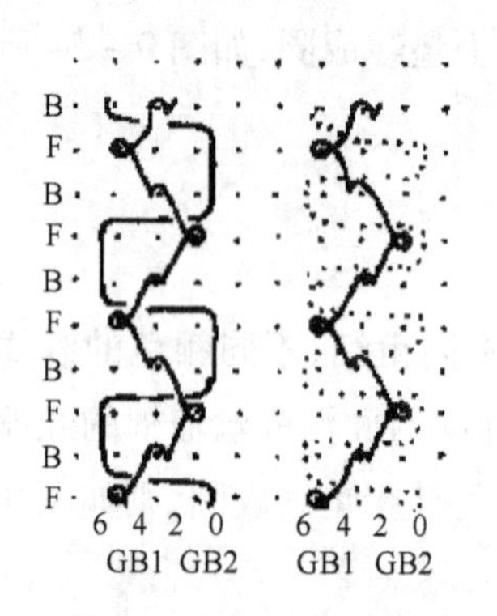

图9-56　双针床双面经编织物

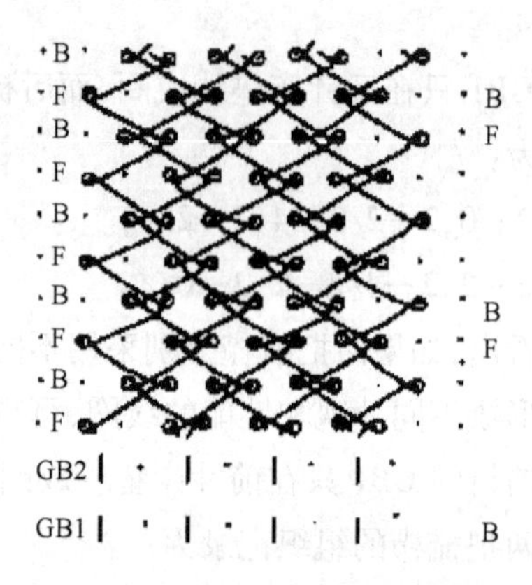

图9-57　双针床双梳空穿非网眼经编织物

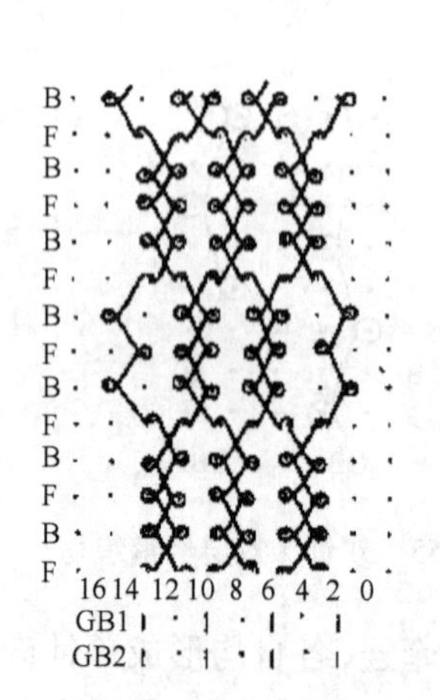

图9-58　双针床双梳空穿网眼经编织物

在进行一完整横列的前后针床上垫纱时,虽然有的纵行间没有延展线连接,但前后针床相互错开,不在同一相对的两纵行间,因而在布面上找不到开孔。

如要在双针床双梳空穿经编组织中形成真正的网眼,必须保证在一个完整横列相邻的纵行之间没有延展线连接,其组织记录为:

GB2:4—6,4—2/2—0,2—4//;

GB1:2—0,2—4/4—6,4—2//。

该织物中,一个完整横列前后针床的同一对针与其相邻的针之间如没有延展线连接,则可在织物上形成网眼。适当增加相邻纵行间没有延展线的横列数,可扩大孔眼,如图9-58所示。

三、其他双针床经编织物

1. 双针床筒状经编织物　如在双针床中间梳栉的两侧各放置一枚穿纱的指形导纱针,则可形成圆筒形经编织物。经编双针床圆筒形织物具有很广泛的用途,例如包装袋、弹性绷带、连裤袜、人造血管等产品。最简单的经编圆筒形织物的垫纱规律如下：

GB1:2—0,2—2/2—4,2—2// 在一定范围满穿；

GB2:2—0,2—0/2—2,2—2// 只穿左侧一根纱；

GB3:0—0,0—0/0—2,0—2// 只穿右侧一根纱；

GB4:2—2,2—0/2—2,2—4// 在一定范围满穿。

如果增加梳栉数，且适当变化垫纱运动，可编织出具有分叉结构的连裤袜及人造血管等结构复杂的经编产品。

2. 双针床间隔经编织物 另一大类双针床经编织物是在两个针床编织底布的基础上，采用满置或间隔配置导纱针的中间梳栉，使其在两个针床上都垫纱成圈，从而将两底布连接起来，形成夹层式的立体间隔经编织物。织物的厚度可通过调节前、后针床脱圈板的距离来改变。

例如：某种间隔经编织物的垫纱穿纱规律如下：

GB1:6—6,6—6/0—0,0—0// 满穿；

GB2:0—2,0—0/2—0,0—0// 满穿；

GB3:2—0,0—2/2—0,0—2// 1 穿 1 空；

GB4:0—2,2—0/0—2,2—0// 1 穿 1 空；

GB5:0—0,0—2/2—2,2—0// 满穿；

GB6:0—0,6—6/6—6,0—0// 满穿。

其中，梳栉 GB1、GB2、GB5、GB6 分别在前、后针床编织编链衬纬组织形成两个密实的表面；梳栉 GB3、GB4 采用单丝在两针床上作反向对称的编链垫纱运动，形成间隔层。

3. 双针床毛绒经编织物 如果梳栉 GB3、GB4 采用普通纱线（尤其是低捻纱），当完成编织后，利用专门的设备将联结前后片织物的由中间梳栉纱线构成的延展线割断，就形成两块织物。这时两块织物表面都带有切断纱线的毛绒，形成了双针床经编毛绒织物。

例如：某经编毛绒织物的垫纱穿纱记录为：

GB1:10—10,10—10/0—0,0—0// 满穿；

GB2:0—2,2—2/2—0,0—0// 满穿；

GB3:0—2,0—2/2—0,2—0// ·|·|；

GB4:0—2,0—2/2—0,2—0// |·|·；

GB5:0—0,0—2/2—2,2—0// 满穿；

GB6:0—0,10—10/10—10,0—0// 满穿。

其中梳栉 GB1、GB2 和 GB5、GB6 分别在前、后针床形成两个编链衬纬表面层，梳栉 GB3、GB4 垫毛绒纱。织物下机后，还要经过剖幅、预定型、染色、复定型、刷绒、剪绒、烫光、刷花、印花等后整理加工，形成经编绒类产品。

另外，还可在双针床经编机上生产毛圈织物。编织时，一个针床装普通舌针，另一个针床装无头舌针，它们协同编织经编毛圈织物。在编织时至少需要两把梳栉，一般后梳穿地纱，前梳穿毛圈纱。成圈过程开始时，带舌针的后针床和带无头针的前针床均在最低位置。舌针钩住刚形成的线圈，而刚形成的毛圈则由无头针上脱下。然后前针床带动无头针上升至最高位置，梳栉摆往机前，带着两组经纱由无头针旁边通过。到最前位置时，前梳（毛圈纱梳）栉横移一针距，而地纱梳栉不做任何针前横移动作。当梳栉摆回机后，毛纱就垫到无头针上。在舌针升起时，梳栉再向机前摆动，让开位置。这时前梳作针背横移，使导纱针移到需垫纱的织针的间隙中。在舌针升到最高位置后，两把梳栉一起后摆，通过舌针旁边，再一起横移一针距，摆回到机前，使地纱和毛圈一起垫到舌针上。接着后针床舌针下降，进行脱圈和成圈，毛圈纱和地纱就一起编织在地布内。毛圈纱被无头针带住的部分形成了毛圈。

同双针床经编毛绒织物相似，双针床经编毛圈织物的毛圈长度由前后针床的隔距决定，因此可以通过调整这一隔距来改变毛圈的长度。

第十节　轴向经编组织

传统的针织物由于线圈结构具有良好的弹性、延伸性，因此在内衣及休闲服领域得到了广泛的应用。但是，在产业用纺织品领域，通常要求产品具有很高的强度和模量，而传统的针织品很难适合这样的要求。针对这个挑战，从二十世纪后期开始，经编专家和工艺人员在全幅衬纬经编组织基础上提出了定向结构（directionally orientated structure，简称 DOS）这个概念。此后，经编双轴向、多轴向编织技术获得了迅速发展，产品在产业用纺织品领域得到广泛应用。

双轴向经编织物（biaxial warp knitted fabric）是指在织物纵、横方向分别衬入不成圈的平行伸直纱线的经编织物。而多轴向经编织物（multi - axial warp knitted fabric）是指除在纵、横方向外，还沿织物的斜向衬入不成圈的平行伸直纱线的经编织物。

一、双轴向、多轴向经编织物的结构特征

双轴向经编织物是在衬经衬纬经编机上生产的。它是一种新型的定向结构织物，其衬经衬纬纱线按经纬方向配置，由成圈纱（也称绑缚纱）将其束缚在一起。其织物组织结构如图 9 - 59 所示。

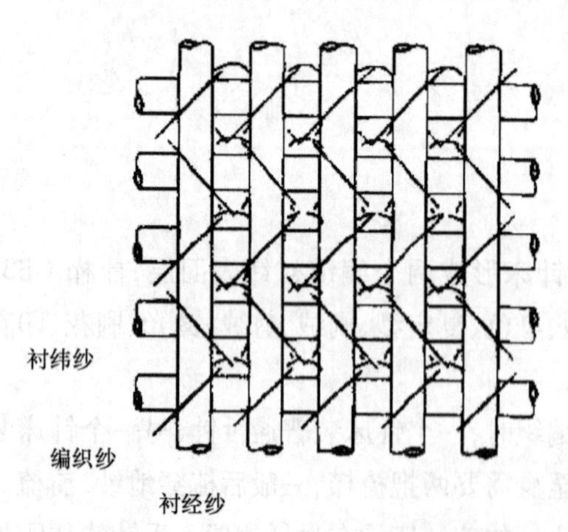

图 9 - 59　双轴向经编织物组织

多轴向经编织物除了在经纬方向有衬纱外，还可根据所受外部载荷的方向，在多个方向（- 20°～ + 20°）上衬纱。多轴向经编织物的结构如图如 9 - 60 所示。与传统的经编机比较，在编织机构上有些不同。

二、双轴向、多轴向经编织物的性能和应用

由于双轴向、多轴向经编织物中衬经衬纬纱呈伸直状态，因此织物性能得到了极大的提高。与传统的机织物增强材料相比，这种织物具有以下几种优点：

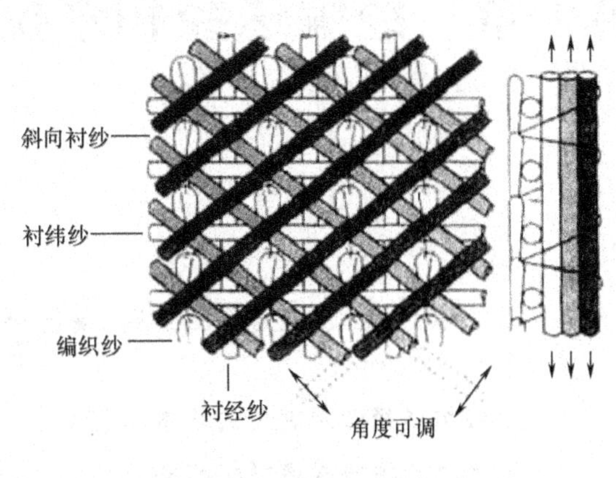

图9－60 多轴向经编织物

1. 织物的抗拉强力较高 由于经编织物中各组纱线的取向度较高，可共同承受外来载荷。与传统的机织增强材料相比，强度可增加20%。

2. 织物的弹性模量较高 由于经编织物中纱线消除了卷曲现象。与传统的机织增强材料相比，模量可增加20%。

3. 织物的剪切性能较好 由于多轴向经编织物在45°方向衬有平行排列的纱线层。

4. 织物的悬垂性较好 多轴向经编织物的悬垂性能可由线圈系统根据衬纬结构进行调节，变形能力可通过加大线圈和降低组织密度来改变。

5. 织物形成复合材料的纤维含量较高 由于多轴向经编织物中各层增强纱层平行铺设，结构中空隙率小。

6. 抗层间分离性能较好 由于成圈纱线对各衬入纱层片的束缚，使抗层间分离性能提高三倍以上。

7. 准各向同性特点 由于织物可有多组不同取向的衬入纱层来承担各方向的负荷。

因为双轴向、多轴向经编织物具有高强、高模等特点，所以该类织物普遍被用作产业用纺织品及复合材料的增强体。目前作为柔性复合材料，已在灯箱广告、汽车篷布、充气家庭游泳池、充气救身筏、土工格栅、膜结构等领域得到了广泛的应用。另外，在刚性复合材料中，双轴向、多轴向经编织物还可作为造船业、航天航空、风力发电、交通运输等许多领域复合材料的增强体。

☞ 思考练习题

1. 满穿双梳经编织物结构及特性。
2. 缺垫经编织物形成褶裥的原理。
3. 衬纬经编织物的形成原则。
4. 双针床筒状经编织物的编织原理。
5. 多轴向经编织物的用途。
6. 画出下列各组经编组织的垫纱图，指出其垫纱方向的异同或对称与否。

（1）$\begin{cases} B:0—1,1—2 \\ F:2—3,1—0 \end{cases}$　　（2）$\begin{cases} B:0—0,3—3 \\ F:1—0,1—2 \end{cases}$

7. 在双针床经编单梳编织时，如何垫纱能保证形成织物？
8. 如何形成经编六角网眼，其地组织设计原则是什么？
9. 形成经编绒类织物的方法有哪些？各有何特点？

第十章　经编送经和牵拉卷取

本章知识点

1. 经编送经必须满足的基本工艺要求。
2. 机械式消极式送经机构的几种形式与工作原理。
3. 机械式积极式送经机构的几种形式。
4. 电子式送经机构的几种形式与工作原理。
5. 经编牵拉卷取机构的几种形式与工作原理，牵拉和卷取速度的调整方法。

第一节　送经的工艺要求

经编机在正常运转时，经纱从经轴上退绕下来，按照一定的送经量送入成圈系统，供成圈机件进行编织，这样的过程称为送经(run－in，let off)。完成这一过程的机构称为送经机构。

送经量恒定与否不仅影响经编机的效率，而且与坯布质量密切相关。因此送经运动必须满足下述的基本要求：

1. 送经量与坯布结构相一致　要求送经机构能瞬时改变其送经量。这里要考虑两种情况，一种是编织素色织物或花色织物的底布时，每个横列的线圈长度基本不变或很少变化；另一种是编织花纹复杂的经编组织，它们的完全组织一般延续许多横列，针背垫纱长度不再固定，有时仅为一针，有时为2针或3针，甚至高达7针，而编织的方式又有成圈和衬纬之别，这就要求送经装置能瞬时改变其送经量。理想的送经装置应该同时满足上述两种要求。

2. 保证正常成圈条件下降低平均张力及张力峰值　过高的平均张力及张力峰值不仅影响经编机编织过程的顺利进行，也有碍织物外观，严重时还会使经纱过多拉伸，造成染色条痕等潜在织疵。但不恰当地降低平均张力，会使最小张力过低造成经纱松弛，使经纱不能紧贴成圈机件完成精确的成圈运动。

图10－1所示为成圈过程中经纱行进路线图(简称纱路)。图中经纱自经轴退绕点K引出，经弹性后梁C、导纱针孔眼中心A而垫到织针，最后织入织物。经纱在针钩上的垫纱点(即经纱与织针的折弯点)为B，O点为经纱织入点。由成圈过程可知，在一个成圈周期中各成圈机件相对位置瞬时变化，尤其导纱针相对于织针位置的变化，使经纱自退绕点K至织入点O之间的纱路不断变化，造成K、O点之间纱段的总长度瞬息变化，这是造成经编机上经纱张力波动的

原因之一。

图10－2中曲线a和b分别表示实测经纱延伸量和经纱张力的变化曲线。图中纵坐标分别表示纱段*KO*之间经纱延伸量和经纱张力值，横坐标为主轴的转角。由图10－2可知，在一个成圈周期中经纱延伸量和经纱张力出现了二次幅度较大的变化，经纱延伸曲线的极大点为点1′和3′，极小点为点2′和4′；而张力曲线的极大点为点1和3，极小点为2和4。

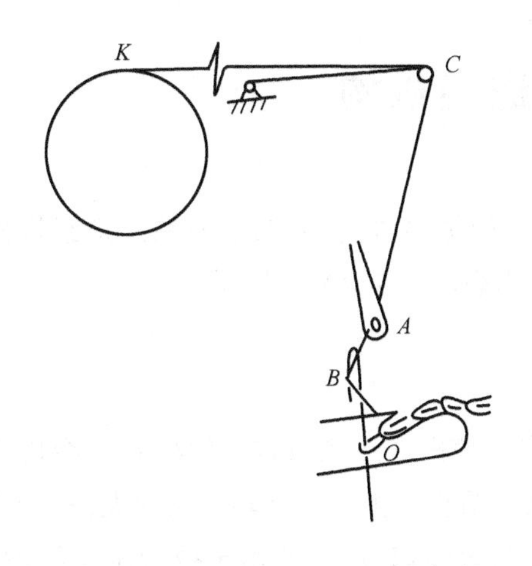

图10－1　成圈过程中的经纱纱路

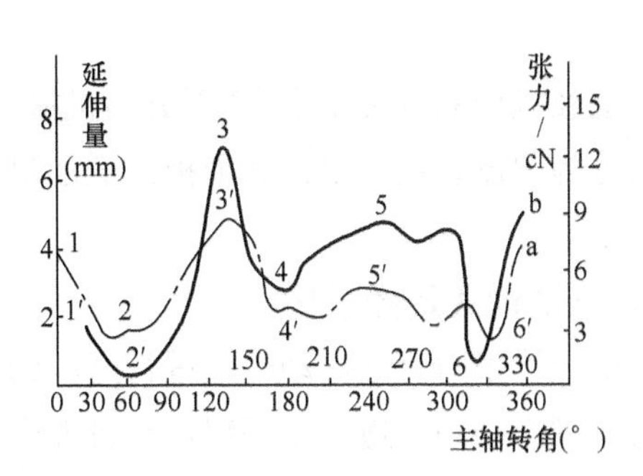

图10－2　经纱延伸与经纱张力变化曲线

比较上述曲线的波形可以看出，经纱延伸量和经纱张力的变化总趋势是一致的，但经纱张力除了上述两次较明显的波动外，尚有若干微小幅度的波动，这是由于在绘制经纱延伸曲线时，曾对实际条件进行一定程度的简化，忽略了影响延伸量变化的次要因素所致。由变化曲线可以看出，当主轴转角为0°时，经纱张力明显上升，这是由于成圈阶段织针处于最低位置使经纱延伸量急剧增加的缘故。随后织针上升进行退圈，导纱针由针背极限位置向针前方向摆动，经纱延伸量逐渐减少，张力随之下降，当导纱针孔眼中心*A*摆到后梁接触点*C*与经纱织入点*O*之间连线上时（在成圈、退圈阶段，纱线不在织针上折弯），经纱延伸量达到极小值（点2′所示），因而经纱张力也出现极小值（点2所示）。在垫纱阶段，导纱针继续向针前方向摆动，延伸量随之增加，当导纱针到达织针最前位置并作横移时，经纱延伸量达到极大值（相应于点3′），其时经纱张力也出现极大值（相应于点3）。此后导纱针从针前位置开始向针背方向摆动，使导纱针孔眼中心*A*与经纱织入点*O*逐步接近，当导纱针孔眼中心*A*再次到达*CO*连线上时，延伸量又一次达到极小值。自主轴转角240°开始，导纱针已摆到织针的最后位置并一直停顿在那里，在这一阶段延伸量变化甚微。只是在转角300°前后（即压针阶段），织针因受压后仰，加上沉降片向针钩方向移动将织物握持平面上抬，缩短了*AO*之间的距离，致使延伸量及张力有所下降。成圈阶段随着织针下降，经纱延伸量不断增加，在织针到达最低位置时，延伸量及经纱张力再次达到极大值。可见在每次成圈周期中经纱一般出现两次张力峰值。最大的张力峰值发生在垫纱阶段，这时纱线的延伸量最大。另一峰值产生在成圈阶段。成圈过程中经纱延伸规律，经纱张力变化规律并不是一成不变的，它与成圈机件相对配置及其运动规律有关。

应在保证编织顺利进行的情况下给予经纱最小的张力。

3. 送经量应始终保持精确 送经量习惯用“腊克”(rack)表示，即编织480个线圈横列时需要送出的经纱长度(mm)。当送经装置的送经量产生波动时，轻则会造成织物稀密不匀而形成横条痕，重则使坯布平方米克重发生差异。即使送经量有微量的差异，也会产生一个经轴比其余的先用完的情况，而导致纱线浪费。

4. 能适应编织某些特殊织物的要求。

第二节　机械式送经机构

送经机构的种类很多，主要分为机械式和电子式。根据经轴传动方式，机械式送经机构又可以分为积极式送经机构和消极式送经机构，下面分别阐明其结构及工作原理。

一、消极式送经机构

由经纱张力直接拉动经轴进行送经的送经机构称为消极式送经机构。消极式送经机构结构简单，调节方便，适合于编织送经量多变的花纹复杂的组织。由于经轴转动惯性大，易造成经纱张力较大的波动，所以这种送经方式只能适应较低的运转速度，一般用于拉舍尔型经编机。该类送经机构根据不同控制特点又可分为经轴制动和可控制的经轴制动两种形式。采用消极式送经机构，机器可达到的速度最高为600r/min。

1. 经轴制动消极式送经装置 该装置如图10－3所示，利用条带制动的送纱装置，只需在轴端的边盘上配置一根条带，条带用小重锤张紧，重锤重量为5～400cN。这种装置一般用于多梳经编机上花经轴控制。衬纬花纹纱的张力控制是极严格的，如过小，纱线在织物中衬得松，经轴有转过头的倾向；如过大，花纱变得过分张紧，使地组织变形。对这些花纹纱的控制，是目前限制车速提高的一个因素。

2. 可控经轴制动消极式送经机构 该机构如图10－4所示。它包括一根装在V形带轮5上的V形制动带6。V形制动带由两根弹簧4拉紧，使其紧压在V形带轮的槽中。当经纱张力增加时，张力杆1被下压，使升降块2顶起升降杆3，放松弹簧4，从而减小了皮带的制动力，因此经轴被拉转。当经纱张力下降时，张力杆1由回复弹簧回复原位，使弹簧4张紧，从而增加了制动带对带轮的制动力，降低了经轴转速。

二、积极式送经机构

由经编机主轴通过传动装置驱动经轴回转进行送经的机构称为积极式送经机构。随着编织进行，经轴直径逐渐变小，因此主轴与经轴之间的传动装置必须相应增加传动比，以保持经轴送经速度恒定，否则送经量将愈来愈少。在现代高速特利柯脱型和拉舍尔型经编机中，最常用的是定长积极式送经机构，还有一些较为特殊的送经机构。

1. 线速度感应式积极式送经 这种送经机构由主轴驱动，它以实测的送经速度作为反馈控制信息，用以调整经轴的转速，使经轴的送经线速度保持恒定。

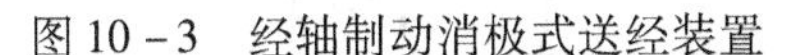

图 10－3　经轴制动消极式送经装置

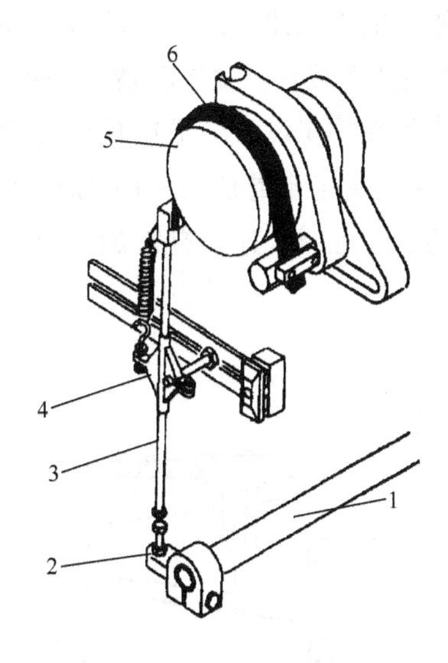

图 10－4　可控经轴制动消极式送经机构

线速感应式送经机构有多种类型，但其主要组成部分及作用原理是相同的，图 10－5 所示为该机构的组成与工作原理简图。主轴经定长变速装置 1 和送经无级变速器 2，以一定的传动比驱动经轴退绕经纱供成圈机件连续编织成圈。为保持经轴的送经线速度恒定，该机构还包含线速度感应装置 3 以及比较调整装置 4。比较调整装置有两个输入端和一个输出端，图中比较调整装置左端 A 与定长装置相连，由它所确定的定长速度由此输入；右端 B 与线速感应装置相连，实测的送经线速度则由此输入比较调整装置。当两端输入的速度相等时，其输出端 C 无运动输出，受其控制的送经变速器的传动比不作变动；当两者不同时，输出端便有运动输出，从而改变送经无级变速装置的传动比，使实际送经速度保持恒定。

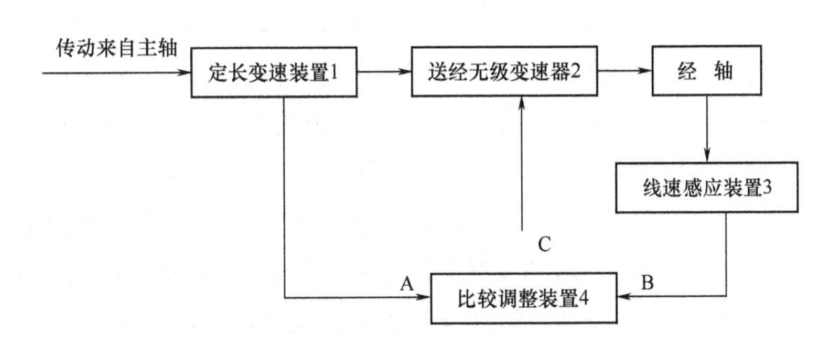

图 10－5　线速度感应式送经机构工作简图

线速感应式积极送经机构类型颇多，各以其独特的比较调整装置等为特征，现将常用的各部分具体结构分别加以阐述：

(1) 定长装置。根据织物组织结构和规格决定线圈长度，这由调整定长装置的传动比来达到。定长装置的传动比在上机时确定后编织过程中不再变动，因此定长装置可以由无级变速器或变换齿轮变速器组成，有些经编机全机各个经轴公用一个无级变速器，再分别传动几个经轴。

为使各经轴间的送经比可以调整，在各经轴的传动系统中采用“送经比”变换齿轮。

(2)送经变速装置。由主轴通过一系列传动装置驱动送经变速装置，再经减速齿轮传动经轴。经轴直径在编织过程中不断减小，为了保持退绕线速度恒定，经轴传动的角速度应该不断增加，因此送经变速装置必须采用无级变速使自主轴至经轴的传动比在运转中连续地得到调整。常用的送经无级变速器有铁炮式，如图 10-6(a)所示，以及分离锥体式，如图 10-6(b)所示。

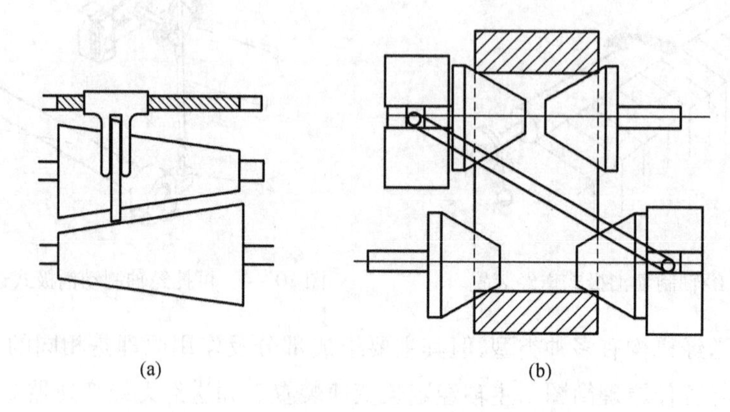

图 10-6　铁炮式和分离锥体式无级变速器

(3)线速感应装置。用以测量经轴的实际退绕线速度，并将感应的实测送经速度传递给测速机件，常用的线速感应装置采用测速压辊，它在扭力弹簧作用下始终与经轴表面贴紧，使压辊与经轴能保持相同的线速度转动，再经一系列齿轮传动，使测速件能反映实际的送经速度。

(4)比较调整装置。比较调整装置类型较多，结构各异，下面介绍较为常用的差动齿轮式。

图 10-7 显示了差动齿轮式调整装置。它包含由两个中心轮 E、F 和行星轮 G、K 以及转臂 H 所组成的差动齿轮系。中心轮和行星轮均系锥形齿轮，且齿数相等。这种差动轮系的传动特点是，当中心轮 E、F 转速相等方向相反时，转臂 H 上的齿轮 K、G 只作自转而不作公转；当两中心轮转速不等时，转臂 H 上的齿轮 K、G 不仅自转而且产生公转，差动轮系这一传动特点可用作送经机构中的调整装置。定长装置的预定线速度和实测的送经线速度分别从差动轮系的两个中心轮 E、F 输入，当实际送经线速度与预定线速度相一致时，转臂 H 不作公转，齿轮 1、2 静止不动；当输入端两速度不等时，转臂 H 公转，通过齿轮 1、2 驱动丝杆 L 转动，从而使滑叉 P 带动送经无级变速器的传动环左右移动，改变送经变速器的传动比，直至经轴实际线速度与预定的送经速度相等为止。由于编织过程中经轴直径不断变小，使实际送经线速度低于预定线速度，通过差动轮系的公转，使传动环向左移动，从而增大经轴转动速度，以使经轴线速度达到预定线速度。如果实际线速度高于

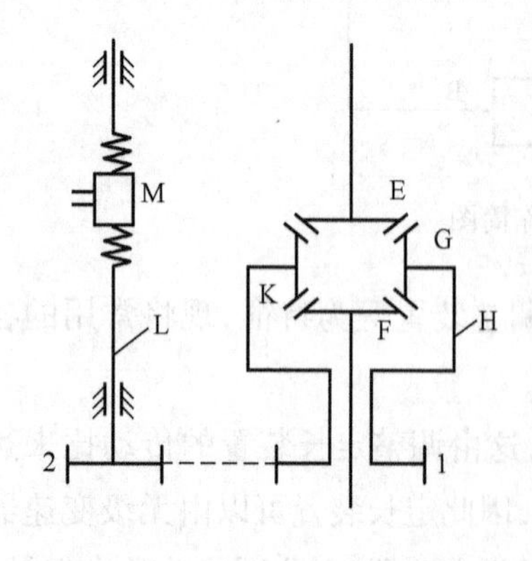

图 10-7　差动齿轮式调整装置

预定线速度，则差动轮系转臂与上述反向转动，使传动环右移，从而降低经轴转速，直至实际退绕线速度与预定线速度相符为止。

(5)有关参数的计算。上述定长、送经变速、线速感应以及比较调整等装置的不同结合可以形成结构各异的线速感应式积极送经机构。

如图10－5(工作简图)所示，主轴传动定长变速器，再由定长变速器的输出端传动送经无级变速器以及比较调整装置，最后通过齿轮传动经轴。

主轴一转内，即编织一个线圈横列经轴的转数可由下式确定：

$$n_w = k_1 i_1 i_2$$

式中：i_1、i_2——分别为定长变速器和送经变速器的传动比；

k_1——由主轴到经轴传动链中各个传动机件的传动系数。

如果采用差动齿轮式比较调整机构进行计算，在主轴一转中它与定长变速器相连的定长齿轮 E 的转数 n_E 为：

$$n_E = k_2 i_1$$

式中：k_2——由主轴到定长齿轮E之间传动链中各传动件的传动系数。

主轴一转中测速齿轮F的转数为：

$$n_F = k_3 n_W D_W$$

式中：D_W——经轴直径；

k_3——经轴至测速齿轮 F 之间传动链中各机件的传动系数。

当实际送经量与给定送经量相等时，$n_E = n_F$，即：

$$k_2 i_1 = k_3 n_w D_w = k_3 k_1 i_1 i_2 D_w$$

$$i_2 = \frac{k_2}{k_1 k_3 D_w} = \frac{k_4}{D_w},$$

式中：$k_4 = \dfrac{k_2}{k_1 k_3}$。

可见送经变速器传动比 i_2 只与经轴直径 D_W 成反比，而与线圈长度 L 无关。当经轴上机时，送经变速器 i_2 的大小根据经轴直径加以调节。

主轴一转的送经量即线圈长度为：

$$L = \pi D_w n_w = \pi k_4 k_1 i_1 = k_5 i_1$$

式中：常数 $k_5 = \pi k_4 k_1$。

上式表明线圈长度 L 只与定长变速器的传动比 i_1 成正比，而与经轴直径 D_w 无关。根据此式可调整定长变速器，以得到所设计的线圈长度。

2. 双速送经机构　图10－8(c)为一种具有两种不同送经速度的机构工作原理图。在这一机构中，除正规的离合器外，并附加有一组飞轮装置。所以在离合器脱离开时，送经机构的传动并未中断。只不过依一定规律，降低速度而已。图中链盘控制着离合器的离合。当离合器闭合时,来自主轴的动力按图中(a)的线路传递,此时未经过变速系统,故属正常速度送经。当离合器拉开时,主轴动力按图中(b)的线路传递,此时因经过下方的变速系统,故经轴以较小速度送经。这两种速度的变化比率,可通过变速系统中的变换齿数 A、B、C、D 加以控制。

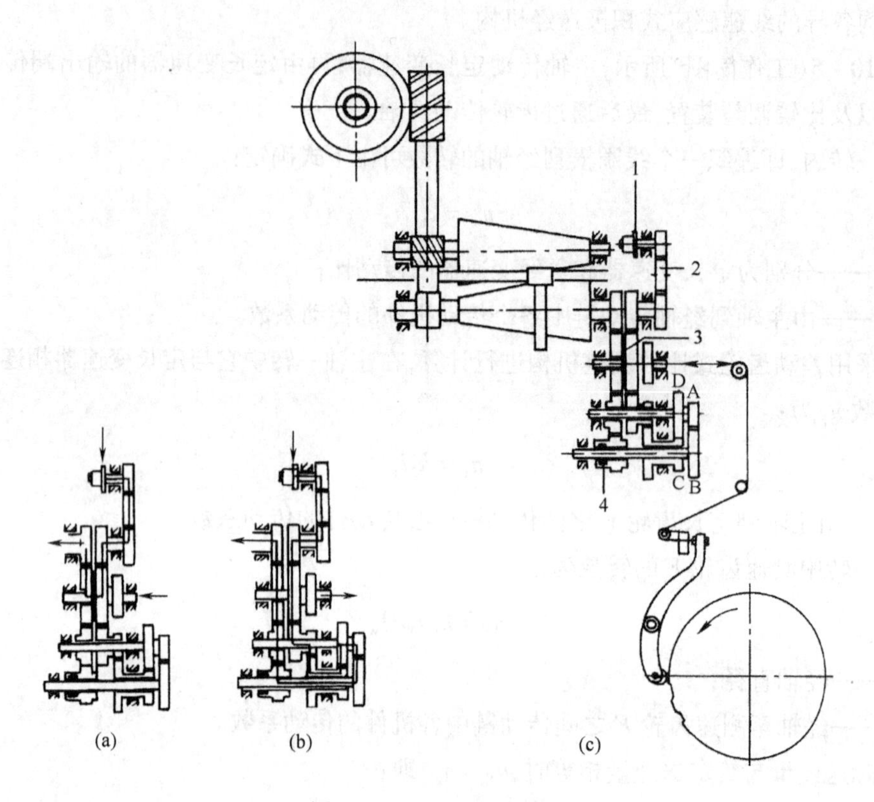

图 10－8　双速送经机构

3. 定长送经辊装置　定长送经辊装置也称定长积极送纱罗拉。图 10－9 显示了该装置的结构。传动来自主轴,经过链条 S 传动到齿轮 d,经变换齿轮 A、B,传动减速箱 K,其传动比为 40∶1,再通过链轮 e 和链条 g,传动到定长送经罗拉一端的齿轮 f、h。罗拉辊 m 和 n 表面包有摩擦系数很大的包覆层,防止纱线打滑,但在拉力大于卷绕和摩擦阻力的情况下,纱线又可在罗拉辊上被拉动。两罗拉直径一样,传动比为 1∶1,线圈长度确定后,只要将 A、B 变换齿轮选好,不管经轴直径大小,都能定长送出经纱。定长送经罗拉将纱线从经轴上拉出是消极的。这种定长送经装置既简单又可靠,较多地用在双针床、贾卡经编机上。

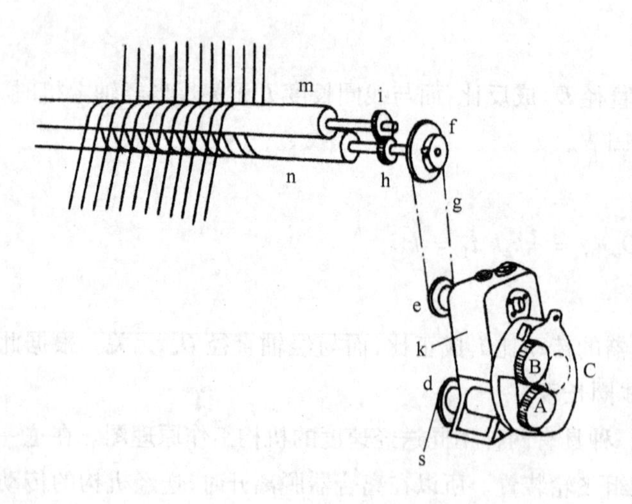

图 10－9　定长送经辊装置

第三节　电子式送经机构

在经编机向更高速度及织物品种向多样化发展时，送经机构同样必须不断发展，以满足更精确控制送经量和更适合于高速的要求。近年来出现的电子式线速感应积极送经机构就是根据这一要求设计的。

一、EBA电子送经机构

EBA电子送经系统作为特利柯脱型与拉舍尔型经编机的标准配置，主要应用于花纹循环中纱线消耗量恒定的场合。图10-10为EBA电子送经系统原理框图。它的工作原理与线速度感应机械式送经机构基本相同。其基准信息取之于主轴上的交流电动机，当实测送经速度与预定送经速度不等时，通过变频器使电动机增速或减速。

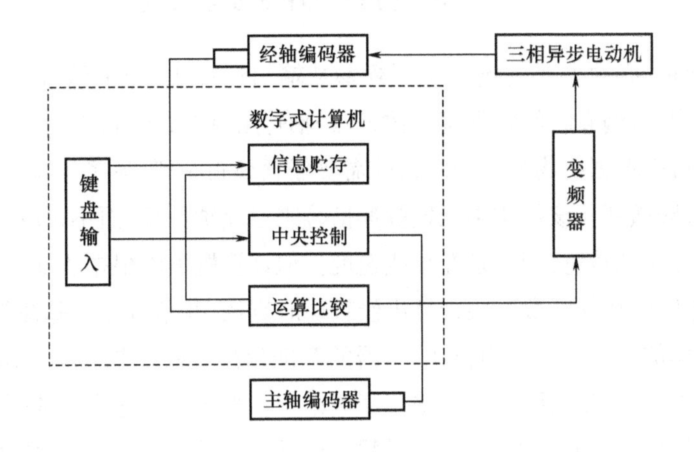

图10-10　EBA电子送经系统原理框图

在反馈性能上，由于机械式送经机构存在着许多传动间隙，致使控制作用滞后于实际转速的变化，因而不能满足更高速度的送经要求。特别在停车与开车的过渡时刻易造成送经不匀，出现停车横条。而电子信号的传导速度接近光速，在理论上能跟踪开停车时刻急变变化信息，有可能消除或减少停车横条。此外，由于电子送经的传动源直接来自直流电动机而不是来自主轴，因而为实现间歇送经带来了方便。

EBA系统配置一个大功率的三相交流电机和一个带有液晶显示的计算机，机器的速度和送经量可以方便地使用键盘输入，并且送经可以编程。设定速度时，在EBA计算机上，只要简单地揿一下键，可使得经轴向前或者向后转动，在上新的经轴时非常方便。

新型的EBA电子送经系统还具有双速送经功能，每一经轴可在正常送经和双速送经中任选一种。另外，为了获得特殊效应的经编织物，经轴可以短时间向后转动或者停止送经。

二、EBC 电子送经机构

EBC 电子送经系统主要包括交流伺服电动机和可连续编程送经的积极式经轴传动装置。图 10－11 显示了系统的组成和工作原理。

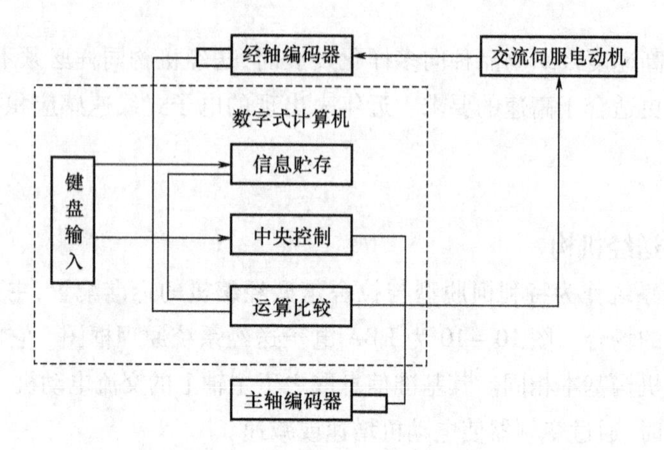

图 10－11　EBC 电子送经机构组成与工作原理

在启动经编机前，必须先通过键盘将下列参数输给计算机：经轴编号，经轴满卷时外圆周长，停车时空盘头周长，满卷时经轴卷绕圈数，该经轴每腊克的送经长度。其中每腊克送经长度不一定固定，而是可以根据织物的组织结构的需要任意编制序列，最多可编入 199 种序列，累计循环可达 8 百万线圈横列。该机构中经轴脉冲信号来自经轴顶端，而不是取之于经轴的表面测速辊，因而反映的是经轴转速，而不是经轴线速度。但计算机可以根据所输入的经轴在空卷、满卷时直径以及满卷时的绕纱圈数逐层计算出经轴瞬时直径，并结合经轴脉冲信号折算成表面线速度，而后将此取样信息输入微机中，与贮存器的基准信息一一比较。如果取样与基准信息一致，则计算器输出为零，交流伺服电动机维持原速运行。当取样信息高于或低于基准信息时，计算机输出不是零时，将在原速基础上对交流伺服电动机进行微调。由于采取了这种逐步逼近的控制原理，送经精度可以大大提高，其控制精度可达 1/10 个横列的送经长度。

EBC 电子送经机构的突出优点是具有多速送经功能，为品种开发提供了十分有利的条件。目前这种电子送经机构不仅广泛用于高速经编机，也可用于拉舍尔经编机。

第四节　牵拉卷取机构

经编机在运转时，坯布牵拉的速度对坯布的密度和质量都有影响。机上坯布的纵向密度随着牵拉速度的增大而减小，反之亦然。因此，为了得到结构比较均匀的经编坯布，就必须保持牵拉速度恒定。实践证明，在高速经编机上采用连续的牵拉卷取机构可以得到结构均匀的经编坯布。

一、牵拉机构

(一)机械式牵拉机构

图 10－12 显示了一种机械式牵拉机构。主轴来的动力经皮带轮 1、2,齿轮 3、4,再经齿轮 5、6,最后传至与齿轮 7 同轴的牵拉辊,通过牵拉辊的转动对坯布进行牵拉。齿轮 7 通过齿形带传动齿轮 8 进行坯布长度计数。如要改变牵拉速度即所编织坯布的纵向密度,只需更换变换齿轮 A(与齿轮 4 同轴,图中未画出)和 B(与齿轮 6 同轴,图中未画出)。机上附有密度表,根据所需的坯布密度就可查到相应变换齿轮 A 和 B 的齿数。

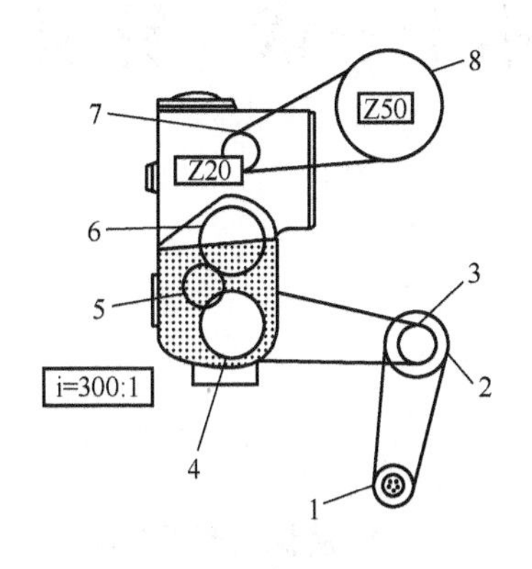

图 10－12　机械式牵拉机构

(二)EAC 和 EWA 电子式牵拉机构

EAC 电子式牵拉机构装有变速传动电机,它取代了传统的变速齿轮传动装置,通过用计算机将可变化的牵拉速度编制程序,可获得诸如褶裥结构的花纹效应。

EWA 电子式牵拉机构仅在 EBA 电子送经的经编机上使用,它可以线性牵拉或双速牵拉。

二、卷取机构

(一)径向传动(摩擦传动)卷取机构

该机构如图 10－13(a)所示,织物通过摩擦传动而被卷取。

(二)轴向传动(中心传动)卷取机构

该机构如图 10－13(b)所示。它安装到独立的经轴架上,织物卷布辊被紧固在经轴离合器上,卷取张力通过一摆动杠杆和摩擦离合器维持恒定,卷绕张力可作调节。

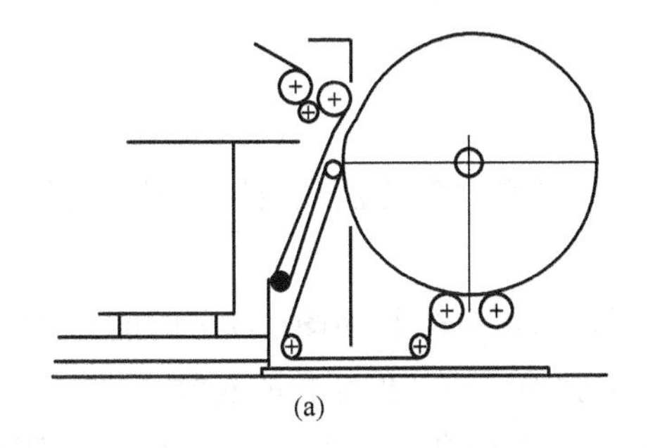
(a)

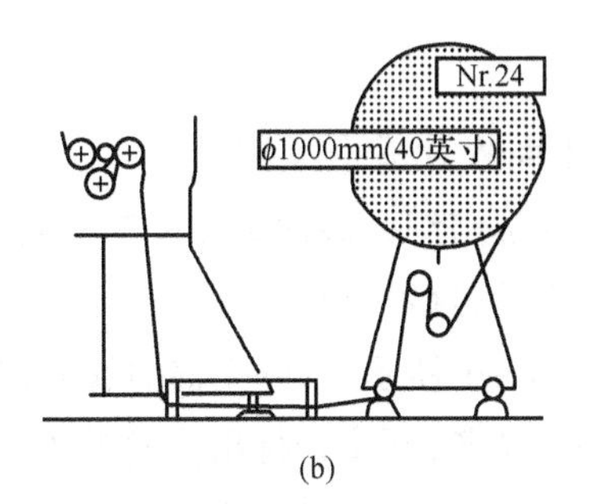

(b)

图 10－13　织物卷取机构

思考练习题

1. 经编机送经的工艺要求有哪些?
2. 经编机机械式消极送经机构有哪些?
3. 经编机线速度感应式积极送经机构主要由几部分组成,各有什么作用?
4. 经编机牵拉机构有哪几种?

第十一章　针织成形原理

● 本章知识点 ●

1. 横机成形原理。
2. 袜机的种类、基本成形过程以及袜头、袜跟的编织过程。
3. 经编成形产品的编织原理。

第一节　横机成形原理

编织成形(fashioning,shaping)产品是横机的一个主要特点。横机成形的方法主要有以下三种:

(1)通过改变参加编织的针数和编织的横列数来改变织物的尺寸和形状;

(2)通过改变所编织织物的密度来改变织物的尺寸和形状;

(3)通过改变所编织的组织结构来改变织物的尺寸和形状。通常采用最多的是第一种方法。

一、平面衣片成形编织

横机成形编织的最常见方法是平面成形。利用收、放针等方法在横机上编织出具有一定形状的平面衣片,这些衣片经缝合后才能形成最终产品。

如图 11-1 所示,一件完整的衣服,如图(a)所示,可以分解为图(b)中的前片、后片、两个袖片及一个领条(图中未标出),这些衣片经缝合后就能形成一件完整的衣服。

在编织时,首先编织衣片的下摆部分,一般衣片的下摆多采用罗纹结构,在编织到下摆所需长度后,进行大身部分的编织。如果大身为平针组织,则要在编织完下摆罗纹后,将一个针床上的线圈全部转移到另一个针床上。根据所要编织的形状和尺寸要求,大身部分通常由若干块矩形和梯形组成。在编织矩形时,不需要加针和减针,而在编织梯形部分时,就需要根据衣片的形状进行加减针操作。

(一)收针(减针)

收针(narrowing)是通过各种方式减少参与编织的织针针数,从而达到缩减织物宽度的目的。常用的收针方法有移圈式收针、拷针和握持式收针。

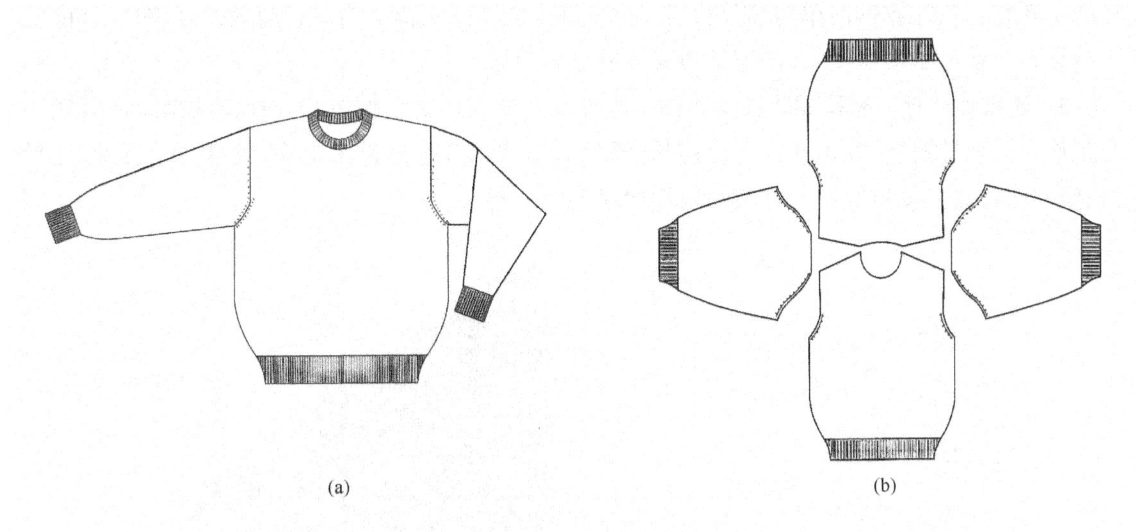

图 11－1　平面衣片的成形编织方法

1. 移圈式收针　移圈式收针是指将织物边缘的一枚或多枚织针上的线圈向里转移到相邻织针上，移圈后的空针退出工作，从而达到减少参加工作的针数、缩减织物宽度的目的。如图 11－2 所示。移圈式收针又可分为明收针和暗收针。

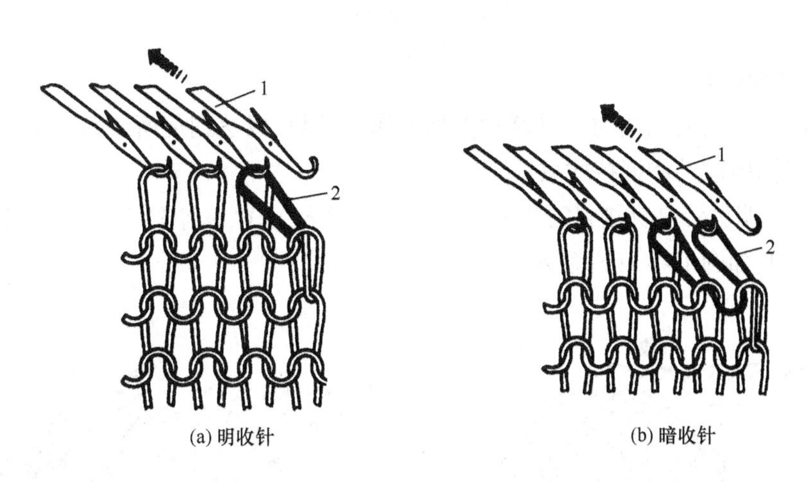

图 11－2　移圈式收针

(1)明收针。是指移圈的针数等于要减去的针数，从而在织物边缘形成由退出工作的针 1 上的线圈 2 和相邻针上的线圈重叠的效果，如图 11－2(a)所示。这种重叠的线圈使织物边缘变厚，不利于缝合，也影响缝合处的美观。

(2)暗收针。是指移圈的针数多于要减去的针数，从而使织物边缘不形成重叠线圈，而是形成与多移的针数相等的若干纵行单线圈，使织物边缘便于缝合，也使得边缘更加美观，如图 11－2(b)所示。此时要减去的针只有针 1，而被移线圈有两个，靠近外边的线圈 2 在向里移后并未产生线圈重叠。织物边缘由移圈线圈形成的特殊外观效果，被称为“收针花”或“收针辫子”。

2. 拷针。拷针是指将要减去的织针上的线圈直接从针上退下来，并使其退出工作，而不进行线圈转移。它比收针简单，效率高，但线圈从针上脱下后可能会沿纵行脱散，因此在缝合前要进行锁边。在电脑横机上，人们把锁边式收针也称为拷针。

3. 握持式收针。握持式收针又叫休止收针或持圈式收针。握持式收针指的是织针虽然退出工作，但是线圈仍然保留在针上，待到需要时退出的织针重新进入工作。握持式收针区域平滑，没有收针花。握持式编织方法和织物如图 11－3 所示。

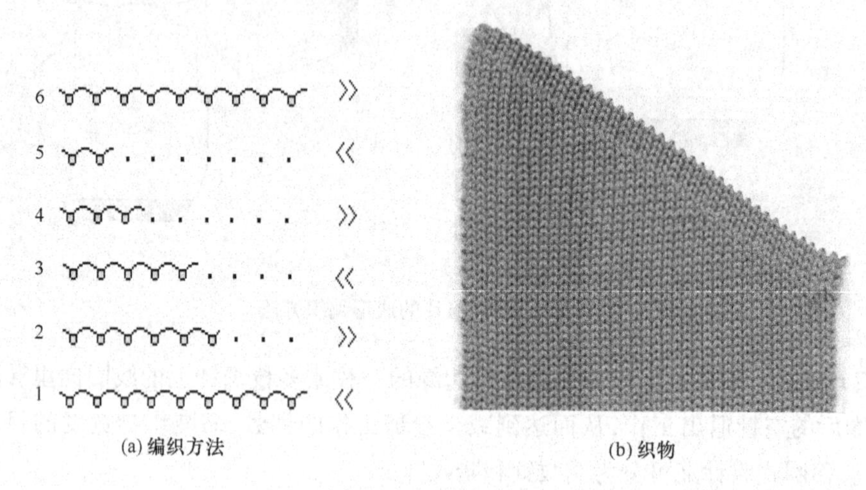

图 11－3　握持式收针

（二）放针（加针）

放针（widening）是通过各种方式增加参加工作的针数，以达到使所编织物加宽的目的。放针可分为明放针、暗放针和握持式放针。

1. 明放针。明放针是直接将需要增加的织针 1 进入工作，从空针上开始编织新线圈 2，以使织物宽度增加，如图 11－4(a) 所示。

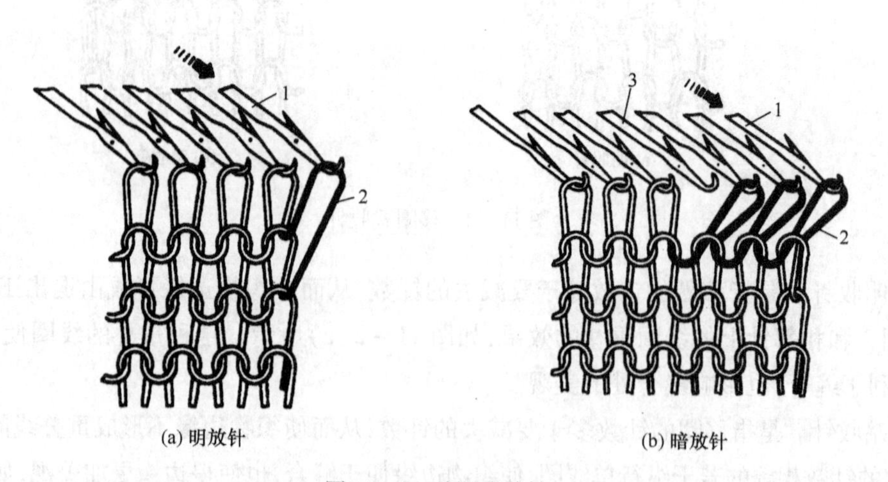

图 11－4　移圈式放针

2. 暗放针。暗放针是在使所增加的针 1 进入工作后，将织物边缘的若干纵行线圈依次向外移圈，使空针在编织之前就含有线圈 2，形成较为光滑的织物布边。此时中间的一枚针 3 成为空针，如图 11－4(b)所示。

3. 握持式放针。握持式放针与握持式收针相反，是使前面暂时退出工作但针钩里仍然含有线圈的织针重新进入工作。如图 11－5 所示。

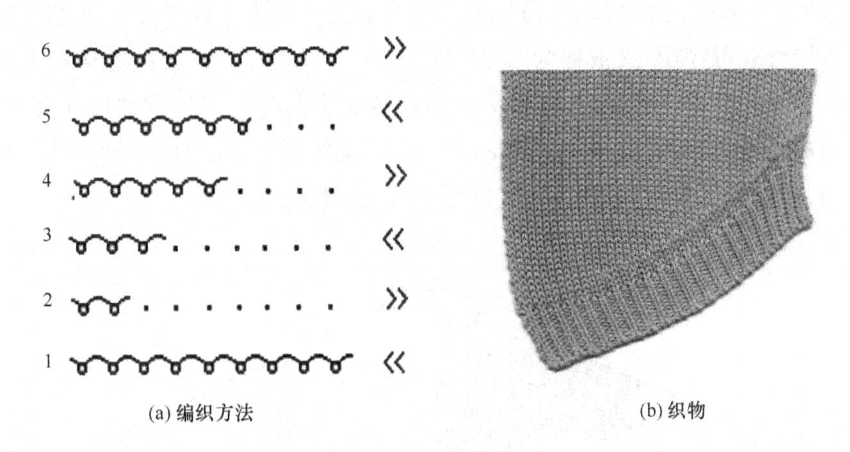

图 11－5　握持式放针

二、整件衣片编织工艺

整件衣片的编织是在同一台机器上编织出各块不同衣片连成一体的整件衣片。常用的方法有迈奎法(Macqueen)和帕佛奥蒂法(Pfauti)两种。以前者为例作介绍。

采用迈奎法编织开衫的编织过程如图 11－6 所示。首先编织左侧前身衣片 1，沿 *A*—*A* 线空针起口，所有的织针参加编织到 *B*—*B* 线。从 *B*—*B* 线开始，沿着 *B*—*C* 线逐渐采用握持式收针。编织到 *C*—*C* 线时，左侧前身衣片 1 结束编织，沿着 *C*—*C* 线的织针进行拷针。

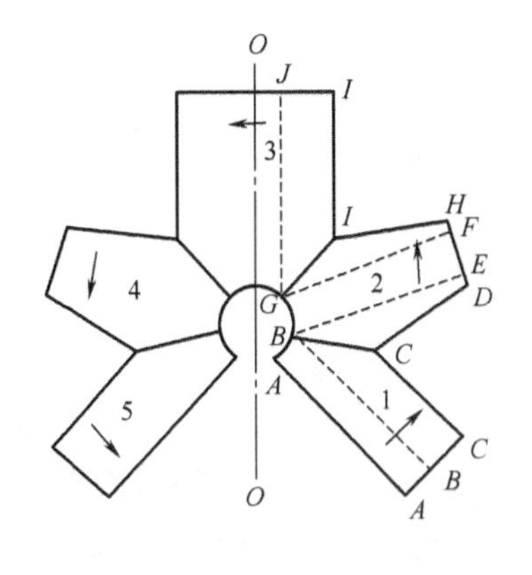

图 11－6　迈奎法编织开衫整件衣片

接着编织左袖片 2，从腋窝处开始编织短横列，沿 *C*—*B* 线逐渐采用握持式放针，使编织的横列长度逐渐增加，并沿 *C*—*D* 线将脱出线圈的空针逐渐加入工作。当编织到 *B*—*E* 线时已达到衣袖的长度。然后同长度编织，直到 *G*—*F* 线。然后部分织针沿着 *G*—*I* 线逐步采用握持式收针，部分织针沿着 *I*—*H* 线逐渐采用拷针方式进行收针。当编织到终点 *I* 时，左袖片 2 编织结束。

后大身 3 从 *I*—*I* 线开始编织。*I*—*I* 段空针起口，握持旧线圈的织针沿 *I*—*G* 线逐渐采用握持式放针。编织到 *J*—*G* 线时，已经达到后身长度。*O*—*O* 线是后身大身的中线，随后的编织过程与上述相反，再编织整件衣片的另一半。先完成右后大身，然后再编织右袖片 4 和右前片 5，从而完成全部编织。

衣片下机后还要缝合，先把 *C*—*C* 线与 *I*—*I* 线缝合，然后缝合另一侧大身，再把 *C*—*D* 线与 *I*—*H* 线缝合成袖子，另一侧也是如此。

最后再装上衣领和拉链，就生产出了一件开衫。

三、整体服装编织工艺

采用整体服装的编织方法可以在横机上一次就编织出一件完整的衣服，下机后无须缝合或只需进行少许缝合就可穿用，又被称为“织可穿”。图 11 - 7 所示为在电脑横机上编织的带有罗纹领口的长袖平针套衫。编织时，在针床上的相应部位同时起口编织袖口和大身，此时袖子和大身编织的都是筒状结构，如图 11 - 8(a)所示。在编织到腋下时，两个袖片和大身合在一起进行筒状编织，如图 11 - 8(b)所示，直至领口部位，最后编织领口。

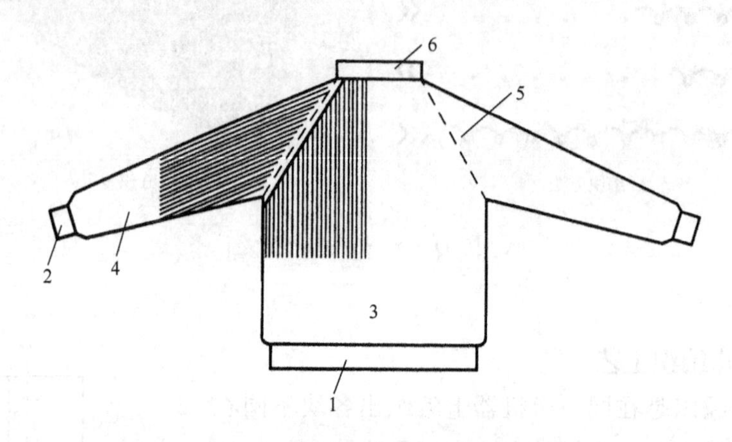

图 11 - 7　整件服装编织顺序

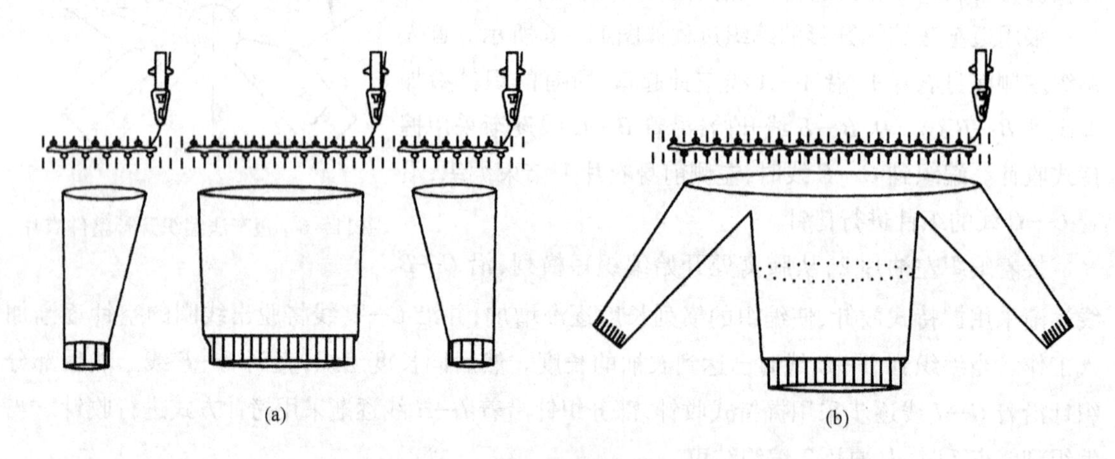

图 11 - 8　整体服装的编织方法

在横机上用两个针床可以很容易地编织筒状平针结构。但是筒状罗纹结构的编织却相对比较复杂。图 11 - 9 所示为筒状罗纹编织的原理图。织针的配置和排列如图 11 - 9(a)所示，两个针床针槽相对，每个针床上只有一半针形成线圈，另一半针不形成线圈，只进行接圈和移圈。在编织时，先在两个针床上利用一半的成圈针编织 1 + 1 罗纹结构，并在编织后将前针床上的线圈移到后针床不成圈的针上[图 11 - 9(b)]，这样相当于编织了筒状罗纹的一面；再利用另一半成圈针编织一个 1+1 罗纹结构，编织后将后针床上的线圈移到前针床不成圈的针上，这样就编织了筒状罗纹的另一半［图 11-9(c)］。在完成一个横列的筒状罗纹之后，再将存放在后针床不成圈针上的线圈移到前针床的成圈针上进行如图 11-9(b) 所示的编织；然后再将存放在前针床不成圈针上的线圈移到后针床，进行图 11-9(c) 所示的编织。如此循环，直至达到所需的罗纹长度。领口罗纹的编织也采取这种方法。

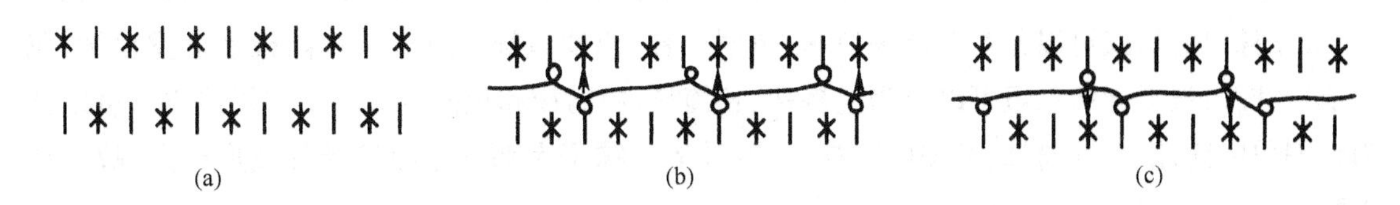

图 11-9　筒状罗纹的编织方法

在双针床电脑横机上编织整体服装的罗纹时因为需要隔针编织，并频繁地进行翻针操作，而且一些花色织物也不易编织，使得编织织物的品种和效率都受到影响，又由于隔针编织也使得轻薄产品的编织受到限制，因此，更新型的整体服装编织设备采用了四个针床的配置。图 11-10是两种四针床横机的针床结构。图 11-10(a) 是在两个编织针床的上方，又增加了两个辅助针床，但这两个针床只是移圈针床，其上安装的是移圈片 3、4，而不是织针，它可以和主针床上的织针 1、2 进行移圈操作，即在需要时从织针上接受线圈或将所握持的线圈返回织针，但不能进行编织。图 11-10(b) 是一种四个针床都安装织针的真正四针床横机，四个针床上的织针都具有编织和移圈的功能。这种结构的电脑横机在编织筒状罗纹时就不需要隔针编织，可以编织更加轻薄的产品，也使得产品的品种增加，编织效率提高。

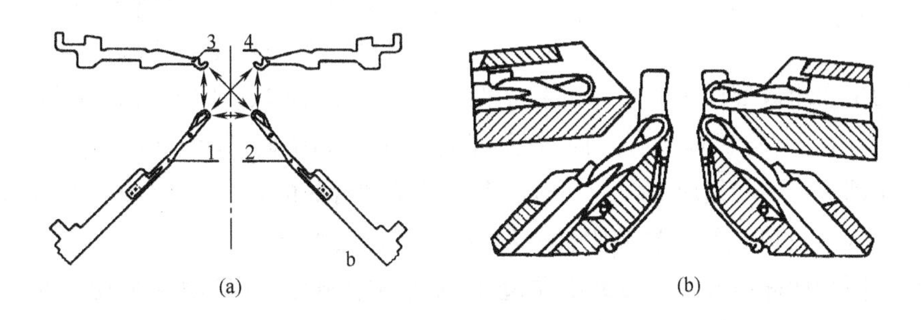

图 11-10　四针床电脑横机

整体编织服装在肩袖结合处可以形成特殊的风格，也避免了因缝合而形成凸出的棱，避免了因缝线断裂造成的破损，也不会因缝线的存在形成延伸性的不一致。另外，它还可以节省缝合工序和降低原料损耗。当然也存在着设计复杂、产品结构受到一定限制和生产效率低的问题。一般这种产品只能在特殊的电脑横机上进行编织，机器的机宽要能满足同时编织大身和袖子的需要。

第二节　袜机成形原理

一、袜品分类

袜品(hosiery)的种类很多,根据袜子所使用的原料、花色和组织结构,可以分为素袜、花袜等;根据袜口的形式可以分为双层平口袜、单罗口袜、双罗口袜、橡筋罗口袜、橡筋假罗口袜、花色罗口袜等;根据袜筒长短可以分为连裤袜、长筒袜、中筒袜和短筒袜等。根据织造方法可以分为纬编单针筒袜、双针筒袜、经编网眼袜、分趾袜等。袜子大部分是纬编计件成形产品,故本节主要介绍纬编袜品。

二、袜品的结构

袜品的种类虽然繁多,但就其结构而言大致相同,仅在尺寸大小和花色组织等方面有所不同。图 11－11 为几种常见产品的外形图,其中(a)为短筒袜坯,(b)为中筒袜,(c)为长筒袜。

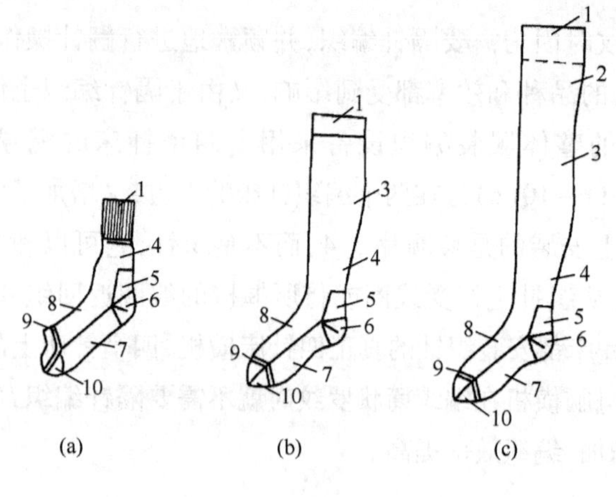

图 11－11　袜品外形与结构

下机的袜子有两种形式,一种是已成形的完整袜子(即袜头已缝合),如图 11－11(b)、(c)所示;另一种是袜头敞开的袜坯,如图 11－11(a)所示,需将袜头缝合后才能成为一只完整的袜子。

长筒袜的主要组成部段一般有袜口 1、上筒 2、中筒 3、下筒 4、高跟 5、袜跟 6、袜底 7、袜面 8、加固圈 9、袜头 10 等。中筒袜没有上筒,短筒袜没有上筒和中筒,其余部段与长筒袜相同。不是每一种袜品都有上述的组成部段。如目前深受消费者青睐的高弹丝袜结构比较简单,袜坯多为无跟型,由袜口(裤口)、袜筒过渡段(裤身)、袜腿和袜头组成。

袜口的作用是使袜边既不脱散又不卷边,既能紧贴在腿上,穿脱时又方便。在长筒袜和中筒袜中一般采用双层平针组织或橡筋袜口;在短筒袜中一般采用具有良好弹性和延伸性的罗纹组织,也有采用衬以橡筋线或氨纶丝的罗纹组织或假罗纹组织。

袜筒的形状必须符合腿型,特别是长袜,应根据腿形不断改变各部段的密度。袜筒织物组织除了采用平针组织和罗纹组织之外,还可采用各种花色组织来提高外观效应,如提花袜、绣花添纱袜、网眼袜、集圈袜和毛圈袜等。

高跟属于袜筒部段,但由于这个部段在穿着时与鞋子发生摩擦,所以编织时通常在该部段加入一根加固线,以增加其坚牢度。

袜跟通常要织成袋状,以适合脚跟的形状,否则袜子穿着时将在脚背上形成皱痕,而且容易脱落。编织袜跟时,相应于袜面部分的织针要停止编织,只有袜底部分的织针工作,同时按要求进行收放针，以形成梯形的袋状袜跟。这个部段一般用平针组织，并需要加固，以增加耐磨性。袜头的结构和编织方法与袜跟相同。

袜脚由袜面与袜底组成。袜底容易磨损，编织时需要加入一根加固线，俗称夹底。近年来，随着产品向轻薄的方向发展，袜底通常不再加固了。编织花袜时，袜面一般织成与袜筒相同的花纹，以增加美观，袜底无花。由于袜脚也呈圆筒形，所以其编织原理与袜筒相似。袜脚的长度决定袜子的大小尺寸，即决定袜号。

加固圈是在袜脚结束时、袜头编织前再编织 12、16 或 24 个横列（根据袜子大小和纱线粗细不同而不同）的平针组织，并加入一根加固线，以增加袜子牢度，这个部段俗称“过桥”。

袜头编织结束后还要编织一列线圈较大的套眼横列，以便在缝头机上缝袜头时套眼用；然后再编织 8～20 个横列作为握持横列，这是缝头机上套眼时便于用手握持操作的部段，套眼结束后即把它拆掉，俗称“机头线”，一般用低级棉纱编织。

三、袜口的编织

单针筒袜的袜口按其组织结构的不同可分为平针双层袜口、罗纹袜口、假罗纹（单面组织借助衬垫或衬纬氨纶形成类似罗纹效果）袜口几大类。罗纹袜口是先在计件小罗纹机上编织，然后借助套盘，人工将罗纹袜口的线圈一一套在袜机针筒的织针上，接着编织袜筒等部分。衬垫氨纶袜口的编织方法与圆纬机编织同类结构相似。衬纬氨纶袜口是在地组织的基础上，衬入一根不参加成圈的氨纶纬纱。下面介绍平针双层袜口的编织方法。

长筒袜、中筒袜和短筒袜的袜口均有采用双层平针组织的，称为平针双层袜口。主要编织过程分为起口和扎口两部分。

1. 双片扎口针的起口和扎口

（1）起口和扎口装置的结构

采用带有双片扎口针（俗称哈夫针）的起口和扎口装置，如图 11－12 所示。1 为扎口针圆盘，位于针筒上方；2 为扎口针三角座；扎口针 3 水平地安装在扎口针圆盘的针槽中；扎口针圆盘 1 由齿轮传动，并与针筒同心、同步回转。扎口针 3 的形状如图 11－13 所示，由可以分开的两片薄片组成。扎口针的片踵有长短之分，其配置与针筒上的袜针一致，即长踵扎口针配置在长踵织针上方，短踵扎口针配置在短踵织针上方，扎口针针数为织针数一半，即一隔一地插在织针上方。编织袜面部分的一半织针排短踵针（或长踵针），编织袜底部分的另一半织针排长踵针（或短踵针）。

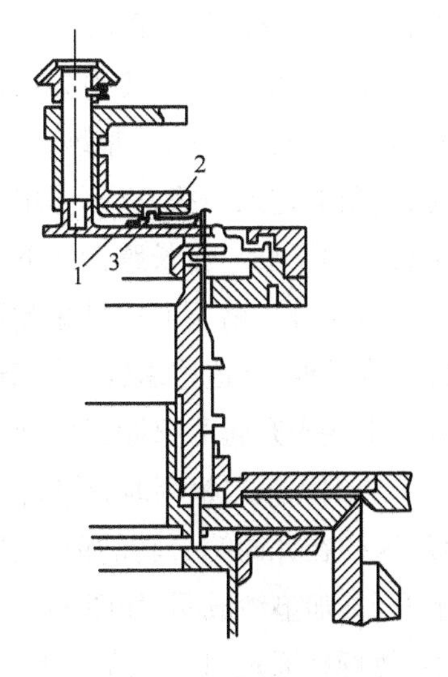

图 11－12　扎口装置

扎口针三角座 2 中的三角配置如图 11－14 所示，三角 I、J、K 控制扎口针在扎口针圆盘内做径向运动。三角 K 在起口时使扎口针移出，勾取纱线，故又称起口闸刀，三角 I 和 J 在扎口移圈时起作用，使扎口针上的线圈转移到织针上去，故也称扎口闸刀。

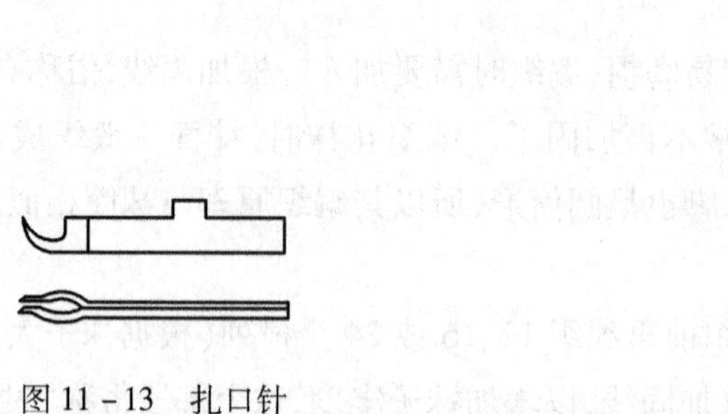

图 11－13　扎口针

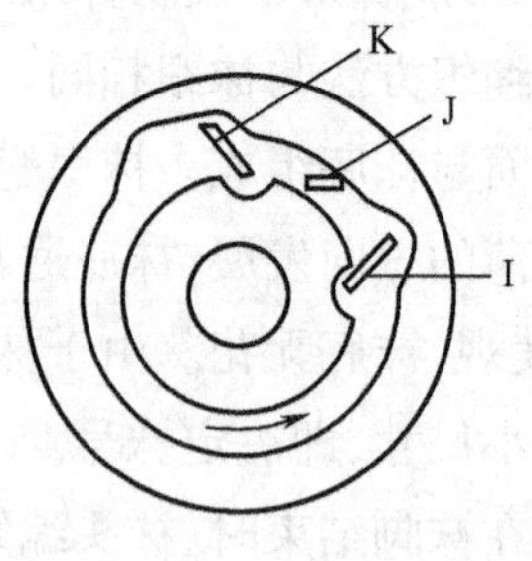

图 11－14　扎口针三角

在花袜机上编织平针双层袜口时，一般在针筒的针槽中自上而下配置着织针、底脚片和提花片，利用提花片进行选针，某种花袜机的三角座展开图如图 11－15 所示。三角 A 作用在提花片的片踵上，使织针上升到退圈高度，织针经上中三角 B 压下并垫入纱线，然后沿弯纱三角 C 形成新线圈，三角 F、G 和 H 用于起口和扎口编织。

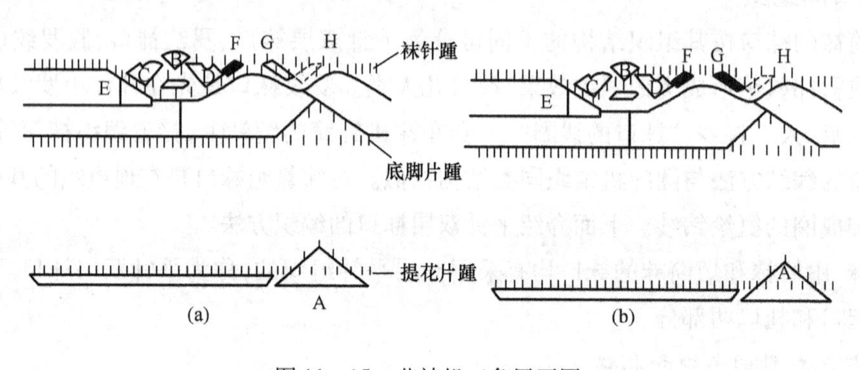

图 11－15　花袜机三角展开图

（2）起口过程。此时织针是一隔一地上升钩取纱线。当利用电子或机械选针装置作用于提花片来实现隔针选针时［见图 11－15 中（a）］，未被选中的提花片在三角 A 的内侧通过，被选中的提花片沿三角 A 上升，这样使织针间隔上升形成两排。下面一排织针在三角 F 作用下，沿三角 D 的下方通过，不垫纱，三角 G、H 此时退出工作。三角 F 是分级起作用的：在短踵针通过时，三角 F 进入一级，以不作用到短踵为准，并准备对长踵针作用；当长踵针通过时（针筒的前半转），将下面一排长踵针压下，同时再进入一级，可以作用到短踵针；当随后短踵针通过时（针筒的后半转），将下面一排短踵针压下。因此，在针筒第一转中，只有那些升起的上面一排的织针垫入纱线，当这些织针通过镶板 E 时，沉降片前移，将垫上的纱线推向针筒中心方向，使纱线处于那些未升起的织针背后，形成一隔一垫纱，如图 11－16 中（a）所示。

在编织第二横列时，导纱器对所有织针垫纱。为此，三角 G 必须在长踵针通过之前进入一级，这样在针筒第二转的前半转中（长踵针通过时），三角 G 作用于较低位置的长踵针，使它们上升，参加垫纱成圈，如图 11－15 中（b）所示，这时三角 F 退出一级。在针筒第二转的后半转中（短踵针通过时），三角 F 和 G 不对短踵针起作用，因为这两只三角都是处在中间位置，于是下面一排短踵袜针沿着三角 D 上升。这样所有织针在三角 B、C 的作用下钩取纱线，于是在上

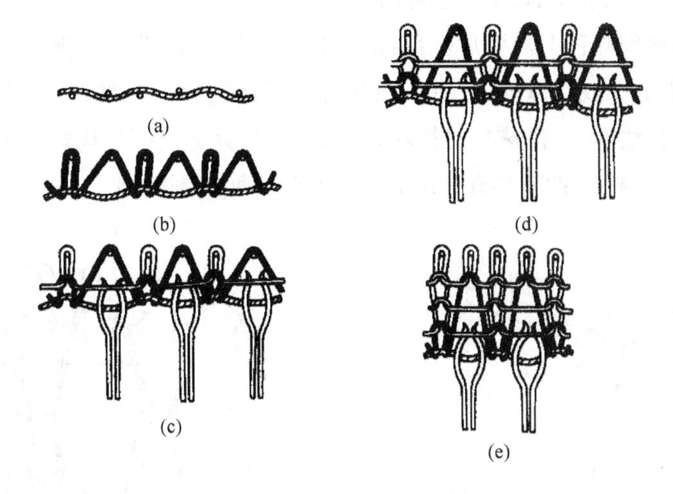

图 11－16　袜口起口过程

一横列被升起的织针上(奇数针)形成正常线圈,而在那些未被升起的织针上只形成未封闭的悬弧,如图 11－16 中(b)所示。

编织第三横列时,袜针仍是一隔一地升起。为此,三角 G 必须在长踵针通过之前退出一级,以便使长踵针分成上下两排,而三角 F 仍处于中间位置。当长踵针通过时,三角 F 又进入一级,随后压下较低位置的一排短踵针,从而使袜针一隔一进行编织。针筒第三转时,扎口针开始起作用。这时,扎口针三角座中的三角 K 在长踵扎口针通过之前下降一级,待长踵扎口针通过时,三角 K 再下降一级。于是所有扎口针受三角 K 作用向圆盘外伸出,并伸入一隔一针的空档中钩取纱线,如图 11－16 中(c)所示。三角 K 在针筒第三转结束时就停止起作用,也就是当长踵扎口针重新转到三角 K 处,它就退出工作。扎口针钩住第三横列纱线后,沿三角座的圆环边缘退回,并握持这些线圈直至袜口织完为止。

第四横列编织时,针筒上的针还是一隔一地进行编织,如图 11－16 中(d)所示。

第五横列以及以后的横列,是在全部袜针上成圈,如图 11－16 中(e)所示。因此,在第五横列开始编织前,即当短踵针通过三角 G 时,三角 G 进入一级,当长踵针通过三角 G 时,三角 G 将下面一排长踵针上抬,使它们在三角 D 上面通过,以后,在短踵针通过时,三角 F 和 G 退出工作,所有的长踵针和短踵针全部垫纱成圈,形成所需要长度的平针袜口。

(3)扎口过程。袜口编织到一定长度后,将扎口针上的线圈转移至袜针针钩上,将所织袜口长度对折成双层,这个过程称为扎口。扎口移圈时,扎口针三角座中的三角 I 和 J(图 11－14)与袜针三角座中三角 H 和 G(图 11－15)同时起作用。由于提花片作用使袜针一隔一地升起,在长踵针通过之前,三角 H、G 进入一级,处于中间位置。当长踵针通过时,三角 H 再进入一级,三角 G 仍停留在中间位置。在三角 H 的作用下,使未被升起的袜针下降到较低的位置,此时针头位于沉降片片鼻的同一水平面上,使带有线圈的扎口针有可能向外伸出。

同时当短踵扎口针通过时,三角 I 和 J 下降一级,当长踵扎口针通过时再下降一级。三角 I 使扎口针移出,使扎口针的小圆孔处于受三角 H 作用而下降的针头上方。以后,袜针沿右镶板右斜面上升，使针头穿入扎口针的小孔内，如图 11－17 所示。三角 J 将扎口针拦回，这样便把扎口针上的线圈转移到袜针上。以后全部袜针沿三角 D 上升，进入编织区域，这时在一隔一的袜针上，除套有原来的旧线圈以外，还有一只从扎口针中转移过来的线圈，在以后编织过程中，两个线圈一起脱到新线圈上，将袜口对折相连，袜口扎口处的线圈结构如图 11－18 所示。袜口编织结束后，在编织袜筒时常常先编织几个横列的防脱散线圈横列。

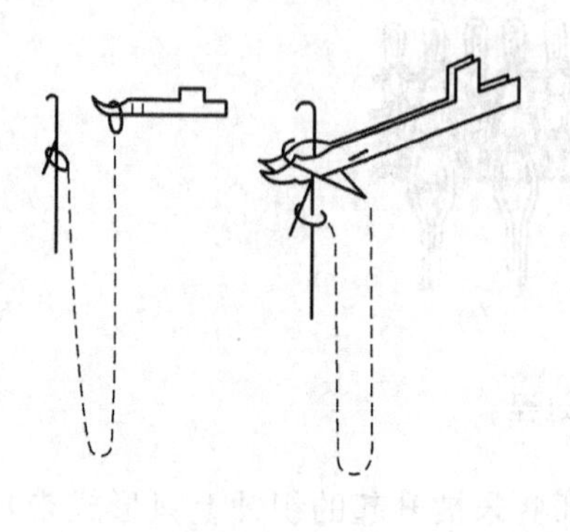

图 11－17　扎口

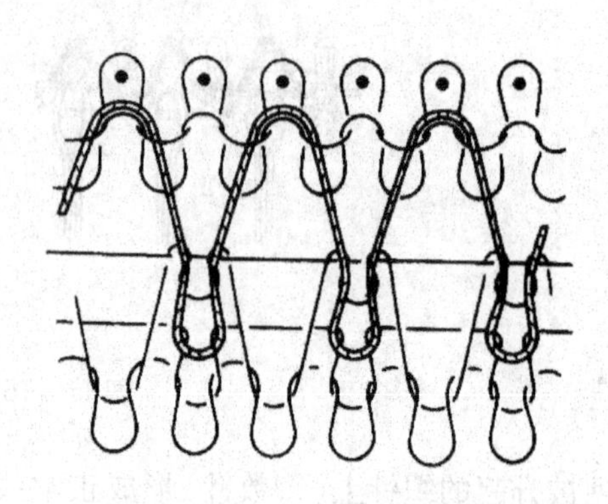

图 11－18　扎口的线圈结构

2. 单片扎口针的起口和扎口

(1)装置的结构。高机号袜机采用单片扎口针的起口、扎口装置，如图 11－19 所示。1 为扎口针盘，2 为扎口针三角座，3 为单片扎口针。其形状如图 11－20 所示，它的前端有弯钩，用来钩住纱线和收藏线圈。每片扎口针上有片踵，且有长短踵之分，长短踵扎口针的配置方法为长踵袜针上方配置长踵扎口针，但长踵扎口针数量可少于扎口针总数的一半，视扎口针三角进出工作位置所需时间而定。扎口针间隔地配置在袜针正上方。图 11－21 是扎口针三角座中的三角配置，三角 1、2 控制扎口针在槽中做径向运动，但它们仅在起口和扎口时才进入工作。

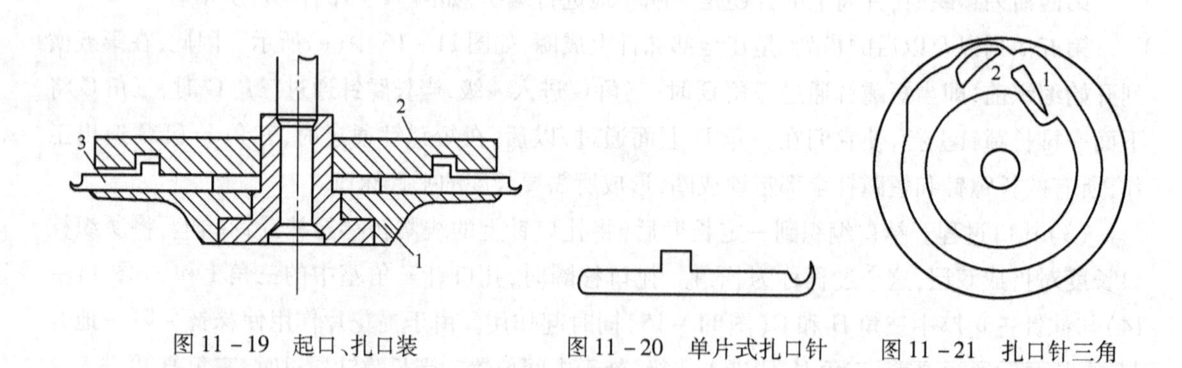

图 11－19　起口、扎口装　　图 11－20　单片式扎口针　　图 11－21　扎口针三角

(2)起口过程。编织第一横列时，袜针一隔一上升垫入起口线 I，由于沉降片的作用，将垫上的纱线推向针筒中心，使纱线处于那些未被升起的袜针背后，形成一隔一的垫纱，如图 11－22中(a)所示。

在编织第二横列时，所有袜针上升垫入纱线Ⅱ，如图 11－22 中(b)所示。

在编织第三横列时，利用提花片进行一隔三选针，即第1、5、9…袜针上升吃纱线Ⅲ，而其余袜针未被升起，这时扎口针在三角1作用下（图11－21）伸出扎口盘，并垫上长浮线，如图11－22中(c)所示。三角1分级进入工作。

在编织第四横列时，全部袜针上升吃纱线Ⅳ，编织平针线圈，直至形成所需要的袜口长度，如图11－22中(d)所示。

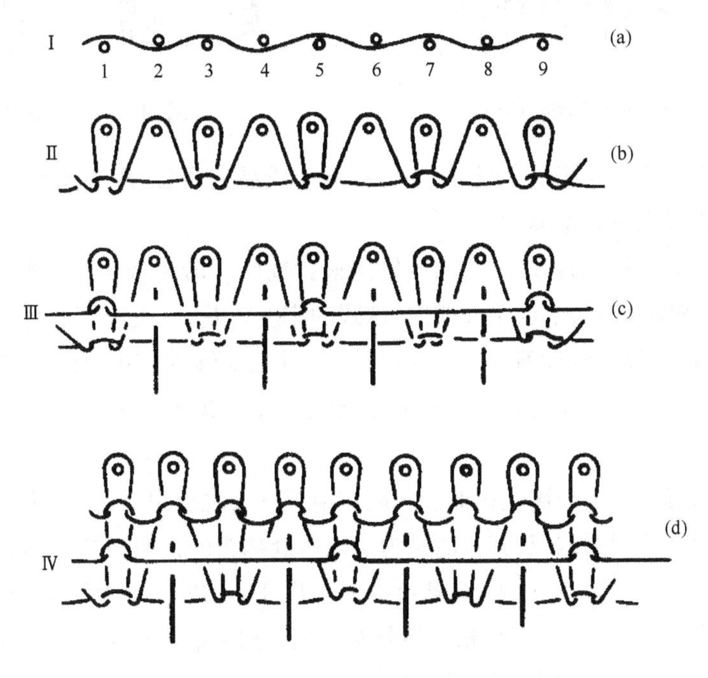

图11－22 袜口起口过程

(3)扎口过程。袜口编织到规定长度后，扎口针的三角1、2(图11－21)又分级进入工作位置，使扎口针重新伸出圆盘外。同时，袜针利用提花片进行一隔一的选针，即第1、3、5…袜针升起，这时，扎口针在三角1、2作用下，伸出后又立即缩回，将起口时握持的长浮线套入一隔三的袜针上(图11－23)，因为仅第3、7、11…袜针可获取握持在两片扎口针之间的浮线，而其余奇数针上方无浮线，因而形成一隔三的扎口移圈，以后全部袜针进入编织区域垫纱成圈，形成双层袜口。

四、袜跟与袜头的编织

1. 袜跟和袜头的结构 袜跟应编织成袋形，其大小要与人的脚跟相适应，否则袜子穿着时，在袜背上将形成皱痕。在圆袜机上编织袜跟，是在一部分织针上进行，并在整个编织过程中进行收放针，以达到织成袋形的要求。

在开始编织袜跟时，相应于编织袜面的一部分针停止工作。针筒做往复回转，编织袜跟的针先以一定次序收针，当达到一定针数后再进行放针，如图11－24所示。当袜跟编织完毕，那些停止作用的针又重新工作。

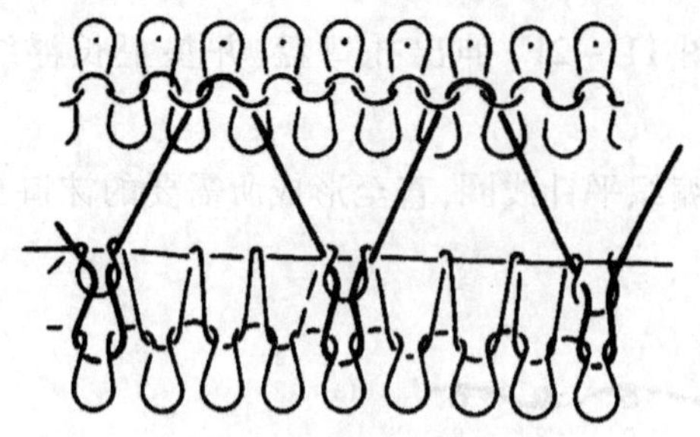
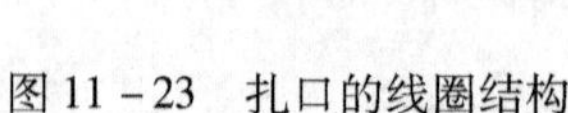

图 11－23　扎口的线圈结构

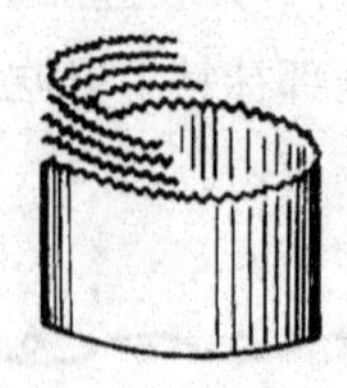
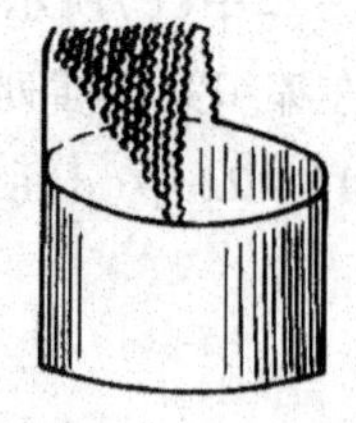

图 11－24　袜跟的形成

在袋形袜跟中间有一条跟缝，跟缝的结构影响着成品的质量，跟缝的形成取决于收放针方式。跟缝有单式跟缝和复式跟缝两种。

如果收针阶段针筒转一转收一针，而放针阶段针筒转一转也放一针，则形成单式跟缝。在单式跟缝中，双线线圈脱圈后形成单线线圈，袜跟的牢度较差，一般很少采用。如果收针阶段针筒转一转收一针，在放针阶段针筒转一转放两针收一针，则形成复式跟缝。复式跟缝是由两列双线线圈相连而成，跟缝在接缝处所形成的孔眼较小，接缝比较牢固，故在圆袜生产中广泛应用。

袜头的结构与编织方法与袜跟相似。一般在编织袜头之前织一段加固圈，在袜头织完之后进行套眼横列和握持横列的编织，其目的是为了以后缝袜头的方便，并提高袜子的质量。

2. 袜跟的编织　图 11－25 所示为袜跟的展开图，将 ab、cd 分别与相应部分 be、df 相连接，将 ga 和 ie、ch 和 fj 相连接，即可得到袋形的袜跟。

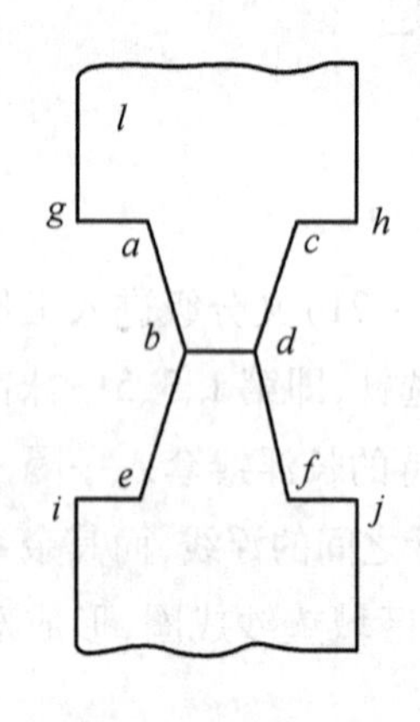

图 11－25　袜跟的展开图

在开始编织袜跟时应将形成 ga 与 ch 部段的针停止工作，其针数等于针筒总针数的一半，而另一半形成 ac 部段的针，在前半只袜跟的编织过程中进行单针收针，直到针筒中的工作针数只有总针数的 1/5～1/6 为止，这样就形成前半只袜跟如图中 $a-b-d-c$。后半只袜跟是从 bd 部段开始进行编织，这时就利用放两针收一针的方法来使工作针数逐渐增加，以得到如图中 $b-d-f-e$ 部段组成的后半只袜跟。

（1）使袜面袜针退出编织的方法。

①利用袜跟三角（俗名羊角）。这时以针筒键槽为中心，在键槽半周针筒上插短踵袜针编织袜底，另半周针筒插长踵袜针编织袜面。

在开始编织袜跟前，袜跟三角 1 向下回转［图 11－26（a）］，并离开针筒一定距离，碰不到短踵袜针，但将针筒上的长踵袜针（袜面针）升高到上中三角 2 以上，退出编织区。而短踵袜针仍留在原来位置上，参加袜跟部段的编织。当袜跟编织结束后，袜跟三角 1 向上转动［图 11－26（b）］，并靠近针筒，能对所有袜针针踵起作用，使退出工作的袜针全部进入工作。

②埋藏走针法。埋藏走针是指编织袜面的袜针不升起，而埋藏于针三角座内往复回转，不

垫纱成圈。这种编织方法的优点是：省去了袜跟三角所占位置，因袜面袜针无须升高，防止了袜面上的一道油痕。

针筒上袜针的排列方法为有键槽半周的针筒上插中踵针，编织袜底；另半周针筒上插特短踵针，编织袜面。在开始编织袜跟时，左、右弯纱三角和左右活动镶板都远离针筒一定距离，因此这些三角和镶板只能作用到中踵针，碰不到特短踵针，编织袜面的特短踵针在三角座内往复运行，不垫纱成圈。

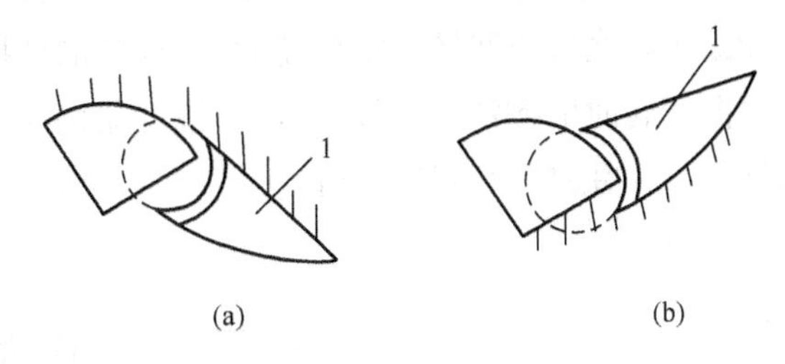

图 11－26　袜跟三角

(2)前一半袜跟(袜头)的编织方法。编织前一半袜跟(袜头)时，收针是在针筒每一往复回转中，将编织袜跟的袜针两边各挑起一针，使之停止编织，直至挑完规定的针数为止。

挑针是由挑针器完成的，在袜针三角座的左(右)弯纱三角后面，分别安装有左(右)挑针架1，如图 11－27(a)所示。左(右)挑针杆 2 的头端有一个缺口，缺口的深度正好能容纳一个针踵。左右挑针杆利用拉板相连。编织袜跟时，针筒进行往复运转，因左挑针杆 2 头端原处在左弯纱三角 4 上部凹口内，如图 11－27(b)所示，因此针筒倒转过来的第一枚短踵袜针便进入挑针杆头端凹口内，在针踵 5 推动下，迫使左挑针杆 2 头端沿着导板 3 的斜面向上中三角背部方向上升，将这枚袜针升高到上中三角背部，即退出了编织区。左挑针杆在挑针的同时，通过拉板使右挑针杆进入右弯纱三角背部的凹口中(在编织袜筒和袜脚时，右挑针杆的头端不在右弯纱三角背部凹口中)，为下次顺转过来的第一枚短踵袜针的挑针做好准备，如此交替地挑针，形成前一半袜跟编织。

(3)后一半袜跟(袜头)的编织方法。编织后一半袜跟(袜头)时，要使已退出工作的袜针逐渐再参加编织，为此采用了揿针器，如图 11－28 所示。它配置在导纱器座对面，其上装有一个揿针杆，揿针杆的头端呈“T”字形，其两边缺口的宽度只能容纳两枚针踵。在编织前一半袜跟或袜筒、袜脚时，揿针器退出工作，这时袜针从有脚菱角 1 的下平面及揿针头 2 的上平面之间经过。揿针器工作时，其头端位于有脚菱角 1 中心的凹势内，正好处于挑起袜针的行程线上。放针时当被挑起的袜跟针运转到有脚菱角 1 处，最前的两枚袜针就进入揿针头 2 的缺口内，迫使

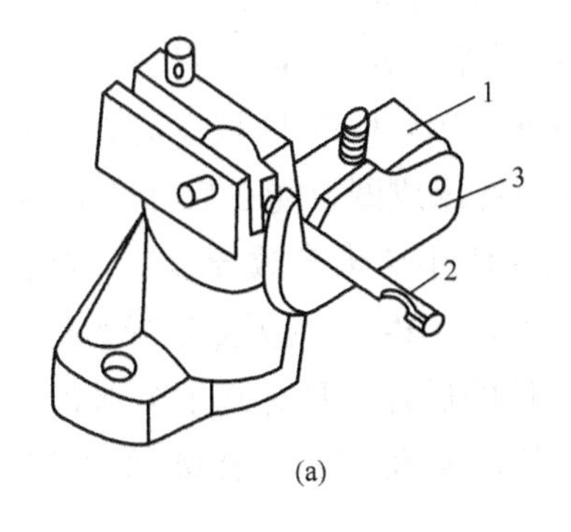

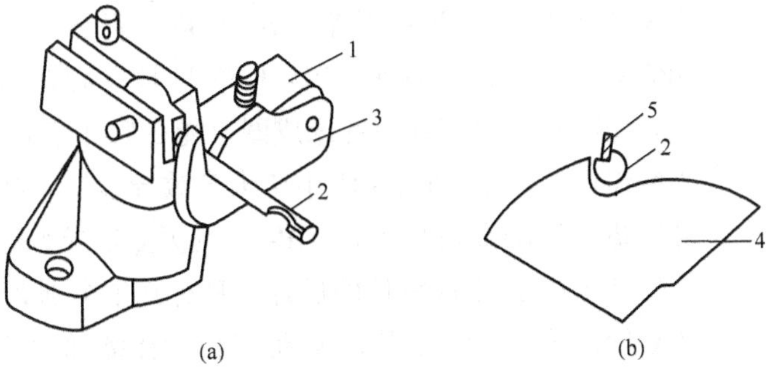

(a)　(b)

图 11－27　挑针器

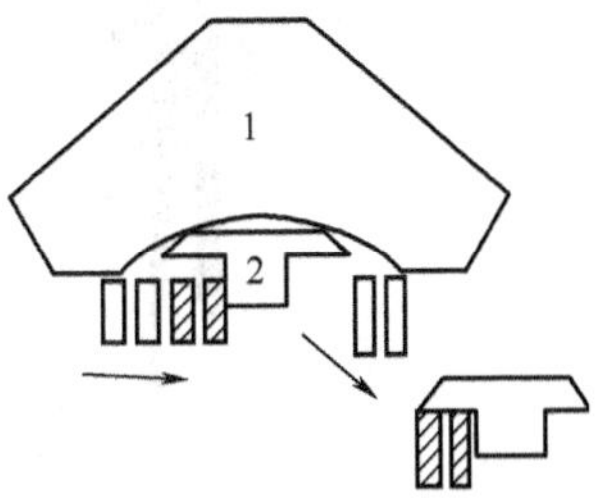

图 11－28　揿针器

撤针杆沿着撤针导板的弧形作用面下降,把两枚袜针同时撤到左或右弯纱三角背部等高的位置参加编织。当针筒回转一定角度后,袜针与撤针杆脱离,撤针杆借助弹簧的作用而复位,准备另一方向回转时的撤针。在放针阶段,挑针器仍参加工作,这样针筒每转一次,就撤两针挑一针,即针筒每一往复,两边各放一针。

第三节　经编成形原理

经编成形产品一般在双针床拉舍尔型经编机上进行编织,通过织物组织及密度的变化生产出不需缝合的成形产品。经编成形产品包括经编无缝服装,如无缝内衣,文胸,泳衣,衬衫等;经编无缝长筒袜、连裤袜以及经编围巾和手套等。随着经编无缝工艺技术的开发和不断完善,使得无缝产品无论是精致细腻的图案还是丰富多变的款式均能顺利实现,为其提供了更广阔的设计空间。

一、经编成形编织的生产设备

经编无缝成形产品一般在双针床拉舍尔型贾卡经编机以及双针床拉舍尔型多梳经编机上进行编织。

(一)双针床拉舍尔型贾卡经编机

HDRJ6/2NE(EEW)型双针床经编机共有6把梳栉,如图11－29所示的配置形式。其中两把为贾卡提花梳栉GB3,GB4,提花梳栉和移位针床采用N型纹链滚筒,而地梳栉GB1、GB2、GB5、GB6采用上下两套E型滚筒,可以通过W转换装置,将第一个E型滚筒的花纹组织转换成第二个E型滚筒花纹组织。

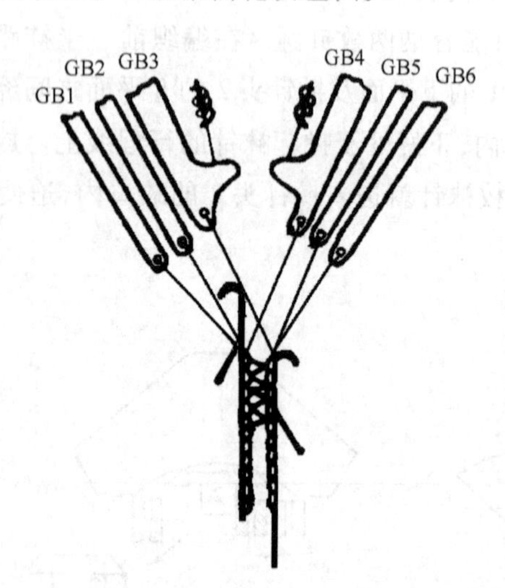

图11－29　HDRJ6/2NE(EEW)型双针床经编机梳栉配置

HDRJ6/2NE(EEW)型双针床经编机以编织连裤袜为主,还可编织全成形提花手套、围巾、方巾、背心、短裤、枕套和各种带形及筒形织物。

在织连裤袜时,GB2、GB5编链组织,GB3、GB4进行提花,GB1、GB6不用。而在织围巾时,GB2、GB5编织编链,GB3、GB4进行提花,GB1、GB6作衬纬。GB1、GB2只是在前针床编织,GB5、GB6只是在后针床编织。GB3、GB4既能在前针床成圈也能在后针床成圈。当编织连裤袜袜身时,GB3中绝大多数导纱针只在前针床垫纱,形成裤袜的前片,GB4中绝大多数导纱针只在后针床垫纱,形成裤袜的后片。只有其中个别2～3枚导纱针兼在前后针床垫纱,形成前后接缝和裤裆处的加固结构。

HDRJ6/2NE(EEW)型双针床经编机两针槽板之

间的距离为0.8mm左右，目的使前后片连接处的织物密度与大身密度一致。前后针床每成圈一次，梳栉来回摆动3次（即单程摆动6次）。机器幅宽为330cm（130英寸），机号16针/25.4mm（英寸），总针数为2080枚。机器采用一只1344枚针的贾卡装置（贾卡笼头），并采用3吊制，即每根综线同时吊3枚移位针。3吊制的优点可以节约两只提花装置，日常生产中还可以节约两套纹板纸，缺点是花型范围受到限制，最宽只能达到机器幅宽的1/3，这对于连裤袜已足够宽。因为机幅的1/3（即2080/3）已含约690枚针，一般大号连裤袜也只需134枚针，134×5=670（枚），690>670，即每1/3机幅可织5条连裤袜。全机可同时生产15条连裤袜。

袜筒的宽度变化不是靠收放针，而是靠卷取密度的变化来实现织物密度变化。卷取速度由专用计算机控制。所需卷取密度变化规律，预先以数字形式设定在可擦除的只读存储器EPROM内。这样可以容易地根据人体特征来改变服装的宽度，穿着时使身体不受束缚，活动自如。当EPROM的内存数据需要更改时，只要将它取下来放在紫外光暗盒内照射15分钟后即可再次写入新的程序数字。

（二）双针床拉舍尔型多梳成形编织机

双针床拉舍尔型多梳成形经编机供纱系统与普通多梳花边经编机类似，地组织纱线源自经轴，花梳所需纱线来自轻质花经轴。机器采用SU电子梳栉横移机构，同样为得到符合腿型的合身裤袜，采用变速牵拉机构随编织过程进行织物密度的改变。产品花型形成原理与多梳花边经编机编织原理类似。根据双针床编织过程，对于裤袜类产品，其袜头部分在机器编织过程中即可闭合，且袜跟袜头部分有另外的加固纱进行加固，下机后只需进行腰头部位的缝合。双针床多梳成形编织效率较高，在330cm（130英寸）的机器上，可同时编织12～18双连裤袜，24小时内可生产1000双连裤袜。该机通常有44把梳栉，以连裤袜为例，各梳栉负责编织的对应部位如图11－30所示。其中梳栉GB15和GB17以及GB20和GB22在前后针床编织作为连裤袜裤身边缝连接；梳栉GB16和GB18以及GB19和GB21作为连裤袜袜筒边缝连接；梳栉GB13和GB14以及GB23和GB24用于袜筒网孔地组织的编织；GB1～12和GB25～36用于两袜筒的花型编织。

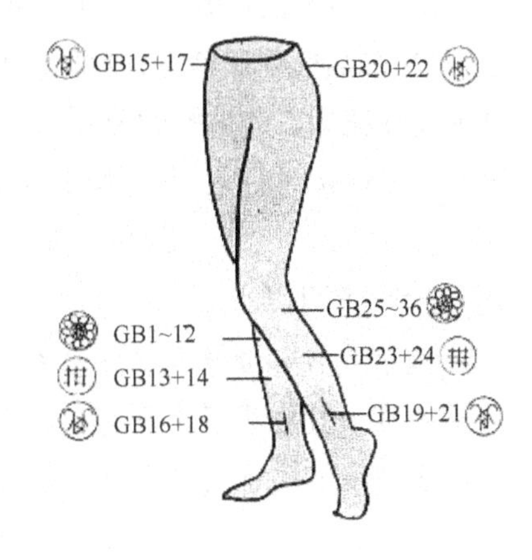

图11－30　双针床拉舍尔型多梳经编机各梳栉作用

二、连裤袜成形编织原理

（一）连裤袜的基本结构

如图11－31所示，连裤袜由裤腰1、裤身2、袜筒3、裤裆4、前后片接缝5、袜尖6、袜头7和分割区8所组成。在形成裤身圆筒和两只袜筒时，需要解决前后片的接缝问题；裤裆处除采用一般的接缝组织外，还要有加固措施；袜尖、袜头处也有相应的加固措施，为便于分割，在分割区采用编链组织。

(二)织物的组织结构

经编连裤袜基本上是一种双梳组织,前后针床各有一把地梳编织编链,另一把提花梳栉将编链连接成疏密不等的组织而形成花纹,并有个别提花织针负责前后片的连接。在使用 RDPJ6/2 型经编机编织无缝服装时,其中 GB2 和 GB5 分别在前、后针床进行编织,JB3 和 JB4 大部分贾卡针分别在前、后针床进行编织,只有少数的几根针在前、后针床上同时编织,起到连接连裤袜前后片的作用。其垫纱数码:

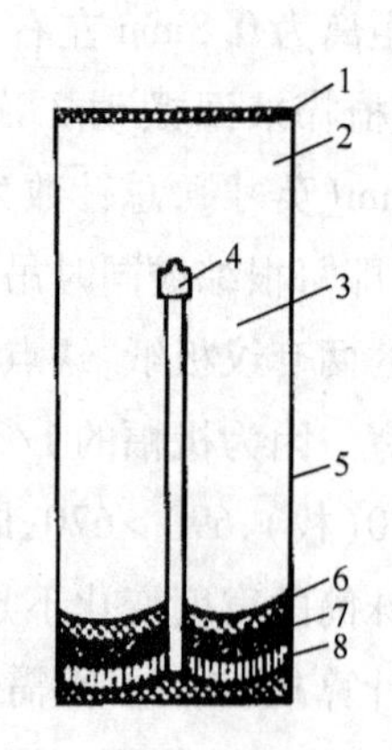

图 11-31　连裤袜的基本结构

GB2:1—0—0—0/0—1—1—1//

GB5:0—0—0—1/1—1—1—0//

JB3:1—0—1—1/1—2—1—1//

JB4:1—1—1—2/1—1—1—0//

根据贾卡提花针 JB3 和 JB4 偏移情况,可以形成不同的织物效应。在做基本垫纱时,形成薄组织;在奇数横列偏移,形成网孔组织;在偶数横列偏移,形成厚组织。根据这个提花原理,可以自由设计花型。连裤袜的前片与后片的连接也是通过贾卡针偏移形成的特殊组织,这种连接组织要求在连接纵行上,其平均走针密度与前后片的密度相同。

思考练习题

1. 横机收针和放针各有哪些方法?对应的织物结构有何特点?
2. 平面衣片在横机上是怎样成形的?
3. 整体服装在横机上是如何进行编织的?
4. 单针筒袜机编织袋形袜跟时,针筒如何运动?袜面针是否工作?
5. 双层平针袜口编织过程中,哈夫针的作用是什么?
6. 经编成形编织的原理是什么?

第十二章　针织工艺计算

● 本章知识点 ●

1. 纬编针织物线圈长度的计算方法。
2. 针织物横向密度、纵向密度和线圈形状的定义，以及它们之间的关系。
3. 纬编针织物平面稀密程度的表达与计算方法，以及这些方法的特点和适用范围。
4. 纬编针织物幅宽和机器针筒直径的关系。
5. 纬编针织生产中理论生产量和实际生产量的计算方法。
6. 经编针织物线圈长度的估算方法。
7. 经编针织生产中理论生产量和实际生产量的计算方法。

第一节　纬编工艺参数计算

一、线圈长度

线圈长度是进行针织物计算的一个重要参数，它与所使用的纱线和针织机的机号有关，影响着织物密度、克重、强度等性能指标。实际生产中大多以经验和实测为主，也可以通过计算得到。

（一）依据纱线线密度计算线圈长度

1. 纬平针织物

$$l \approx 1.57A + \pi d + 2B = \frac{78.5}{P_A} + \pi d + \frac{100}{P_B}$$

$$A = \frac{50}{P_A}, B = \frac{50}{P_B}$$

式中：l——线圈长度，mm；

A——圈距，mm；

B——圈高，mm；

P_A——横密，纵行/50mm；

P_B——纵密，横列/50mm；

d——纱线直径，mm。

$$d = \frac{\lambda \sqrt{\text{Tt}}}{31.6}$$

式中：λ——系数，棉纱为 1.25；

Tt——纱线线密度，tex。

对于棉纱来讲，$A = 4d$；

常用棉纱的细度与纱线直径的关系，请参见表 12－1。

表 12－1　常用棉纱线密度与纱线直径的关系

线密度（tex）	英制支数	纱线直径（mm）
14	42	0.15
18	32	0.17
28	21	0.21

2. 罗纹织物

$$l = \frac{78.5}{P_{\text{An}}} + \pi d + \frac{100}{P_{\text{B}}}$$

式中：l——线圈长度，mm；

P_{An}——横密，罗纹组织的换算密度（正反面线圈），纵行/50mm；

P_{B}——纵密，横列/50mm；

d——纱线直径，mm。

3. 双罗纹织物

$$l = fd', d' = \frac{\lambda' \sqrt{\text{Tt}}}{31.6}$$

式中：l——线圈长度，mm；

f——未充满系数，一般取值为 19～21；

d'——纱线在张紧状态下的直径，mm；

Tt——纱线线密度，tex；

λ'——系数，取值 1.14。

4. 添纱衬垫织物

$$l_1 = \frac{nT + 2d_{\text{N}}}{n}$$

式中：l_1——衬垫纱的线圈长度，mm；

n——衬垫比循环数；

T——针距，mm；

d_N——针杆直径,mm。

(二)使用实验法得到线圈长度

实验法有两种具体的操作方法:一是在织物下机后,量取同一横列上一定数量线圈的纱长;二是在编织时,量取一定长度纱线所能编织的线圈数量。

$$l = \frac{L}{n}$$

式中:l——线圈长度,mm;

L——编织 n 个线圈的纱长,mm;

n——线圈个数。

二、线圈形状

线圈形状(loop shape)是指线圈的形状特征。线圈形状系数(loop shape factor)通常是指二维平面内织物横向密度与纵向密度之比,故有时也将线圈形状系数称为密度对比系数。

$$k_{LS} = \frac{P_A}{P_B}$$

式中:k_{LS}——线圈形状系数;

P_A——织物横向密度,纵行/50mm;

P_B——织物纵向密度,横列/50mm。

线圈形状系数在一定程度上反映了针织线圈的圈高和圈距之间的关系。常用的线圈形状系数列于表12-2。

表12-2　常用的线圈形状系数

织物组织	纬平针	添纱衬垫	双罗纹	罗纹	
				下摆罗纹	口罗纹
线圈形状系数	0.75~0.85	0.77~0.89	0.8~0.95	0.57~0.64	0.94~1

研究表明,针织物的横向密度和纵向密度与线圈长度成反比关系。从织物下机到完全稳定(完全松弛,fully relaxed),织物密度经历一个变化的过程,伴随着密度的变化,织物形状也发生相应的变化。当达到完全稳定时,织物中的各种能量被完全释放,纱线在织物内处于完全松弛状态,这时的织物密度和线圈形态将不再改变。

为达到完全稳定状态,可使用干处理(dry relaxed)和湿处理(wet relaxed)两种方法。干处理的方法是在一定的温湿度条件下,将织物放置一定的时间,这种方法操作简单,但耗时较长。湿处理的方法是通过将织物浸泡在一定温度的溶液中,并保持一定时间来完成的,它虽需要一些设备,但节省时间。目前,对于大多数针织物常用的方法是将织物在一定温度下,洗涤一定时间,然后用滚筒烘干的方法进行干燥,如此重复若干遍(温度、时间和重复遍数可参见一些实验标准)。而对于横机生产的毛衫织物,在洗涤后可使用平网干燥的方法代替滚筒烘干。

三、机号与密度的关系

机号表示的是针织机针床上织针排列的稀密程度。当针槽全部排针,且所有织针都参加编织时,在针上的织物横向密度与机器机号相等。但随着新线圈的形成,旧线圈所在横列由于失去了织针的约束而发生横向尺寸变化。当织物完全稳定后,其密度与机器机号的关系为:

$$E = kP_A$$

式中:E——机号,针数/25.4mm;

k——系数,与筒形织物周长和机器针筒周长之比有关;

P_A——横密,纵行/50mm。

四、针筒直径与幅宽的关系

尽管针织机的品牌型号众多,但可以通过针筒直径、机号、工作针数、工作形式等将它们的特点反映出来。

一般来讲,针织机的针筒直径和机号是系列化的,针筒直径和机号确定后,其总工作针数也随之确定。根据针筒针数和针织物的横密可以计算出织物的幅宽。

1. 针筒针数 N

$$N = 3.94 \times 10^{-2} \pi DE$$

式中:E——机号,针数/25.4mm;

D——针筒直径,mm。

2. 织物幅宽 W

$$W = \frac{N}{0.04P_A}$$

式中:W——针织物未剖幅(双层)光坯布幅宽,mm;

N——针筒针数;

P_A——横密,纵行/5cm。

五、纬编设备生产量计算

(一)纬编设备理论生产量

1. 针织机 针织机的理论产量与线圈长度、纱线线密度以及机器的针数、路数和转数等有关。

$$A_T = 6 \times 10^8 MNn \sum_{i=1}^{m} l_i \mathrm{Tt}_i$$

式中:A_T——按纱线线密度计算的理论产量,kg/(台·h);

M——路数;

N——编织针数；

n——机器转数；

l_i——第 i 根纱线的线圈长度，mm；

Tt_i——第 i 根纱线的纱线线密度，tex；

m——所使用的纱线根数。

上面的参数与坯布品种、机器型号有关。在设计时，一般首先确定织物品种，然后设计纱线线密度、线圈长度、织物平方米克重等工艺参数，最后选用合适的机型、筒径、机号、路数等。机器的理论产量与机器的转数有关。一般来讲，控制机器的速度主要是控制机器的线速度，因此通常机器的转速随着针筒直径的增大而减小。

2. 络纱机

$$A_T = \frac{v\mathrm{Tt}B \times 60}{1000 \times 1000} = 6 \times 10^{-5} v\mathrm{Tt}B$$

式中：A_T——按纱线线密度计算的理论产量，kg/(台·h)；

v——络纱线速度，m/min；

Tt——纱线线密度，tex；

B——络纱机锭数。

从上式可以看出，络纱线速度和机器锭数是决定络纱机产量的两个关键因素。络纱线速度的确定与机器型号、加工纱线的粗细、纱线质量、退绕方式以及工人的看台定额等有关。一般当纱线强度高，或退绕股线时，络纱速度较高；而当加工的纱线较细，或绞纱喂入时，应使用较低的速度。另外络纱张力较大或进行过蜡加工时，也应使用较低的络纱速度。

（二）纬编设备实际生产量

在实际生产中，换纱、下布、结头、加油、换针等都会造成停车，使得实际运转时间小于理论运转时间。

1. 机器时间效率　机器时间效率是指在一定生产时间内，机器的实际运转时间与理论运转时间的比值。

$$k_T = \frac{T_s}{T} \times 100\%$$

式中：k_T——机器时间效率，%；

T_s——每班机器的实际运转时间，min；

T——每班机器的理论运转时间，min。

机器的时间效率与许多因素如机器的自动化程度、工人的操作技术水平、劳动组织、保全保养以及采用的织物的组织结构和卷装形式等有关。机器的时间效率可通过实际测量得出，也可根据经验统计资料选用平均先进水平。

2. 实际生产量

$$A_s = A \times k_T$$

式中：A_s——实际产量，kg/(台·h)；

A——理论产量，kg/(台·h)；

k_T——机器时间效率，%。

第二节　经编工艺参数计算

在经编生产上机工艺参数除与产品规格和幅宽密切相关外，与整经工序的生产工艺参数联系甚密，因而在生产设计时需将经编生产工艺与整经生产工艺结合在一起进行考虑和计算。

经编针织物的主要工艺参数有纱线线密度、整经长度与根数、送经量、线圈密度和织物平方米克重等。这些工艺参数影响因素较多、变化复杂，随坯布品种不同而改变，有时即使是同一工艺在相同型号规格的不同经编机上加工的织物，其工艺参数也会产生一些差异。

一般设计新厂时，在进行工艺参数计算过程中，都是选用当时流行的主要品种或传统的典型品种，这些产品的工艺参数较方便获取。

经编织物工艺参数一般是在根据产品开发的要求（或产品用途）选用合适的原料品种和织物组织结构后再进行理论计算的。理论计算的过程较为复杂，有些数据与实际相比有一定的偏差，应在可能的情况下进行修正，力求所计算的工艺参数具有指导上机调试的价值。

一、线圈长度和送经比

（一）线圈长度

线圈长度既是经编织物的主要参数，也是经编生产中控制产品质量的主要参数。当织物的组织结构与纱线线密度变化时，线圈长度也随着变化。在经编产品生产与工艺设计中广泛采用送经量的概念来表征线圈长度。送经量通常是指编织480横列（1腊克）的织物所用的经纱长度（mm）。

目前经编织物的送经量（或线圈长度）的确定，一般通过实测得出，以此作为经编生产中控制送经量的参考；也可通过建立一定的线圈结构模型从理论上进行估算而求得，但其结果只是一个近似值。

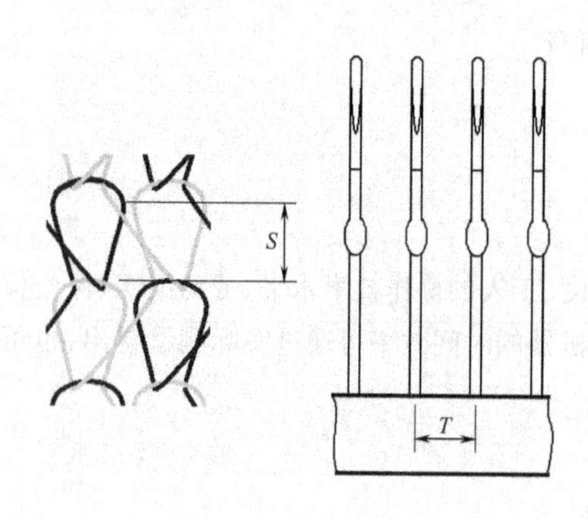

图12－1　送经量估算参数

由于影响经编织物结构的因素较多、变化复杂，因而精确推算各梳栉的送经量是非常困难的，正因为如此，实用估算方法便成了一个重要课题。送经量的估算方法很多，但是通过任何一种方法计算出的送经量在上机时均需要进行调整，也就是说在上机时应及时根据实际布面情况进行送经量的调整。

这里介绍一种较为简便实用的送经量理论估算方法，估算参数如图12－1所示：

$$
\text{每横列送经量}(rpc)=\begin{cases}S & a=0,b=0\quad\text{衬经}\\(b+0.3)T & a=0,b\neq0\quad\text{衬纬}\\\dfrac{\pi d}{2.2}+2S+S & a=1,b=0\quad\text{编链}\\\dfrac{\pi d}{2.2}+2S+bT & a=1,b\neq0\quad\text{一般组织}\\2\times\left(\dfrac{\pi d}{2.2}+2S\right)+(b+1)T & a=2,b\neq0\quad\text{重经}\end{cases}
$$

$$
\text{每腊克送经量(mm/480 横列)}=480\times\frac{\sum_{i=1}^{m}rpc_i}{m}
$$

式中：a——针前横移的针距数；

b——针背横移的针距数；

d——织针厚度（粗细），mm，参见表12－3；

S——机上织物的线圈高度，mm；

T——针距，mm，$T=25.4\text{mm}/E$。

表12－3　经编机织针厚度（粗细）

机号 E	14	20	24	28	32	36	40	44
针粗细（mm）	0.7	0.7	0.55	0.5	0.41	0.41	0.41	0.41
针距（mm）	1.81	1.27	1.06	0.91	0.79	0.71	0.64	0.58

（二）送经比

送经比随织物组织不同而异，选择合适与否，对产品的质量与风格关系很大。

如果各梳栉的线圈长度已经确定，送经比就可直接用各梳栉的线圈长度与后梳栉的线圈长度比得到。但在实际生产中一般根据各种织物组织的线圈不同纱段，按一定常数进行估计的方法来计算送经比，其估计方法为：

（1）一个开口线圈或闭口线圈的主干为2个单位；

（2）线圈的延展线一个针距为1个单位，两个针距为两个单位，依次类推；

（3）编链的延展线为0.75个单位；

（4）衬纬的拐转圈弧为0.5个单位，延展线一个针距为0.5个单位；

（5）重经组织连接两个线圈之间的圆弧为0.5个单位。

按上述方法估算各种组织一个完全组织的循环送经单位如表12－4所示。

已知各种组织的送经单位后，就可确定送经比。确定送经比时，应注意各梳栉的线圈横列数应相等。

表 12－4　各种组织的送经单位

织物组织	送经单位	织物组织	送经单位
编链	5.5	单列衬纬	1.0
经平	6	双列衬纬	2.0
三针经平	8	闭口重经编链	11
三针四列经缎	12	开口重经编链	10.5
四针六列经缎	18	重经经平	11

如采用变化组织时，可算出各梳栉一个完全组织相同线圈横列的送经单位，然后求得送经比。

如果各梳栉使用的原料性质和纱线粗细都不一样时，按上述方法确定的送经比要适当修正。较粗的纱线要适当增加送经量，弹性较大的纱线要适当减少送经量。

在设计时这种方法仅作为估计送经量的参考，但实际生产中送经比的大小对产品品质指标影响较大。所以，在选用时应加以注意。现把 111dtex × 50dtex 涤纶经编平纹织物的送经比对品质指标的影响列于表 12－5 中供参考。

表 12－5　送经比对品质指标的影响

线圈长度(mm)		送经比	成品布		
前梳	后梳		纵密(横列/10mm)	横密(纵行/10mm)	平方米克重(g/m^2)
4.72	3.25	1.45	18.4	11.4	183.7
4.60	3.25	1.41	16.1	11.3	172.5
4.41	3.25	1.35	15.7	11.3	170.5

二、织物线圈密度

线圈密度是织物品质的重要指标之一，一般为坯布规格所给定，有横密和纵密之分。在试制新产品时织物上的线圈密度要根据试验工艺或客户需要来确定。

在经编织物中，横密 P_A 习惯用 10mm(每厘米)的线圈纵行数(或每英寸的线圈纵行数)来表示。织物的横密取决于经编机机号和织物横向收缩率的大小。

$$P_A = \frac{10}{A}\text{(纵行/10mm)}\quad\text{(或 }P_A = \frac{25.4}{A}\text{ 纵行/英寸)}$$

式中：A——圈距，mm。

纵密 P_B 亦用 10mm(每厘米)的线圈横列数(或每英寸的线圈横列数)来表示。

$$P_B = \frac{10}{B}\text{(横列/10mm)}\quad\text{(或 }P_B = \frac{25.4}{B}\text{ 横列/英寸)}$$

式中：B——圈高，mm。

织物的纵密与纱线的线密度、织物的线圈长度和平方米克重等有关。

三、织物单位面积重量

在 n 把梳栉的情况下，经编织物单位面积重量 Q(g/m^2)的计算公式为：

$$Q = \sum_{i=1}^{n} 10^{-3} \times l_i \times \mathrm{Tt}_i \times P_A \times P_B(1 - a_i)$$

$$或\ Q = \sum_{i=1}^{n} q_i = 3.94 \times 10^{-5} \sum_{i=1}^{n} E \times Y_i \times E_i \times \mathrm{Tt}_i$$

式中：l_i——第 i 梳的线圈长度，mm；

P_A——横密，纵行/10mm；

P_B——纵密，横列/10mm；

a_i——第 i 梳的空穿率；

q_i——第 i 把梳栉的面密度；

E——机号，针/25.4mm；

Y_i——第 i 把梳栉穿经率；

E_i——第 i 把梳栉送经率；

Tt_i——第 i 把梳栉纱线线密度，dtex。

当一把梳栉采用不同的纱线时，各纱线应该分别计算，然后把这些数据迭加起来就是理论计算的织物面密度，即机上的织物面密度。

坯布面密度为：

$$坯布面密度 = 机上面密度 \times \frac{坯布纵密 \times 坯布横密}{机上纵密 \times 机上横密}$$

成品面密度为：

$$成品面密度 = 机上面密度 \times \frac{成品纵密 \times 成品横密}{机上纵密 \times 机上横密}$$

四、织物幅宽

经编生产中的织物幅宽通常有四种，如图 12－2 所示：

一是成品幅宽 B_1，即出售面料织物的宽度，是织物定形后剪去定形边的宽度；第二种是定形幅宽 B_4，即成品幅宽加上剪去的定形边宽度，每边 1.0～1.5cm；第三种为下机幅宽 B_2，即在编织生产中织物在卷布辊上的幅宽；第四种为机上坯布工作幅宽 B_3，或称为针床工作宽度。各种幅宽间的相互关系如下：

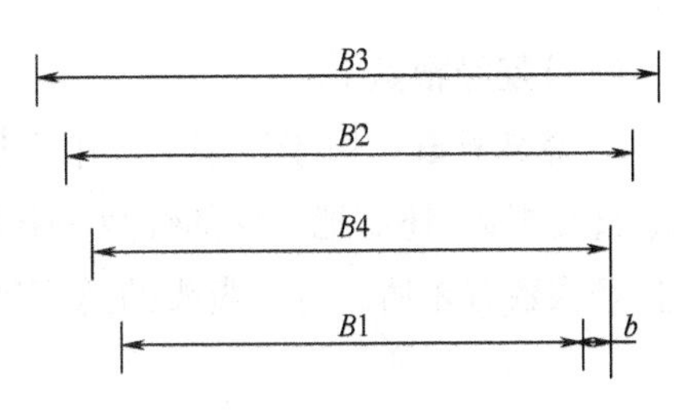

图 12－2　四种织物幅宽

$$B_1 = B_4 - 2b$$

$$B_3 = B_2(1 - x)$$

$$B_4 = B_3(1 - y)$$

式中：b——定形边，$b = 10\text{mm} \sim 15\text{mm}$；

x——织缩率，%；

y——定形收缩率，%。

则：

$$B_2 = \frac{B_1 + 2b}{(1 - x)(1 - y)}$$

有时为了计算方便，将$\frac{B_4}{B_2}$之比称为幅宽对比系数 C_f，即

$$C_f = \frac{B_4}{B_2} = \frac{B_1 + 2b}{B_2}, B_2 = \frac{B_1 + 2b}{C_f}$$

织缩率 x、定形收缩率 y 和幅宽对比系数 C_f，随产品品种的不同而变化。

五、经编机工作针数

在计算经编机针床工作针数时，一般以成品幅宽，根据上述关系式推导出针床上坯布工作幅宽，再根据机号求出针床工作总针数 N，其关系式为：

$$B_2 = \frac{B_1 + 2b}{C}$$

$$N = \frac{10 \times B_2}{T}$$

式中：T——针距，mm；

C_f——幅宽对比系数。

由此计算所得的针床工作针数，还需与经编机各经轴上经纱数之和一致（满穿配置时），因而算得的工作针数有待于修正，修正后的针数才是经编机上机的工作针数。

六、整经计算

整经根数是指每一只分段经轴（工厂常称为盘头）上卷绕的经纱根数。每只盘头上经纱根数与经编机上的工作针数、盘头数以及穿纱方式有关。因此分总穿针数与整经根数两部分计算。

（一）整经根数

1. 总穿针数 由于经编生产中有些组织带空穿，在确定盘头上的整经根数时，不能单纯只考虑整经根数，还需把空穿的针数一并计入，否则，盘头上计算的整经根数，就与盘头允许的最佳整经根数有矛盾。每只盘头的总穿针数（穿纱针数 + 空穿针数）可按下式确定：

$$M = \frac{N}{m}$$

式中：M——每个盘头的总穿针数；

N——针床工作总针数；

m——盘头个数。

确定盘头个数时应考虑到穿纱位置。盘头上总穿针数过多或过少都会造成经纱的歪斜，增加编织困难。每个盘头最适宜的总穿针数取决于盘头的外档宽度和经编机的机号。一般考虑从盘头引出的经纱至针床上时，其宽度近似等于盘头外档宽度，这样可使引出的经纱不会与盘边产生接触摩擦。

对于不同型号、机号的经编机，总穿针数可根据计算得出。如对于 $E28$ 经编机，采用的盘头外档宽度为 533mm（21 英寸），则此时每盘头最适宜的穿针数（整经根数）M 为：

$$M = \frac{533}{0.907} = 588（根）$$

在实际生产中，总穿针数有个适宜的范围，这可作为确定总穿针数的参考。

2. 整经根数　盘头上实际的整经根数与穿纱方式有关。经纱采用满穿时，整经根数（M）等于总穿针数（N）。如采用带空穿时，与每个盘头的总穿针数的关系如下：

$$M = N(1 - a)$$

式中：a——空穿率，%，即：$a = \frac{一个穿纱循环中的空穿针数}{一个穿纱循环的总针数}$

为了管理方便，应尽量做到每个盘头的整经根数是一个穿纱循环内穿纱针数的整数倍。如不是整数倍，则每个盘头开始时穿纱方式不能一样，需根据前一个盘头所剩的纱线来确定。

（二）整经长度

整经长度是指在整经时经轴上卷绕纱线的长度。在实际生产中，整经长度的确定一般应考虑以下几点：

（1）编织每匹布时需要整经的经纱长度（即匹布纱长）。应使盘头在了机时能够编织整匹坯布，因而整经长度应是匹布纱长的整数倍，再加上适量的生头、了轴回丝长度；

（2）编织时各梳栉之间的送经比。用于同一台经编机的各经轴的盘头经纱长度应考虑所编织织物的送经比，避免在一根经轴退绕完时另一经轴剩余而产生浪费。当然，有时当最大整经长度允许时可使一轴换两次或三次时另一轴才用完；

（3）原料卷装筒纱长度。应使原料筒子在用空时能够整经的盘头数为成套数量。如生产中要求某原料 8 只为一套，则当筒子上的纱线整完时应尽可能使所整盘头数为 8 的整数倍；

（4）经轴上所能容纳的最大整经长度。最大整经长度与经轴卷绕直径和经轴宽度、纱线线密度和类别、卷绕密度以及整经根数等有关。

整经长度可用下列几种方法来计算：

1. 定重法　编织一匹布的布重一定时的整经长度计算方法。

$$W = \sum_{i=1}^{n} 10^{-6} m_i n_i L_i \mathrm{Tt}_i$$

则后梳的整经长度 $$L_b = \frac{10^6 W}{\sum_{i=1}^{n} m_i n_i Tt_i C_i}$$

式中：W——坯布下机的匹重，kg/匹，(视产品种类和规格而异)；

n_i——第 i 梳的整经根数；一般前梳为第 1 梳，后梳为第 2 梳。如满穿 $n_1 = n_2$；

L_i——第 i 梳的整经长度，m；

L_b——后梳的整经长度，m；

Tt_i——第 i 梳原料线密度，dtex；

m_i——第 i 把梳栉盘头个数，一般 $m_1 = m_2$；

C_i——第 i 梳对后梳的送经比。

2. 定长法 即编织一匹布的匹长为已知，且已知纵向密度及线圈长度，则：

$$匹长\ L_p = \frac{L \times 1000}{100 \times P_B \times l}$$

$$L = 0.1 L_p \times P_B \times l$$

式中：L_p——坯布匹长，m；

L——整经长度，m；

P_B——织物纵密，横列/10mm；

l——线圈长度，mm。

3. 纱布比法 将编织一匹布所用的纱线长度米数与匹布长度米数之比称为纱布比，则：

纱布比 $\alpha = \frac{L}{L_p}$。

同理编织一横列时，纱布比 $\alpha = \frac{l}{\frac{l}{P_B} \times 10} = 0.1 P_B \times l$

整经长度 $L = \alpha \times L_p$，如已知 α，计算很容易。

生产中所用的实际整经长度应在根据上列的方法计算的整经长度上再加上了轴和上轴需要的回丝长度。实际整经长度根据工艺要求与实际情况计算出来，然后在运转中，严格控制，按工艺要求落布了轴，以减少不必要的回丝与零头布或拼匹段数。因此，盘头上的整经长度应根据具体情况恰当选用。实际整经长度可按下式计算：

$$实际整经长度\ L'_0 = L_1 + R$$

式中：L'_0——修正后的实际整经长度，m；

L_1——未考虑回丝长度时的整经长度，m；

R——生头、了轴回丝长度，m。

生头、了轴回丝根据各厂生产情况而定，一般可取 4m 左右。实际整经长度 L'_0 应小于最大整经长度。

整经生产中常用的盘头有两种外形，即平行边盘头和锥形边盘头，通常同样规格条件下平行边盘头的容纱量大于锥形边盘头。

(三)原料用纱比

在经编生产中,织物往往是由几种不同原料或纱线编织而成的。原料用纱比是指编织某种坯布采用不同的几种原料交织时,各种原料重量之比。一般用某种原料占总用料的百分比来表示。它在进行原料计划和成本核算时是非常重要的,也是计算用纱量与整经机台数所必需的。

下面以两梳经编织物为例介绍计算用纱比的方法。当前、后梳用两种原料交织时,其用纱比可按下式确定:

$$\text{第一种原料用纱比} = \frac{\frac{\mathrm{Tt}_1}{10000}(M_1C + M_3)}{\frac{\mathrm{Tt}_1}{10000}(M_1C + M_3) + \frac{\mathrm{Tt}_2}{10000}(M_2C + M_4)} \times 100\%$$

$$\text{第二种原料用纱比} = \frac{\frac{\mathrm{Tt}_2}{10000}(M_2C + M_4)}{\frac{\mathrm{Tt}_1}{10000}(M_1C + M_3) + \frac{\mathrm{Tt}_2}{10000}(M_2C + M_4)} \times 100\%$$

式中:M_1、M_3——第一种原料在前梳和后梳穿纱循环中的根数;

M_2、M_4——第二种原料在前梳和后梳穿纱循环中的根数;

Tt_1、Tt_2——第一种原料和第二原料的线密度,dtex;

C——送经比。

七、经编机规格参数的选定

在经编生产中,根据经编产品的组织结构、工艺参数、原料及其规格来选择和确定相应的经编机类别,并确定机器的型号、针床宽度、机号、工作总针数等规格参数。当经编机型号确定后,经编机针床宽度(又称经编机幅宽)、机号、工作总针数则为计算的主要内容,这些又与产品品种及其工艺参数有关。

经编机的针床宽度和机号是系列化的,当针床宽度和机号确定后,其总针数也随之确定。

在经编生产实际中,经编机的针床宽度通常采用 mm 或英寸。

针床宽度和机号的确定与要求的织物门幅和横向密度有关,计算方法如下:

(一)总工作针数

$$N = 10nB_1P_A$$

式中:N——总工作针数;

n——织幅数;

B_1——经编针织物幅宽,mm;

P_A——经编针织物横向密度,纵行/cm。

计算得到的总工作针数应进行圆整。

（二）机号

机号是经编机的主要参数之一，取决于原料种类、细度以及织物的组织结构。进行经编机的机号确定时，可根据织物的横向密度和机上织缩率进行计算。

$$E = P_A \times 2.54x$$

式中：E——经编机机号，针/25.4mm；

x——织缩率，%。

而在实际生产中，机号一般是根据经验方法确定。

（三）经编机针床宽度

$$B_3 = \frac{N}{E} \times 25.4 = 25.4NT(\text{mm})$$

$$\text{或 } B_3 = \frac{N}{E} = NT(\text{英寸})$$

式中：B_3——经编机针床宽度，mm 或英寸。

计算得到的经编机针床幅宽应根据对应的经编机机型现有的规格参数进行选择，确定合适的经编机针床幅宽。

八、经编设备生产量计算

经编车间的机器设备数量的计算方法与纬编相同，设备数量的多少与选用机器的速度、针床工作幅宽、运转效率、检修周期、产品的品种以及操作工的技术水平等因素有关。

1. 经编机的理论生产量

（1）按重量计算：

$$A_T = \frac{60n_e}{1000 \times 1000}\sum_{i=1}^{n}\frac{l_i \times M_i \times m_i}{\frac{10000}{Tt_i}} = 6 \times 10^{-9} n_e \sum_{i=1}^{n} l_i \times M_i \times m_i \times Tt_i$$

式中：A_T——经编机的理论生产量，kg/（台·h）；

n——编织所用的梳栉数；

l_i——第 i 把梳栉的线圈长度，mm；

M_i——第 i 把梳栉经轴上每个盘头上的经纱根数；

m_i——第 i 把梳栉经轴上每个盘头数；

Tt_i——第 i 梳原料线密度，dtex；

n_e——经编机转速，r/min。

（2）按长度计算：

$$A = 0.6 \times \frac{n_e}{P_B}$$

式中：A——经编机的理论生产量，m/（台·h）；

n_e——经编机转速，r/min；

P_B——坯布纵向密度，横列/cm。

但应注意在按重量计算式计算经编机的理论生产量时，其数值与线圈长度、纱线线密度、机器转速、经纱根数等有关，影响因素较多。

2. 整经机的理论生产量

$$A_T = \frac{60 \times v \times M}{1000 \times \frac{100}{\mathrm{Tt}}} = 6 \times 10^{-5} Mv\,\mathrm{Tt}$$

式中：A_T——整经机的理论产量，kg/(台·h)；

M——盘头的整经根数；

v——整经线速度，m/min；

Tt——纱线线密度，dtex。

经编设备实际生产量的计算要考虑机器时间效率，它们的计算方法参见本章第一节纬编设备实际生产量部分的内容。

思考练习题

1. 纬编针织物线圈长度的计算方法。

2. 推导纬编针织物单位面积重量的计算公式。

3. 经编生产的幅宽通常有哪些？它们之间的关系是什么？

4. 用估算法计算经平斜组织的送经比：

(1) 写出组织记录，写出组织的垫纱同向或异向？

(2) 详细写出估算送经比的过程和结果。

5. 要在某机号为24针/25.4mm，筒径为762mm(30英寸)的纬编单面大圆机上编织纬平针组织汗布，横密为76纵行/5cm，试求其幅宽。

6. 已知某经编机生产装饰布，机速为500 r/min，幅宽为213cm，织物纵向密度为20横列/cm，求其产量。

(1) 其理论产量为每小时多少米？

(2) 其理论产量为多少平方米/小时？

(3) 如时间效率为80%，实际产量为多少平方米/时？

7. 已知某双梳单针床组织，为满穿的五针衬纬编链，后梳、前梳分别使用111dtex(100D)和55dtex(50D)涤纶丝，前梳线圈长度为3mm，试求：

(1) 用估算法求送经比。(需画图标明并给出计算过程)

(2) 后梳可采用的线圈长度(mm)为多少？

(3) 此织物的原料用纱百分比各为多少？

(4) 此织物的两把梳栉的蜡克(Rack)送经量各为多少？

参考文献

[1]天津纺织工学院．针织学[M]．北京:纺织工业出版社,1980.

[2]杨尧栋,宋广礼．针织物组织与产品设计[M]．北京:中国纺织出版社,1998.

[3]龙海如．针织学[M]．北京:中国纺织出版社,2008.

[4]宋广礼,蒋高明．针织物组织与产品设计[M]．北京:中国纺织出版社,2008.

[5]David. J. Spencer. Knitting Technology[M]. Oxford(England):Wooghead Publishing Ltd.

[6]宋广礼,李红霞,杨昆译．针织学(双语)[M]．北京:中国纺织出版社,2006.

[7]宋广礼．电脑横机实用手册[M]．北京:中国纺织出版社,2010.

[8]宋广礼．成形针织产品设计与生产．北京:中国纺织出版社,2006.

[9]赵展谊．针织工艺概论[M]．北京:中国纺织出版社,2008.

[10]许吕崧,龙海如．针织工艺与设备[M]．北京:中国纺织出版社,1999.

[11]丁钟复．纬编针织设备与工艺[M]．北京:化学工业出版社,2009.

[12]贺庆玉,刘晓东．针织工艺学[M]．北京:中国纺织出版社,2009.

[13]许瑞超,王琳．针织技术[M]．上海:东华大学出版社,2009.

[14]蒋高明．现代经编工艺与设备[M]．北京:中国纺织出版社,2001.

[15]许瑞超,张一平．针织设备与工艺[M]．上海:东华大学出版社,2005.

[16]王道兴．实用经编论文选[M]．北京:中国纺织出版社,2006.

[17]《针织工程手册》编委会．针织工程手册(经编分册)[M]．北京:中国纺织出版社,1997.

[18]张佩华,沈为．针织产品设计[M]．北京:中国纺织出版社,2008.

[19]Iyer,Mannel,Schäch. Rundstricken[M]. Bamberg(Germany):Meisenbach GmbH,1991.